できる®

Word & Excel & PowerPoint 2021

ワード　エクセル　パワーポイント

Office 2021 & Microsoft 365 両対応

井上香緒里 & できるシリーズ編集部

インプレス

ご購入・ご利用の前に必ずお読みください

本書は、2023年4月現在の情報をもとに「Microsoft Word 2021」「Microsoft Excel 2021」「Microsoft PowerPont 2021」の操作方法について解説しています。本書の発行後に「Microsoft Word 2021」「Microsoft Excel 2021」「Microsoft PowerPont 2021」の機能や操作方法、画面などが変更された場合、本書の掲載内容通りに操作できなくなる可能性があります。本書発行後の情報については、弊社のWebページ（https://book.impress.co.jp/）などで可能な限りお知らせいたしますが、すべての情報の即時掲載ならびに、確実な解決をお約束することはできかねます。また本書の運用により生じる、直接的、または間接的な損害について、著者ならびに弊社では一切の責任を負いかねます。あらかじめご理解、ご了承ください。

本書で紹介している内容のご質問につきましては、巻末をご参照のうえ、お問い合わせフォームかメールにてお問合せください。電話やFAX等でのご質問には対応しておりません。また、本書の発行後に発生した利用手順やサービスの変更に関しては、お答えしかねる場合があることをご了承ください。

動画について

操作を確認できる動画をYouTube動画で参照できます。画面の動きがそのまま見られるので、より理解が深まります。QRが読めるスマートフォンなどからはレッスンタイトル横にあるQRを読むことで直接動画を見ることができます。パソコンなどQRが読めない場合は、以下の動画一覧ページからご覧ください。

▼動画一覧ページ
https://dekiru.net/wep2021

●本書の特典のご利用について

図書館などの貸し出しサービスをご利用の場合でも、各レッスンの練習用ファイル、YouTube動画はご利用いただくことができます。

●用語の使い方

本文中では、「Microsoft Word 2021」のことを、「Word 2021」または「Word」および「Microsoft 365 Personal」の「Word」のことを、「Microsoft 365」または「Word」、「Microsoft Excel 2021」のことを「Excel 2021」または「Excel」および「Microsoft 365 Personal」の「Excel」のことを、「Microsoft 365」または「Excel」、「Microsoft PowerPoint 2021」のことを、「PowerPoint 2021」または「PowerPoint」および「Microsoft 365 Personal」の「PowerPoint」のことを、「Microsoft 365」または「PowerPoint」「Microsoft Windows 11」のことを「Windows 11」または「Windows」と記述しています。また、本文中で使用している用語は、基本的に実際の画面に表示される名称に則っています。

●本書の前提

本書では、「Windows 11」に「Office Home & Business 2021」がインストールされているパソコンで、インターネットに常時接続されている環境を前提に画面を再現しています。

まえがき

Webページの検索やメールの送受信、音楽や動画の再生などはスマートフォンやタブレット端末を使う人が増えてきました。しかし、ビジネスで使う書類や表、プレゼン資料などを作成する時にパソコンは欠かせません。なぜならパソコンの方が大きな画面で見やすい上に、スマートフォンでは利用できない機能を存分に使えるからです。これらの資料作成に欠かせないのが、Word、Excel、PowerPointで、この3つのアプリがビジネスで必須のスキルであることは今も昔も変わりません。

本書は、Word 2021、Excel 2021、PowerPoint 2021をこれから使い始める方のために、3つのアプリの基本的な使い方を1冊で学べる構成になっています。パソコンによっては、購入したときからWord 2021とExcel 2021が入っている場合もあります。また、Word 2021とExcel 2021に加えてPowerPoint2021がインストールされているケースもあるので、パソコンを購入したその日からすぐに利用できます。一方、これらのアプリが入っていないパソコンの場合は、それぞれのアプリを単独で購入したり、Officeというパッケージで購入することもできます。定額で最新の機能が使えるサブスクリプション型のMicrosoft 365を購入するのもいいでしょう。
各アプリを単独で利用するだけでなく、ぜひOfficeアプリをセットで使うことをお勧めします。なぜならば、Officeアプリで作成したデータは相互に利用できるからです。3つのアプリを組み合わせて使うと、効率よく文書や資料などを作成できるのが強みです。

本書では、それぞれのアプリの基本的な使い方を学びながら、レッスン形式で着実にステップアップできる構成になっています。Officeアプリにはたくさんの機能がありますが、すべてを覚える必要はありません。本書では、これだけは知っておきたい機能に限定し、確実に操作が身に付くように配慮しました。各アプリの操作だけでなく、3つのアプリのデータを相互に利用する方法も紹介しているので、ぜひ試してみてください。

本書が、皆さまがWord 2021、Excel 2021、PowerPoint 2021をビジネスシーンやプライベートシーンでお使いになるときの手助けになれば幸いです。

2023年　若葉が芽吹く頃
井上香緒里

本書の読み方

練習用ファイル

レッスンで使用する練習用ファイルの名前です。ダウンロード方法などは6ページをご参照ください。

YouTube動画で見る

パソコンやスマートフォンなどで視聴できる無料の動画です。詳しくは2ページをご参照ください。

レッスンタイトル

やりたいことや知りたいことが探せるタイトルが付いています。

サブタイトル

機能名やサービス名などで調べやすくなっています。

操作手順

実際のパソコンの画面を撮影して、操作を丁寧に解説しています。

●手順見出し

1 名前を付けて保存する

操作の内容ごとに見出しが付いています。目次で参照して探すことができます。

●操作説明

1 ［ホーム］をクリック

実際の操作を1つずつ説明しています。番号順に操作することで、一通りの手順を体験できます。

●解説

［ホーム］をクリックしておく

ファイルが保存される

操作の前提や意味、操作結果について解説しています。

レッスン

39 入力したデータを修正しよう

YouTube動画で見る 詳細は2ページへ

上書き、文字の修正

練習用ファイル L039_上書き_文字の修正.xlsx

Excel 基本編 第5章 データ入力と表作成の基本を知ろう

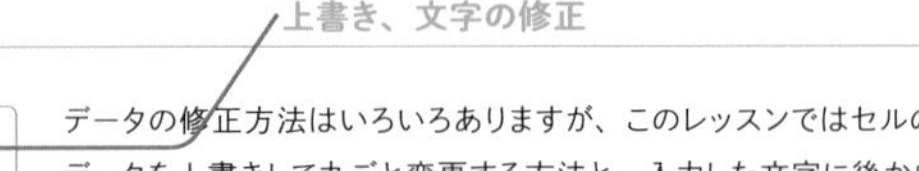

データの修正方法はいろいろありますが、このレッスンではセルのデータを上書きして丸ごと変更する方法と、入力した文字に後から文字を追加する方法を説明します。

1 上書きして修正する

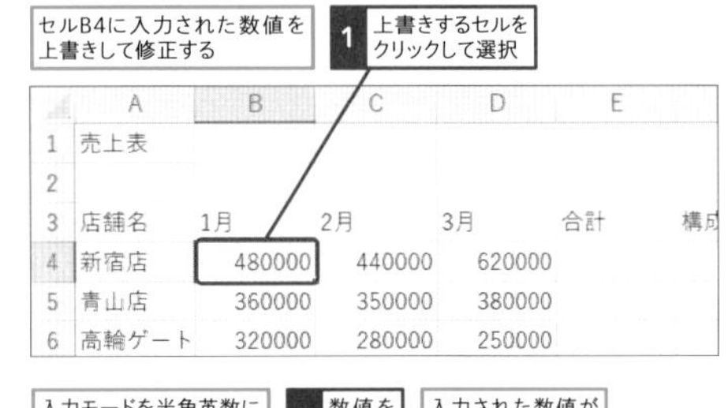

	A	B	C	D	E
1	売上表				
2					
3	店舗名	1月	2月	3月	合計
4	新宿店	480000	440000	620000	
5	青山店	360000	350000	380000	
6	高輪ゲート	320000	280000	250000	

入力モードを半角英数字に切り替えておく

2 数値を入力

入力された数値が表示された

	A	B	C	D	E
1	売上表				
2					
3	店舗名	1月	2月	3月	合計
4	新宿店	510000	440000	620000	
5	青山店	360000	350000	380000	
6	高輪ゲート	320000	280000	250000	

3 Enterキーを押す

上書きされた数値が確定され、アクティブセルが下に移動した

	A	B	C	D	E
1	売上表				
2					
3	店舗名	1月	2月	3月	合計
4	新宿店	510000	440000	620000	
5	青山店	360000	350000	380000	
6	高輪ゲート	320000	280000	250000	

キーワード

使いこなしのヒント

セルのデータを消去するには

データを消去したいセルを選択してからDeleteキーを押すと、セルのデータが消去されてセルが空白になります。

使いこなしのヒント

F2キーでもカーソルも表示できる

「ダブルクリックの操作が苦手」というときは、修正したいセルをクリックした後にF2キーを押しても、セルにカーソルを表示できます。なおF2キーを押すと、カーソルがセルに入力されている文字や数値の一番右に表示されます。

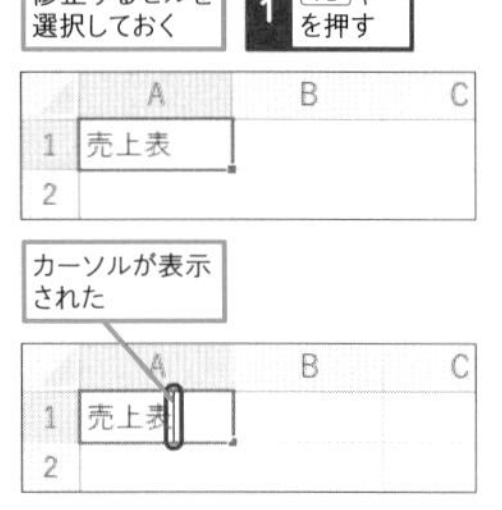

118 できる

キーワード

レッスンで重要な用語の一覧です。巻末の用語集のページも掲載しています。

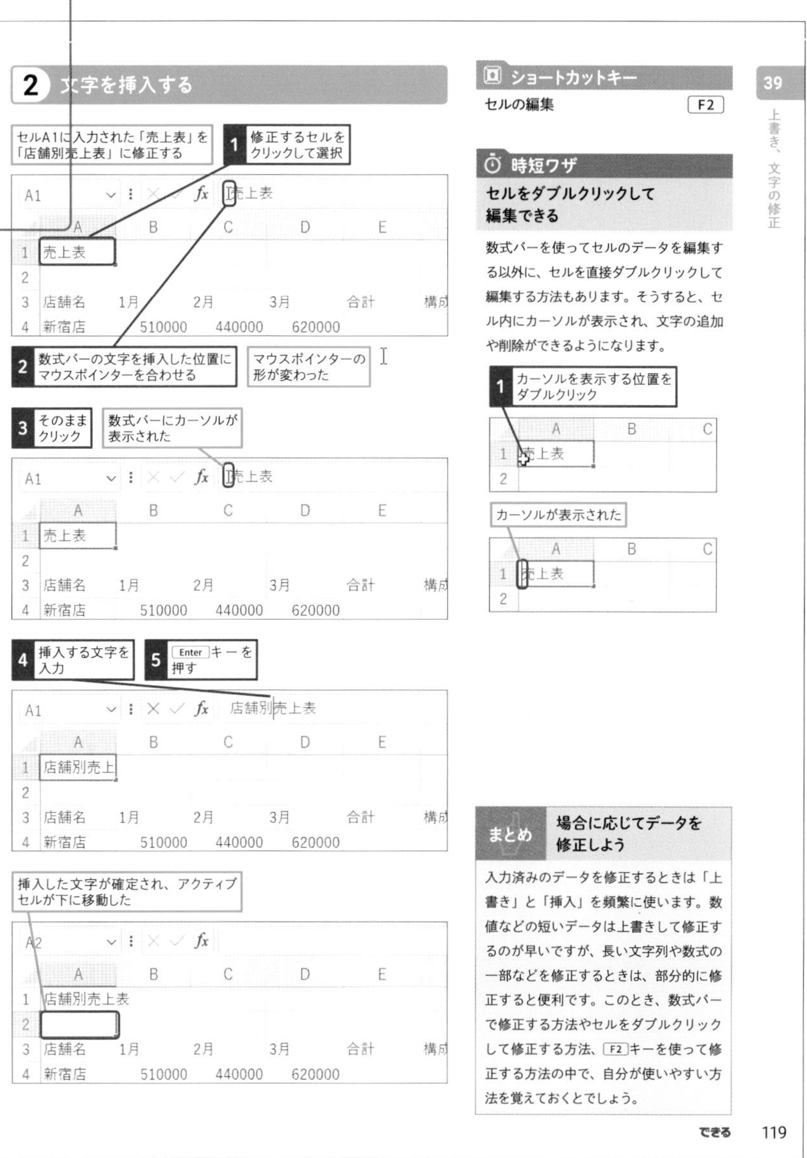

※ここに掲載している紙面はイメージです。
実際のレッスンページとは異なります。

関連情報

レッスンの操作内容を補足する要素を種類ごとに色分けして掲載しています。

使いこなしのヒント

操作を進める上で役に立つヒントを掲載しています。

ショートカットキー

キーの組み合わせだけで操作する方法を紹介しています。

時短ワザ

手順を短縮できる操作方法を紹介しています。

スキルアップ

一歩進んだテクニックを紹介しています。

用語解説

レッスンで覚えておきたい用語を解説しています。

ここに注意

間違えがちな操作について注意点を紹介しています。

まとめ 起動と終了を覚えよう

レッスンで重要なポイントを簡潔にまとめています。操作を終えてから読むことで理解が深まります。

練習用ファイルの使い方

本書では、レッスンの操作をすぐに試せる無料の練習用ファイルとフリー素材を用意しています。ダウンロードした練習用ファイルは必ず展開して使ってください。ここではMicrosoft Edgeを使ったダウンロードの方法を紹介します。

▼練習用ファイルのダウンロードページ
https://book.impress.co.jp/books/1122101140

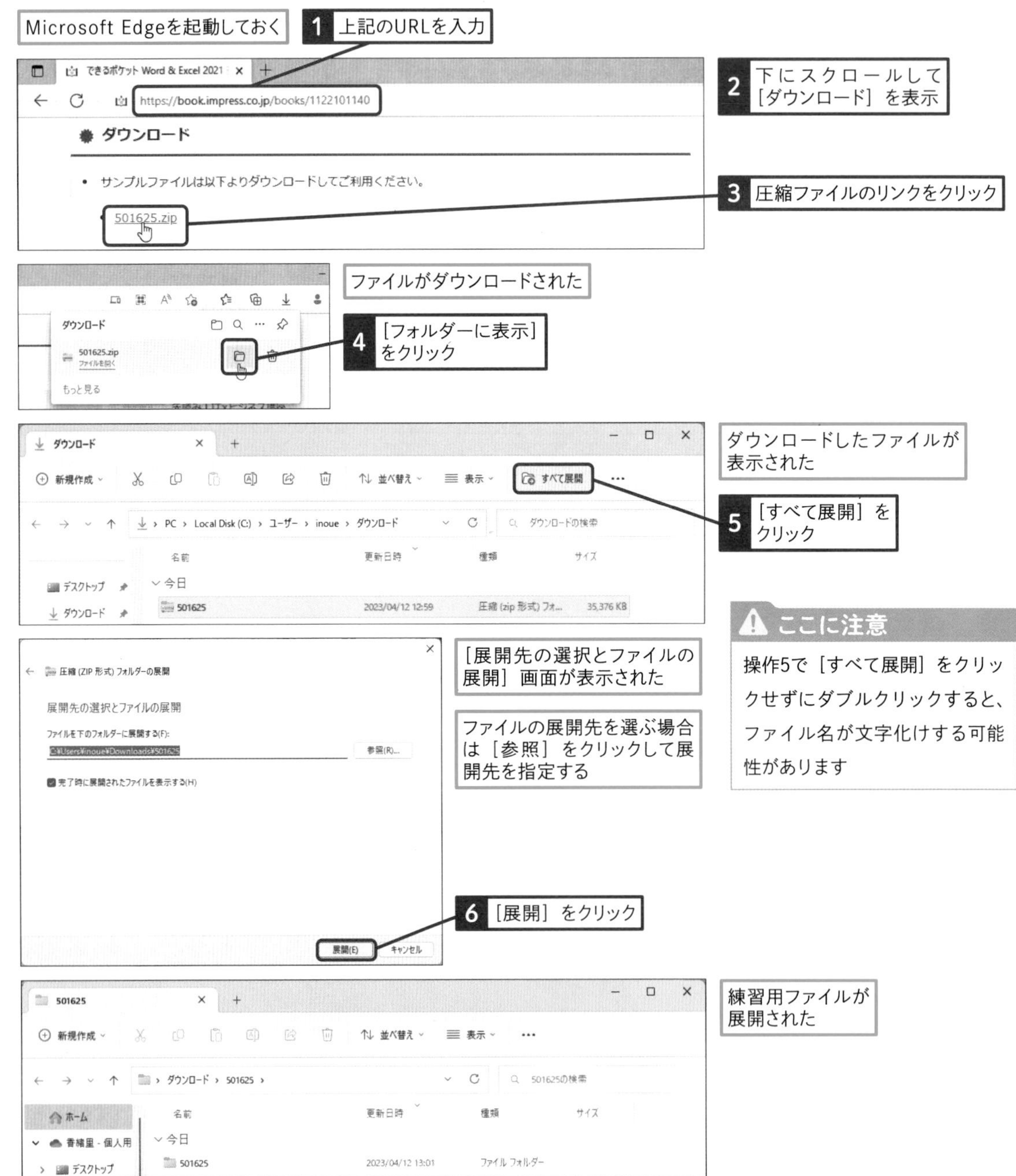

ここに注意

操作5で［すべて展開］をクリックせずにダブルクリックすると、ファイル名が文字化けする可能性があります

●練習用ファイルを使えるようにする

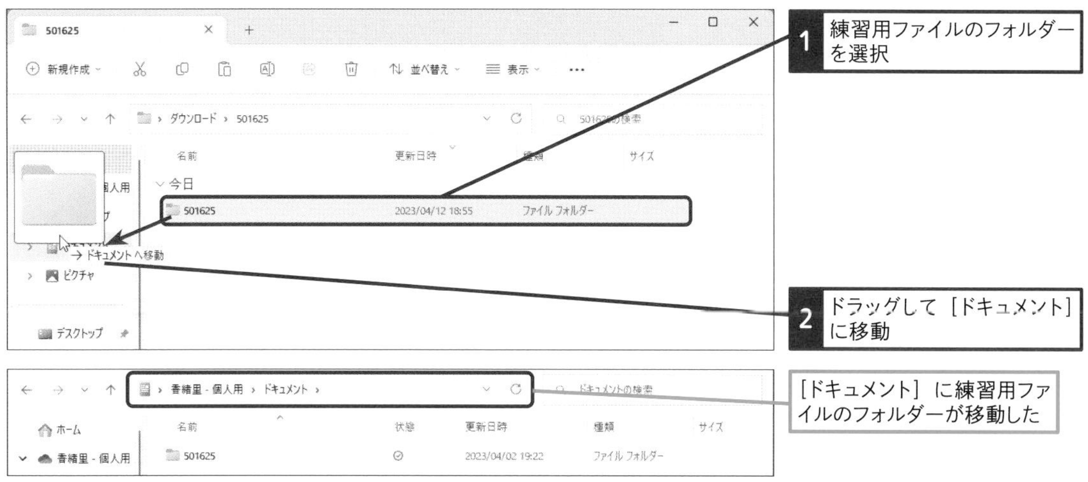

練習用ファイルの内容

練習用ファイルには章ごとにファイルが格納されており、ファイル先頭の「L」に続く数字がレッスン番号、次がレッスンのサブタイトル、最後の数字が手順番号を表します。レッスンによって、練習用ファイルがなかったり、1つだけになっていたりします。 手順実行後のファイルは、収録できるもののみ入っています。

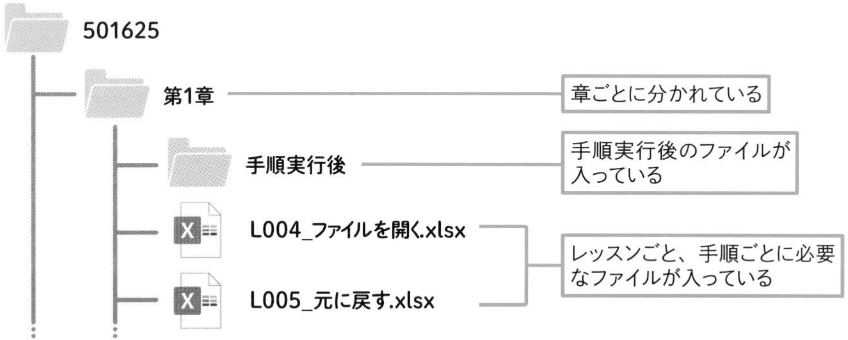

［保護ビュー］が表示された場合は

インターネットを経由してダウンロードしたファイルを開くと、保護ビューで表示されます。ウイルスやスパイウェアなど、セキュリティ上問題があるファイルをすぐに開いてしまわないようにするためです。ファイルの入手時に配布元をよく確認して、安全と判断できた場合は［編集を有効にする］ボタンをクリックしてください。

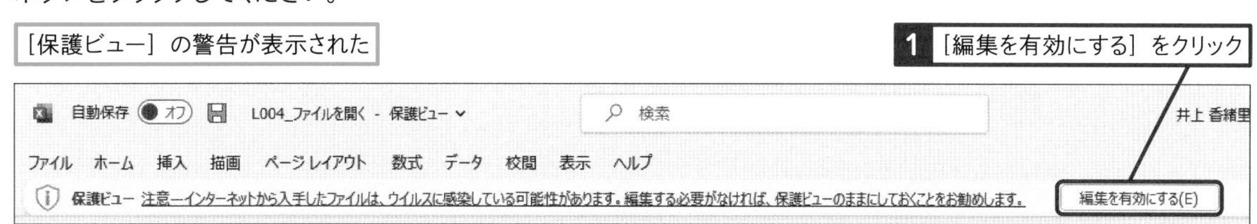

主なキーの使い方

＊下はノートパソコンの例です。機種によってキーの配列や種類、印字などが異なる場合があります。

キーの名前	役割
❶エスケープキー Esc	操作を取り消す
❷半角/全角キー 半角/全角	日本語入力モードと半角英数モードを切り替える
❸シフトキー Shift	英字を大文字で入力する際に、英字キーと同時に押して使う
❹エフエヌキー Fn	数字キーまたはファンクションキーと同時に押して使う
❺スペースキー space	空白を入力する。日本語入力時は文字の変換候補を表示する

キーの名前	役割
❻方向キー ←→↑↓	カーソルキーを移動する
❼エンターキー Enter	改行を入力する。文字の変換中は文字を確定する
❽バックスペースキー Back space	カーソルの左側の文字や、選択した図形などを削除する
❾デリートキー Delete	カーソルの右側の文字や、選択した図形などを削除する
❿ファンクションキー F1からF12	アプリごとに割り当てられた機能を実行する

スキルアップ

ショートカットキーを使うには

複数のキーを組み合わせて押すことで、アプリごとに特定の操作を実行できます。本書では Ctrl + S のように表記しています。

● Ctrl + S を実行する場合

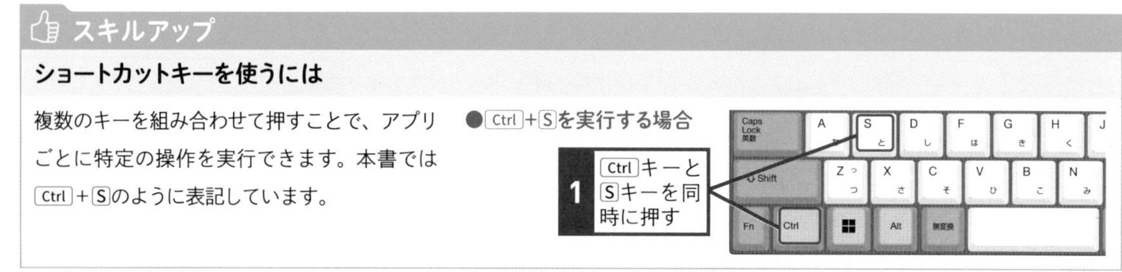

目次

第2章 文字入力と文書作成の基本を知ろう 37

本書の構成

本書はWord・Excel・PowerPointについて、3つのアプリに共通した基礎の操作と各アプリの基本から便利な操作までを解説しています。また、各アプリの一歩進んだ活用から便利な連携ワザも紹介しています。

Office 基本編 第1章	アプリの起動やファイル操作など、各アプリを使う上で知っておきたい基礎的な操作を解説しています。
Word 基本編 第2章～第4章	文字入力や書式設など文書作成に必要な操作を解説しています。表や写真、イラストの挿入など文書を彩る機能も分かります。
Excel 基本編 第5章～第8章	数式や関数の入力、グラフの作成など表作成に必要な操作を解説しています。XLOOKUP関数など一歩進んだ関数も分かります。
PowerPoint 基本編 第9章～第11章	箇条書きの入力や表の挿入、写真・動画の追加などスライド作成の基本を解説します。プレゼンテーションの実行も分かります。
Office 活用編 第12章～第13章	Excelの表をWordに貼り付けるなど、連携した使い方が分かります。Excelのフィルターなど、各アプリの特長的な機能も解説します。
用語集・索引	重要なキーワードを解説した用語集、知りたいことから調べられる索引などを収録。各章と連動させることで、理解がさらに深まります。

登場人物紹介

皆さんと一緒に学ぶ生徒と先生を紹介します。各章の冒頭にある「イントロダクション」、最後にある「この章のまとめ」で登場します。それぞれの章で学ぶ内容や、重要なポイントを説明しています。

北島タクミ（きたじまたくみ）
元気が取り柄の若手社会人。うっかりミスが多いが、憎めない性格で周りの人がフォローしてくれる。好きなお菓子はポテトチップス。

南マヤ（みなみまや）
タクミの同期。しっかり者で周囲の信頼も厚い。 タクミがミスをしたときは、おやつを条件にフォローする。好きなスイーツはマカロン。

Word博士
Wordのすべてを極め、その素晴らしさを優しく教えている先生。基本から活用まで幅広いWordの疑問に答える。好きなWordの機能はマクロ。

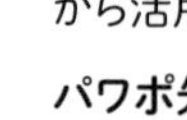

エクセル先生
Excelのすべてをマスターし、その素晴らしさを広めている先生。基本から活用まで幅広いExcelの疑問に答える。好きな関数はVLOOKUP。

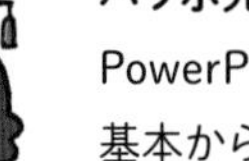

パワポ先生
PowerPointのすべてをマスターし、その素晴らしさを広めている先生。基本から活用まで幅広いPowerPointの疑問に答える。好きな機能はスライドマスター。

Office

基本編

第1章

Officeアプリの基本を覚えよう

Microsoft社が販売しているWord、Excel、PowerPointなどのアプリを総称して「Officeアプリ」と呼びます。この章では、Officeアプリを使う上で欠かせない起動や終了、ファイルの保存といった共通の操作を解説します。

レッスン

01 Introduction この章で学ぶこと Officeアプリの基本操作を覚えよう

Officeアプリには共通の操作が数多くあります。そのため、1つのアプリで操作を覚えれば、他のアプリでも同じ操作が可能です。この章ではExcelを例にとってアプリの起動・終了、ファイルの保存などの基本操作を学びましょう。

1つのアプリで基本を知っておけば大丈夫！

WordにExcel、PowerPoint…。全部のアプリを一気に覚えられるかな…。

不安な気持ちは分かるよ！まずはExcelを使って、アプリの起動や終了、ファイル操作などの基本を知るところからはじめよう。

えっ。Excelだけでいいんですか？

ははは！大丈夫！基本的な操作はどれも共通なんだよ。

そうなんですよ。まずは1つのアプリからしっかりと基本を覚えていきましょう！

それなら安心です！
よろしくお願いします！

最も重要な基本操作は「ファイル操作」と「元に戻す」

まず知っておきたいのはファイルの新規作成と保存、開き方ですね。そして「元に戻す」操作も！

確かに…。そこを知っておかないと、何も始められないですし、作業が終えられない…。

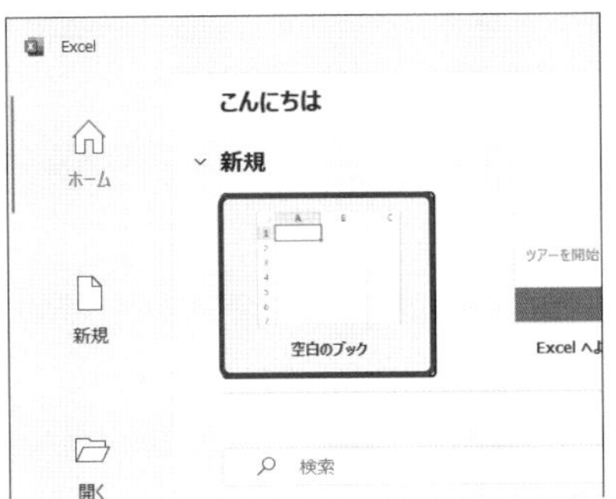

新規作成は左のようにアプリ起動直後、保存は右のように［ファイル］タブからと覚えておくといいよ。

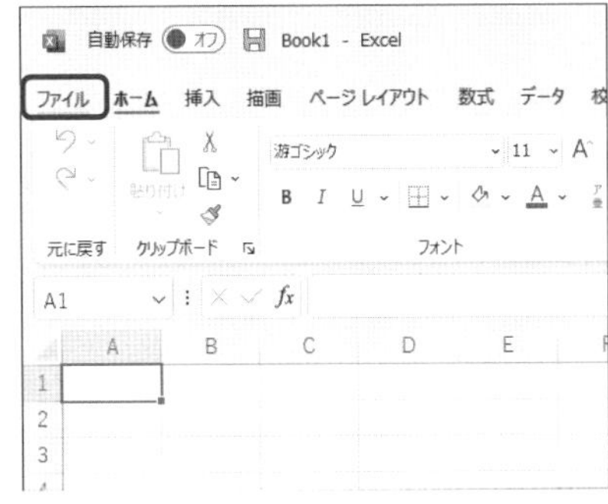

もう1つの「元に戻す」というのは…？

よくぞ聞いてくれました！ 色々な操作をしていく中で、どうしても間違えてしまうことがあります。そんなときに「元に戻す」操作を知っておけば、作業の効率化にもつながるんだ！

なるほど！ うっかりミスをしても、すぐに戻せるってことですね。それは知っておきたいです！

レッスン
02 Officeアプリを起動・終了しよう

起動、終了

練習用ファイル なし

Officeアプリを使えるように準備することを「起動」と呼びます。ここでは例として、Windows11のパソコンでExcelを起動して、白紙の集計用紙を表示してみましょう。

1 Officeアプリを起動する

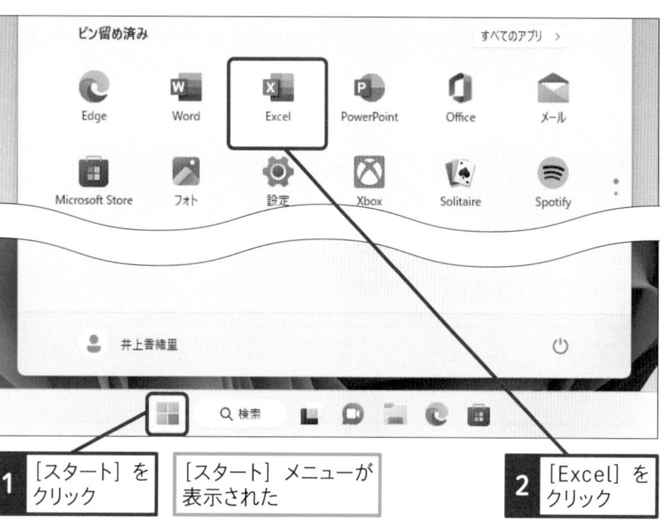

1 [スタート] をクリック

[スタート] メニューが表示された

2 [Excel] をクリック

Excelが起動し、スタート画面が表示された

3 空白のブックをクリック

キーワード

Office	P.306
スタート画面	P.309
ブック	P.311

使いこなしのヒント

大きな画面で表示するには

Officeアプリを起動した後で、画面右上の［最大化］ボタンをクリックすると、Officeアプリが画面全体に大きく表示されます。すでに最大化しているときは［元に戻す（縮小）］ボタンが表示されます。

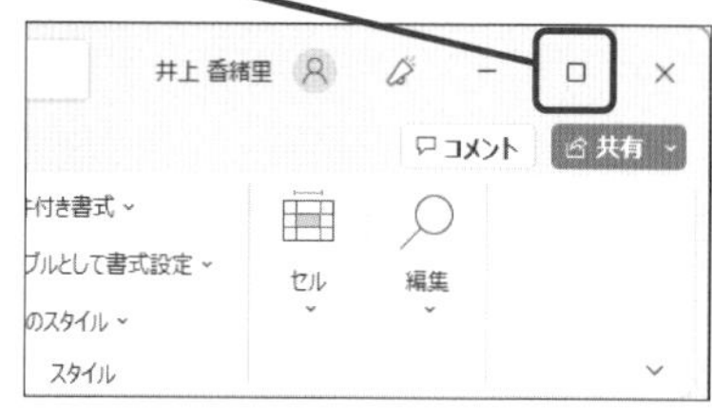

ショートカットキー

[スタート] メニューの表示
[Windows] / Ctrl + Esc

用語解説

スタート画面

Officeアプリを起動した直後に表示される手順1の操作3の画面を「スタート画面」と呼びます。スタート画面は、これからOfficeアプリをどのように使うのかを選択する画面です。

● 空白のブックが表示された

新しいファイルが作成され、ブックの編集ができる状態になった

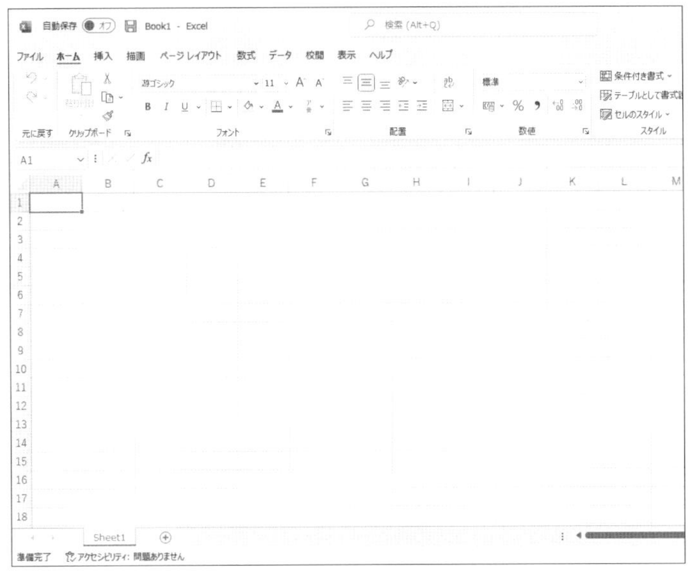

2 Officeアプリを終了する

ここではファイルを保存せずに終了する

1 ［閉じる］をクリック

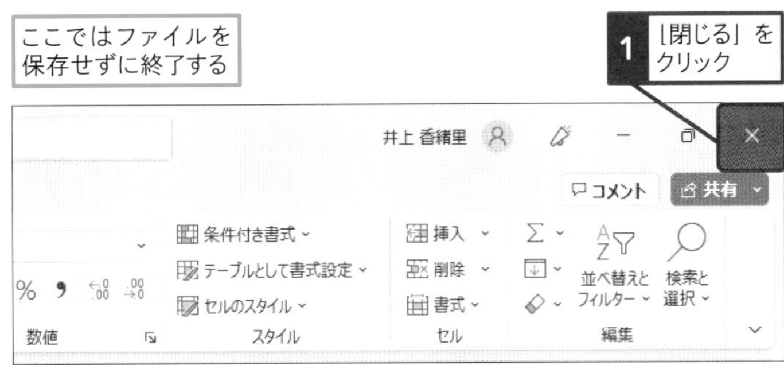

Excelが終了して、デスクトップが表示された

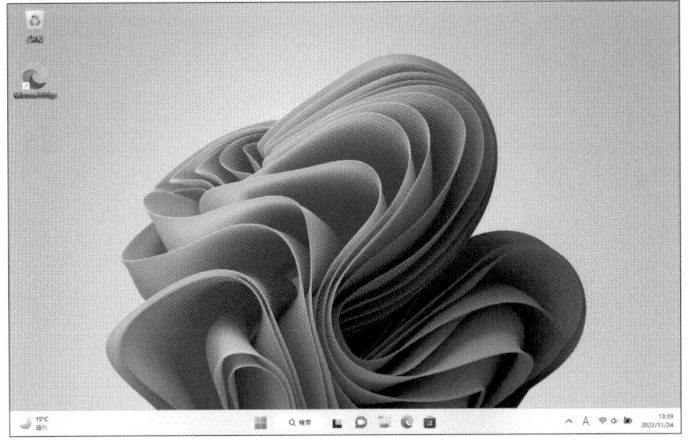

時短ワザ

素早くアプリを起動できるようにするには

Officeアプリの起動後にタスクバーに表示されるOfficeアプリのボタンを右クリックしてタスクバーにピン留めすると、次回からは、タスクバーのボタンをクリックするだけで素早く起動できます。

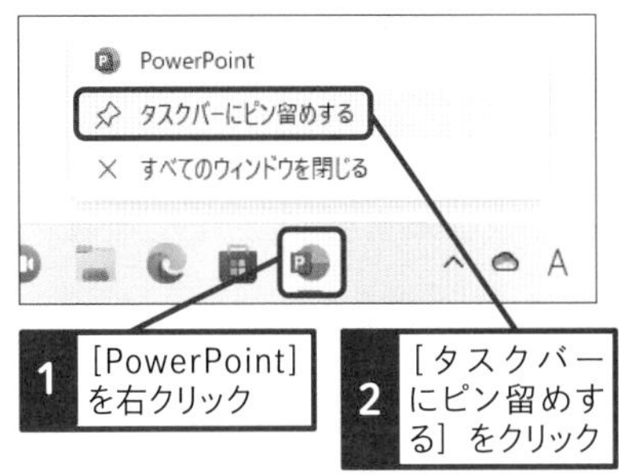

1 ［PowerPoint］を右クリック

2 ［タスクバーにピン留めする］をクリック

使いこなしのヒント

目的のアプリが表示されないときは

手順1の操作2の画面に目的のアプリが表示されないときは、右上の［すべてのアプリ］をクリックします。アプリの一覧が表示されたら、目的のアプリをクリックします。

ショートカットキー

アプリの終了 Alt + F4

まとめ 起動と終了の方法を覚えよう

「起動」とは、アプリを使える状態にする操作のことです。起動方法はいくつかありますが、Officeアプリをはじめ、パソコンで何かを「始める」ときは、［スタート］ボタンをクリックします。スタートメニューが表示されたら、目的のアプリを探してクリックします。頻繁に使うアプリは、デスクトップ画面のタスクバーにピン留めしておくと便利です。まずは、アプリの起動方法をしっかり覚えましょう。

レッスン

03 ファイルを保存しよう

上書き保存、名前を付けて保存

練習用ファイル なし

Officeアプリで作成したファイルに名前を付けて保存します。そうすれば、必要なときにいつでもファイルを開いて編集したり、印刷したりすることができます。

1 ファイルを上書き保存する

レッスン02を参考に新しいファイルを作成しておく

1 ［ファイル］タブをクリック

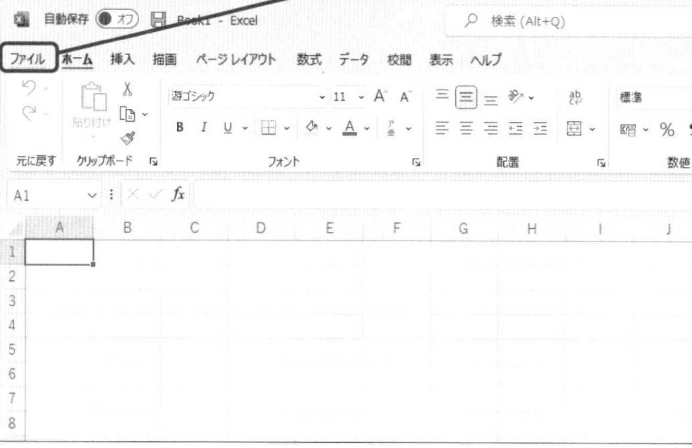

2 ［上書き保存］をクリック

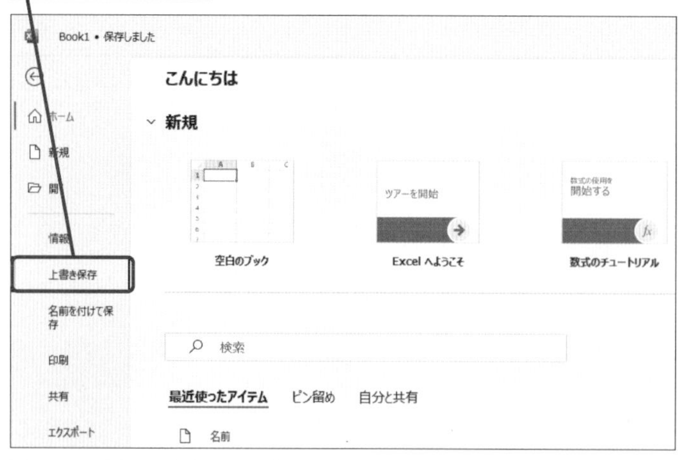

同じ保存場所で、ファイルが上書き保存される

キーワード

ショートカットキー

上書き保存 Ctrl+S

使いこなしのヒント

2回目以降はすぐに保存できる

一度保存したファイルに変更を加えた場合には、［上書き保存］ボタンをクリックします。「上書き保存」は同じ場所に同じファイル名で保存するため、前の内容は削除され、新しい内容に置き換わります。前の内容と変更した内容の両方を残しておきたい場合は、手順2の操作で［名前を付けて保存］を選択し、違う名前でファイルを保存します。

使いこなしのヒント

自動保存って何?

Officeアプリには自動保存の機能が備わっており、手動で保存を実行しなくても、一定の間隔（初期設定では10分）ごとに自動で保存されます。自動保存を使用するには、MicrosoftアカウントでOfficeアプリにサインインして、OneDrive（Web上の保存場所）が使用できる状態にしておく必要があります。

2 名前を付けて保存する

手順1を参考に、スタート画面を表示しておく

1 ［名前を付けて保存］をクリック

2 ［参照］をクリック

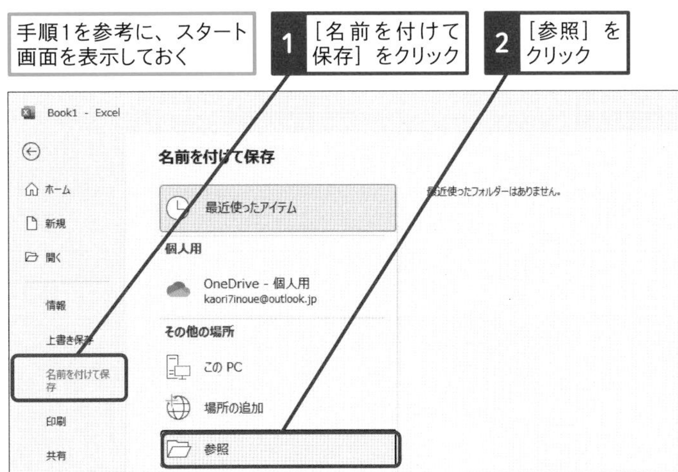

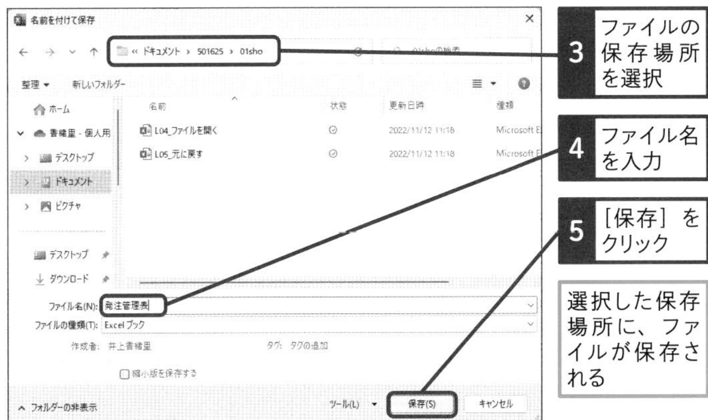

3 ファイルの保存場所を選択

4 ファイル名を入力

5 ［保存］をクリック

選択した保存場所に、ファイルが保存される

3 ファイルの自動保存を有効にする

1 ［自動保存］のここをクリック

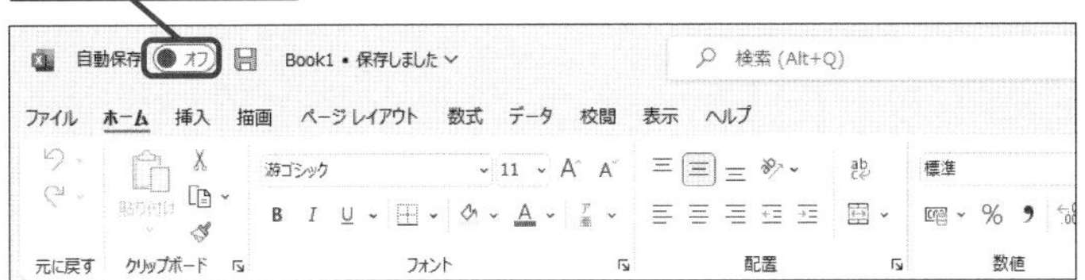

［自動保存］が［オン］と表示され、自動保存が有効になった

自動保存 オン Book1 • 保存済み
検索 (Alt+Q)
ファイル ホーム 挿入 描画 ページレイアウト 数式 データ 校閲 表示 ヘルプ
元に戻す クリップボード フォント 配置 数値

ショートカットキー

名前を付けて保存　Alt + F2

使いこなしのヒント

よく使う保存先が表示される

［名前を付けて保存］をクリックすると、右側に直近で使用したフォルダーが日ごとや週ごとに表示されます。よく使う保存先は、一覧からクリックするだけで選べるので便利です。

使いこなしのヒント

ファイル名に使用できない文字がある

ファイル名には、内容をイメージできる分かりやすい名前を簡潔に付けましょう。以下の半角の記号は、ファイル名には使用できません。

記号	名称
¥	円記号
/	スラッシュ
:	コロン
*	アスタリスク
?	クエスチョンマーク、疑問符
"	ダブルクォーテーション
<>	不等号
|	縦棒

まとめ　小まめに保存して最新の状態を保つ

ファイルを保存する操作には、「名前を付けて保存」と「上書き保存」の2種類があります。初めて保存するときは、手順2のように［名前を付けて保存］を選んで、保存場所やファイル名を指定します。2回目以降に保存するときは、上書き保存を実行します。上書き保存を実行するたびに、ファイルの内容が上書きされて最新の状態に保つことができるのです。パソコンのトラブルなどによって作成したファイルが失われないように、できるだけ小まめに上書き保存するようにしましょう。

レッスン

04 保存したファイルを開こう

ファイルを開く

練習用ファイル L004_ファイルを開く.xlsx

保存したファイルを画面に呼び出すことを「開く」といいます。このレッスンでは、Officeアプリから開く方法と、エクスプローラーから開く方法の2種類を解説します。

1 Excelを起動してから開く

Excelを起動しておく

1 [開く]をクリック

2 [参照]をクリック

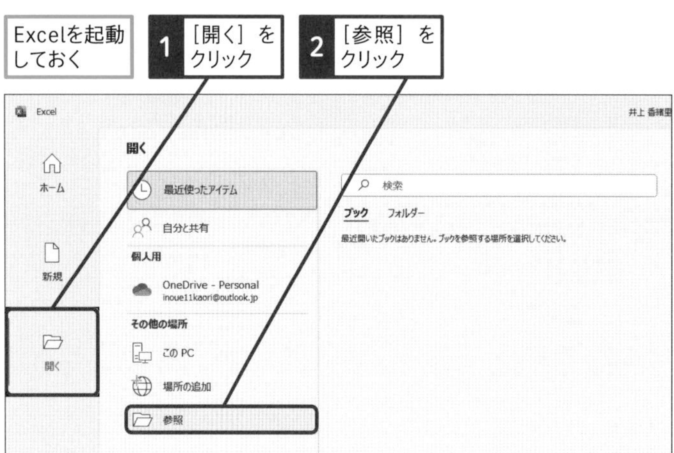

[ファイルを開く]ダイアログボックスが表示された

3 ファイルの保存場所を選択

4 ファイルをクリック

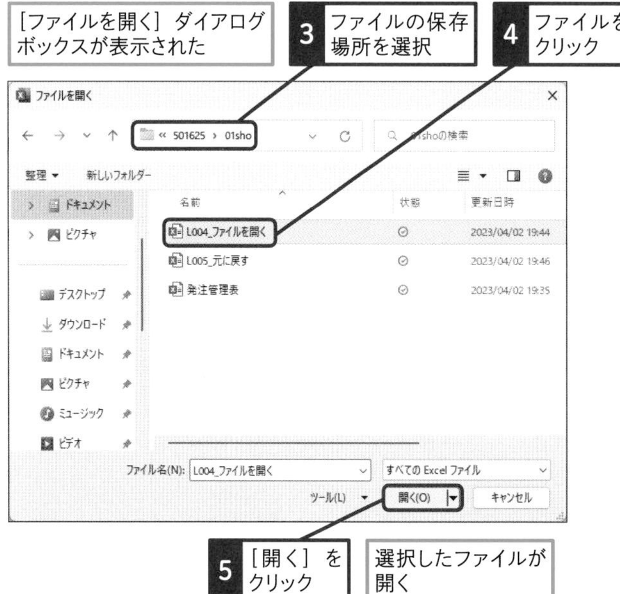

5 [開く]をクリック

選択したファイルが開く

キーワード

ショートカットキー

ファイルを開く Ctrl+O

使いこなしのヒント

作業中にファイルを開くには

手順1では、Officeアプリのスタート画面からファイルを開く方法を解説しました。Officeアプリを起動して作業を開始してから別のファイルを開く場合は、[ファイル]タブから[開く]をクリックします。

1 [ファイル]タブをクリック

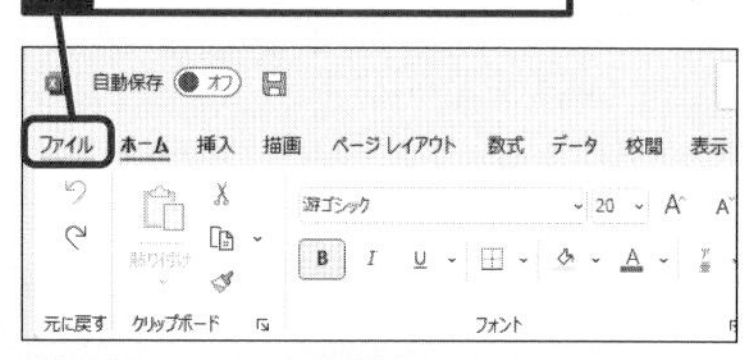

2 [開く]をクリック

3 [参照]をクリック

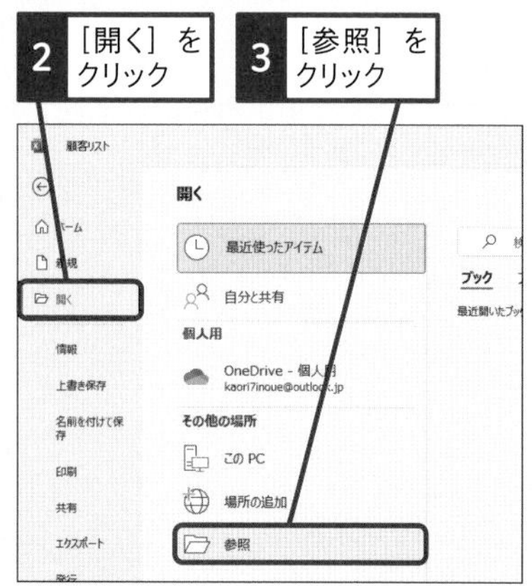

[ファイルを開く]ダイアログボックスが表示される

2 エクスプローラーから開く

1 ［エクスプローラー］をクリック

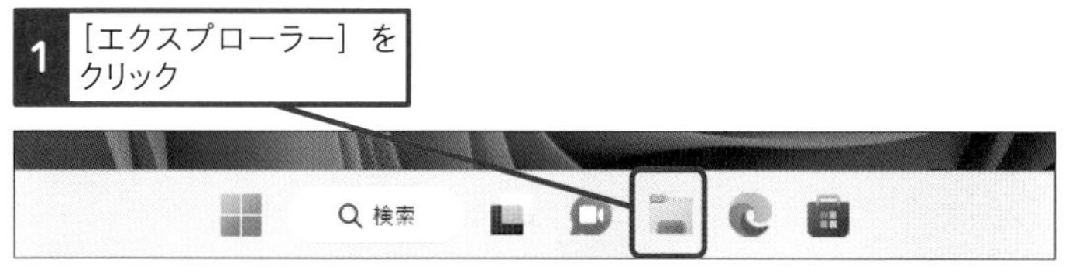

2 ［ドキュメント］をクリック

3 ［501625］をダブルクリック

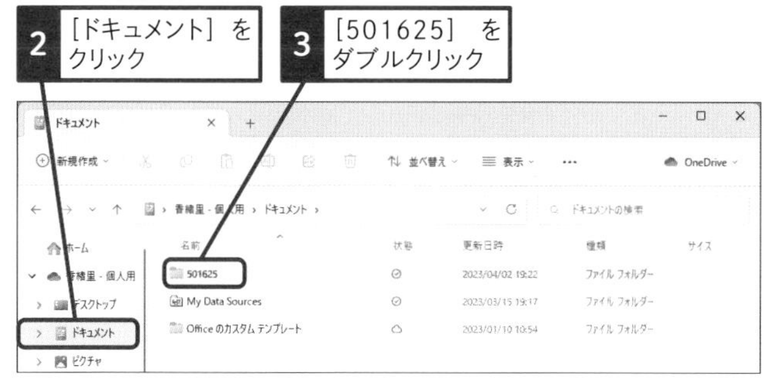

4 ［01sho］をダブルクリック

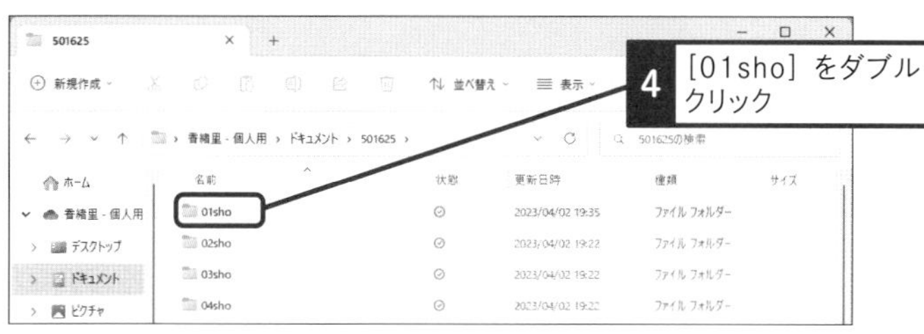

5 ファイルをダブルクリック

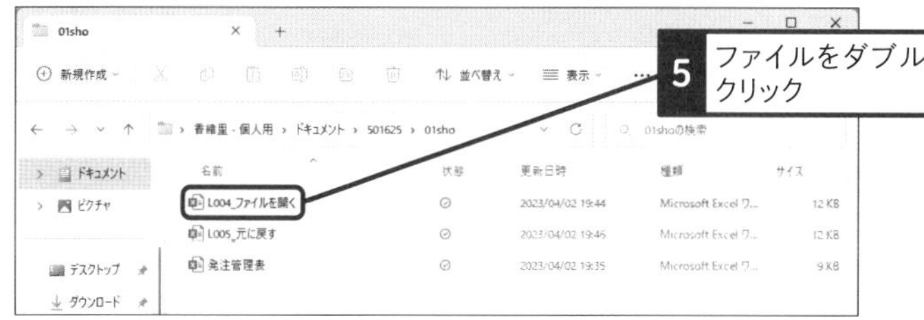

Officeアプリが起動して、選択したファイルが開いた

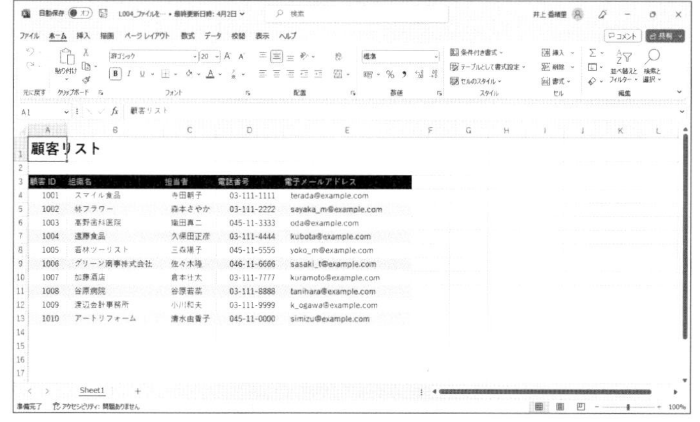

ショートカットキー

エクスプローラーの起動　［Windows］+［E］

時短ワザ

最近使ったファイルは履歴からすぐに開ける

Officeアプリのスタート画面や、［ファイル］タブから［開く］をクリックすると、過去に利用したファイルの一覧が表示されます。頻繁に使うファイルを素早く開くには、一覧から目的のファイルをクリックしましょう。ただし、一覧に表示されるファイルの数は決まっています。一覧から特定のファイルが消えないようにするには、以下の手順で一覧の上側に常に表示されるようにしましょう。

1 ［ファイル］タブをクリック

2 ［開く］をクリック

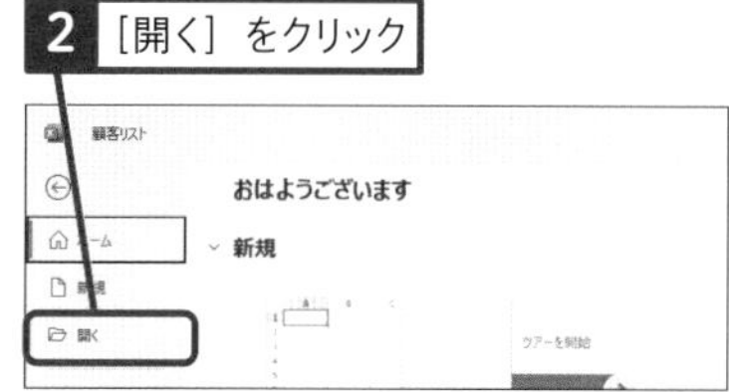

3 ピンのアイコンをクリック

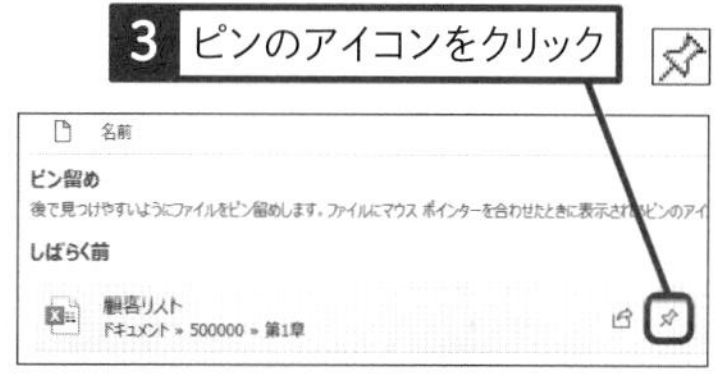

まとめ　素早く目的のファイルを開こう

ファイルを開く方法はいろいろあります。Officeアプリの起動後にファイルを開くときには、スタート画面や［開く］の画面でよく使うファイルを手早く開く方法を覚えとおくといいでしょう。Officeアプリを起動する前であれば、保存先のフォルダーを直接開く方法が便利です。そうすると、Officeアプリの起動とファイルを開く操作が同時に行えます。状況に合わせて素早くファイルを開いて、作業に取り掛かりましょう。

レッスン

05 間違えた操作を元に戻そう

元に戻す

練習用ファイル　L005_元に戻す.xlsx

Officeアプリの操作中にうっかり操作を間違えることもあるでしょう。[元に戻す] ボタンをクリックすると、操作を1段階ずつ前に戻すことができるので安心です。

1 セルの文字を消去する

レッスン04を参考に [L005_元に戻す.xlsx] のファイルを開いておく

文字が消去された

キーワード

用語解説

セル

Excelの画面に表示される方眼紙状のマス目のことを「セル」と呼びます。セルは列番号と行番号の組み合わせで構成されており、A列の1行目のセルは「A1」と表します。Excelの操作は第5章を参照してください。

使いこなしのヒント

文字はBack spaceキーでも削除できる

Excelでは、Deleteキーを押すとセルのデータが消去されます。WordやPowerPointでは、Deleteキーはカーソルの右側の文字を消すときに使います。一方、Back spaceキーはカーソルの左側の文字を消すときに使います。カーソル位置によって使い分けましょう。

ショートカットキー

元に戻す	Ctrl + Z
やり直し	Ctrl + Y

スキルアップ

2つ以上前の操作を実行することもできる

[元に戻す] ボタンをクリックするたびに、1段階ずつ操作を元に戻せます。また、[元に戻す] の右側の▼をクリックすると、過去の操作の一覧が表示され、操作を戻したい位置を直接クリックして選べます。

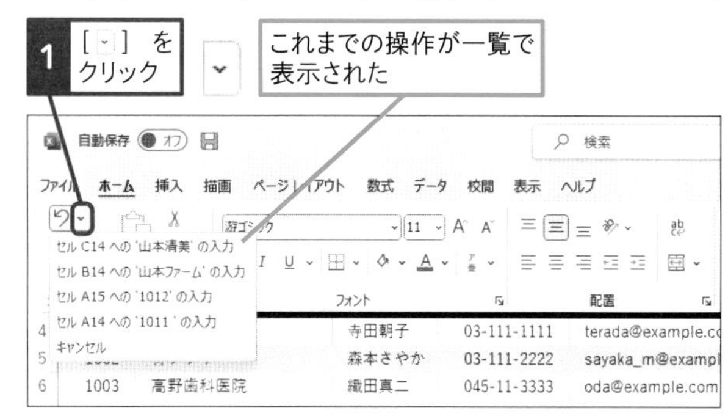

2 セルの文字を元に戻す

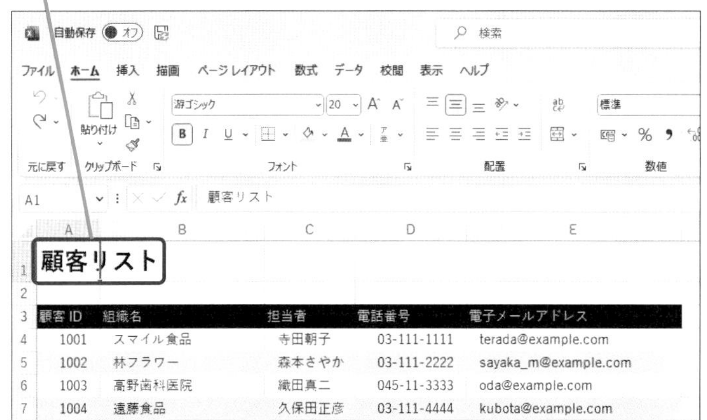

使いこなしのヒント

[やり直し] も合わせて活用しよう

[元に戻す] ボタンをクリックしすぎてしまったときは、[ホーム] タブの [やり直し] ボタンをクリックします。そうすると、元に戻した操作をやり直すことができます。

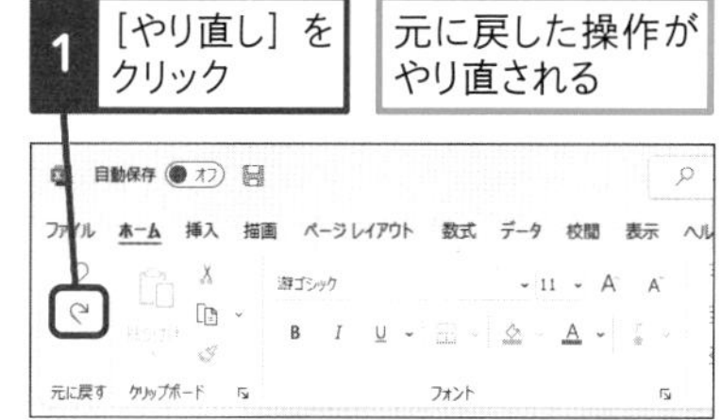

まとめ 間違えたらすぐに「元に戻す」を習慣づけよう

[元に戻す] ボタンをクリックすると、間違えた前の段階に戻してから操作をやり直すことができます。「スキルアップ」で解説した操作で何段階も操作を元に戻すこともできますが、間違えたと思ったらすぐに元に戻したほうが効率的です。よく使う機能なので、Ctrl+Zキーのショートカットキーを覚えておくと便利です。

この章のまとめ

Officeアプリは共通の操作が多い

本書で解説するWord、Excel、PowerPointは、それぞれ文書作成、表計算、プレゼン資料作成といった具合に用途は違いますが、共通する操作もたくさんあります。起動や終了はもちろんのこと、ファイルを保存したり保存したファイルを開いたりする操作も共通です。また、間違えた操作を元に戻す機能もどのアプリにも搭載されています。Officeアプリのどれかひとつで基本操作をしっかり習得すれば、アプリが変わっても迷わずに操作できます。

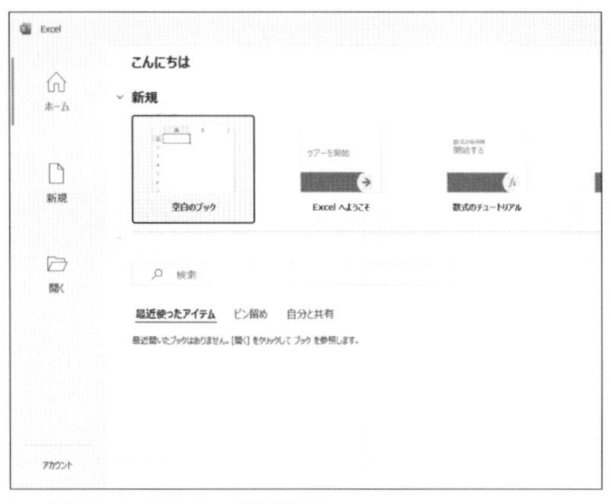

ファイル操作はスタート画面から実行する

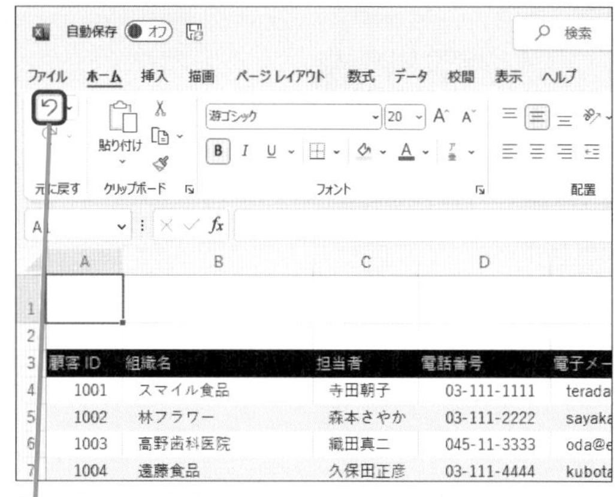

[元に戻す] はOfficeのすべてで使える

まずはExcelを使って、基本操作を解説していったけど、どうだったかな？ アプリの起動はいいとして、やっぱりファイル操作はとても重要な操作になるのでしっかりマスターしてほしい！

まかせてください！　バッチリです！
新しいファイルの作成から開き方、保存までひと通り、理解できたと思います！

それは頼もしいね。それじゃあ、ぜひ、WordとPowerPointでも操作を復習してみてほしいな。それと「元に戻す」は、直前に戻すだけでなく、何段階もさかのぼることも可能だから覚えておいてね。

そうなんですね！　操作ミスは避けて通れない道だと思うので肝に銘じておくようにします。
とはいっても、あまりお世話にならないようにしたいですね（笑）

Word

基本編

第2章

文字入力と文書作成の基本を知ろう

Wordは文書作成のためのアプリです。キーボードから思い通りに文字を入力できると、Wordを使った文書作成が楽しくなります。この章では、ひらがなやカタカナ、漢字、アルファベットなど、いろいろな種類の文字を入力したり、入力した文字を修正したりする操作を解説します。

レッスン
06 Introduction この章で学ぶこと 文字入力は文書作成の第一歩

Wordで文書を作成する上で文字入力は欠かせません。文字入力はOfficeアプリ共通の操作です。まずは、いろいろな種類の文字を入力・変換・修正できるようにしましょう。文字入力が身に付くと、自信を持って操作できるようになります。

文書作成の基礎は「入力と変換」から

Wordというと、日報や報告書、企画書とかの文章が中心の文書を作成するアプリですよね。

文書作成では文字入力が基礎だ。入力と変換がその流れだけど、変換では漢字やカタカナへの変換が重要な操作といえるんだ。

確かにそうですね！ そこが分からないとお話にならないですよね…。

社員各位
総務部
佐藤綾子

1 彩子
2 綾子
3 亜矢子
4 あや子
5 絢子
6 文子

社員各位
総務部
佐藤綾
イベン
Word 勉
● 日
● 会場：〒
● 費用

絵文字を使用するに
1 〒
2 郵便局
3 郵便番号
4 郵便
5

ひらがなやカタカナ、漢字の入力はもちろん、記号の入力も解説していくから、1つずつ身に付けていこう。

文書を読みやすくする見せ方を覚えよう

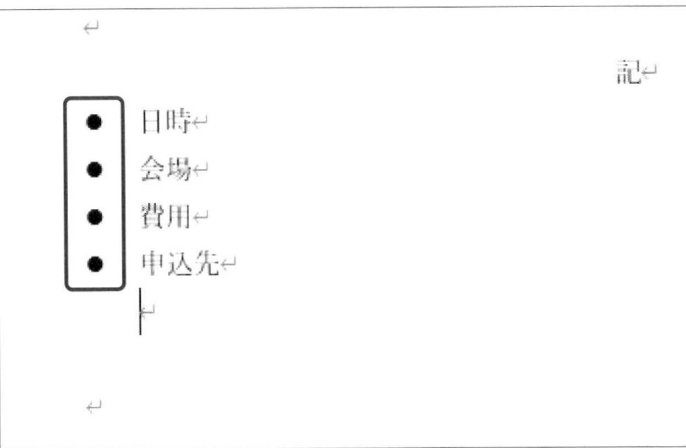

箇条書きは文章を読みやすくするため知っておきたい基本の1つだ。Wordは箇条書きを簡単に入力できるんだ。

確かに、箇条書きで書いてあると読みやすくなりますね。しかも簡単に入力できるんですか？ それは知っておきたいです。

文字の編集とコピーで効率よく文書を作成しよう

文書を作る過程では、初めから100%完成された文章を入力するのはほぼ無理といってもいい。そのために知っておきたいのが文字の挿入や削除といった操作だ。

そうですね。間違えて消すのはもちろん、足りない文字を加えたり…。

文字の削除や追加といった操作は文章作成に欠かせないものだからしっかりと覚えていこう。また、入力済みの文字列をコピーして再利用する操作も解説していくよ。

レッスン

07 Wordの画面構成を知ろう

画面構成　練習用ファイル　なし

Wordでは、中央に表示されている用紙に文字を入力して文書を作成します。画面上部にある「リボン」には、入力した文字を装飾したり編集したりするための機能が目的別に「タブ」に分類されています。画面各部の名称と役割を確認しましょう。

キーワード

Word 2021の画面構成

ステータスバー
ページ番号、文字数、文書校正結果など、現在のカーソル位置に関する情報が表示される。右クリックして表示されるメニューから項目を選ぶこともできる

編集画面
文書を作成する領域。最初はA4判の縦置きの用紙が表示される

❶リボン

複数のタブが集まった領域のこと。文書を編集するための機能が役割別にタブに分かれており、リボン上部のタブをクリックして切り替える。

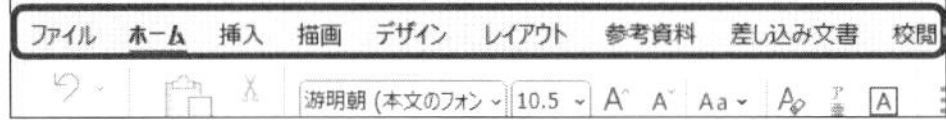

タブを切り替えて、目的の作業を行う

❷タイトルバー

開いているファイルの名前やアプリの名前が表示される。自動保存のスイッチをオンにすると、Web上の保存場所であるOneDriveに一定の間隔で保存できる。

［自動保存］が有効かどうかが表示される

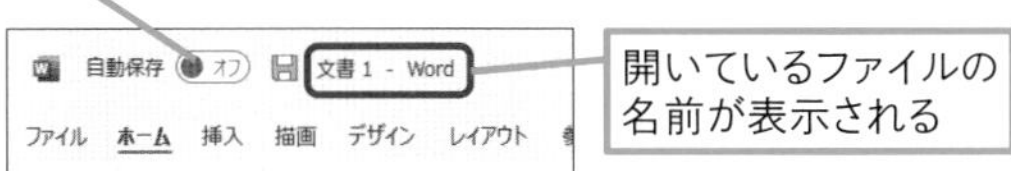

開いているファイルの名前が表示される

❸Microsoft Search

次に行いたい操作を入力すると、関連する機能の名前が一覧表示され、クリックするだけで機能を実行できる。目的の機能がどのタブにあるかが分からないときに便利。

❹ユーザー名

Officeにサインインしているユーザー名が表示される。サインインには、Microsoftアカウントを利用する。本書では、Microsoftアカウントでサインインした状態で操作を解説する。

クリックすると、サインアウトしたり、Microsoftアカウントを切り替えたりできる

❺コメント

クリックすると、画面右側に［コメント］ウィンドウが開き、文書にメモを残すことができる。

❻共有

Web上の保存場所であるOneDriveに保存した文書ファイルを、第三者と共有して同時に編集するときに利用する。

❼スクロールバー

つまみを上下にドラッグすると、文書を縦方向にずらして表示できる。横方向のスクロールバーが表示される場合もある。

❽ズームスライダー

つまみを左右にドラッグすると、文書の表示倍率を変更できる。［拡大］ボタン（+）や［縮小］ボタン（−）をクリックすると、10%ごとに表示の拡大と縮小ができる。

ここをクリックして［Zoom］ダイアログボックスを表示しても、画面の表示サイズを任意に切り替えられる

ここに注意

ディスプレイの解像度によって、リボンに表示されるボタンの大きさや形状が変化します。本書では、1,280×800ピクセルの解像度で画面を撮影しています。

使いこなしのヒント

リボンの内容は操作や選択対象によって変わる

リボンは、タブをクリックして手動で切り替えるだけでなく、操作に応じて自動的に切り替わる場合もあります。これは、アプリが次に行う操作を予測してタブを切り替える仕組みになっているためです。選択対象によって、通常は表示されないタブが表示される場合もあります。

スキルアップ

ズームスライダーで表示倍率を変更するには

ズームスライダーの両端にある［+］や［-］をクリックすると、10％ずつ画面の表示倍率を変更できます。また、ズームスライダーのつまみを左右にドラッグして変更することもできます。

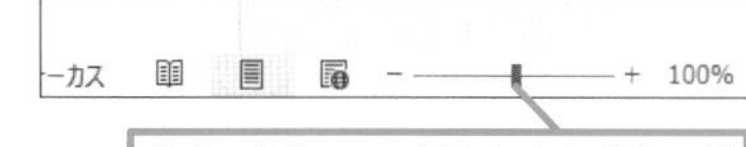

［ズーム］のつまみを右にドラッグすると表示倍率が拡大される

まとめ 用途によって表示倍率を変更しよう

Wordでは、中央の用紙に入力した文字を、リボンに用意されているボタンを使って編集します。作成中に画面の文字が小さくて見づらいと思ったときは、ズームスライダーを使って表示倍率を拡大します。反対に文書全体のバランスを見るときには、表示倍率を縮小して1ページ全体が見えるようにするといいでしょう。

レッスン

08 ひらがなを入力しよう

ひらがな、入力モード、改行

練習用ファイル なし

文字を入力するには、入力したい文字の種類に合わせて「入力モード」を切り替える操作が必要です。ここでは、入力モードを切り替えて、ローマ字入力でひらがなの文字を入力します。

1 入力位置を確認する

レッスン02を参考にWordを起動して、[白紙の文書] をクリックしておく

入力した文字は、カーソルが点滅しているところに表示される

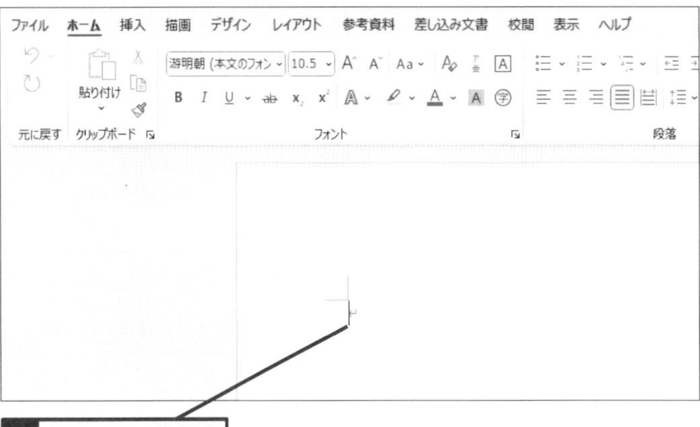

1 カーソルの位置を確認

2 入力モードを切り替える

[A] と表示されているときは入力モードが [半角英数] に設定されている

ここでは入力モードを [ひらがな] に変更する

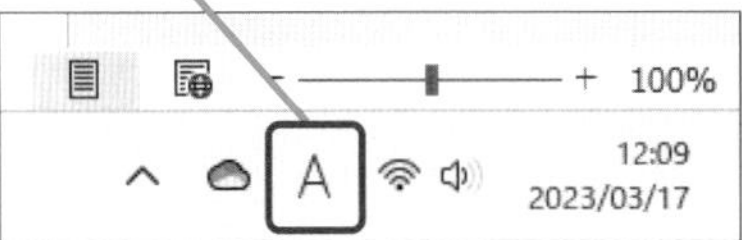

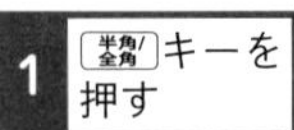

[あ] と表示され、入力モードが [ひらがな] に切り替わった

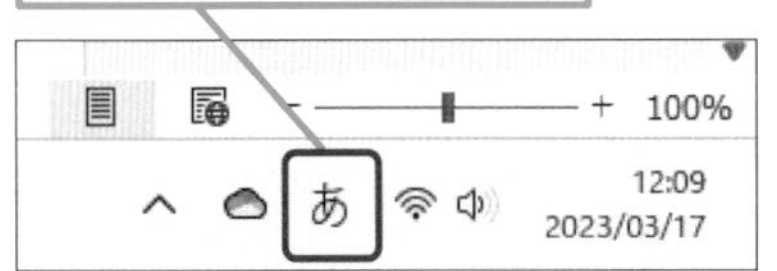

キーワード

かな入力	P.307
日本語入力システム	P.310
入力モード	P.310
ローマ字入力	P.312

ショートカットキー

入力モードの切り替え 半角/全角

使いこなしのヒント

日本語入力システムって何?

パソコンでひらがなの入力や漢字の変換ができるのは、日本語入力システムという専門のアプリがあるからです。Windows11には「Microsoft IME」という日本語入力システムが搭載されており、画面右下の通知領域にある入力モードのボタンで操作します。

使いこなしのヒント

入力モードを確認しよう

キーボードの左上にある半角/全角キーを押すと、入力モードを切り替えられます。画面の右下に [あ] が表示されていればひらがな、[A] が表示されていれば半角英数を入力できます。半角/全角キーを押すごとに [あ] と [A] が交互に切り替わります。

使いこなしのヒント

句読点を入力するには

ローマ字入力では、キーボード下部の,キーを押すと読点が、.キーを押すと句点が表示されます。かな入力では、Shiftキーを押しながら,キーや.キーを押します。

3 「こんにちは」と入力する

文章の頭に「こんにちは」と入力する

1 KOとキーを押す

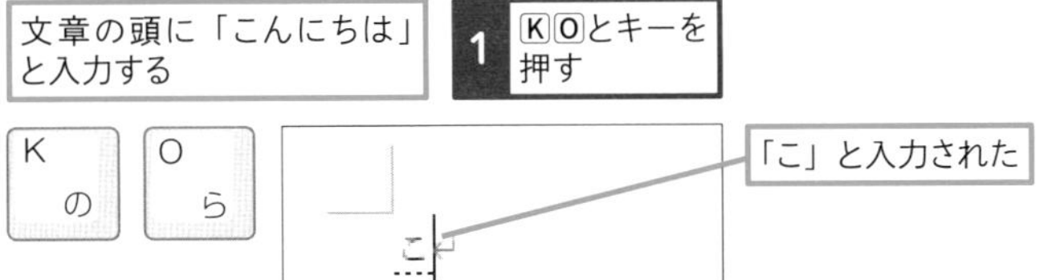

2 キーを順に押す

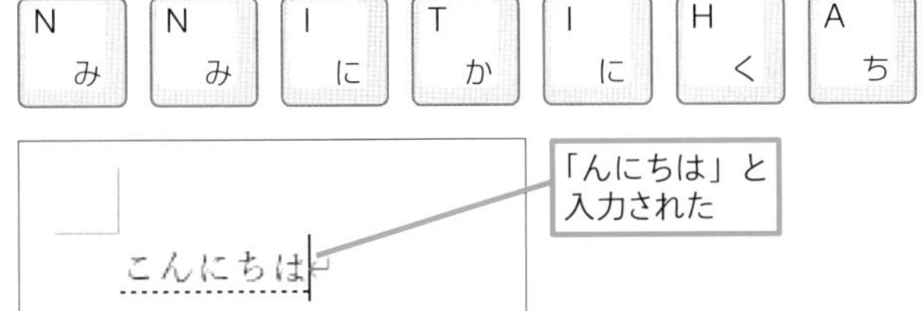

3 Enterキーを押す

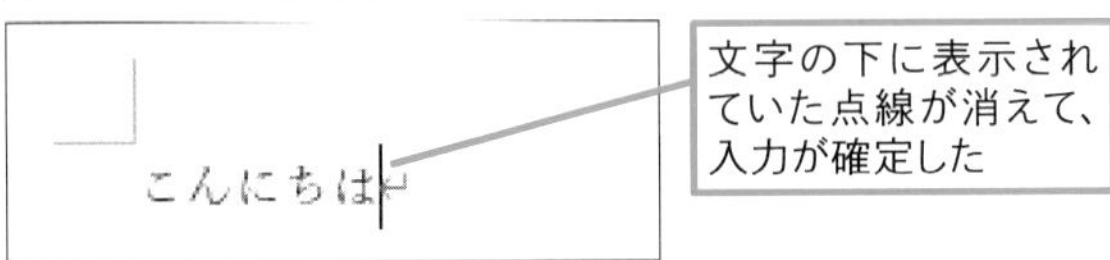

4 改行を入力する

ここでは「こんにちは」の後に改行を入力する

1 カーソルの位置を確認

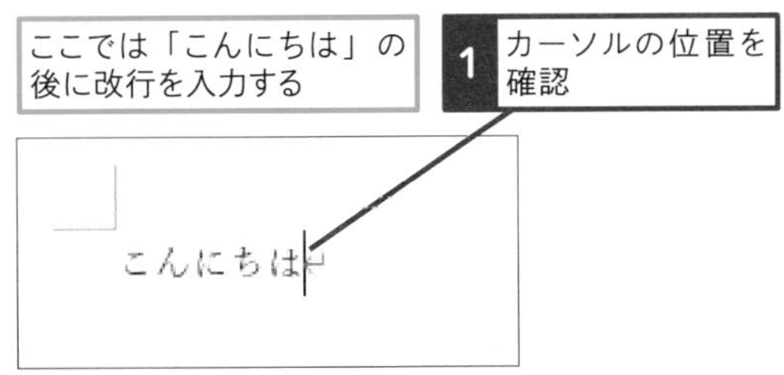

2 Enterキーを押す

「こんにちは」の後に改行が入力された

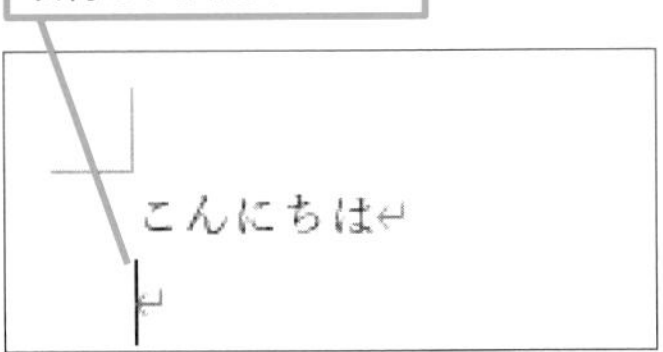

カーソル（|）が1行分下に移動した

使いこなしのヒント

かな入力もできる

日本語入力システムは初期設定で「ローマ字入力」が設定されています。キーボードの表面のかな文字を見ながら入力する「かな入力」に切り替えるには、入力モードのボタンを右クリックし、メニューから「かな入力」を選びます。

1 入力モードのボタンを右クリック

2 ［かな入力］をクリック

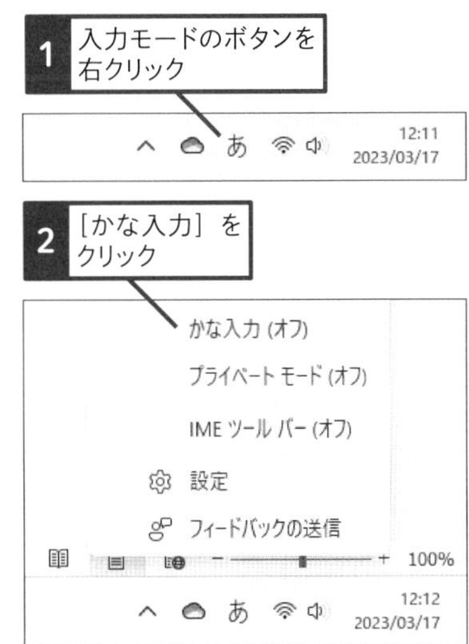

ここに注意

文字を入力すると、最初は文字の下に点線が付いた未確定文字として表示されます。Enterキーを押すと、点線が消えて文字が確定します。

まとめ 文書作成の基本は文字入力から

文字を入力するには、最初に入力したい位置にカーソルを移動します。次に入力モードを切り替えて文字を入力します。最後にEnterキーで文字を確定します。文書作成に文字入力は欠かせません。キーボードの配置に慣れるまでは、キーを探すのに時間がかかってしまうかもしれませんが、毎日少しずつ練習することが上達の早道です。

レッスン

09 漢字やカタカナに変換しよう

日本語入力

練習用ファイル L009_日本語入力.docx

漢字やカタカナを入力するには、最初にひらがなで「読み」を入力してから、次に漢字やカタカナに「変換」します。目的の文字に変換できたら最後に「確定」するという3つの操作が必要です。

1 読みをカタカナに変換する

ここでは「イベント」と入力する

1 ここをクリックしてカーソルを移動

2 I B E N N T O とキーを押す

「いべんと」と入力できた

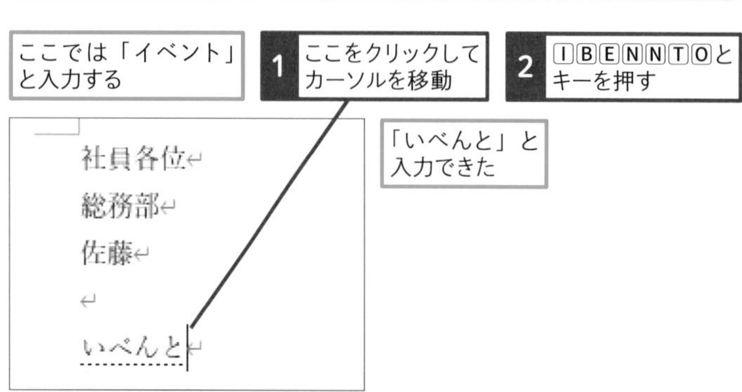

「いべんと」をカタカナに変換する

3 F7 キーを押す

カタカナに変換された

4 Enter キーを押して確定する

2 読みを漢字に変換する

続けて「かいさい」と入力して「開催」と変換する

1 K A I S A I とキーを押す

「かいさい」と入力できた

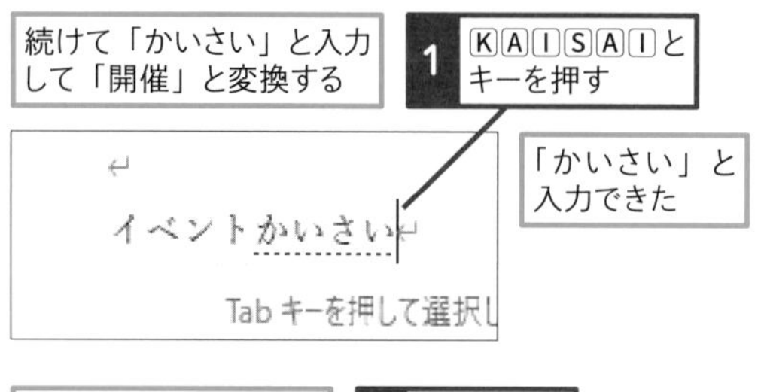

「かいさい」を漢字に変換する

2 space キーを押す

漢字に変換された

4 Enter キーを押して確定する

キーワード

日本語入力システム	P.310
変換	P.312

使いこなしのヒント

space キーでもカタカナに変換できる

手順1では F7 キーを押してカタカナに変換していますが、一般的によく使われる用語は space キーでも変換できます。space キーで変換できないときや強制的にカタカナで表示したいときに F7 キーを使うといいでしょう。

ショートカットキー

全角カタカナに変換 F7

使いこなしのヒント

変換結果は学習される

日本語入力システムは、以前に選択した漢字を学習します。そのため、次に同じ読みを入力すると、前回選択した漢字が最初に表示されるので、選択の手間が省けます。変換をすればするほど、よく使う変換候補が上位に表示され、使いやすくなります。

3 変換候補の一覧から選択する

ここでは3行目の「佐藤」の後に「あやこ」と入力して「綾子」と変換する

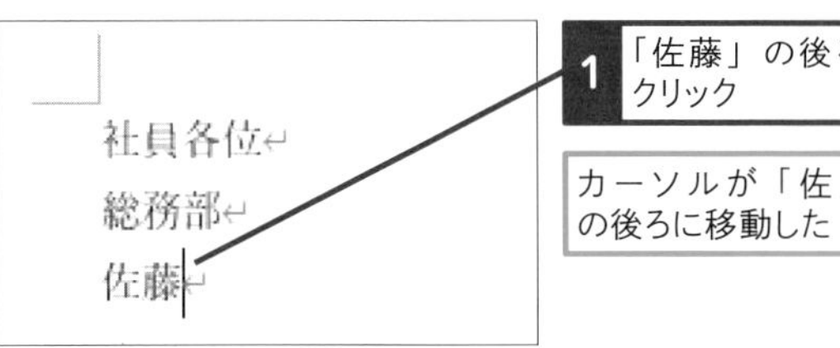

1 「佐藤」の後ろをクリック

カーソルが「佐藤」の後ろに移動した

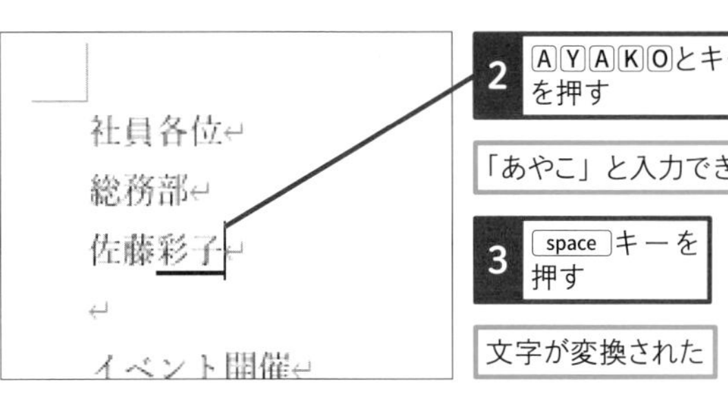

2 AYAKOとキーを押す

「あやこ」と入力できた

3 spaceキーを押す

文字が変換された

「あやこ」の部分が思い通りの変換結果にならなかった

4 spaceキーを押す

「あやこ」の読みに対する変換候補の一覧が表示された

ここでは変換候補から「綾子」を選択する

5 ↑↓キーで変換する文字を選択

変更候補の左側にある数字のキーを押すことでも選択できる

6 Enterキーを押して確定する

変換が確定し、下線が消えた

スキルアップ

変換の対象を切り替えるには

手順3では、姓と名を別々に入力しましたが、「さとうあやこ」とまとめて読みを入力しても変換できます。このとき、spaceキーを2回押しても「さとう」の変換候補しか表示されません。「あやこ」の変換候補を表示したいときは、→キーで変換対象を「あやこ」まで移動してからspaceキーで変換します。左右の方向キーで変換対象を移動すると、変換対象の文字の下に太い下線が表示されます。

使いこなしのヒント

確定した漢字を再変換するには

Enterキーで文字を確定した後でも、別の漢字に変換し直せます。再変換したい文字の前後にカーソルを移動し、キーボードの変換キーを押します。すると、変換候補の一覧が表示されるので、手順3の操作5以降と同様の操作ができます。

まとめ 正しい読みで変換しよう

目的の漢字に変換するポイントは、正しい読みを入力することです。例えば「日付」に変換するには、読みを「ひづけ」と入力します。「ひずけ」では正しく変換できません。変換候補を表示しても、目的の漢字が表示されないときは、読みが間違っていないかを確認し、適宜修正してから変換し直しましょう。

レッスン
10 アルファベットを入力しよう

英数字入力

練習用ファイル L010_英数字入力.docx

アルファベットを入力するときは、半角/全角キーを使って入力モードを［半角英数］に切り替えます。この状態でキーを押すと、キーの表面に書かれている半角の英字や数字、記号を入力できます。

1 アルファベットを入力する

「イベント開催」の下に行を追加して「Word」と入力する

1 ここをクリックしてカーソルを移動

2 Enterキーを押す

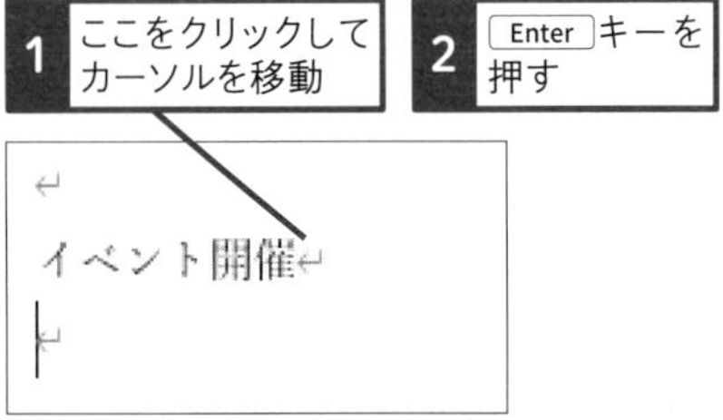

「イベント開催」の下に行が追加され、カーソルが移動した

入力モードを［半角英数］に切り替える

3 半角/全角キーを押す

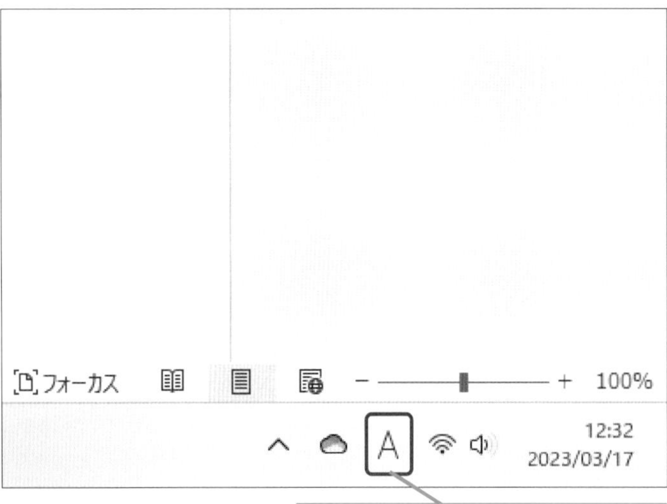

入力モードが［半角英数］に切り替わり、［A］と表示された

キーワード

全角	P.310
入力モード	P.310
半角	P.311

使いこなしのヒント

入力モードをメニューから切り替えるには

手順1の操作3の操作は以下のように操作しても入力モードを切り替えられます。

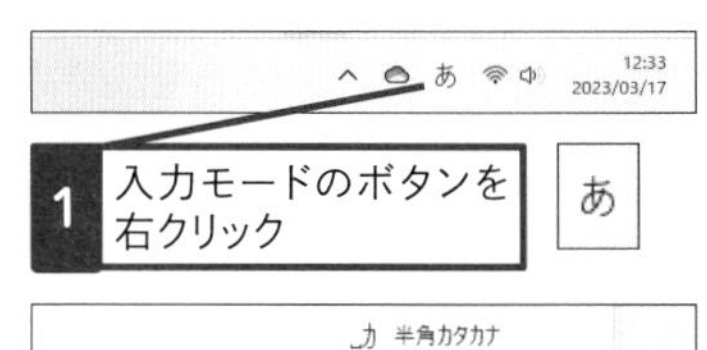

1 入力モードのボタンを右クリック

あ

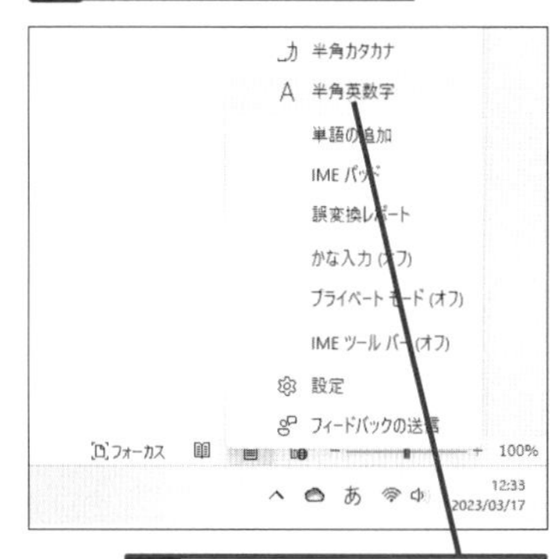

2 ［半角英数字］をクリック

使いこなしのヒント

空白にも全角と半角がある

入力モードが［半角英数］の状態でspaceキーを押すと半角の空白が入力されます。一方、入力モードが［ひらがな］の状態でspaceキーを押すと、全角の空白が入力されます。

スキルアップ

ファンクションキーで素早く変換しよう

入力モードを［半角英数］に切り替えなくても、読みを入力した後でF10キーを押すと、半角のアルファベットに変換できます。他にも下記のファンクションキーを使ってひらがなやカタカナに変換できます。

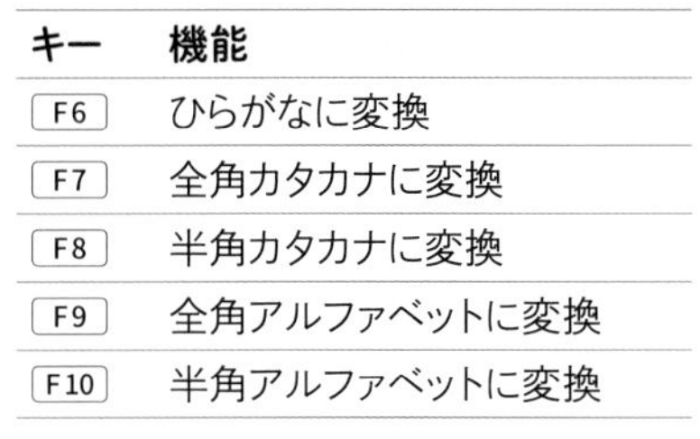

キー	機能
F6	ひらがなに変換
F7	全角カタカナに変換
F8	半角カタカナに変換
F9	全角アルファベットに変換
F10	半角アルファベットに変換

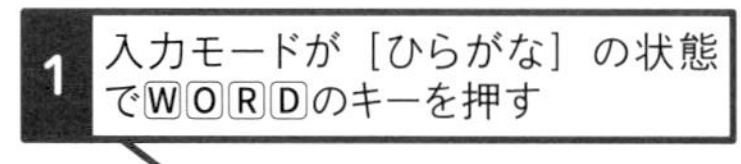

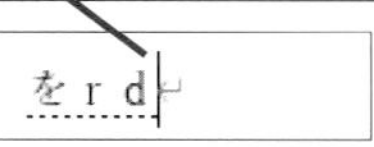

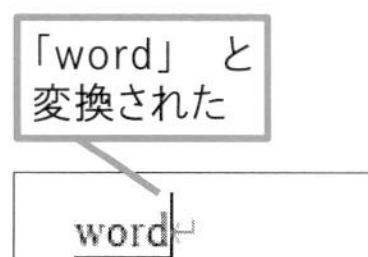

さらにF10キーを押すと、大文字の「WORD」に変わる

● 大文字と小文字のアルファベットを入力する

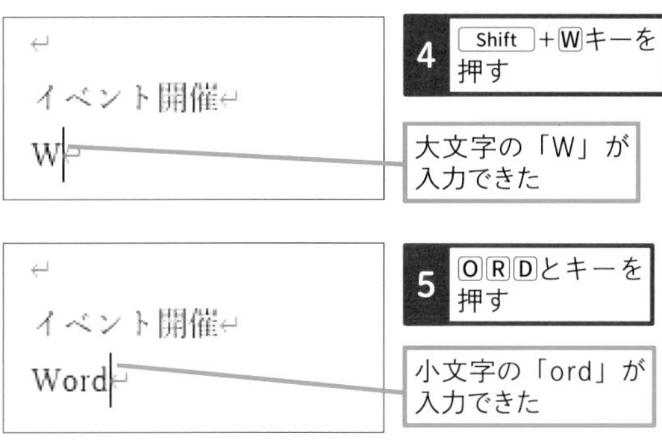

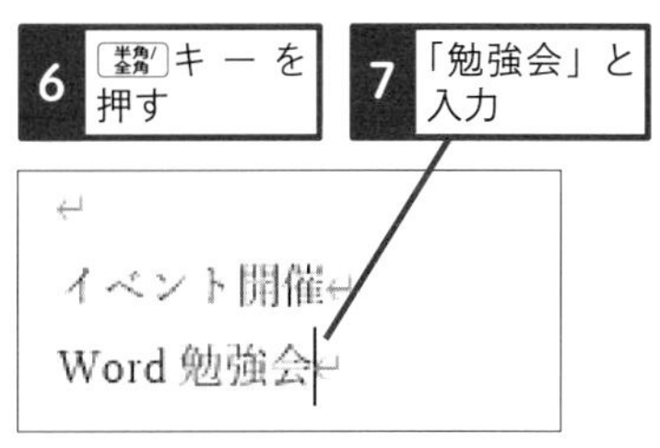

「Word勉強会」と入力できた

使いこなしのヒント

半角文字って何?

入力モードが［ひらがな］の状態で入力した文字のサイズを「全角」といいます。一方、入力モードが［半角英数］の状態で入力した文字のサイズを「半角」といいます。半角とは、横幅が全角の半分のサイズの文字のことです。英数字やカタカナは、全角と半角のどちらでも入力できます。

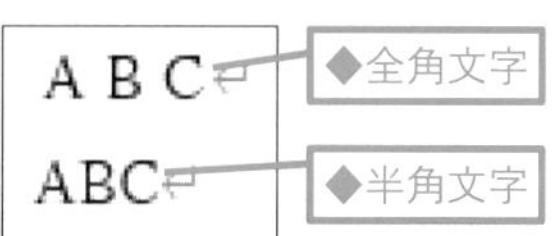

まとめ 文字を入力する前に入力モードに注目しよう

文字には、ひらがなやカタカナ、漢字、アルファベットなど、いろいろな種類があります。現在どんな種類の文字が入力できるかは、入力モードのボタンで確認できます。［あ］が表示されていればひらがなを入力でき、［A］が表示されていれば半角英数字を入力できます。また、カタカナが多い文書を入力するときは、入力モードのボタンを右クリックして［全角カタカナ］や［半角カタカナ］に切り替えておくと便利です。

レッスン 11

箇条書きの項目を入力しよう

箇条書き、頭語と結語

練習用ファイル L011_箇条書き.docx

情報を列記するときは箇条書きを使います。箇条書きは「記」で始まり「以上」で終わるのが一般的です。Wordの［箇条書き］機能を使うと、箇条書きの先頭に「行頭文字」と呼ばれる記号を自動的に付けることができます。

1 「記」と入力する

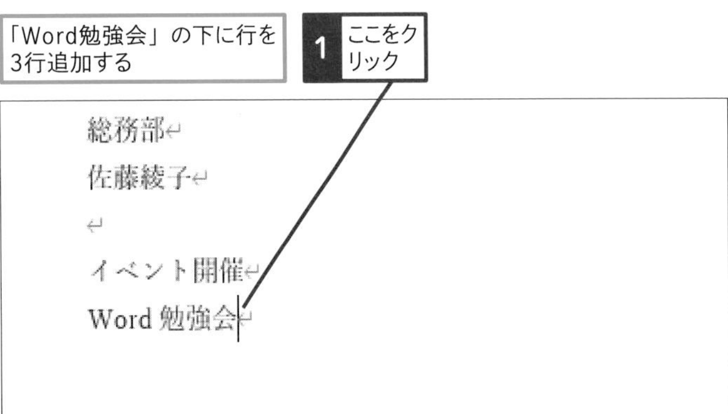

2 Enter キーを3回押す

改行され、空行が3行分挿入された

3 「記」と入力　4 Enter キーを押す

総務部
佐藤綾子

イベント開催
Word 勉強会

記

キーワード

使いこなしのヒント

行を追加するには

行を改めて次の行に移動することを「改行」と呼びます。Wordでは、Enter キーを押して改行すると、すぐ下の行の先頭にカーソルが移動し、改行した位置に改行マークが表示されます。

使いこなしのヒント

なぜ「以上」が自動的に入力されるの？

日本語の文章では、「記」と「以上」「拝啓」と「敬具」「前略」と「早々」のように、対にして使う語句がいくつかあります。「記」のような最初の語句を「頭語」、「以上」のような最後の語句を「結語」と呼び、Wordでは、頭語を入力して Enter キーを押すと、自動的に対応する結語が表示される仕組みになっています。

● 「以上」が自動で入力される

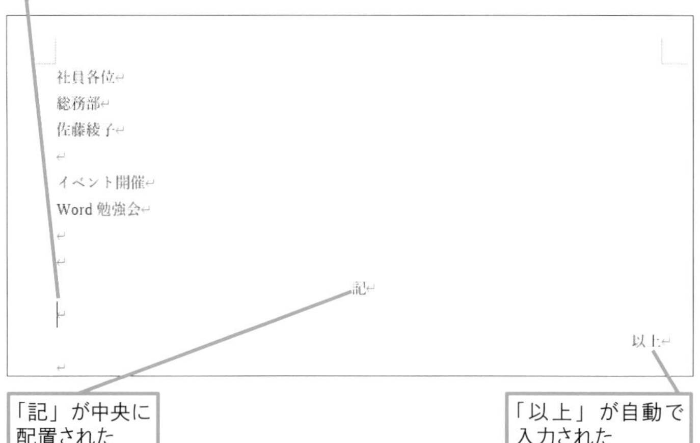

2 箇条書きの行頭文字を表示する

1 [ホーム] タブをクリック

2 [箇条書き] をクリック

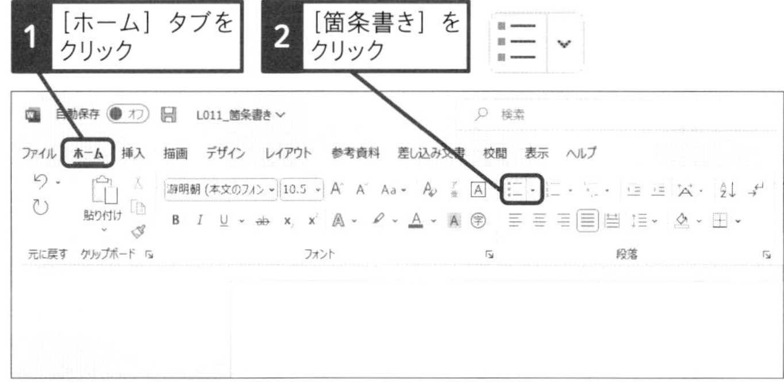

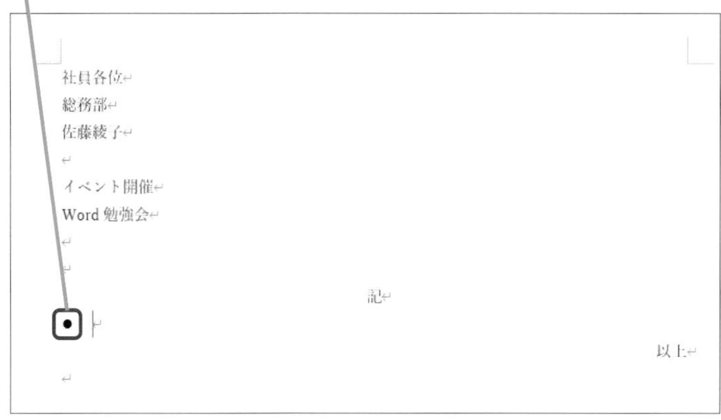

スキルアップ

自動入力を解除するには

頭語と結語、箇条書きの記号が自動的に表示される設定を解除するには、以下の操作で［オートコレクト]ダイアログボックスを開き［入力オートフォーマット」タブで該当する項目のチェックボックスをオフにします。

1 [ファイル] タブをクリック

2 [その他のオプション] から、[オプション] をクリック

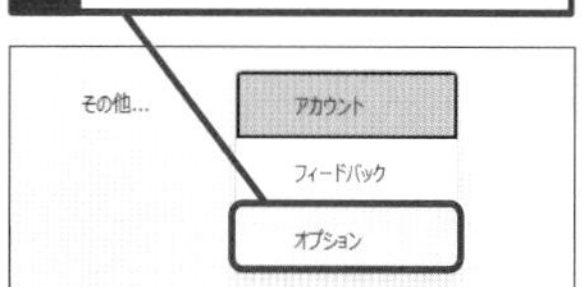

3 [文書校正] をクリック

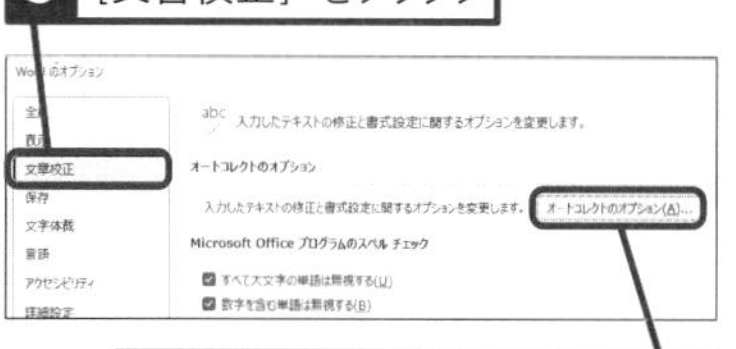

2 [オートコレクトのオプション] ボタンをクリック

[オートコレクト]ダイアログボックスが表示される

使いこなしのヒント

行頭に箇条書きの番号を付けるには

順番を表す箇条書きでは、箇条書きの先頭に記号ではなく、数字や続き番号が表示されている方が分かりやすくなります。そのようなときは、[ホーム] タブの [段落番号] ボタン ( ) をクリックすると、箇条書きの先頭に「1.」から始まる番号が表示されます。

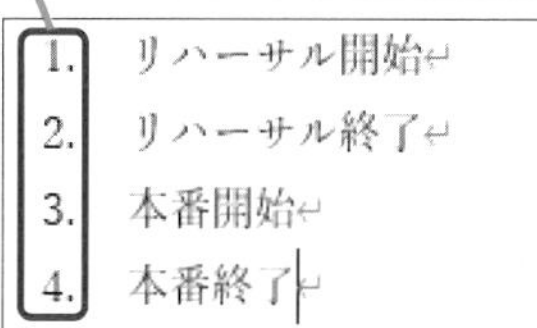

次のページに続く

● 項目を入力する

箇条書きの項目を入力する

3 「日時」と入力

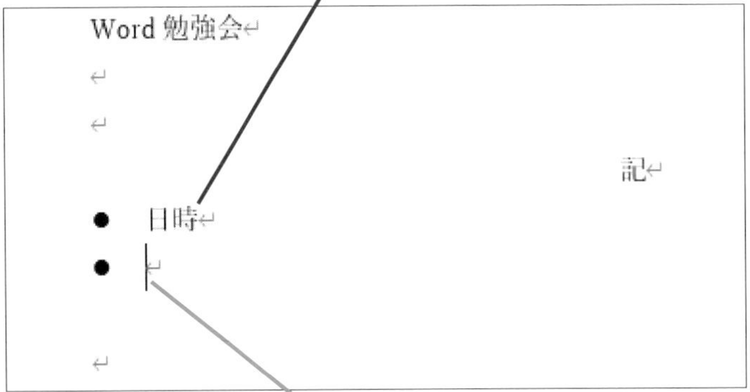

Word 勉強会↵

↵

↵

記↵

● 日時↵

● ↵

↵

4 Enter キーを押す

改行され、カーソルが次の行に移動した

挿入した行に行頭文字が表示された

5 「会場」と入力

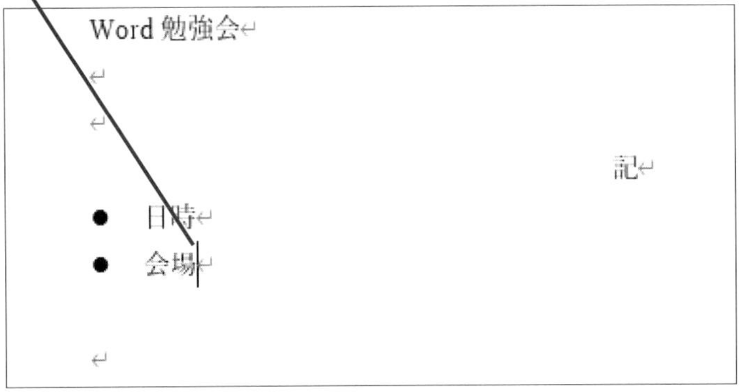

Word 勉強会↵

↵

↵

記↵

● 日時↵

● 会場↵

↵

6 Enter キーを押す

改行され、カーソルが次の行に移動した

挿入した行に行頭文字が表示された

Word 勉強会↵

↵

↵

記↵

● 日時↵

● 会場↵

● 費用↵

● 申込先↵

↵

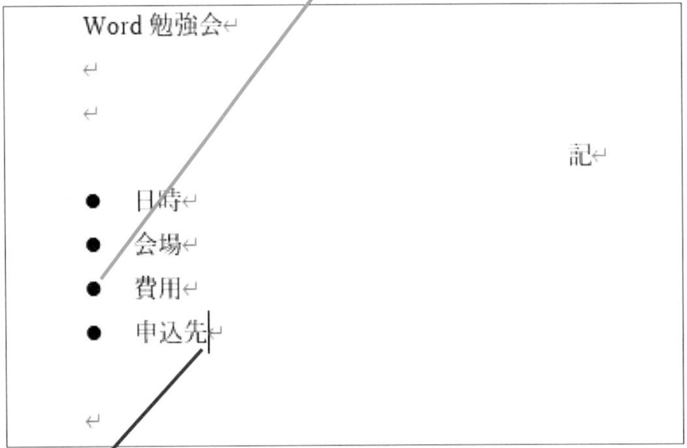

7 同様にして、「費用」「申込先」と入力

8 Enter キーを押す

使いこなしのヒント

行頭文字は他にもある

[箇条書き] ボタン（☰）をクリックしたときに表示される記号は変更できます。[ホーム] タブにある [箇条書き] ボタンの⌄をクリックすると、箇条書きの記号の一覧が表示されるので、好きな記号を選択します。一覧にない記号は、[新しい行頭文字の定義] を選択し、[新しい行頭文字の定義] ダイアログボックスの [記号] ボタンや [図] ボタンをクリックして一覧から選択します。

1 [ホーム] タブをクリック

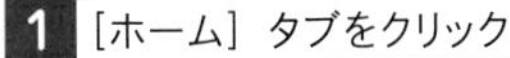

2 [箇条書き] のここをクリック

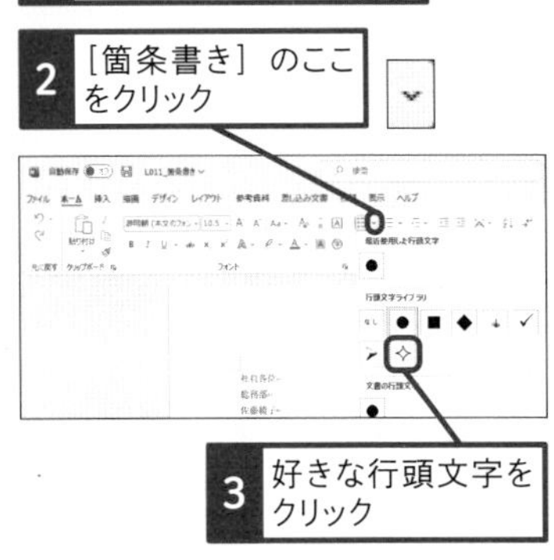

3 好きな行頭文字をクリック

使いこなしのヒント

後から箇条書きの行頭文字を付けるには

最初に箇条書きの文字の部分だけを入力し、箇条書きの記号を後からまとめて付けることもできます。それには、入力済みの文字列をドラッグして選択し、[ホーム] タブの [箇条書き] ボタン（☰）をクリックします。

1 ここにマウスポインターを合わせる

2 ここまでドラッグ

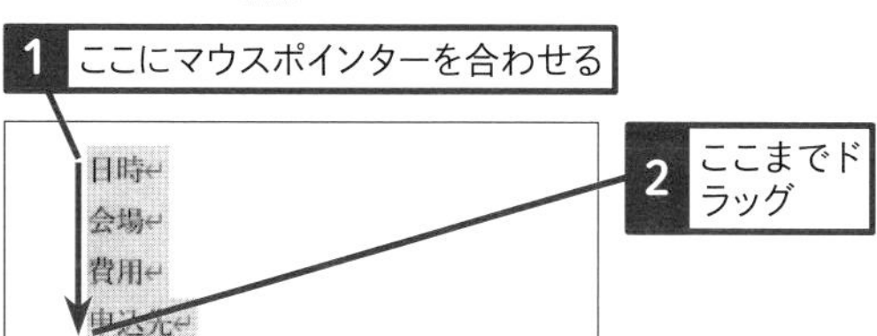

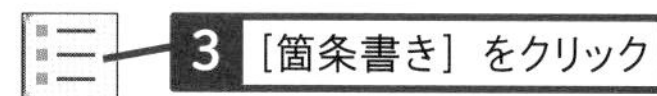

3 [箇条書き] をクリック

複数の文字列に箇条書きの行頭文字が設定された

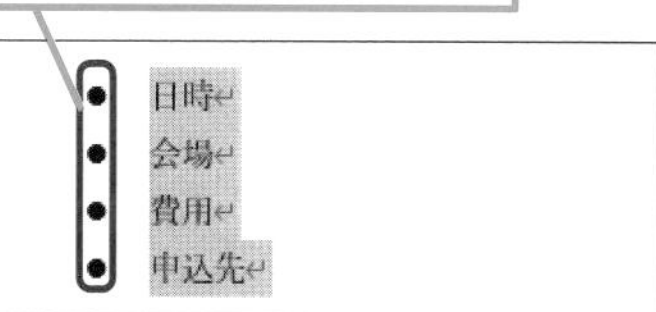

3 箇条書きの行頭文字を削除する

挿入した行に行頭文字が表示された

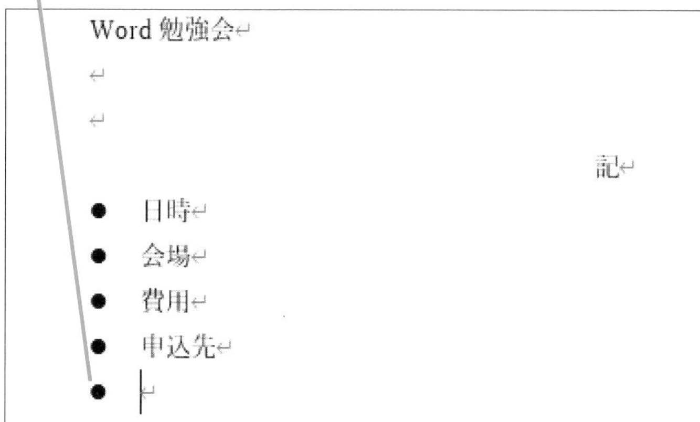

挿入した行には行頭文字は不要なので、削除する

1 Back space キーを2回押す

箇条書きの行頭文字が削除されてカーソルが行頭に移動した

使いこなしのヒント

自動的に箇条書きとして認識される番号や記号もある

[箇条書き] ボタン（☰）や [段落番号] ボタン（☰）を使わずに、キーボードから記号や番号を入力しながら箇条書きを作成することもできます。「●」や「◆」などの記号の後に space キーを押して空白を入力したり、「1.」を入力して Enter キーを押したりすると、記号や数字が行頭文字として自動的に認識され、次の行にも設定が引き継がれます。なお、記号の入力方法は54ページのヒントを参照してください。

まとめ

Wordが自動的に設定する機能がある

Wordには自動的に設定される機能があります。これらは「入力オートフォーマット」というもので、入力中に自動で文書の形式が整えられます。この機能を知らないと、自動的に表示される結果を見て慌ててしまいますが、うまく利用すれば効率よく文字を入力できます。ただし、自動的に設定される機能が煩わしいときは、49ページのスキルアップを参考に、[オートコレクト] ダイアログボックスで設定を解除しましょう。

レッスン

12 記号と数字を入力しよう

日付入力、記号の変換

練習用ファイル L012_記号の変換.docx

ビジネス文書では、文頭に文書の作成日や発行日を入力するのが決まりです。Wordでは、文書の作成日を自動的に入力したり記号を簡単に入力したりすることができます。ここでは、知っていると便利な入力方法や変換方法を解説します。

1 日付を入力する

1 文書の先頭をクリック

カーソルが移動した

2 Enter キーを押す

社員各位
総務部
佐藤綾子

イベント開催

改行され、空行が挿入された

文書の先頭に西暦で日付を入力する

3 文書の先頭をクリックし、「2023年」と入力

日付のポップアップが表示された

2023年3月17日（Enter を押すと挿入します）
2023 年
社員各位
総務部
佐藤綾子

イベント開催

4 Enter キーを押す

今日の日付が入力された

2023 年 3 月 17 日
社員各位
総務部
佐藤綾子

イベント開催

キーワード

使いこなしのヒント

間違った日付が表示されたら

手順1の操作3で、間違った日付や目的とは違う日付が表示されたときは、Enter キーを押さず、ポップアップを無視して正しい日付を入力します。

目的とは違う日付のポップアップが表示された

1 そのまま目的の日付を入力

日付を入力できた

2023 年 3 月 17 日
社員各位
総務部

使いこなしのヒント

和暦でも入力できる

手順1の操作3で「令和」と入力すると、和暦の日付が表示されます。

2 「：」(コロン)を入力する

箇条書きの項目の後に「：」(コロン)を入力する

1 ここをクリック

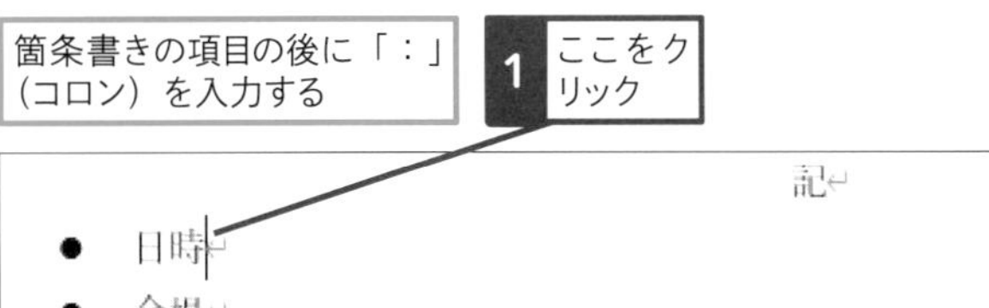

カーソルが移動した

2 :キーを押す

「：」(コロン)が入力できた

3 Enter キーを押す

続けて日付を入力する

4 「2023年4月10日」と入力

半角数字を入力するときは、レッスン10を参考に入力モードを［半角英数字］に切り替える

記
日時：2023 年 4 月 10 日
会場

3 「()」を入力する

「(月)」と入力する

1 Shift + 8 キーを押す

日時：2023 年 4 月 10 日（
会場

「(」が入力できた

2 Enter キーを押す

3 続けて「月」と入力

4 Shift + 9 キーを押す

日時：2023 年 4 月 10 日（月）
会場

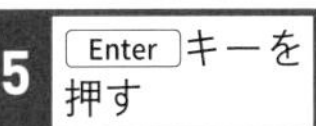

「)」が入力できた

5 Enter キーを押す

使いこなしのヒント

日付を自動的に更新するには

文書を開くたびに、日付が自動で更新されるようにも設定できます。

1 ［挿入］タブをクリック

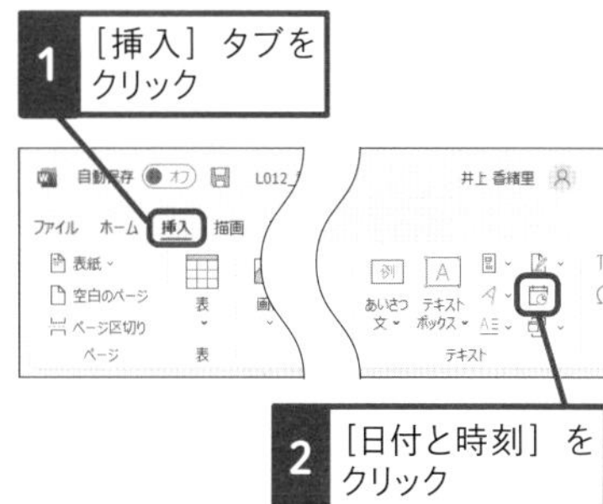

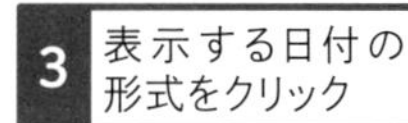

2 ［日付と時刻］をクリック

3 表示する日付の形式をクリック

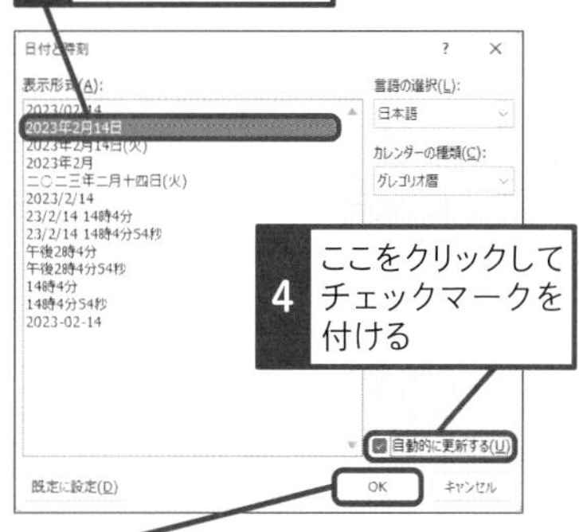

4 ここをクリックしてチェックマークを付ける

5 ［OK］をクリック

使いこなしのヒント

キーボードにある記号を入力するには

キーボードには、「?」や「!」「(」「)」などの記号が書かれています。ローマ字入力でキーの左上に表示されている記号を入力するには、Shift キーを押しながら該当するキーを押します。

Shift キーと一緒に押すと「<」が表示される

単独でキーを押すと「、」が表示される

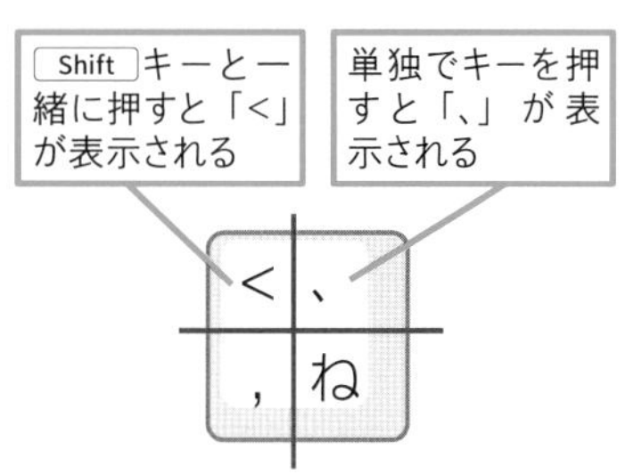

次のページに続く

4 郵便番号を入力する

手順2を参考に「会場」の後ろに「：」を入力しておく

ここでは「〒」と入力する

- 会場：ゆうびん
- 費用
- 申込先

1 「ゆうびん」と入力

「ゆうびん」の読みに対する変換候補の一覧が表示された

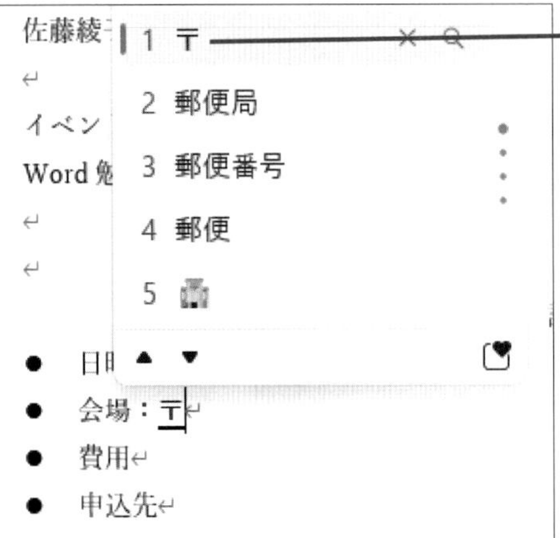

2 ↑↓キーで「〒」を選択

3 Enterキーを押して確定する

続けて番号を入力する

レッスン10を参考に入力モードを［半角英数］に切り替える

- 日時：2023年4月10日（月）
- 会場：〒112
- 費用
- 申込先

4 「112」と入力

- 日時：2023年4月10日（月）
- 会場：〒112-
- 費用
- 申込先

5 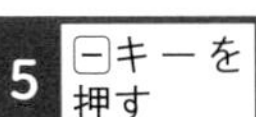キーを押す

「-」が入力できた

- 日時：2023年4月10日（月）
- 会場：〒112-1234
- 費用
- 申込先

6 「1234」と入力

郵便番号が入力できた

続けて「A県B市C町1-23」と住所を入力しておく

使いこなしのヒント

読みから記号を入力するには

キーボードに表示されていない記号を入力するときは、記号の読みを入力して変換します。また、「きごう」と入力して変換し、変換候補から記号を選択してもいいでしょう。

●読みから入力できる主な記号

記号	読み
♪	おんぷ
～	から
々 〃 ゝ ゞ	くりかえし
※	こめ
▲ ▼ △ ▽	さんかく
◆ ■ □ ◇	しかく
㎡	へいほうめーとる
★ ☆	ほし
○ ◎ ●	まる
→ ← ↑ ↓	やじるし
〒	ゆうびん

使いこなしのヒント

記号は［挿入］タブからでも入力できる

読みから記号を変換するには、記号の「読み」を知っている必要があります。以下の操作で記号の一覧を表示すると、読みが分からなくても目的の記号を選ぶことができます。

1 ［挿入］タブをクリック

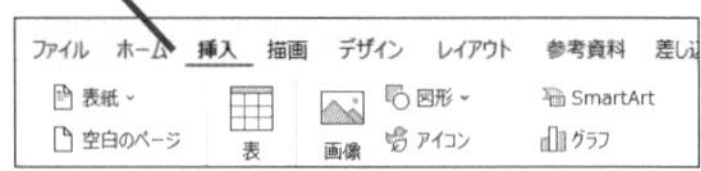

2 ［記号と特殊文字］をクリック

一覧から挿入する記号を選択できる

Word 基本編 第2章 文字入力と文書作成の基本を知ろう

5 数字を入力する

1 手順2を参考に「費用」の後に「：」と入力

- 日時：2023年4月10日（月）
- 会場：〒112-1234　A県B市C町1-23
- 費用：３０００
- 申込 Tabキーを押して選択します

2 続けて「3000」と入力

3 space キーを2回押す

変換候補が表示された

4 ↑↓キーで［3,000］を選択

5 Enter キーを押す

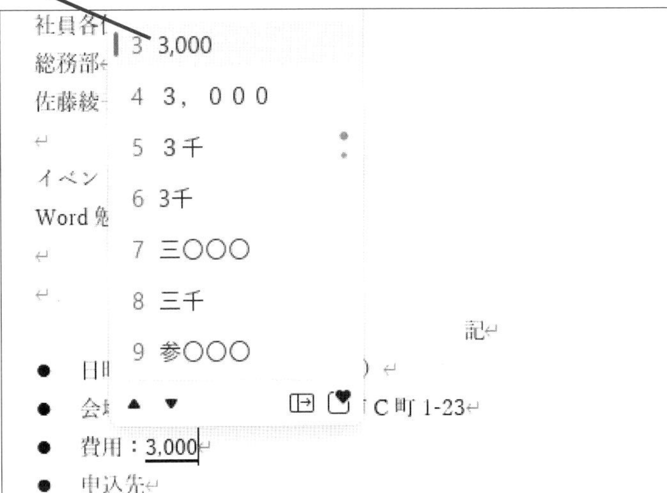

6 続けて「円／人」と入力

「／」は / キーを押して変換する

- 日時：2023年4月10日（月）
- 会場：〒112-1234　A県B市C町1-23
- 費用：3,000円／人
- 申込先

使いこなしのヒント

読みが分からない文字を探し出すには

以下のように操作するとドラッグして書いた文字から目的の文字を探し出せます。

1 入力モードのボタンを右クリック

2 ［IMEパッド］をクリック

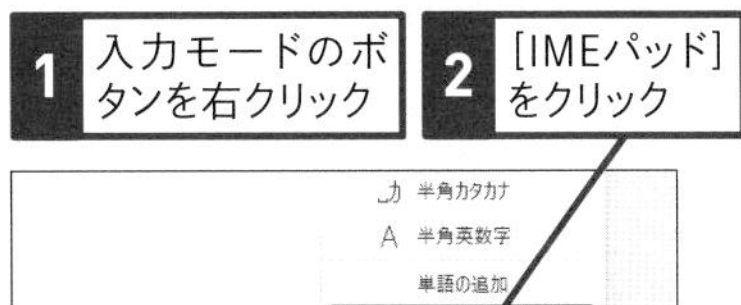

3 ［手書き］をクリック

4 ドラッグして文字を入力

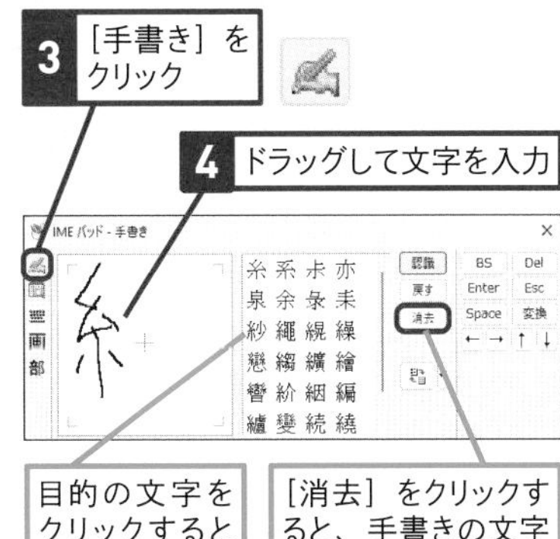

目的の文字をクリックすると入力できる

［消去］をクリックすると、手書きの文字を消去できる

まとめ いろいろな入力操作を使い分けよう

読みを入力して変換するのが文字入力の基本ですが、それ以外にもさまざまな入力方法が用意されています。例えば上のヒントのように、マウスでドラッグして文字を書き、目的の文字を探すこともできます。また、今日の日付を簡単に表示し、入力の手間を省くこともできます。Wordに用意されている機能を使い分けて、できるだけ正確に、なおかつ効率よく文字を入力しましょう。

レッスン

13 文字を挿入・削除しよう

削除、挿入

練習用ファイル L013_削除.docx

慎重に操作していても、文字を打ち間違えたり、文字が足りなかったりということもあるでしょう。入力した文字の過不足に気づいたら、最初に修正したい文字にカーソルを移動します。次に、削除や挿入などの修正の操作を行います。

キーワード

ダイアログボックス P.310

入力モード P.310

1 カーソルの左側の文字を削除する

ここでは2行目の「イベント」という文字を削除する

1 「イベント」の後をクリック

イベント開催

Word 勉強会

カーソルが「イベント」の後に移動した

2 Back space キーを押す

イベン開催

Word 勉強会

カーソルの左側にあった「ト」が削除された

3 Back space キーを3回押す

「イベント」が削除される

2 カーソルの右側の文字を削除する

ここでは2行目の「開催」という文字を削除する

1 「開催」の前をクリック

イベント開催

Word 勉強会

カーソルが「開催」の前に移動した

2 Delete キーを押す

イベント催

Word 勉強会

カーソルの右側にあった「開」が削除された

3 Delete キーをもう一度押す

「開催」が削除される

使いこなしのヒント

Back space キーと Delete キーの使い分け

カーソルの左側の文字を削除するなら Back space キー、カーソルの右側の文字を削除するなら Delete キーを押します。カーソルの位置を基準にして、文字の削除や挿入などの修正を行います。

使いこなしのヒント

複数の文字をまとめて削除するには

最初に削除したい文字列をドラッグして選択してから Delete キーを押すと、複数の文字列をまとめて削除できます。

スキルアップ

よく使う用語や単語を登録しよう

名前や住所など、よく使う用語は以下の手順で登録しておくと便利です。そうすると、次回からは登録した読みから用語を変換できます。

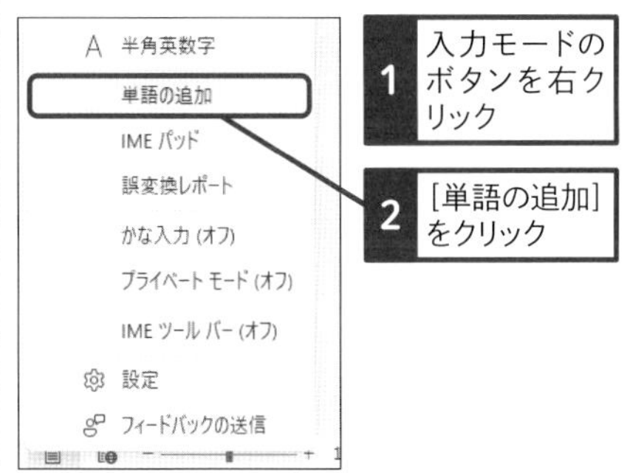

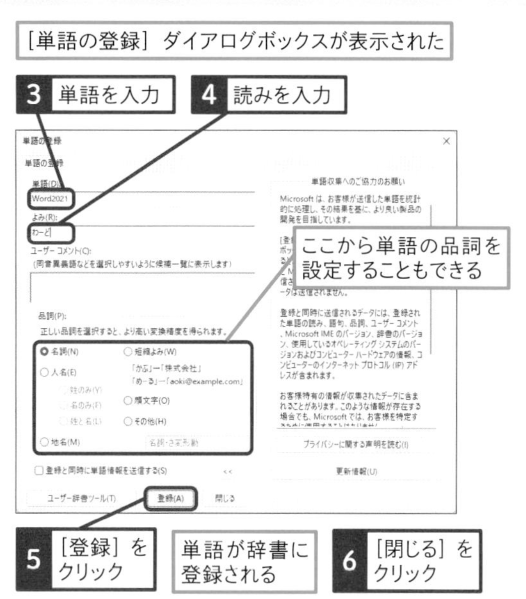

3 文字を挿入する

ここでは「イベント開催」の後に「のお知らせ」という文字を追加する

1 「イベント開催」の後ろをクリック

イベント開催
Word 勉強会

カーソルが「イベント開催」の後ろに移動した

2 「のおしらせ」と入力

3 space キーを押す

イベント開催のお知らせ
Word 勉強会

4 Enter キーを押す

文字の下線が消え、変換が確定した

イベント開催のお知らせ
Word 勉強会

「イベント開催」の後に「のお知らせ」という文字が追加された

使いこなしのヒント

カーソル位置の文字が消えてしまうときは

文字が挿入されずに、カーソルの位置の文字が上書きされて消えてしまうのは、上書きモードになっていることが原因です。キーボードの Insert キーを押して挿入モードに切り替えましょう。Insert キーを押すごとに挿入モードと上書きモードが交互に切り替わります。

まとめ 文章を見直して入力ミスを修正しよう

どんなにキーボード操作に慣れていても、文字の入力ミスは起こります。文字の入力が終ったら何度か文章を見直して、文字の打ち間違いがないか、誤変換がないか、足りない文字がないかをチェックしましょう。必要に応じてすばやく修正できるようにしておくことが必要です。

レッスン
14 文字をコピーしよう

コピー、貼り付け

練習用ファイル L014_コピー.docx

何度も同じ文字を入力するときは、入力済みの文字をコピーして使うと入力時間を短縮できる上に、入力ミスを防ぐこともできて便利です。「コピー」と「貼り付け」の機能を実行し、効率よく入力しましょう。

1 文字をコピーする

ここでは「イベント」の文字をコピーする

1 ここにマウスポインターを合わせる

2 ここまでドラッグ

Shift キーを押しながら→キーを押して選択してもいい

選択した文字をコピーする

3 ［ホーム］タブをクリック

4 ［コピー］をクリック

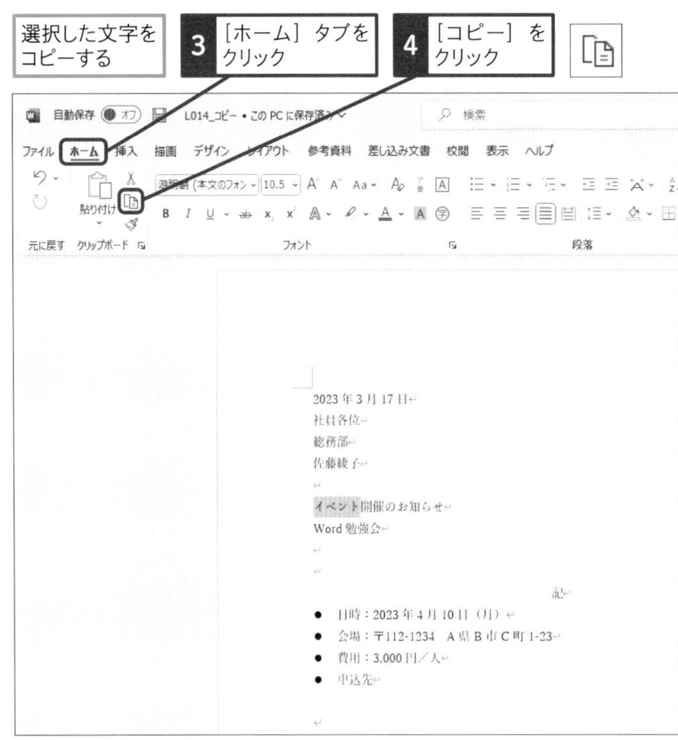

キーワード

ショートカットキー

コピー	Ctrl + C

使いこなしのヒント

文字の移動もできる

入力済みの文字を移動したいときは、以下の手順で操作します。

1 文字をドラッグして選択

お世話に大変なっています

2 ［切り取り］をクリック

文字が切り取られた

3 移動先をクリック

お世話になっています

4 ［貼り付け］をクリック

文字を移動できた

大変お世話になっています

(Ctrl)

2 コピーした文字を貼り付ける

カーソルが移動した

記

- 日時：2023 年 4 月 10 日（月）
- 会場：〒112-1234　A 県 B 市 C 町 1-23
- 費用：3,000 円／人
- 申込先：

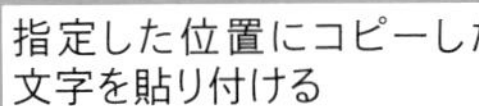

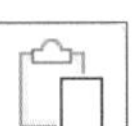

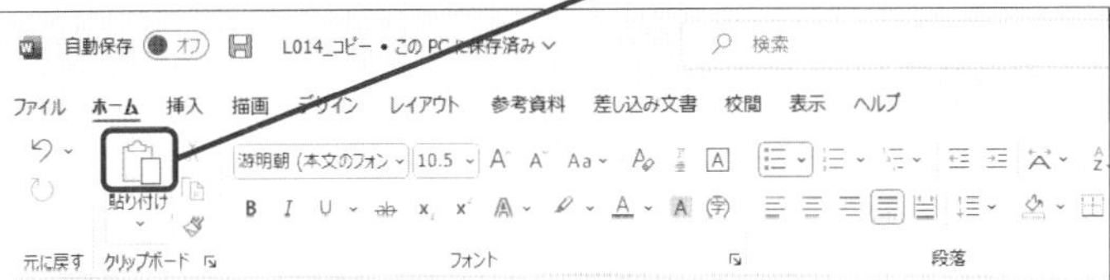

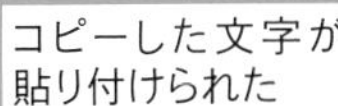

［貼り付けのオプション］が表示された

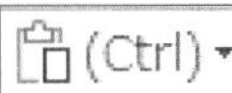

記

- 日時：2023 年 4 月 10 日（月）
- 会場：〒112-1234　A 県 B 市 C 町 1-23
- 費用：3,000 円／人
- 申込先：イベント

(Ctrl)

ここでは［貼り付けのオプション］は利用せず、続けて文字を入力する

3 続けて「企画室」と入力

文章を入力できた

記

- 日時：2023 年 4 月 10 日（月）
- 会場：〒112-1234　A 県 B 市 C 町 1-23
- 費用：3,000 円／人
- 申込先：イベント企画室

ショートカットキー

貼り付け　Ctrl + V

使いこなしのヒント

［貼り付けのオプション］って何？

文字を貼り付けたり移動したりすると、文字の右下に［貼り付けのオプション］ボタンが表示されます。このボタンをクリックすると、元の文字に設定されていた書式（サイズや色などの装飾のこと）を無視して貼り付けたり、貼り付け先の書式に合わせたりするなど、貼り付け方法を後から変更できます。なお、［貼り付けのオプション］ボタンの一覧に表示されるアイコンにマウスポインターを合わせると、貼り付けの内容が一時的に文書に反映され、事前に結果を確認できます。

文字を貼り付けた後に書式を変更できる

まとめ　入力作業は効率よく進めよう

文書を作成していると、同じ用語や文章を繰り返し入力することがあります。また、後から読み返したときに、文章の順番を入れ替えたくなることもあるでしょう。このようなときは、Wordに用意されている編集機能を使って、コピーや移動の操作を行いましょう。その都度キーボードから文字を入力するよりも素早く操作できて便利です。また、コピーと貼り付けはショートカットキーでも操作できます。Ctrl + C キーでコピー、Ctrl + V キーで貼り付けができるので、覚えておきましょう。

この章のまとめ

文書作成の基本である文字入力をマスターしよう

日本語の文章には、ひらがな、カタカナ、漢字、アルファベット、記号など、実にいろいろな種類の文字が使われます。それぞれの入力方法をしっかり覚えておきましょう。Windowsに搭載されている日本語入力システムは、度重なるバージョンアップによって進化を遂げ、前後の文章の意味を判断して適切な文字に変換したり変換候補を予測して自動的に表示したりするなど、文字入力を強力にサポートしてくれます。また、今日の日付や箇条書きの記号を自動表示する機能などを利用して、自由自在に文字を入力できるようにしましょう。

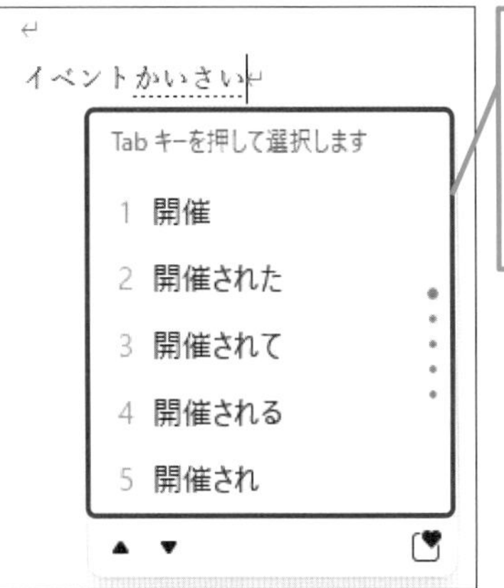

ひらがなを入力して表示された変換候補を選んで、space キーを押さずに入力できる

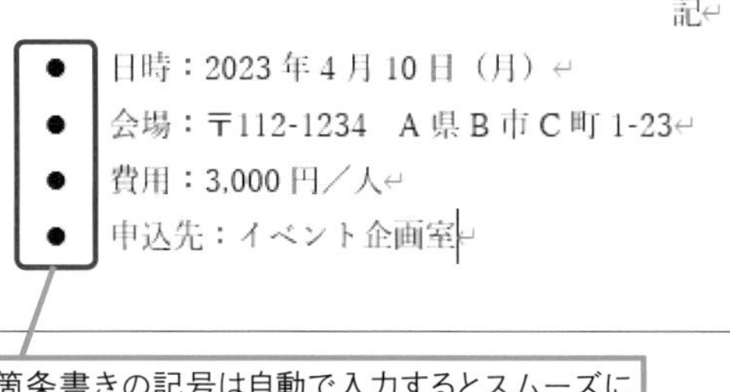

箇条書きの記号は自動で入力するとスムーズに文書を作成できるようになる

文字を入力するといっても、色々な方法があるんですね！とても参考になりました！

日本語はひらがなや漢字はもちろん、英数字や記号など多様な文字を使うから、それぞれの入力にあった方法を使うのが重要なんだ。でも、分からなかったとしても、変換して入力することもできるからよく覚えておくといいよ。

箇条書きを簡単に入力できるのはいいですね！　都度、記号を入力しなくてもいいので、文書作成の効率がグッと上がりそうです！

そうだね。Wordは文章を効率よく入力するだけでなく、読みやすくするための機能も充実しているんだ。ここではまだまだ基本的な機能だけれど、もっと便利な機能も解説していくよ！

Word

基本編

第3章

文書を編集しよう

この章では、入力した文字のサイズや配置を変更したり行間を変更したりして、文書を読みやすくする操作を解説します。また、罫線を使って区切り線を引いたり、文書の中に表を挿入したりする操作も紹介します。

レッスン

15 Introduction この章で学ぶこと 読みやすい文書に編集しよう

文字に付ける飾りのことを「書式」と呼びます。文字の大きさや配置を整えたり、表を挿入したりすると、メリハリのある読みやすい文書になります。Wordでは、最初に文字をすべて入力し、後からまとめて書式を付けると効率よく作業できます。

読みやすい文書につながる機能を覚えよう

この章では第2章で作成した文章を読みやすくするための機能を解説していくよ。文字の装飾や配置に手を加えると、グッと読みやすい文章に変わるんだ!

本当ですね!
驚くほど読みやすくなった印象です!

◆文字の装飾
文字の大きさや種類を変えたり、太字にしたりしてメリハリをつけられる →レッスン16

◆文字の配置
入力された文字を中央に配置したり、右に配置したりできる →レッスン17

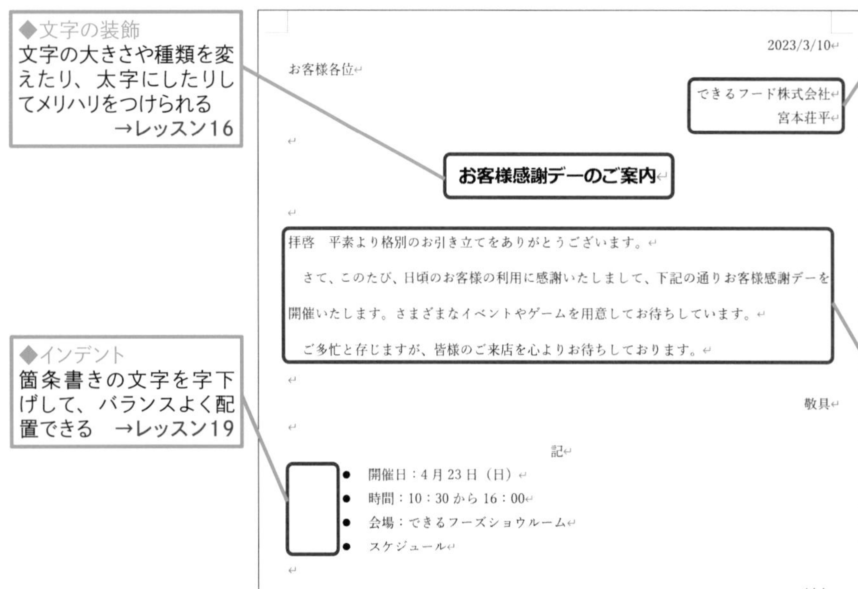

◆インデント
箇条書きの文字を字下げして、バランスよく配置できる →レッスン19

◆行間
行間を変更できる。広くして読みやすくしたり、狭くして文字を詰め込んだりできる →レッスン18

文字にアクセントをつけて目立たせよう

文書にはタイトルなど、目立たせたい文字列があると思うけど、Wordには区切り線など、ワンランク上の装飾方法も用意されているよ。

区切り線！
こんな装飾を付けられるんですね。ぜひ教えてください！

2023/3/10
お客様各位
できるフード株式会社
宮本荘平

お客様感謝デーのご案内

拝啓　平素より格別のお引き立てをありがとうございます。

さて、このたび、日頃のお客様の利用に感謝いたしまして、下記の通りお客様感謝デーを開催いたします。さまざまなイベントやゲームを用意してお待ちしています。

ご多忙と存じますが、皆様のご来店を心よりお待ちしております。

表に分かりやすくまとめよう

第2章で箇条書きにまとめる方法を教えてもらいましたが、まとめる内容がちょっと複雑で箇条書きでは難しいことが…。

そんなときはWordの表作成機能で表にまとめるといいですよ！行と列の数を指定するだけで表が作成できますよ。

記

- 開催日：4月23日（日）
- 時間：10：30から16：00
- 会場：できるフーズショウルーム
- スケジュール

内容	時間
トークショー	①11:30～12:00 ②14:00～14:30
ビンゴ大会	①13:00 ②15:00
屋台・出店	終日

表の中で文字の配置を変えたり、見出しに色を付けることもできる

レッスン

16 文字の見た目を変えよう

フォント、フォントサイズ、太字

練習用ファイル L016_フォント.docx

文字の形（フォント）や大きさ（フォントサイズ）などの書式は、後から自由に変更できます。ここでは、タイトルの文字の書式を変更して、文書の中で目立つように設定します。

1 フォントを変更する

文書のタイトルに相当する文字のフォントとフォントサイズを変更する

宮本荘平

お客様感謝デーのご案内

1 ここにマウスポインターを合わせる

2 ここまでドラッグ

文字が選択され、表示が反転した

3 ［ホーム］タブをクリック

4 ［フォント］のここをクリック

フォントの一覧が表示された

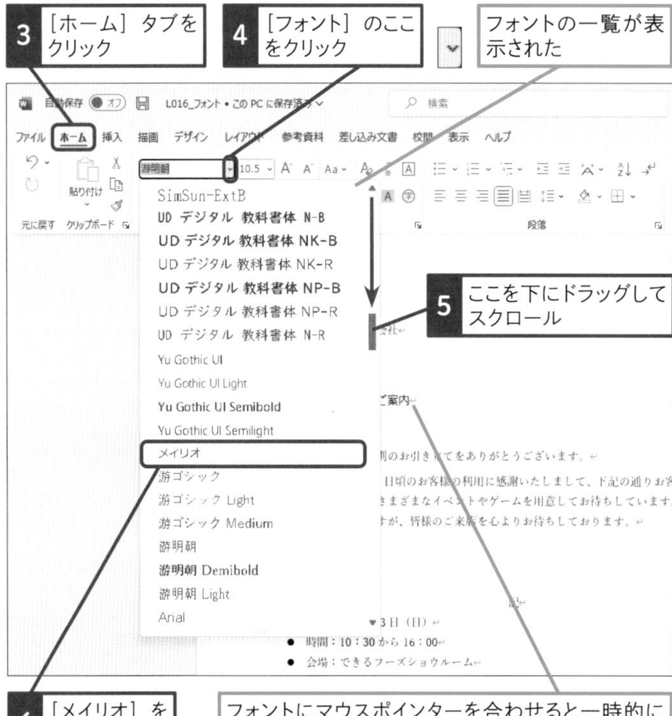

フォントが変更される

キーワード

フォント	P.311
ミニツールバー	P.312
リアルタイムプレビュー	P.312

ショートカットキー

太字 Ctrl+B

使いこなしのヒント

斜体や下線、囲み線を設定するには

［ホーム］タブの［フォント］グループには、［斜体］や［下線］など、文字に設定できる書式のボタンがいくつも用意されています。どのボタンを使うときも、最初に対象となる文字をドラッグして選択します。

◆斜体

お客様感謝デーのご案内

◆下線

お客様感謝デーのご案内

◆囲み線

お客様感謝デーのご案内

2 フォントサイズを変更する

1 [フォントサイズ] の ここをクリック

フォントサイズの一覧が表示された

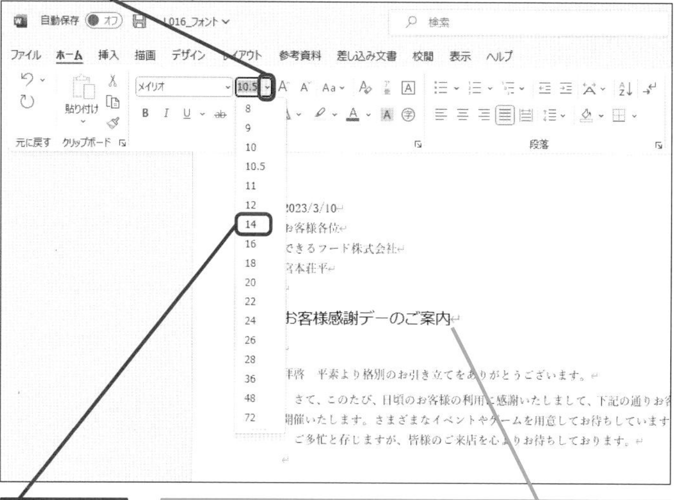

2 [14] を クリック

フォントサイズにマウスポインターを合わせると一時的に大きさが変わり、設定後の状態を確認できる

フォントサイズが変更される

3 太字を設定する

1 [人字] を クリック

B

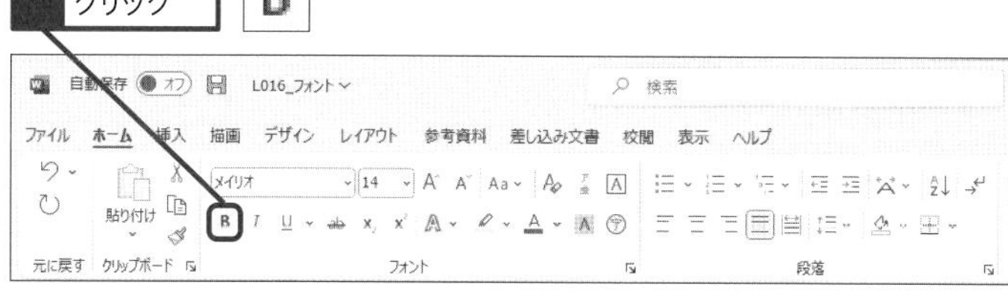

文字が太くなった

文字の選択を解除する

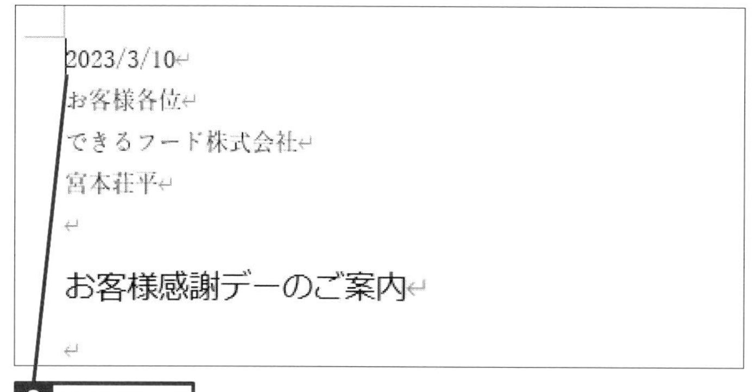

2 ここをクリック

使いこなしのヒント

ミニツールバーからも設定できる

文字を選択したときに、右上に小さなツールバーが表示されます。このツールバーはミニツールバーと呼ばれ、フォントやフォントサイズの変更など、利用頻度の高い機能を簡単に設定できるボタンが集まっています。ミニツールバーを使えば、[ホーム] タブに切り替える手間を省けます。

1 文字をドラッグして選択

◆ミニツールバー

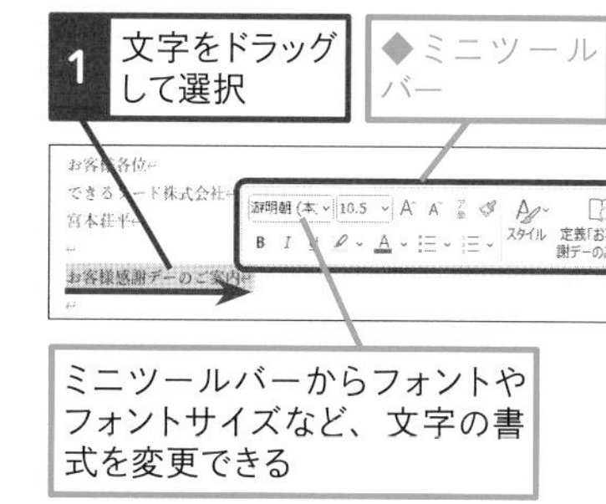

ミニツールバーからフォントやフォントサイズなど、文字の書式を変更できる

まとめ リアルタイムプレビューで事前に確認できる

「フォント」や「フォントサイズ」にはいろいろな種類があり、どれが一番文字に合うかは実際に選んでみないと分かりません。ただし、何度も操作をやり直すのは時間がかかって非効率です。このようなときは、「リアルタイムプレビュー」の機能で、事前にフォントやフォントサイズを変更した結果を実際の文書に一時的に反映させて確認するといいでしょう。マウスポインターを移動するだけで、次々とフォントやフォントサイズが変わるため、クリックして選択する前に結果を確認できます。Wordにはフォントやフォントサイズだけでなく、リアルタイムプレビューを搭載している機能が他にもたくさんあります。

レッスン

17 文字の配置を変えよう

右揃え、中央揃え

練習用ファイル L017_文字の配置.docx

文字を入力すると、最初は左にそろいます。日付や名前は用紙の右にそろえ、タイトルは中央にそろえるというように、内容によって文字の配置を変更し、レイアウトを整えましょう。

1 文字を右に配置する

日付と社名、担当者名を文書の右に、タイトルを文書の中央に配置する

日付の行を指定する

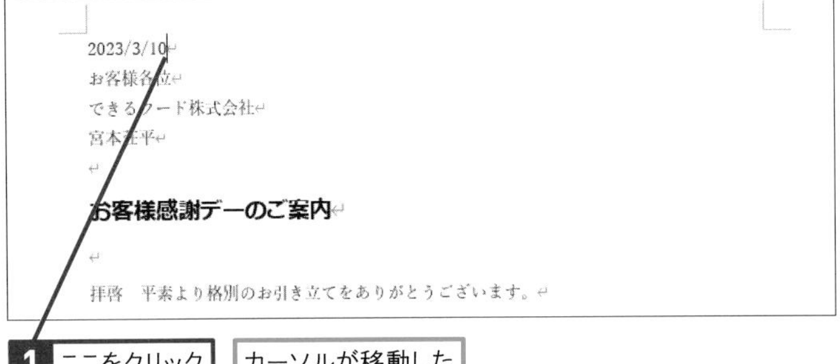

1 ここをクリック

カーソルが移動した

2 ［ホーム］タブをクリック

3 ［右揃え］をクリック

日付が右に配置される

社名と担当者名の行をまとめて選択する

4 ここにマウスポインターを合わせる

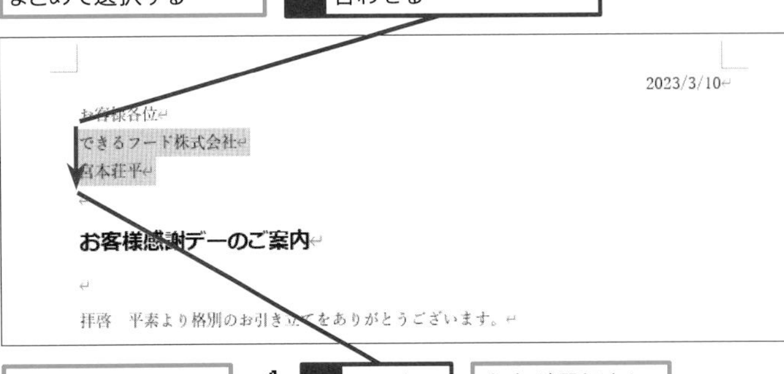

マウスポインターの形が変わった

5 ここまでドラッグ

文字が選択され、表示が反転した

キーワード

タブ P.310

ショートカットキー

中央揃え	Ctrl + E
両端揃え	Ctrl + J
右揃え	Ctrl + R

使いこなしのヒント

ダブルクリックした位置から入力できる

編集画面にマウスポインターを合わせると、マウスポインターの形が変化し、どの配置で入力できるかを事前に確認できます。目的の位置でダブルクリックすると、その位置から文字を入力できます。

マウスポインターの形	適用される配置
Ⅰ（下に線）	中央揃え
≡Ⅰ	右揃え
Ⅰ≡	左揃え

1 文字を入力する位置をダブルクリック

初めから右に配置された状態で文字を入力できる

新製品について

● 右揃えにする

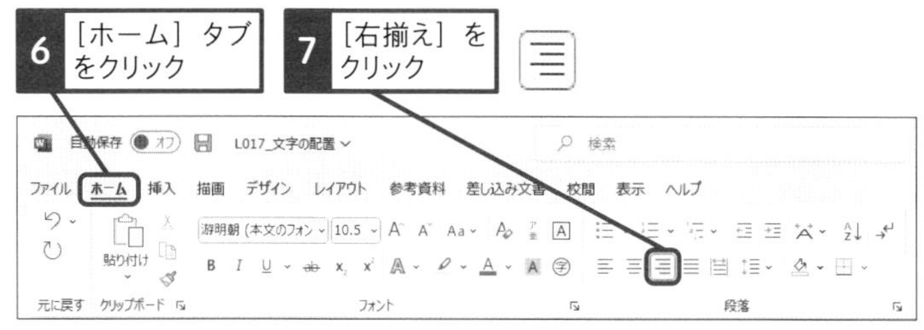

2 文字を中央に配置する

社名と担当者名が右に配置された

タイトルの行を指定する

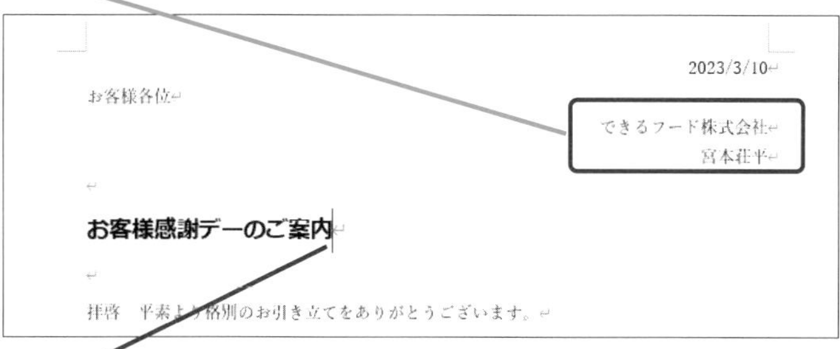

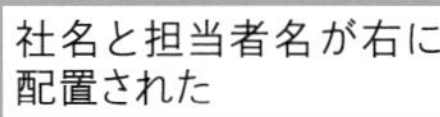

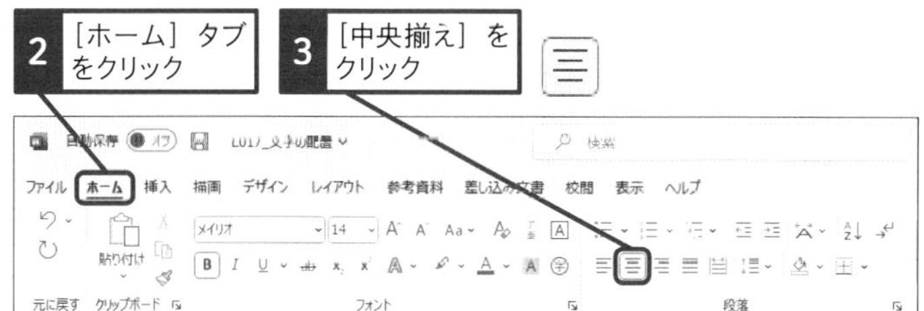

タイトルが中央に配置された

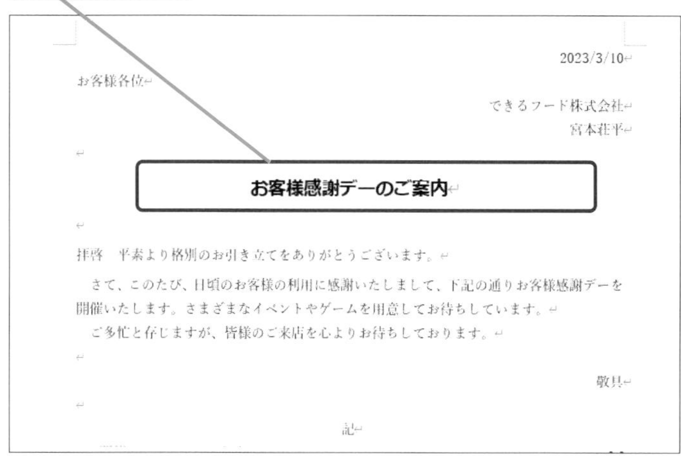

使いこなしのヒント

文字の配置を元に戻すには

右や中央に配置した文字を元の配置に戻すには、まず配置を変更した行や文字を選択します。次に［右揃え］ボタン（≡）や［中央揃え］ボタン（≡）をクリックします。

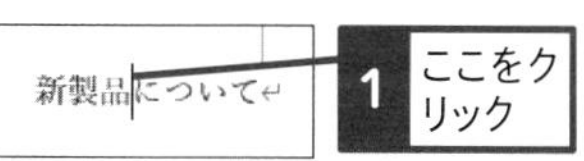

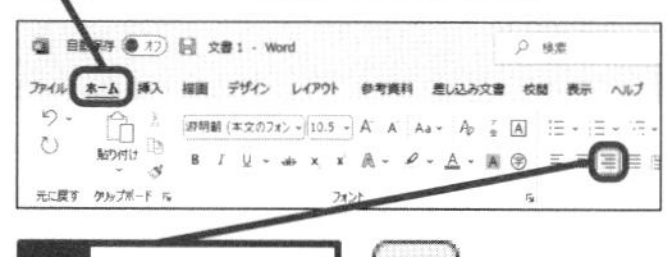

文字の配置とボタンの表示が元に戻る

使いこなしのヒント

配置は段落全体に設定される

手順1の操作1や手順2の操作1では、文字の配置を変更する行をクリックしています。配置の変更はカーソルのある段落全体に設定されるため、わざわざ行全体を選択する必要はありません。ちなみに「段落」とは、Enterキーを押してから次のEnterキーを押すまでの文章の固まりのことです。

まとめ　配置を変更して文書のレイアウトを整える

日付や名前は右、あて先は左、タイトルは中央に配置するというように、ビジネス文書には、見やすいレイアウトにする一定のルールがあります。ルールに従って文字を配置すると、メリハリの効いたバランスがいい文書になります。配置を変更する行が1行のときは、行内のどこをクリックして指定しても構いません。配置を変更する行が複数のときは、手順1の操作5のように左側の余白をドラッグして、対象となる行を選択します。

レッスン

18 行間を広げよう

行間

練習用ファイル　L018_行間.docx

「行間」とは、文字の上下の間隔のことです。上の行と下の行の文字が詰まっていると、窮屈な印象がすると同時に文字が読みづらくなります。本文の文字の行間を広げてみましょう。

キーワード

1 行間を広げる

スクロールバーを下にドラッグしてスクロールしておく

1 ここにマウスポインターを合わせる

マウスポインターの形が変わった

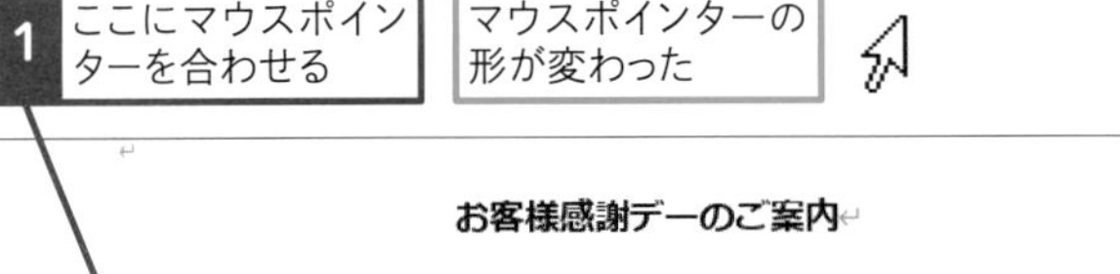

2 ここまでドラッグ

文字が選択され、表示が反転した

ここでは行間を1.5に広げる

3 ［ホーム］タブをクリック

4 ［行と段落の間隔］をクリック

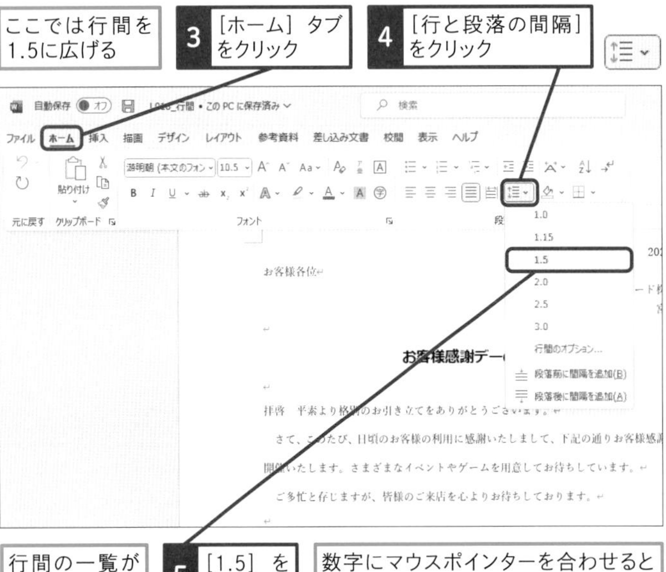

行間の一覧が表示された

5 ［1.5］をクリック

数字にマウスポインターを合わせると設定後の状態を確認できる

用語解説

行間

行間とは、文字の上下の間隔のことで、一般的には行と行の間のことです。しかし、Wordでは、上の行の文字の上端から下の行の文字の上端までの「行送り」のことを「行間」と定義しています。このレッスンのように、行間を「1.0」から「1.5」に広げると行間が1.5倍に広がります。

Wordでは「行送り」を行間としている

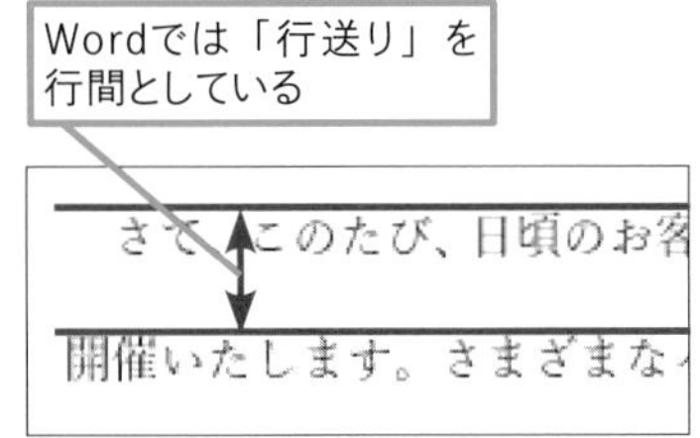

使いこなしのヒント

元の行間に戻すには

Wordで文字を入力すると、最初は行間が「1.0」に設定されます。そのため、手順1の操作5で［1.0］を選択すると、行間を最初の状態に戻せます。

スキルアップ

行間を狭めるときは［行間のオプション］を使う

［行と段落の間隔］ボタンの一覧には、行間を広げる数字しか表示されません。行間を狭めるには、手順1の操作5で［行間のオプション］をクリックして、［段落］ダイアログボックスを開きます。［行間］を［最小値］や［固定値］に変更して、右側の［間隔］の数字を小さくすると、行間が狭まります。

1 操作5を参考に［行間のオプション］をクリック

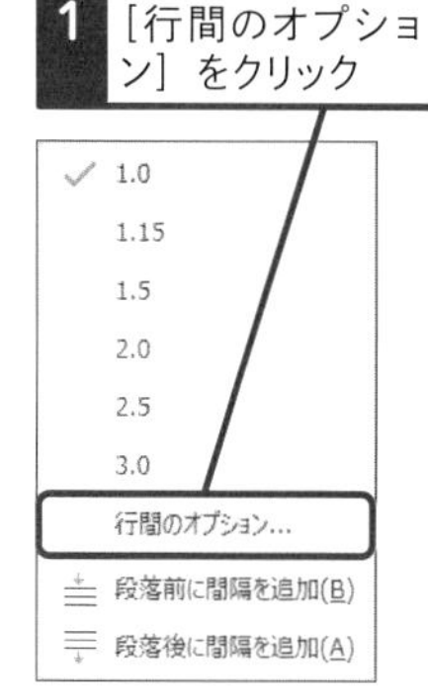

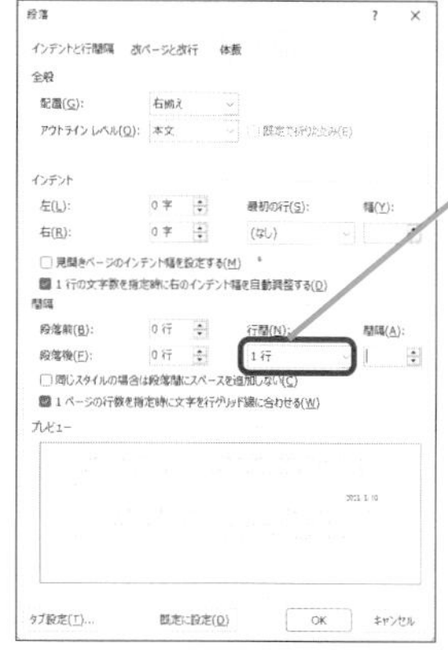

［段落］ダイアログボックスが表示された

［行間］の数字を小さくすることで、行間を狭められる

● 行間が広がった

行間が1.5に広がった

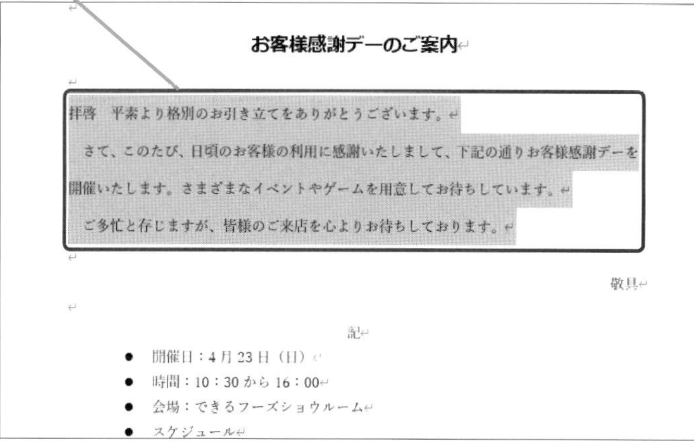

6 ここをクリック

行の選択が解除された

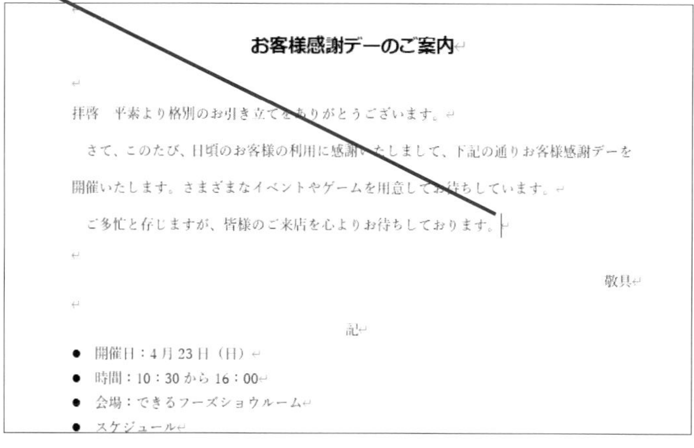

使いこなしのヒント

特定の段落で間隔を広げるには

行間を広げるとすべての行の間隔が同じように広がります。段落の前や後だけを広げたいときは、手順1の操作5の一覧から［段落前に間隔を追加］や［段落後に間隔を追加］を選びます。なお、段落とは Enter キーを押してから次の Enter キーを押すまでの文章の固まりのことを指します。

まとめ

行間を広げると本文が読みやすくなる

お知らせやご案内の文書は、季節のあいさつや感謝の言葉から始まって、要件を伝える文章や箇条書きなど、本文の文字数が多くなり、窮屈で読みづらい印象を与えがちです。［行と段落の間隔］機能を使って行間を広げると、文字の上下に空白が生まれて文字が読みやすくなります。用紙全体のバランスを見ながら行間の設定を行うといいでしょう。本文の行数にもよりますが、［1.5］や［2.0］が文字が読みやすい行間です。

レッスン

19 文字をまとめて字下げしよう

インデント

練習用ファイル　L019_インデント.docx

文字の先頭位置を右にずらすときは、「インデント」の機能を使います。ここでは、インデントを設定して、箇条書きの4行分の先頭の位置をまとめて右にずらします。

1 文字を字下げする

1 ここにマウスポインターを合わせる

マウスポインターの形が変わった

開催いたします。さまざまなイベントやゲームを用意してお待ちしています。

ご多忙と存じますが、皆様のご来店を心よりお待ちしております。

敬具

記

- 開催日：4月23日（日）
- 時間：10：30から16：00
- 会場：できるフーズショウルーム
- スケジュール

以上

2 ここまでドラッグ

文字が選択され、表示が反転した

ここでは、箇条書きの先頭位置を6文字分ずらす

3 [ホーム] タブをクリック

4 [インデントを増やす] を3回クリック

行頭文字付きの文字は、[インデントを増やす] をクリックするごとに2文字ずつずれる

キーワード

インデント　P.306

箇条書き　P.307

用語解説

インデント

インデントは「字下げ」という意味です。文字を入力すると、最初は左端にそろいますが、インデントを設定すると先頭の文字の位置を右にずらすことができます。

使いこなしのヒント

インデントの文字数を変更するには

以下の手順を実行すれば文字数を指定して一気にインデントを設定できます。

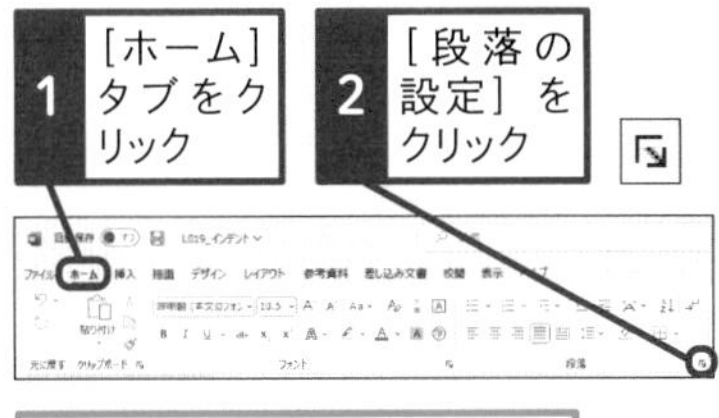

[段落] ダイアログボックスが表示された

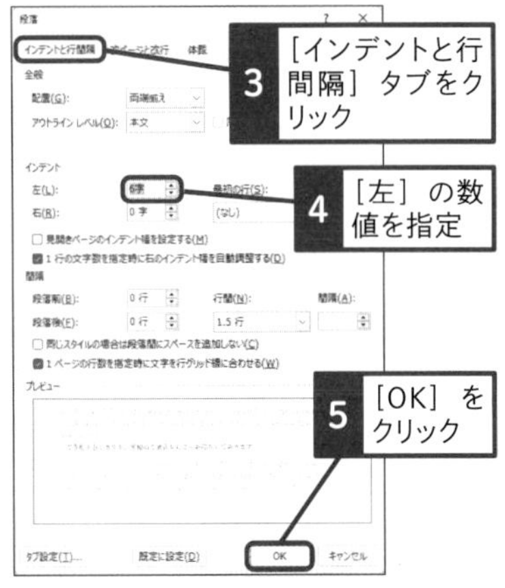

スキルアップ

インデントマーカーでも字下げができる

以下の手順でルーラーを表示すると、編集画面の上側と左側に目盛りの付いた物差しが表示されます。上側のルーラーに表示されるインデントマーカー（▽△□）をドラッグしても字下げを設定できます。

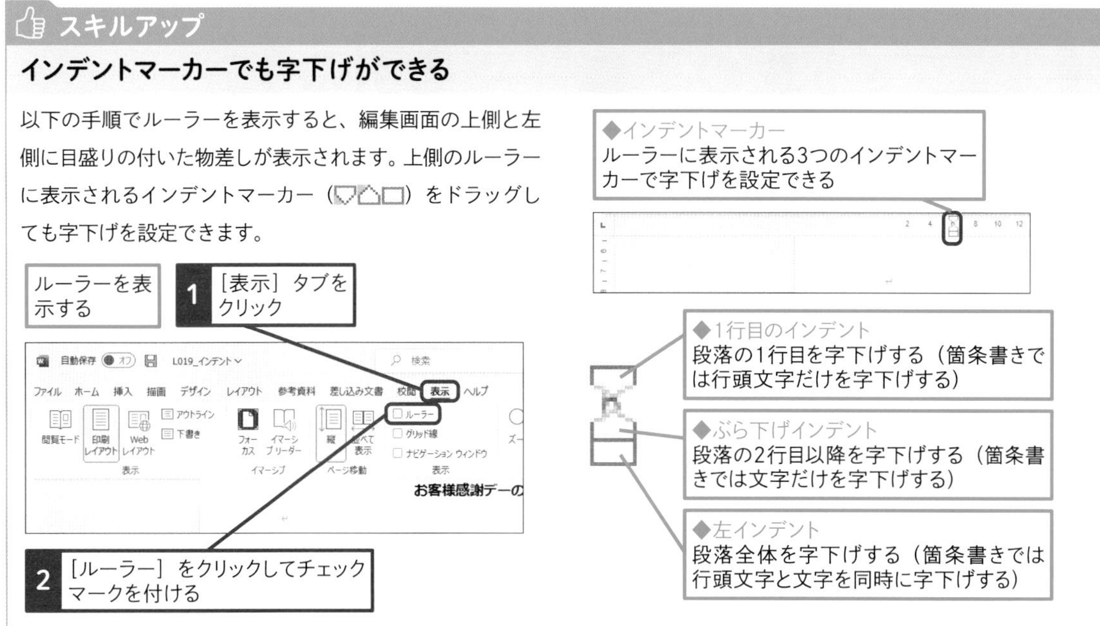

● 文字がまとめて字下げされた

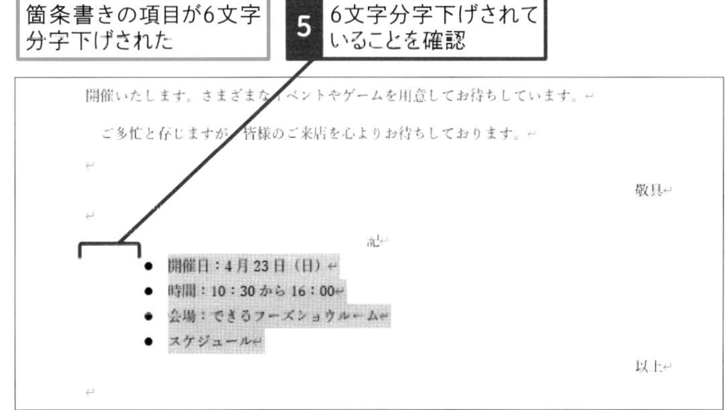

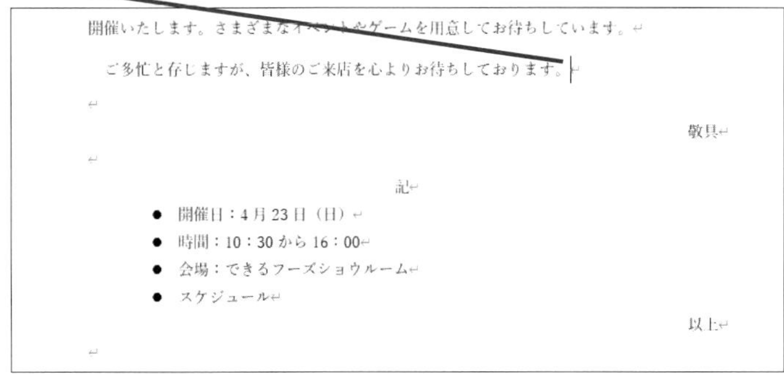

まとめ インデントで箇条書きの文字の位置をそろえる

インデントは「字下げ」という意味で、文字の先頭位置を右にずらすための機能です。箇条書きの文字を選択して[中央揃え]ボタンをクリックすると、箇条書きの文字数が違うため、先頭の位置がばらばらになって見た目が悪くなります。文字数が違う箇条書きの先頭位置をそろえるには、［インデントを増やす］ボタンを使います。［インデントを増やす］ボタンをクリックすると、用紙の左端から先頭の文字までの位置を1文字ずつ（行頭文字付きの文字は2文字ずつ）右にずらせます。また、箇条書きに限らず、[中央揃え］ボタンや［右揃え］ボタンでは配置できない位置に移動するときも［インデントを増やす］ボタンが役立ちます。

レッスン

20 タイトルの下に罫線を引こう

罫線　練習用ファイル　L020_罫線.docx

文書の中に区切り線を引くときには［罫線］の機能を使います。ここでは、タイトルの文字の下に［下罫線］の罫線を設定し、用紙の端から端までに区切り線を引きます。

1 区切り線を引く

スクロールバーを上にドラッグしておく

「お客様感謝デーのご案内」の文字の下に区切り線を引く

1 ここをクリック

マウスポインターの形が変わった

2023/3/10

お客様各位

できるフード株式会社

宮本莊平

お客様感謝デーのご案内

拝啓　平素より格別のお引き立てをありがとうございます。

さて、このたび、日頃のお客様の利用に感謝いたしまして、下記の通りお客様感謝デーを

文字が選択され、表示が反転した

キーワード

罫線	P.308
ダイアログボックス	P.310

使いこなしのヒント

罫線を消すには

罫線を消すときは、消したい行を選択し、［ホーム］タブの［罫線］ボタン右側の˅をクリックして［枠なし］を選択します。

使いこなしのヒント

［下線］ボタンと何が違うの？

［ホーム］タブの［下線］ボタン（U）をクリックすると、文字の下側に下線を引けます。ただし、下線は文字のある箇所にしか引けません。

スキルアップ

罫線の種類や太さを変更できる

以下の手順で、罫線の種類や太さを変更して、罫線を引くことができます。

1 ［罫線］のここをクリック

2 ［線種とページ罫線と網かけの設定］をクリック

［線種とページ罫線と網かけの設定］ダイアログボックスが表示された

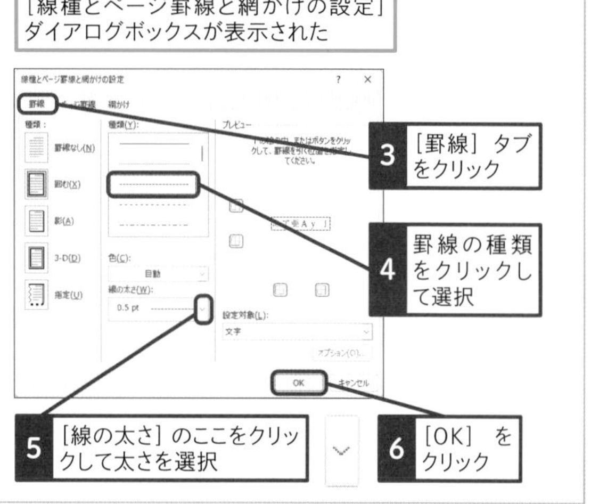

3 ［罫線］タブをクリック

4 罫線の種類をクリックして選択

5 ［線の太さ］のここをクリックして太さを選択

6 ［OK］をクリック

● 罫線を選択する

ここでは［下罫線］を選択する

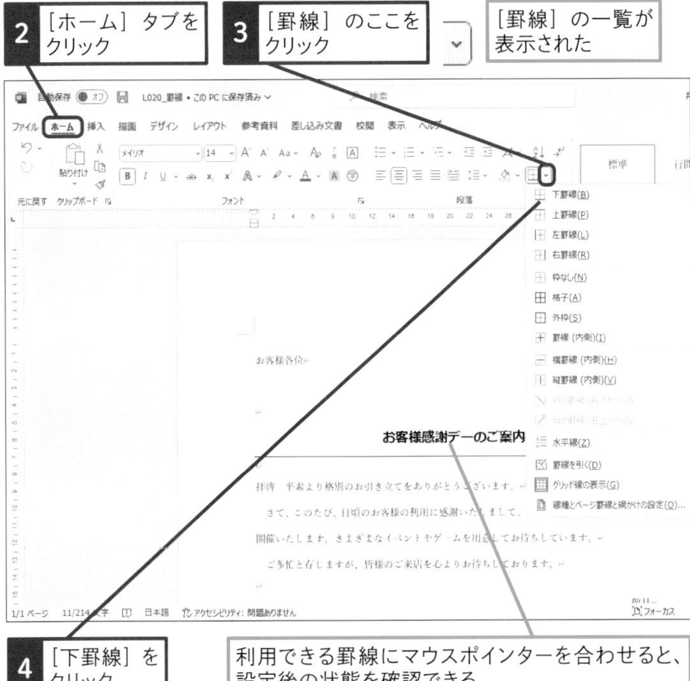

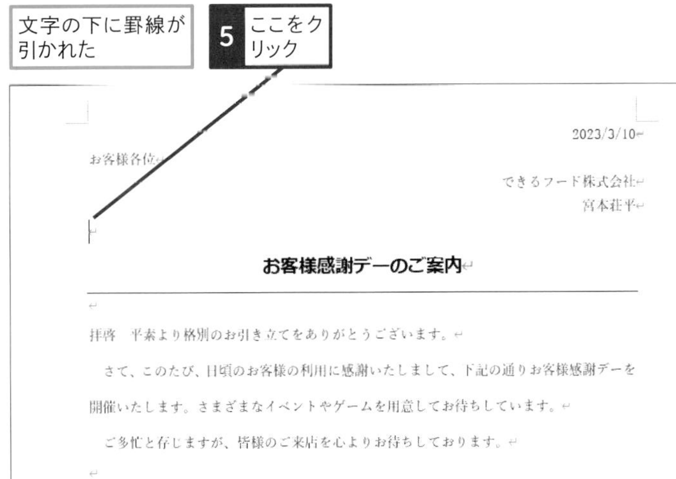

文字の選択が解除された

使いこなしのヒント

文字のまわりに枠線を付けるには

手順1の操作4で［外枠］をクリックすると、文字を含んだ1行分を囲む枠線を引けます。

操作4で［外枠］をクリックすると、1行を枠で囲める

お客様感謝デーのご案内

まとめ　罫線でアクセントを付けよう

罫線を使うと、文字のまわりに枠線や下線を表示して目立たせることができます。また、文書の内容が変わるところに罫線を引いて、区切り線や切り取り線として利用することもできます。このレッスンでは、タイトルの下に罫線を引きましたが、罫線の種類や罫線を引く対象を変えると、いろいろなレイアウトの文書を作成できます。［ホーム］タブの［罫線］ボタンをクリックしたときに表示される罫線の一覧は、Excelの［罫線］ボタンをクリックしたときに表示される一覧と同じです。アプリの種類は違っても、一度覚えた操作を他のアプリでも利用できるので安心です。

レッスン

21 文書に表を挿入しよう

表の挿入

練習用ファイル L021_表の挿入.docx

スケジュールや名簿などは、箇条書きで列記するよりも表にまとめると情報が整理されてすっきりします。ここでは、[表] の機能を使って、文書中に2列4行の表を挿入します。

1 表を挿入する

ここでは「スケジュール」の下に表を挿入する

1 ここをクリック

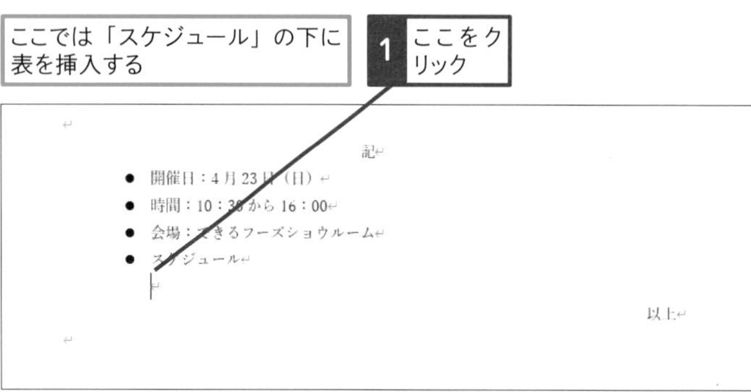

表を挿入する位置が指定された

2 [挿入] タブをクリック

3 [表の追加] をクリック

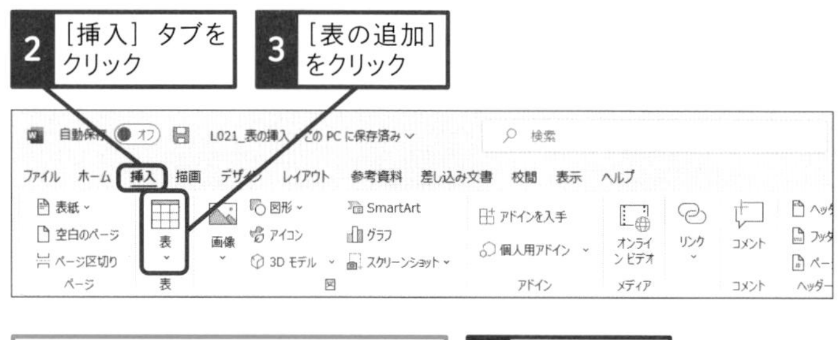

ここでは横2列、縦4行の表を挿入する

4 ここをクリック

表 (4 行 x 2 列)

表の挿入(I)...

罫線を引く(D)

Excel ワークシート(X)

拝啓　平素より格別のお引き立てをありがとうございます。

さて、このたび、日頃のお客様の利用に感謝いたしまして、下記の通りお

開催いたします。さまざまなイベントやゲームを用意してお待ちしていま

ご多忙と存じますが、皆様のご来店を心よりお待ちしております。

記

キーワード

改行	P.307
行	P.307
タブ	P.310
列	P.312

使いこなしのヒント

行と列を理解しよう

表の縦方向に並ぶのが「行」、横方向に並ぶのが「列」です。行と列が交差するマス目を「セル」と呼びます。

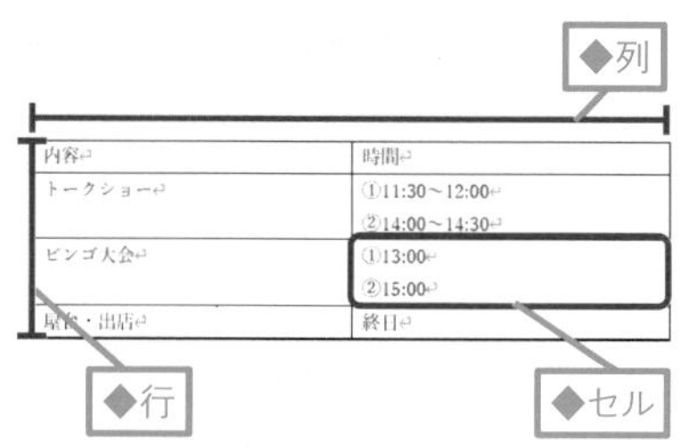

スキルアップ

表を挿入すると表示されるタブが増える

表をクリックすると、[テーブルデザイン] タブと [レイアウト] タブが表示されます。[テーブルデザイン] タブは表全体の見た目を整える機能、[レイアウト] タブには行・列の追加や配置を整える機能が用意されています。

◆ [テーブルデザイン] タブ

◆ [レイアウト] タブ

レイアウト

Word 基本編 第3章 文書を編集しよう

● 表が挿入された

横2列、縦4行の表が挿入された

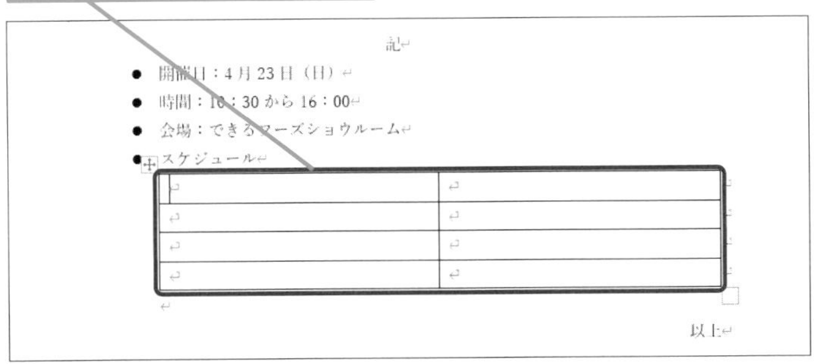

2 表に文字を入力する

1 セルをクリックし、「内容」と入力

2 Tab キーを押す

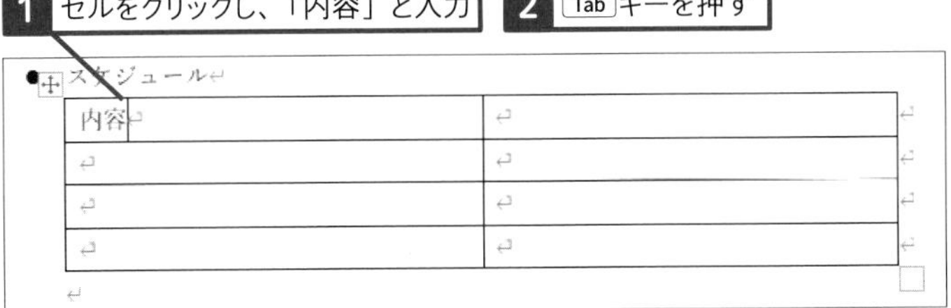

カーソルが右のセルに移動した

3 「時間」と入力

4 Tab キーを押す

スケジュール

内容	時間

カーソルが左下のセルに移動する

同様の操作で、表の中のセルに文字を入力していく

内容	時間
トークショー	①11：30 ～ 12：00 ②14：00 ～ 14：30
ビンゴ大会	①13：00 ②15：00
屋台・出店	終日

イベント内容と時間が表に入力された

スケジュール

内容	時間
トークショー	①11:30～12:00 ②14:00～14:30
ビンゴ大会	①13:00 ②15:00
屋台・出店	終日

使いこなしのヒント

行や列を後から追加、削除するには

後から行や列を追加するには、追加したい位置をクリックしてから、[レイアウト] タブの [上に行を挿入] [下に行を挿入] [左に列を挿入] [右に列を挿入] をクリックします。行や列を削除するには、削除したい位置をクリックし、[レイアウト] タブの [削除] ボタンから [行の削除] や [列の削除] をクリックします。

1 セルをクリック

2 [レイアウト] タブをクリック

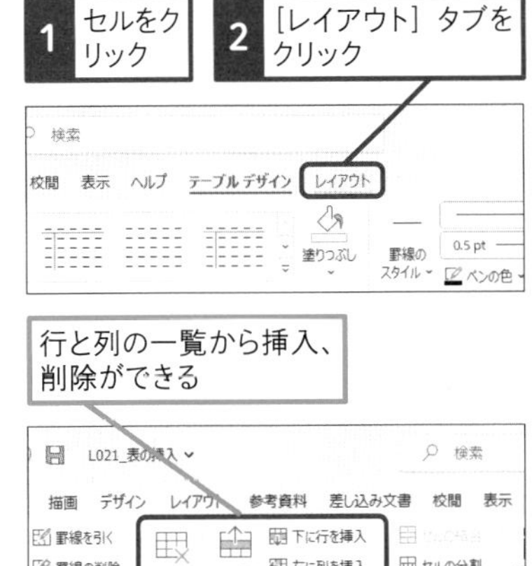

行と列の一覧から挿入、削除ができる

使いこなしのヒント

セルの中で改行するときは

セルの中で改行するときは、Enter キーを押します。

まとめ 表で文字の情報を整理する

表は、縦と横の線で仕切られたマス目（セル）の中に文字を入力するので、文字の先頭位置がそろい、情報を整理して見せることができます。最初に表の完成イメージを想像し、必要な項目数を数えてから行数や列数を指定するのが最適ですが、上の「使いこなしのヒント」の操作で、後から行や列を追加することも可能です。Wordの表は、数値を計算することよりも文字の情報を整理するために使うといいでしょう。

レッスン

22 表の体裁を整えよう

列幅の変更、塗りつぶし、中央揃え

練習用ファイル　L022_表の体裁.docx

表の文字数に合わせて列幅を調整したり、セルの色や配置を変更したりするなどして、表の見た目を整えます。また、表が用紙の横幅に対して中央に配置するように設定します。

1 ［レイアウト］タブを表示する

1 表の中をクリック

スケジュール

内容	時間
トークショー	①11:30～12:00 ②14:00～14:30
ビンゴ大会	①13:00 ②15:00
屋台・出店	終日

表が選択された

表の中でカーソルが点滅していることを確認する

スケジュール

内容	時間
トークショー	①11:30～12:00 ②14:00～14:30
ビンゴ大会	①13:00 ②15:00
屋台・出店	終日

2 ［レイアウト］タブをクリック

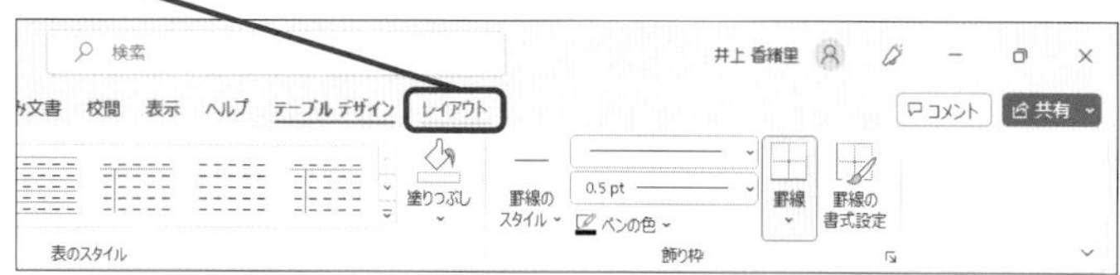

［レイアウト］タブの内容が表示された

キーワード

行	P.307
セル	P.309
レイアウト	P.312
列幅	P.312

使いこなしのヒント

行の高さを変更するには

表の行の高さを変更するには、変更したい行をクリックし、［レイアウト］タブの［行の高さの設定］欄に数値で指定します。あるいは、行の下側の境界線にマウスポインターを合わせて、上下にドラッグしても行の高さを変更できます。

1 ［レイアウト］タブをクリック

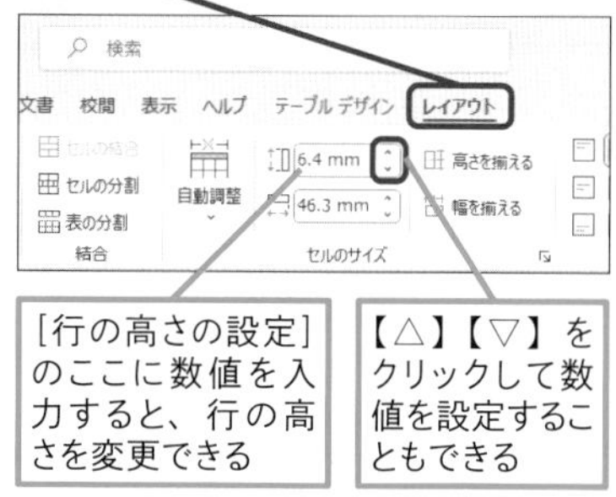

［行の高さの設定］のここに数値を入力すると、行の高さを変更できる

【△】【▽】をクリックして数値を設定することもできる

ここに注意

［レイアウト］タブは、表の中や表の右側の改行文字にカーソルがあるときだけ表示されます。

2 列幅を文字数に合わせて自動で調整する

1 ［自動調整］をクリック

2 ［文字列の幅に自動調整］をクリック

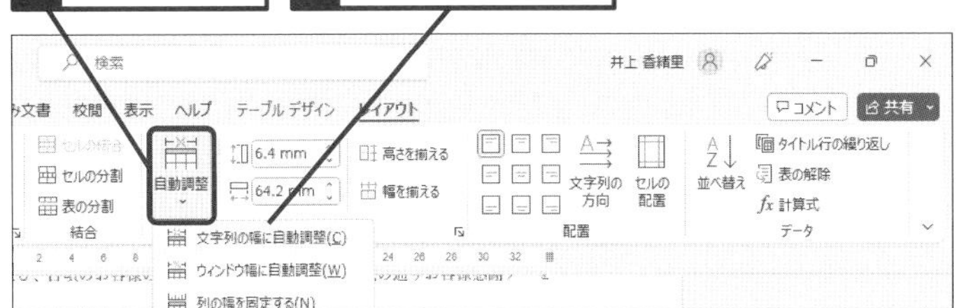

文字列の長さに合わせて列幅が自動調整された

スケジュール

内容	時間
トークショー	①11:30～12:00 ②14:00～14:30
ビンゴ大会	①13:00 ②15:00
屋台・出店	終日

3 列幅を手動で調整する

1 ここにカーソルを合わせる

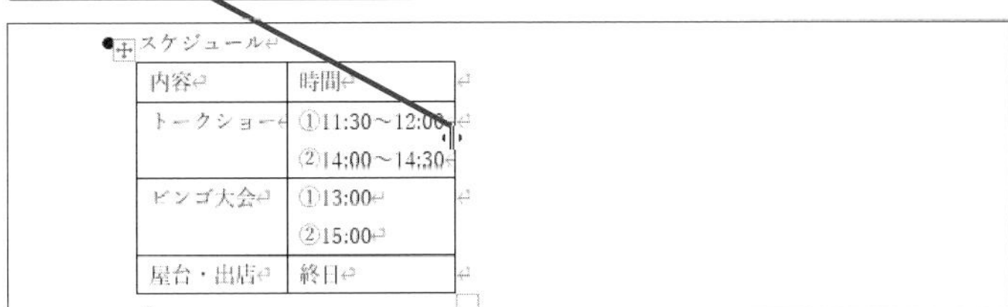

2 ここまでドラッグ

スケジュール

内容	時間
トークショー	①11:30～12:00 ②14:00～14:30
ビンゴ大会	①13:00 ②15:00
屋台・出店	終日

列幅が変更された

同様の手順で列幅を変更しておく

使いこなしのヒント

列幅を数値で指定するには

最初に列幅を変更したい列をクリックし、［レイアウト］タブの［列の幅の設定］欄に数値を入力して、列幅を変更することもできます。

1 ［レイアウト］タブをクリック

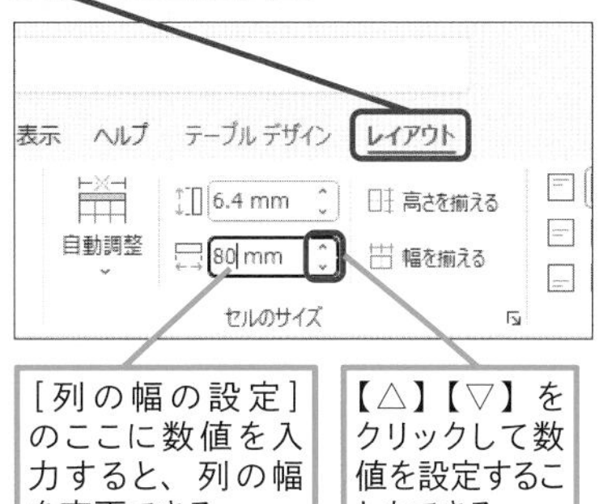

［列の幅の設定］のここに数値を入力すると、列の幅を変更できる

【△】【▽】をクリックして数値を設定することもできる

使いこなしのヒント

右側の境界線をドラッグする

手順3のように手動で列幅を変更するときは、変更したい列の右側の境界線にマウスポインターを合わせて、左右にドラッグします。

次のページに続く

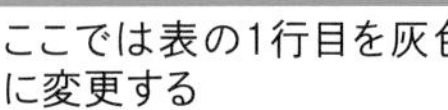

4 セルを塗りつぶす

ここでは表の1行目を灰色に変更する

1 ここをクリック

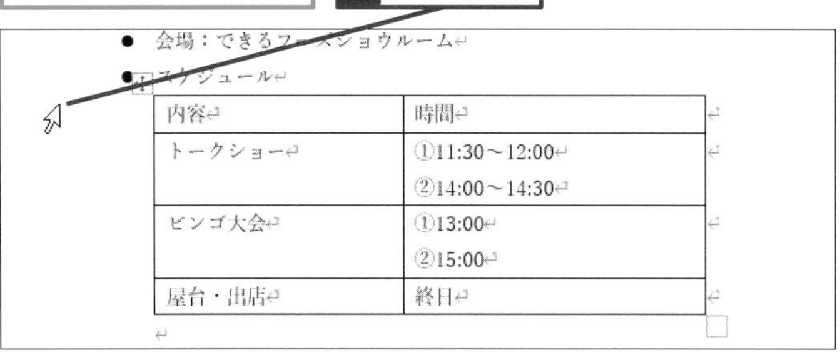

表の1行目が選択される

2 [テーブルデザイン]タブをクリック

3 [塗りつぶし]のここをクリック

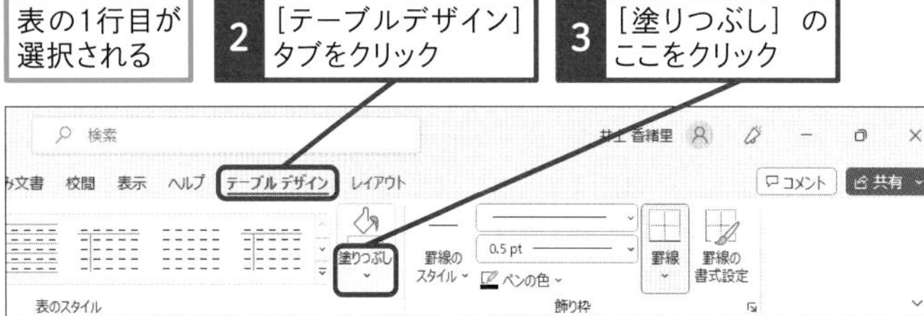

色の一覧が表示された

4 [白、背景1、黒+基本色15%]をクリック

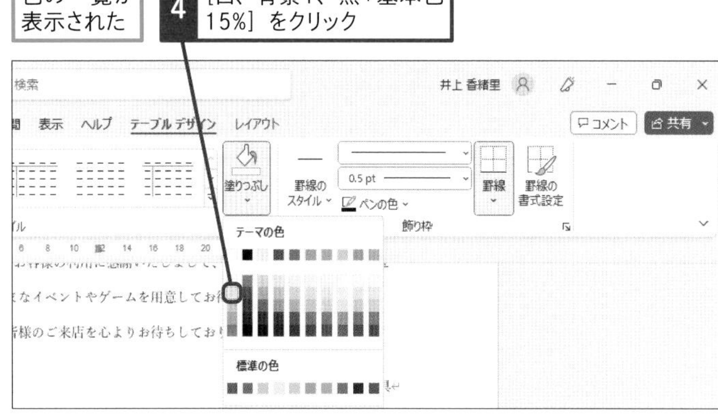

表の1行目が灰色で塗りつぶされた

使いこなしのヒント

表全体のサイズを調整するには

列幅や行の高さを個別に変更するだけなく、以下の操作で表全体の大きさをまとめて変更することもできます。斜めにドラッグすると、縦方向と横方向のサイズを同時に変更できます。

1 表の右下にカーソルを合わせる

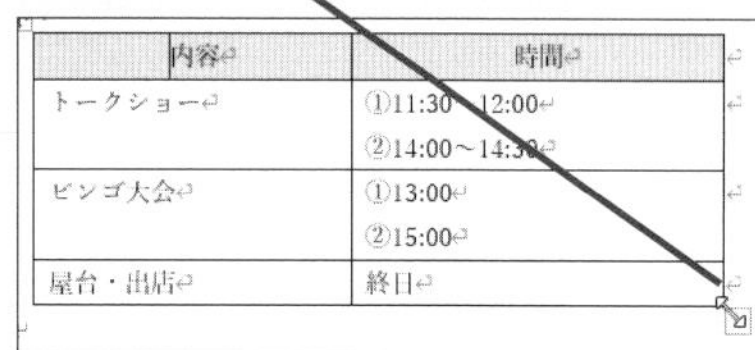

2 下にドラッグ

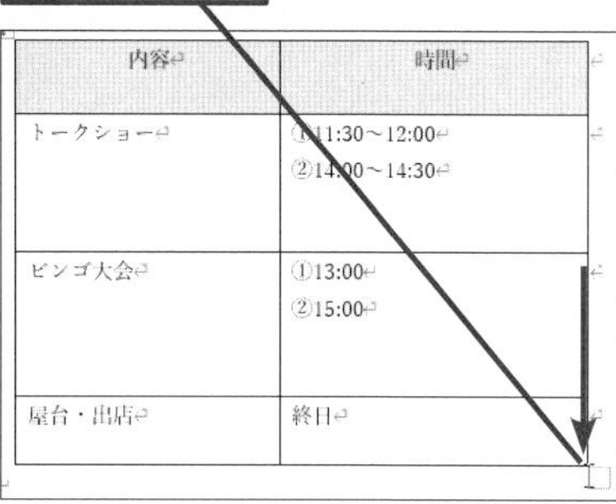

表全体の縦幅が長くなる

使いこなしのヒント

セルの色が濃いときは文字の色を薄くする

セルを濃い色で塗りつぶすと、文字が目立たなくなります。このようなときは、セル内の文字の色を白などの薄い色に変更すると、コントラストがはっきりして読みやすくなります。文字の色は、[ホーム]タブの[フォントの色]ボタンを使って変更できます。

スキルアップ

マウスカーソルを合わせてプレビューしよう

セルに色を付けたり、下の「スキルアップ」の操作で表のデザインを変更するときに、色やスタイルにマウスポインターを合わせると、文書内の表の色や文字の色が一時的に変化します。クリックして選ぶ前に、マウスポインターを移動していろいろな色やスタイルを試してみるといいでしょう。

手順4の操作1を参考に塗りつぶす行を選択しておく

1 ［テーブルデザイン］タブをクリック

2 ［塗りつぶし］のここをクリック

3 色にカーソルを合わせる

マウスポインターを合わせると、塗りつぶしの色が一時的に変化する

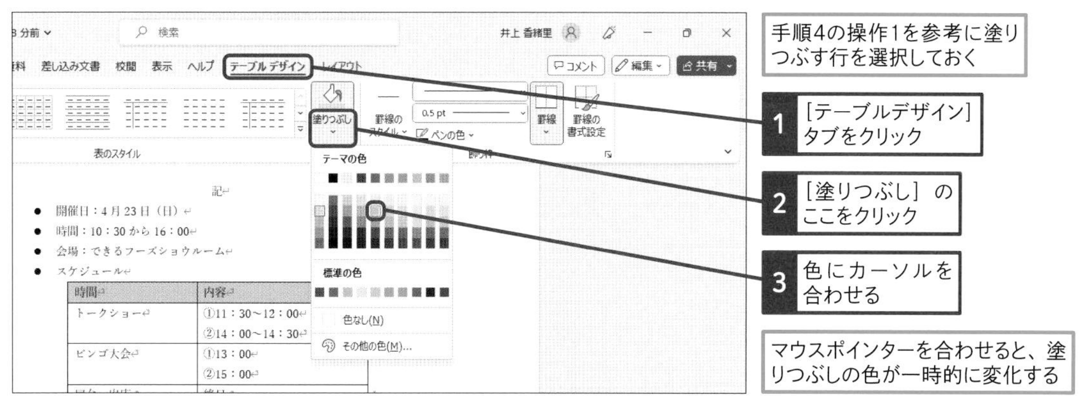

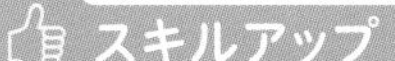

スキルアップ

［表のスタイル］で表の見た目を一度に変更できる

［表のスタイル］には、セルや罫線に色を付けたデザインのバリエーションが何種類も登録されているので、一覧からクリックするだけで表全体の見た目を変更できます。

手順1の操作1を参考に表を選択しておく

1 ［テーブルデザイン］タブをクリック

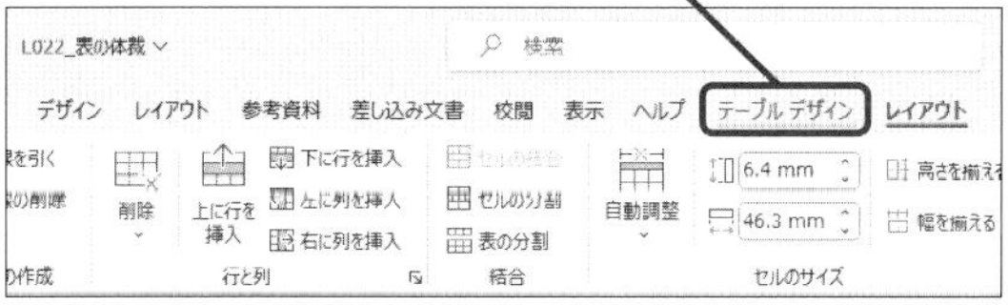

2 ［表のスタイル］から、［その他］をクリック

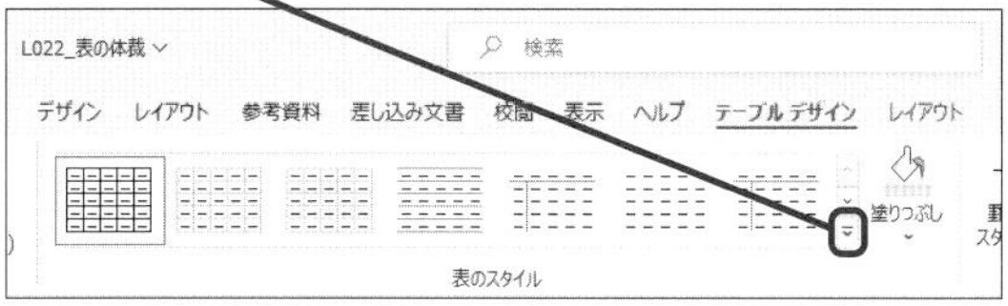

［表のスタイル］の一覧が表示された

3 表のスタイルをクリック

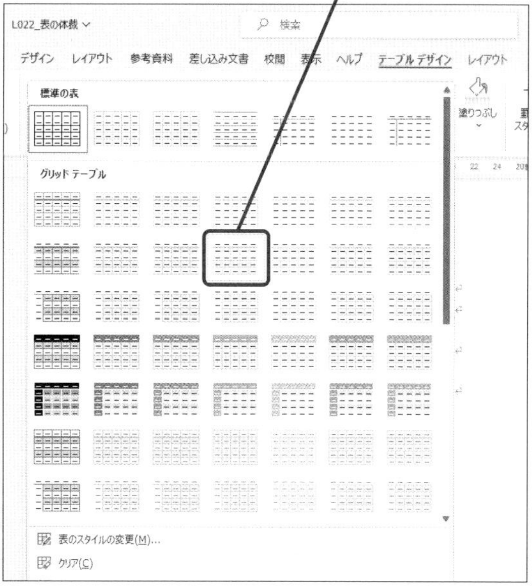

表のデザインが変更される

次のページに続く

5 セル内の文字配置を変更する

手順4を参考に、表の1行目を選択しておく

1 ［レイアウト］タブをクリック

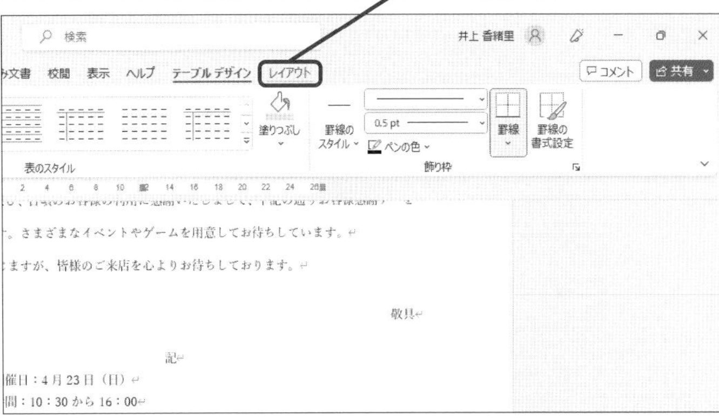

2 ［上揃え（中央）］をクリック

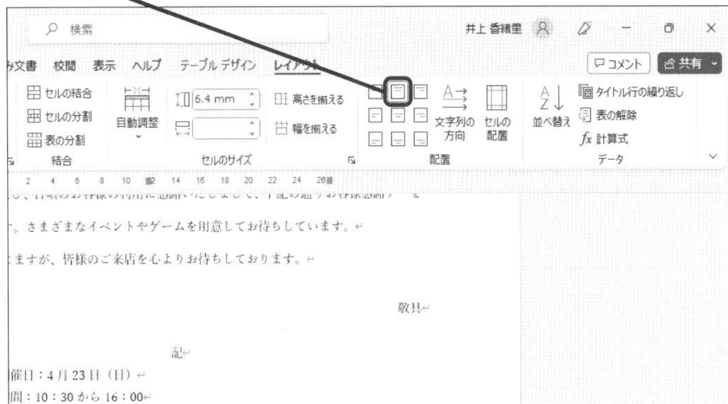

1行目のセル内の文字が中央に移動した

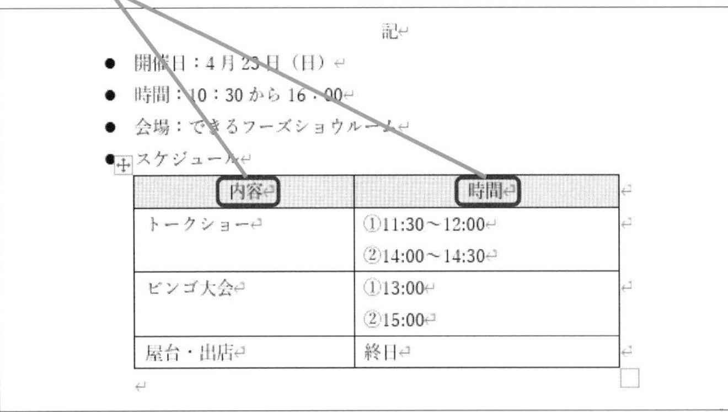

使いこなしのヒント

セルごとに配置を変更できる

セル内の文字の配置は、複数のセルだけでなく、セル1つずつに設定できます。それには、配置を変更したいセルを正しく選択してから、手順5の操作2の操作を行います。また、表全体を選択しておくと、表内のすべての文字の配置をまとめて変更できます。

1つのセルだけ選択できる

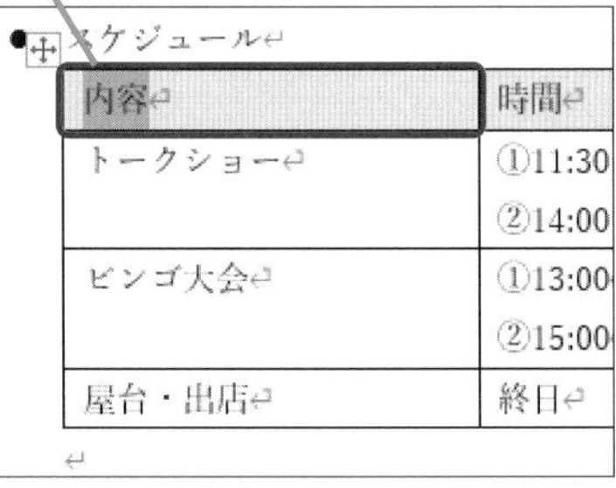

縦や横の複数のセルを選択できる

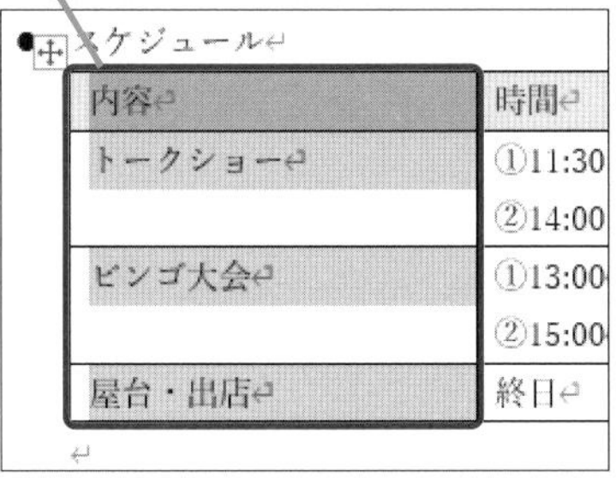

6 表全体を中央に配置する

ここでは表を用紙に対して中央に配置する

1 ここをクリック

表全体が選択された

2 ［ホーム］タブをクリック

3 ［中央揃え］をクリック

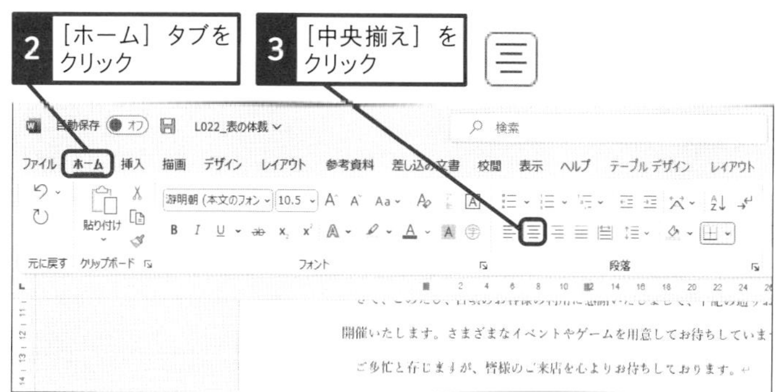

セル内の配置はそのままで、表全体が中央に配置された

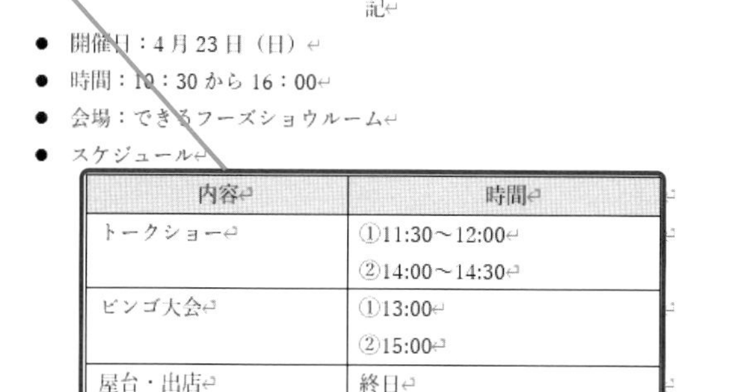

使いこなしのヒント

表全体を削除したいときは

表全体を削除するには、表内のどこかをクリックし、［レイアウト］タブの［削除］ボタンから［表の削除］をクリックします。表を削除すると、罫線だけでなく入力した文字もまとめて削除されます。

使いこなしのヒント

ドラッグ操作で表を移動するには

表全体をドラッグ操作で移動するには、最初に表の左上に表示されるハンドルにマウスポインターを合わせます。マウスポインターの形状が✥に変わったら、そのまま移動先までドラッグします。

表を選択しておく

1 表の左上にマウスポインターを合わせる

マウスポインターの形が変わった

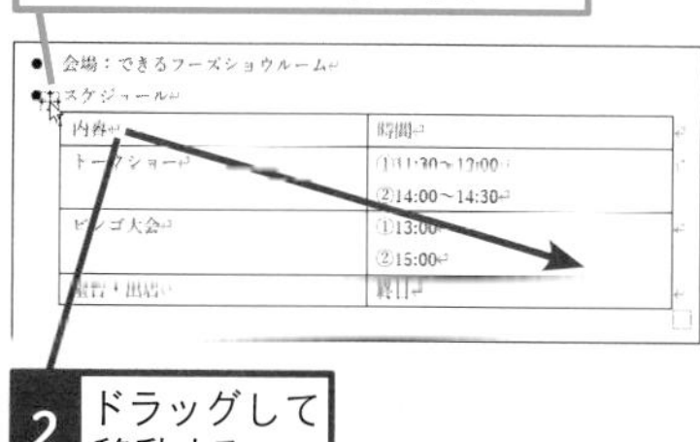

2 ドラッグして移動する

まとめ 見やすい表になるようにしよう

表の挿入直後は、列幅や行の高さが同じで、セル内の文字はセルの左にそろっています。表を見やすくするには、見出しとデータが区別できるように、1行目のセルに色を付けるといいでしょう。また、文字数に合わせて列幅を変更するなどして表の見た目を整えます。

この章のまとめ

読む人の立場になって文書の見た目を変更しよう

文字入力が終ったら、文書の見た目やレイアウトを整えて、読みやすくなるように編集します。例えば、文書のタイトルの文字を大きくしたり太字にしたりすると、どんな目的の文書なのかがひとめで分かります。また、ビジネス文書のルールに沿って文字の配置を変更すると、メリハリのある文書になります。さらに、たくさんの文字の情報を表にまとめると、情報が整理されて伝わりやすくなります。文書を読む人が分かりやすい、読みやすいと感じるように文書の体裁を整えましょう。

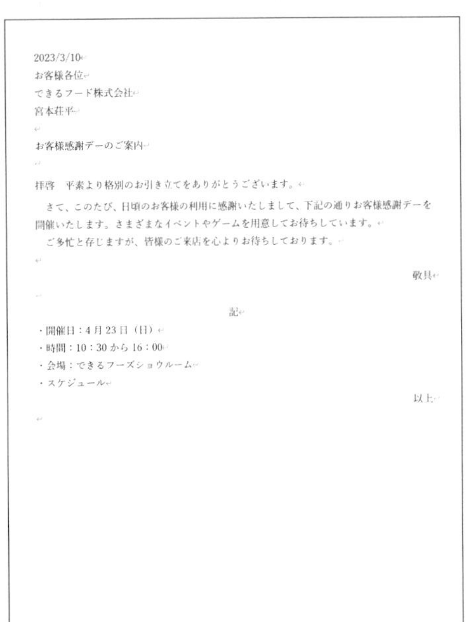

2023/3/10
お客様各位
できるフード株式会社
宮本荘平

お客様感謝デーのご案内

拝啓　平素より格別のお引き立てをありがとうございます。
　さて、このたび、日頃のお客様の利用に感謝いたしまして、下記の通りお客様感謝デーを開催いたします。さまざまなイベントやゲームを用意してお待ちしています。
　ご多忙と存じますが、皆様のご来店を心よりお待ちしております。

敬具

記
・開催日：4月23日（日）
・時間：10：30から16：00
・会場：できるフーズショウルーム
・スケジュール

以上

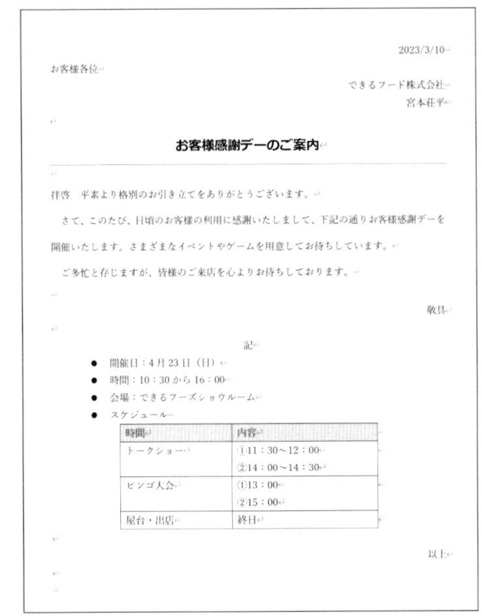

2023/3/10

お客様各位

できるフード株式会社
宮本荘平

お客様感謝デーのご案内

拝啓　平素より格別のお引き立てをありがとうございます。
　さて、このたび、日頃のお客様の利用に感謝いたしまして、下記の通りお客様感謝デーを開催いたします。さまざまなイベントやゲームを用意してお待ちしています。
　ご多忙と存じますが、皆様のご来店を心よりお待ちしております。

敬具

記

- 開催日：4月23日（日）
- 時間：10：30から16：00
- 会場：できるフーズショウルーム
- スケジュール

時間	内容
トークショー	①11：30～12：00 ②14：00～14：30
ビンゴ大会	①13：00 ②15：00
屋台・出店	終日

以上

文字の見た目を変えたり、レイアウトを変えたりすることで、これだけ変わるんですね！　すごい読みやすくなりました。

ただ文字を羅列しただけでは、「読みにくい・分かりにくい」印象ばかりで、読んでももらえない可能性もある。そこで文字を強調したり、装飾したりすることで、情報を整理して伝わる文書に仕上げていくことが大切なんだ。

本当ですね！　第2章で学んだ箇条書きから一歩進んで表にまとめるというのも1つの見せ方として重要なことが分かりました。

Word

基本編

第4章

図形や画像の入った文書を作ろう

文書に図形や写真、イラストが入ると、文書が華やかになると同時に文書の内容をイメージしやすくなります。この章では、文書の中に図形や画像を挿入して、色やサイズ、位置などを整えます、また、完成した文書をプリンターから印刷します。

レッスン

23 Introduction この章で学ぶこと
図形や写真、イラストで文書をパワーアップしよう

文字ばかりの文書と比べて、文書に図形や写真、イラストが入っていると、文書の内容を視覚的にイメージしやすくなります。この章では、図形や写真、イラストを扱う基本操作と効果的に見せるテクニックを学びましょう。

文書の表現力をアップさせよう

文字の装飾や表など、文書を読みやすくすることも重要だけど、表現力をアップさせることでワンランク上の文書に仕上げることも可能なんだ！

タイトルに枠を付けたり、写真を入れたりできるんですね！　これは知っておきたいです。

◆図形の挿入
タイトルの下に図形を入れて目立たせられる
→レッスン24、25

オンライン旅行開催のお知らせ

会員の皆様にご好評を頂いております「オンライン旅行」の第3回目として、ハワイ・オアフ島編を以下の日程で開催いたします。ご家庭でハワイの風景を存分に味わえる内容になっておりますので、奮ってご参加ください。

記

- ◆ 開催日：2022年5月13日（土）
- ◆ 時間：11：00～12：00
- ◆ 費用：¥1,5000

以上

※申込者には、後日ZOOMのリンク先をメールでお知らせします。

◆写真の挿入
スマートフォンやカメラで撮った写真を挿入できる。大きさや位置を変えることもできる
→レッスン26、27

◆写真の装飾
写真のまわりをぼかして写真を加工できる
→レッスン28

Wordに備わったライブラリを活用しよう

写真が入れられるのはいいのですが、すぐに用意できないときはどうしたらいいのでしょう…?

そんなときでも心配は無用ですよ！ Wordに備わったイラストの素材を使うといいですよ。

完成した文書を印刷しよう

文書が完成したら、最後は印刷だ。事前にしっかりと確認して印刷しましょう。

事前に確認して印刷できるんですね。これなら失敗せずに印刷できそうです！

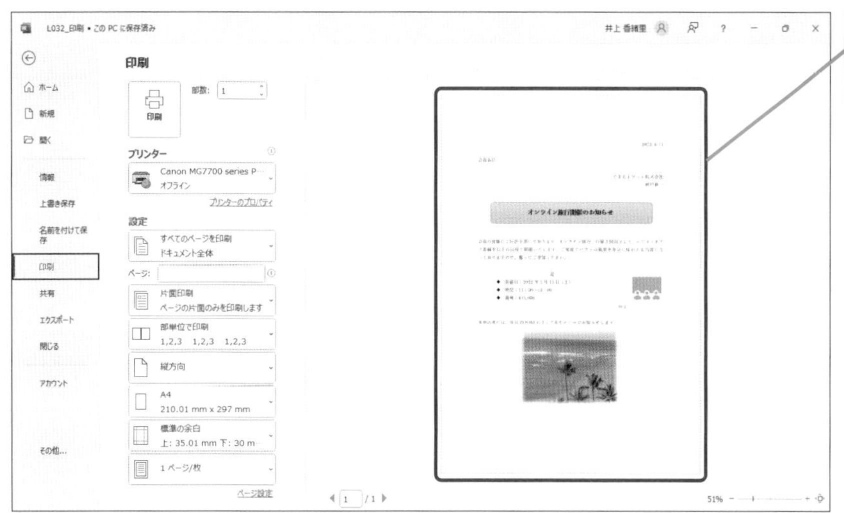

印刷プレビューの機能で実際に印刷する前に確認することができる

レッスン

24 文書に図形を挿入しよう

図形　　練習用ファイル L024_図形.docx

［図形］の機能を使うと、文書の中に四角形や円、星などの図形を描画できます。このレッスンでは、タイトルの文字のまわりに角の丸い四角形の図形を描画します。

1 挿入する図形を選ぶ

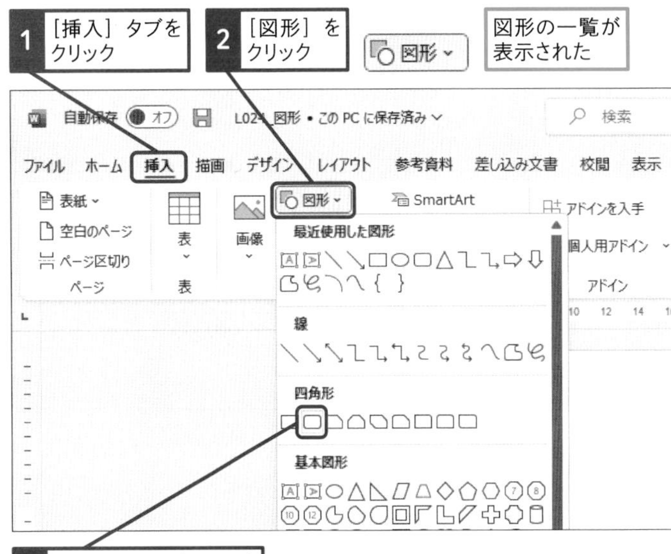

2 図形を挿入する

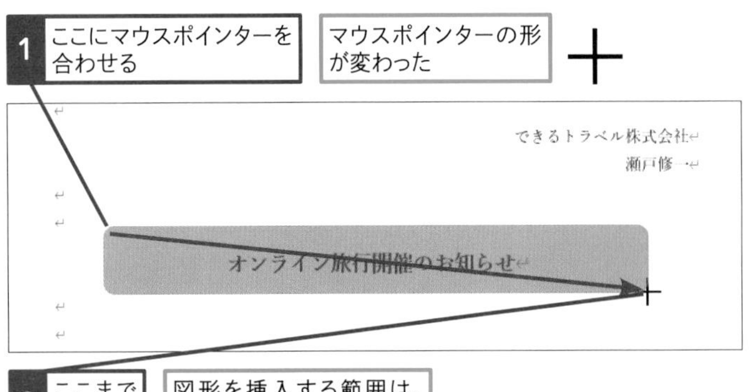

キーワード

使いこなしのヒント

図形はグループごとに分類されている

Wordで描画できる図形の種類はたくさんあります。手順1の図形の一覧には、［基本図形］や［吹き出し］などのグループごとに図形がまとまって表示され、マウスポインターを合わせると図形の名前が表示されます。過去に使った図形は、一覧の上部にある［最近使用した図形］のグループに表示されます。

使いこなしのヒント

図形を削除するには

図形をクリックして選択し、Deleteキーを押すと図形を丸ごと削除できます。

スキルアップ

辺の長さが同じ図形を描画するには

手順2で、Shiftキーを押しながらドラッグすると、四辺の長さが同じサイズの図形を描画できます。図形の種類で［正方形/長方形］や［楕円］を選んだ場合は、Shiftキーを押しながらドラッグすると、正方形や真ん丸の円を描画できます。

スキルアップ

図形を連続して素早く描く

同じ図形を連続して描画するときは、図形を描き終わるごとに手順1からの操作を繰り返す必要があります。手順1の操作3で右クリックし、表示されるメニューの［描画モードのロック］をクリックすると、Escキーを押して解除するまで連続して同じ図形を描画できます。

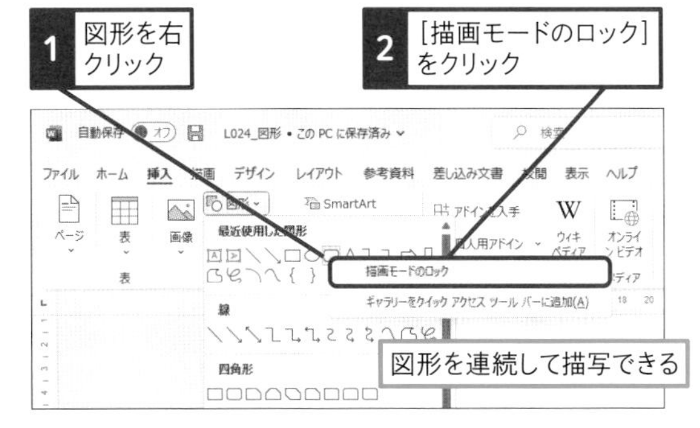

使いこなしのヒント

図形のサイズを変更するには

手順2では、タイトルの文字が隠れるくらいのサイズで図形を描画します。図形のサイズが大きすぎたり小さすぎたりした場合は、図形の周囲に表示されるハンドル（◯）をドラッグしてサイズを調整します。

使いこなしのヒント

図形の位置を変更するには

図形の位置を後から変更するには、図形をクリックして選択したときに表示される外枠にマウスポインターを移動します。マウスポインターの形が✥に変わったら、そのまま移動先までドラッグします。このとき、Shiftキーを押しながら横方向にドラッグすると水平、縦方向にドラッグすると垂直に移動できます。

● 図形が挿入された

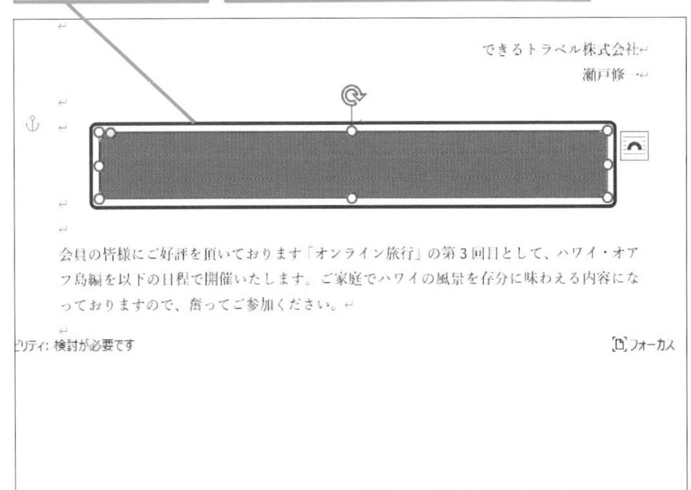

ここに注意

手順1の操作3で目的とは違う図形を選んで描画したときは、いったん図形を削除して操作1からやり直します。

まとめ 図形の操作はOfficeアプリで共通

［図形］の機能は、WordだけでなくExcelやPowerPointにも用意されています。図形の種類を選んでからドラッグして描画する操作や、図形のサイズや位置を変更する操作など、図形に関する操作はすべて同じです。Officeアプリには、図形や写真、アイコンのように共通の機能がいくつも用意されています。いずれかのアプリで操作を習得しておけば、他のアプリでも同じように操作できるため、操作を覚える時間を節約できます。

レッスン

25 図形の色と重なりの順番を変更しよう

図形のスタイル

練習用ファイル　L025_図形のスタイル.docx

描画直後の図形の色は青色ですが、後から変更できます。このレッスンでは、図形の色を薄いブルーに変更し、図形の下側に隠れている文字が見えるようにします。

1 図形のスタイルを変更する

1 図形をクリックして選択する

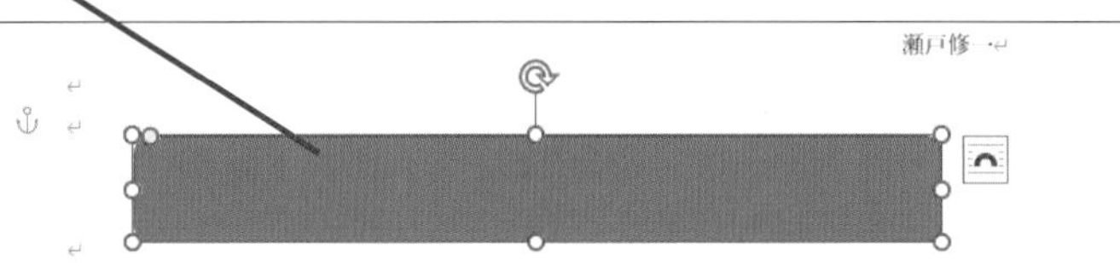

2 ［図形の書式］タブをクリック

3 ［図形のスタイル］の［その他］をクリック

スタイルの一覧が表示された

4 ［パステル-青、アクセント5］をクリック

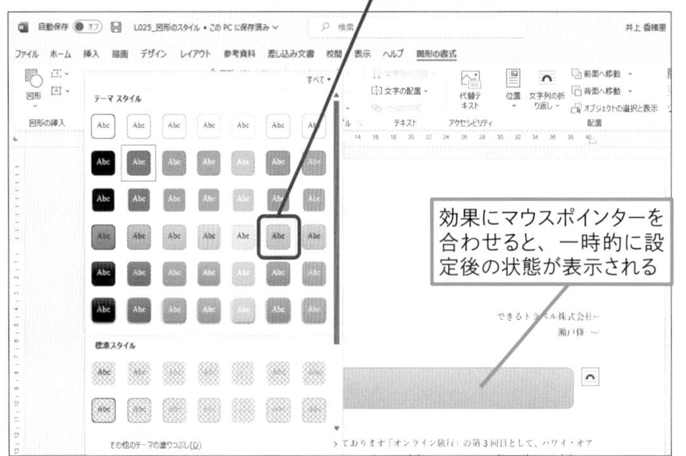

キーワード

図形	P.309
スタイル	P.309
タブ	P.310

使いこなしのヒント

図形の色や枠線の色を手動で変更するには

［図形の書式］タブにある［図形の塗りつぶし］ボタンや［図形の枠線］ボタンを使うと、図形の色や枠線の色・太さなどを指定できます。

図形の塗りつぶし
図形の枠線
図形の効果

図形の色や枠線を個別に指定できる

使いこなしのヒント

図形と文字の重なりの順序を変更する

入力済みの文字の上に図形を描画すると、後から描画した図形で文字が隠れてしまいます。このようなときは、図形と文字の重なりの順序を変更しましょう。手順2の操作3では、図形を文字の背面に移動したいので、図形を選択してから［テキストの背面へ移動］をクリックしています。テキストとは文字のことです。

スキルアップ

図形同士の重なりの順序を変更する

図形は後から描画したものが上へ上へと表示されますが、図形同士の重なりの順序は後から変更できます。例えば、下の例では一番奥に三角形、その上に円、一番手前に四角形の図形がそれぞれ表示されています。三角形が見えるようにするには、三角形の図形をクリックし、[図形の書式]タブにある[前面へ移動]ボタンをクリックしましょう。クリックするごとに1段階ずつ前面に表示されます。なお、[前面へ移動]ボタンの▾をクリックして表示されるメニューから[最前面へ移動]をクリックすると、1回の操作で一番手前に表示できます。

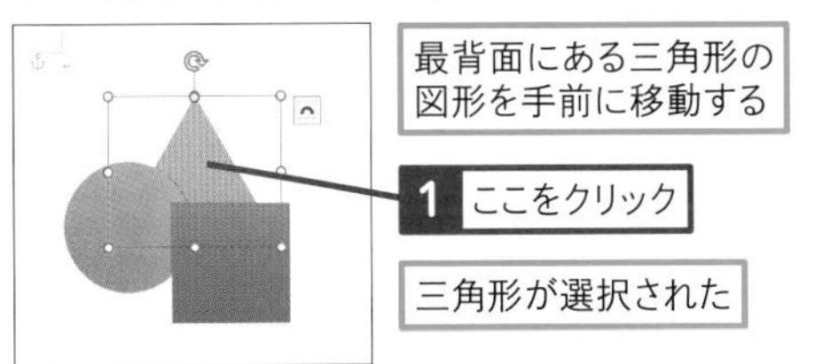

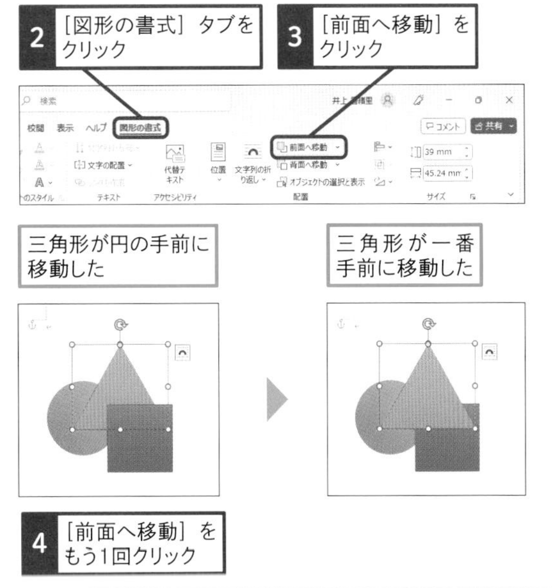

2 図形をテキストの背面に移動する

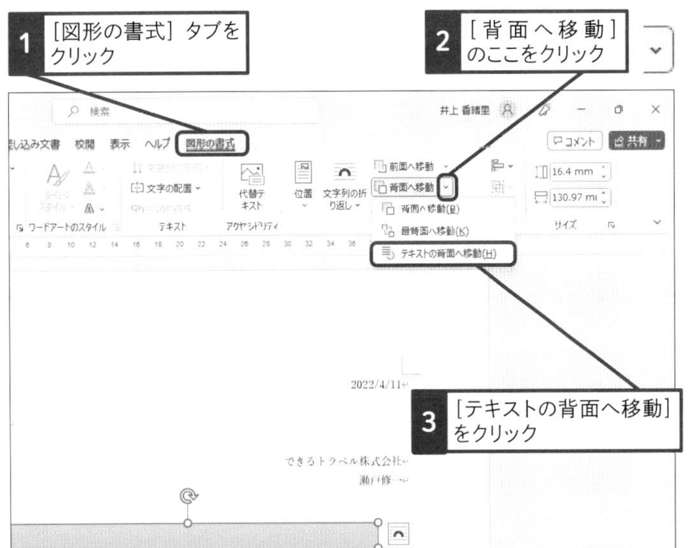

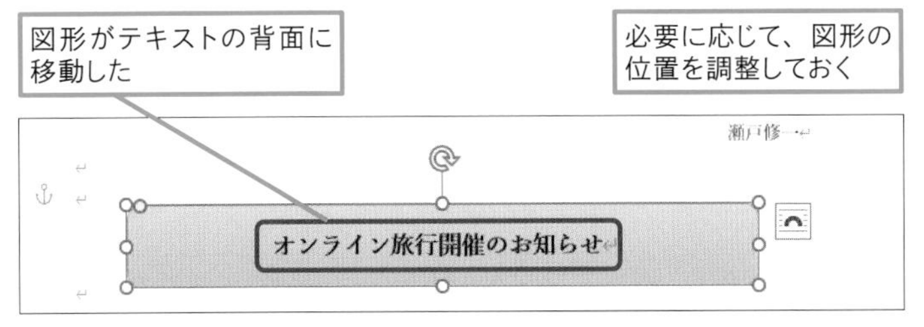

まとめ　図形で文書にアクセントを付ける

このレッスンでは、タイトルの文字を目立たせるために四角形の図形を描画して、タイトルに枠が付いているようにしました。これ以外にも、「吹き出し」の図形を描画して、文書内の写真やグラフなどのポイントを書き込むと、作成者の意図が伝わりやすくなります。さらに、複数の図形を組み合わせて描画すると、簡単な地図やイラストなども作成できます。文字ばかりの文書の中にカラフルな図形を描画すると、文書のアクセントになります。

レッスン

26 文書に写真を挿入しよう

画像

練習用ファイル L026_画像.docx
hawaii.jpg

デジタルカメラで撮影した写真など、パソコンに保存した写真を文書に挿入します。写真を挿入したい位置を決めて、保存した写真を指定するだけで簡単に挿入できます。

キーワード

スクロールバー	P.309
ダイアログボックス	P.310
タブ	P.310

1 ［図の挿入］ダイアログボックスを表示する

スクロールバーを下にドラッグしておく

ここでは練習用ファイルの［hawaii.jpg］を挿入する

［ピクチャ］フォルダーに［hawaii.jpg］をコピーしておく

1 ここをクリック

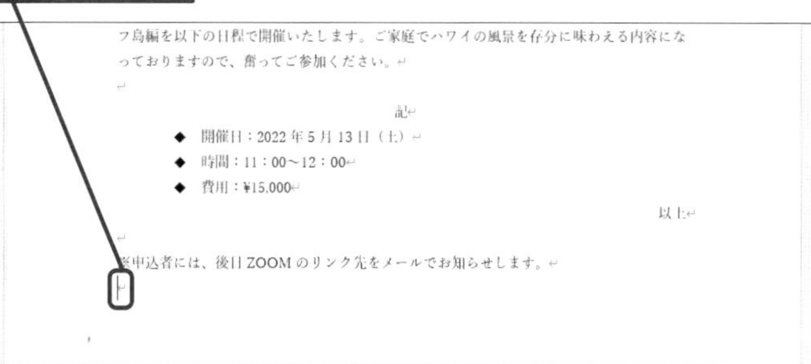

2 ［挿入］タブをクリック

3 ［画像］をクリック

4 ［このデバイス］をクリック

使いこなしのヒント

写真をあらかじめ保存しておく

デジタルカメラの写真を文書に挿入するには、事前にデジタルカメラとパソコンを接続して、写真をパソコンに保存しておく必要があります。

使いこなしのヒント

Wordで利用できる主な画像の形式とは

写真などの画像には、JPEG形式やBMP形式など、いくつかのファイル形式があります。デジタルカメラで撮影した写真はJPEG形式がほとんどですが、Webページや市販の素材集では、他のファイル形式の場合もあります。手順2で、［すべての図］ボタンをクリックすると、Wordで利用できる画像のファイル形式が表示されます。

1 ［すべての図］をクリック

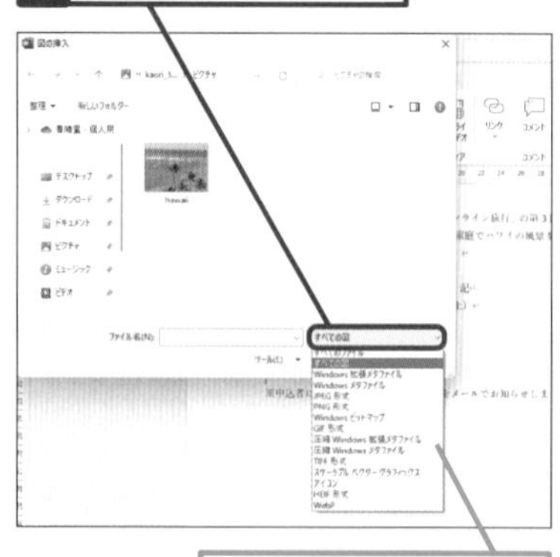

利用できる画像の形式の一覧が表示された

スキルアップ

画像の配置方法をマスターしよう

文書に挿入した写真やイラストなどの画像は、最初は［行内］という配置になっているため、行単位にしか動きません。画像を文書内の好きな位置に移動するには［図の形式］タブにある［文字列の折り返し］ボタンをクリックし、［行内］以外を選びます。その後で画像をドラッグして動かします。なお、画像の右横に表示される［レイアウトオプション］ボタン（ ）から［文字列の折り返し］を設定することもできます。

1 画像をクリック

2 ［図の形式］タブをクリック

3 ［文字列の折り返し］をクリック

4 ［四角形］をクリック

画像のまわりに文字が回り込んだ

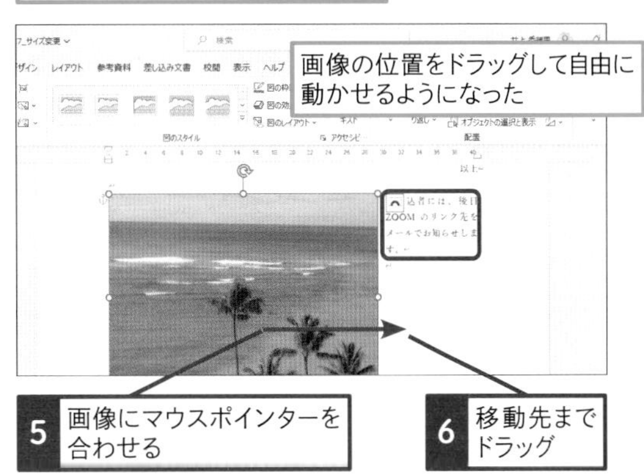

5 画像にマウスポインターを合わせる

6 移動先までドラッグ

2 写真を挿入する

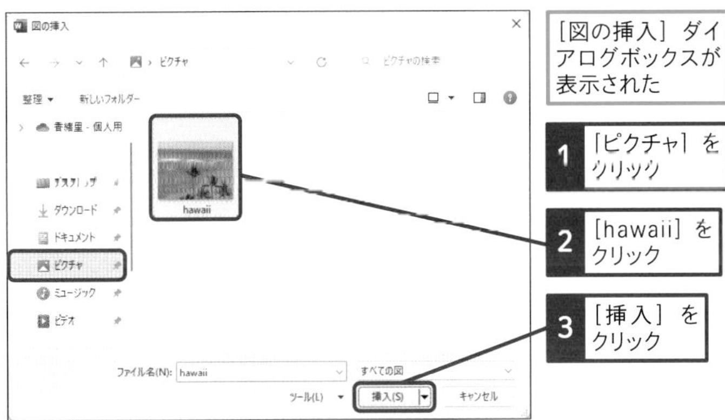

［図の挿入］ダイアログボックスが表示された

1 ［ピクチャ］をクリック

2 ［hawaii］をクリック

3 ［挿入］をクリック

まとめ 文書の内容に合った写真を使おう

このレッスンでは「オンライン旅行開催のお知らせ」という文書に合わせて、旅行先となるハワイの写真を使いました。このように、文書の中に写真やイラストを入れるときは、文書の内容に合ったものを使うことが大切です。文書に写真が入るだけで、文書全体が華やかになり、読む人のイメージを膨らませることができます。反対に、文書の内容に合わない写真を使ったり、請求書や契約書などのビジネス文書の中に写真を使うと、逆効果になることもあるので注意しましょう。

レッスン

27 写真のサイズと位置を整えよう

サイズ変更、中央揃え

練習用ファイル L027_サイズ変更.docx

文書に挿入した写真のサイズを変更して、用紙の横幅に対して中央に配置します。写真のサイズを変更するときは、縦横比が崩れないように注意しましょう。

1 写真のサイズを小さくする

1 画像をクリックして選択する

2 ハンドルにマウスポインターを合わせる

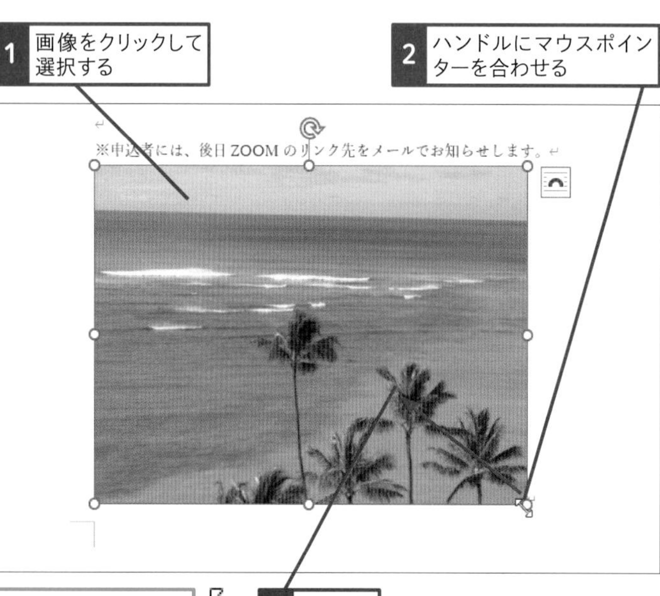

マウスポインターの形が変わった

3 ここまでドラッグ

2ページ目がなくなり、1ページ目に写真が収まった

キーワード

タブ P.310

ハンドル P.311

使いこなしのヒント

写真のサイズを数値で指定するには

[図の形式] タブにある [図形の高さ] や [図形の幅] に直接数値を入力しても写真のサイズを変更できます。なお、[図形の高さ] と [図形の幅] のどちらに入力しても、入力した数値を基準にして写真のサイズが変わります。

1 [図形の高さ] に数値を入力

2 Enter キーを押す

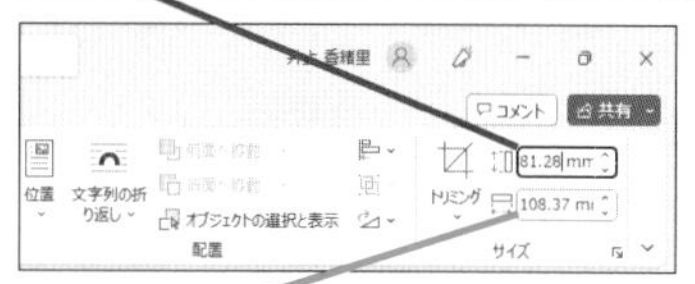

[図形の幅] に数値を入力しても写真のサイズを変更できる

使いこなしのヒント

写真の縦横比を保持してサイズを変更するには

手順1の操作2で、写真の四隅にあるハンドルをドラッグすると、写真の縦横比を保持したままサイズを変更できます。

ここに注意

手順2で目的とは違う配置のボタンをクリックしてしまったときは、続けて正しい配置のボタンをクリックし直します。

Word 基本編 第4章 図形や画像の入った文書を作ろう

スキルアップ

写真は近くの段落に関連付けられる

レッスン26のスキルアップの操作で、[文字列の折り返し]を[行内]以外に設定すると、写真をクリックしたときに近くに錨(いかり)のマークが表示されます。これは「アンカー」と呼ばれるもので、写真がどの段落と結合されているかを示しています。そのため、アンカーのある段落を駆除したり移動したりすると、連動して写真も移動したり削除されたりします。

2 写真を中央に配置する

1 [ホーム] タブをクリック

2 [中央揃え] をクリック

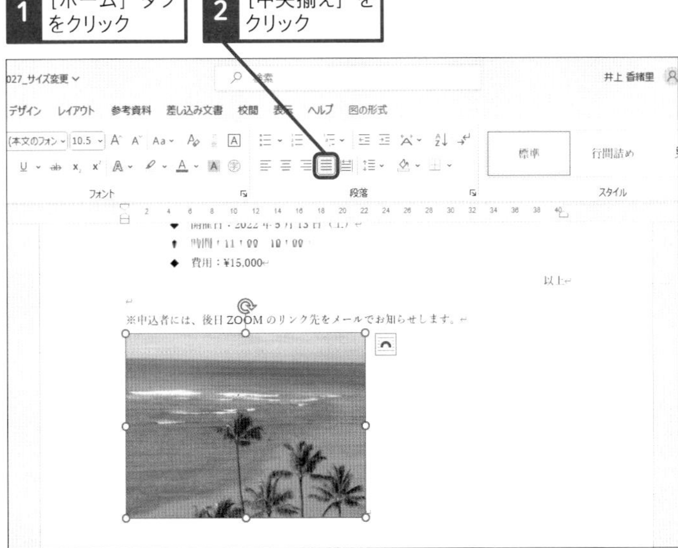

写真が用紙の中央に配置された

使いこなしのヒント

ファイルの拡張子を表示するには

ファイルを識別するための記号を「拡張子」と呼びます。具体的には、ファイル名の末尾に付与される「.」以降の英数字のことです。例えば、Wordで作成したファイルには「.docx」、デジタルカメラの画像ファイルには「.jpg」が付与されます。通常は、拡張子は表示されませんが、保存先のフォルダーを開き、[表示]タブの[ファイル名拡張子]のチェックマークを付けると表示できます。

まとめ 写真をバランスよく見せよう

文書に挿入される写真のサイズは、元の写真のサイズによって異なります。写真が大きすぎたり小さすぎたりするときは、写真の四隅に表示されるハンドルをドラッグして適切なサイズに調整します。このとき四隅以外のハンドルを使うと、縦方向や横方向だけサイズが変わるため、元の写真の縦横比が崩れます。文書の中で写真を主役にして見せたいときは、中央に大きく表示すると効果的ですが、挿絵のように添えるときは、右下に小さめのサイズで配置するといいでしょう。

レッスン

28 写真のまわりをぼかしてみよう

図のスタイル

練習用ファイル L028_図のスタイル.docx

[図のスタイル] の機能を使うと、写真のまわりをぼかしたり傾きや枠を付けるなどの効果を設定できます。用意されているボタンをクリックするだけで、簡単に設定できます。

1 [図のスタイル] の一覧を表示する

挿入した画像のまわりをぼかす

1 画像をクリック

2 [図の形式] タブをクリック

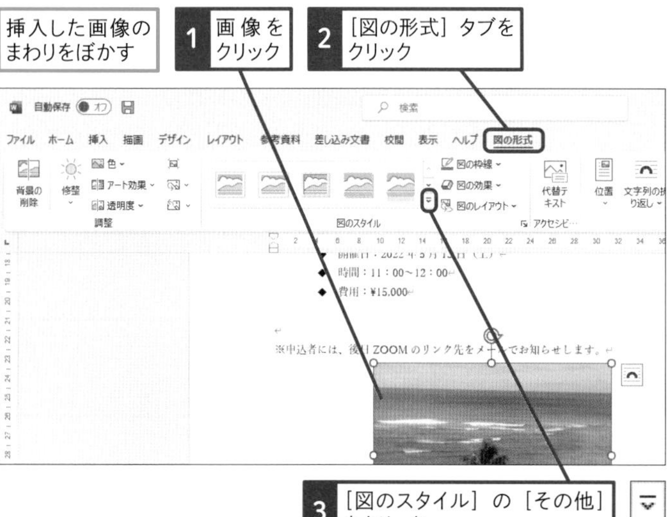

3 [図のスタイル] の [その他] をクリック

2 効果を選択する

[図のスタイル] の一覧が表示された

ここでは [四角形、ぼかし] を選択する

1 [四角形、ぼかし] をクリック

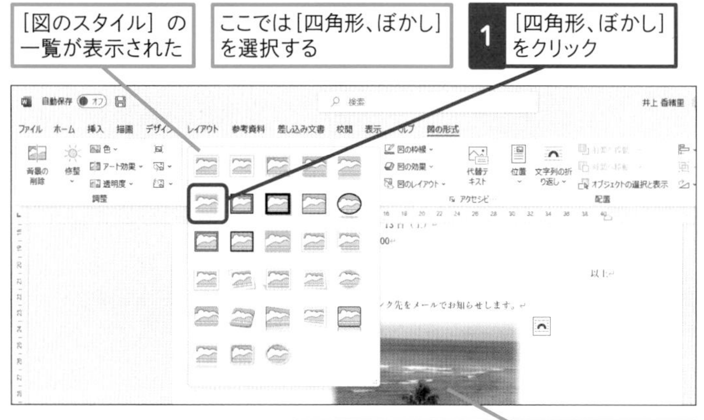

スタイルにマウスポインターを合わせると、一時的に設定後の状態が表示される

キーワード

スタイル	P.309
タブ	P.310
トリミング	P.310
ハンドル	P.311

使いこなしのヒント

スタイルを細かく設定するには

[図の形式] タブにある [図の枠線] ボタンや [図の効果] ボタンを使うと、[図のスタイル] で設定したスタイルを後から手動で調整できます。

使いこなしのヒント

写真の色合いや明るさを変更するには

撮影した写真が暗すぎたり明るすぎたりするときは [図の形式] タブの [修整] ボタン（修整）から調整できます。また [色] ボタン（色）を使うと、写真全体をセピア色やモノクロなどに変更できます。

写真の色合いを変更できる

スキルアップ

「トリミング」の機能で写真を切り抜く

写真に不要なものが写り込んでいる場合は、[トリミング]ボタンを使って削除できます。マウスポインターが鍵の形(┳)に変わってからハンドルをドラッグするのがポイントです。

画像をクリックして選択しておく

1 [図の形式]タブをクリック

2 [トリミング]をクリック

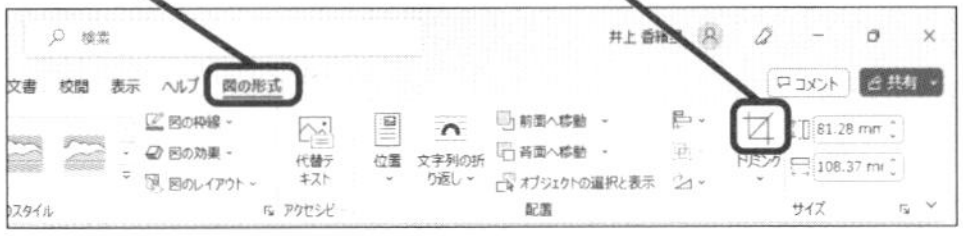

ハンドルの形が変わった

3 ハンドルにマウスポインターを合わせる

マウスポインターの形が変わった

4 ここまでドラッグ

切り抜かれる範囲は灰色で表示される

切り抜きを確定する

5 [トリミング]をクリック

写真の切り抜きが完了した

効果が設定された

画像のまわりにぼかしが付いた

2 ここをクリック

写真の選択が解除され、ハンドルが非表示になった

まとめ　豊富な効果で写真を魅力的に見せる

文書に挿入した写真は、そのままでも文書のイメージを伝える効果がありますが、[図のスタイル]の機能を使って、写真に枠を付けたりまわりをぼかしたりすると、写真にアクセントが付き、より効果が高まります。[図のスタイル]の一覧から、写真が一番魅力的に見える効果を探して設定するといいでしょう。また、スキルアップで紹介している「トリミング」の機能を使って写真の不要な部分を削除すると、写真の中で見せたい部分だけを強調できます。なお、これらの機能は、Excel 2021やPowerPoint 2021でも同様に利用できます。

レッスン

29 文書にイラストを挿入しよう

アイコン　練習用ファイル L029_アイコン.docx

［アイコン］の機能を使うと、自分でイラストを準備しなくても、あらかじめ用意されているイラストの中から好きなものを選択して挿入できます。

1 挿入するアイコンを選ぶ

ここでは文書の左下にアイコンを挿入する

1 アイコンを挿入する箇所をクリック

2 ［挿入］タブをクリック

3 ［アイコン］をクリック

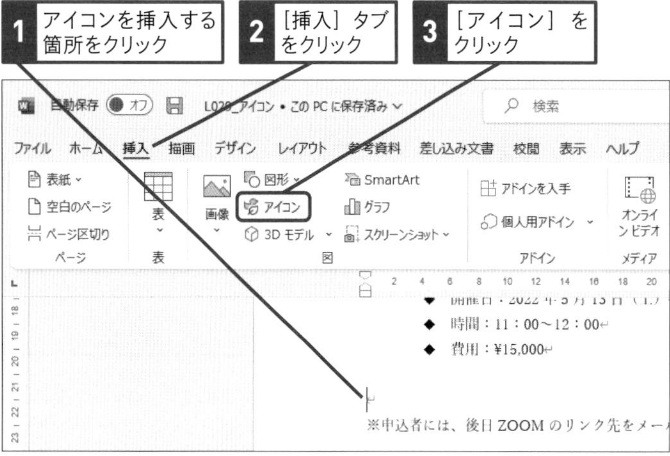

［アイコンの挿入］ダイアログボックスが表示された

4 ［アート］をクリック

5 スクリーンのアイコンをクリック

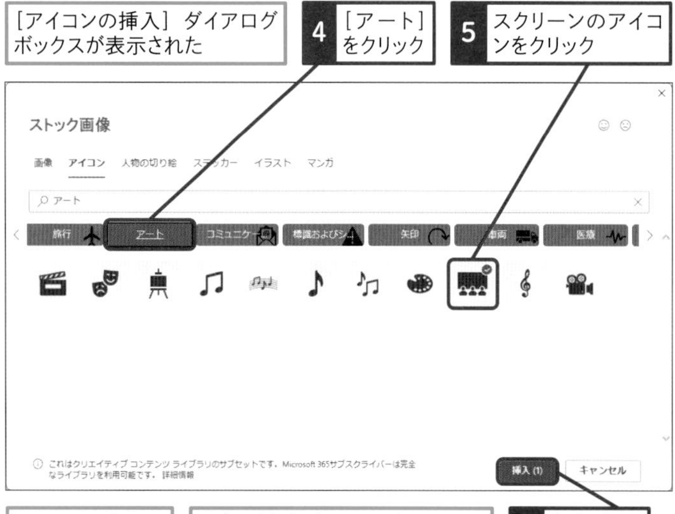

アイコンの右上にチェックマークが付いた

上部の検索ボックスにキーワードを入力して、イラストを検索することもできる

6 ［挿入］をクリック

キーワード

アイコン	P.306
ハンドル	P.311

用語解説

アイコン

アイコンとは、WordやExcelの他、PowerPoint、Outlookに用意されているイラスト集のことです。［人物］［車両］［建物］などの分類ごとに、黒白のシンプルなイラストが用意されており、クリックするだけで文書に挿入できます。

使いこなしのヒント

アイコンのジャンルが見つからないときは

手順1の操作4の画面上部には、アイコンのジャンル名が並んでいます。右端の[>]をクリックすると、隠れているジャンル名が表示されます。左端の[<]をクリックすると反対方向にスクロールします。

1 ここをクリック

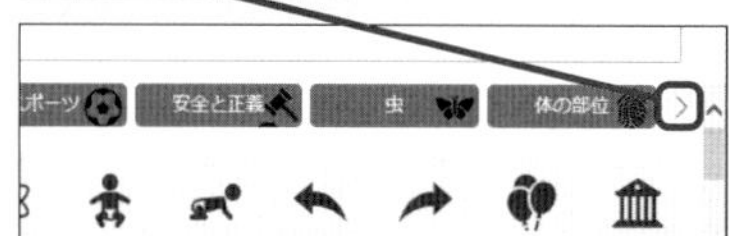

使いこなしのヒント

アイコン以外にもテイストの違うイラストがある

アイコンには白黒のシンプルなイラストが用意されていますが、その他にも［画像］［人物切り絵］［ステッカー］［イラスト］［マンガ］があります。アイコンと同じように、ジャンルを切り替えたりキーワードで検索したりして目的のイラストを探すことができます。

スキルアップ

複数のアイコンを同時に挿入するには

手順1の操作5の後で、他のアイコンを続けてクリックすると、複数のアイコンにチェックマークが付きます。この状態で［挿入］をクリックすると、複数のアイコンを挿入できます。

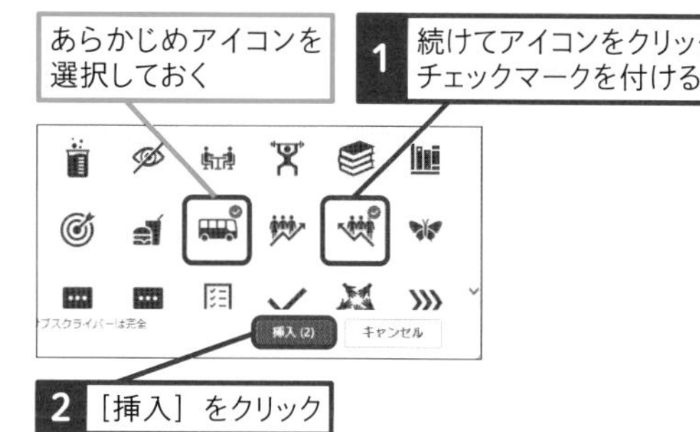

● アイコンが挿入された

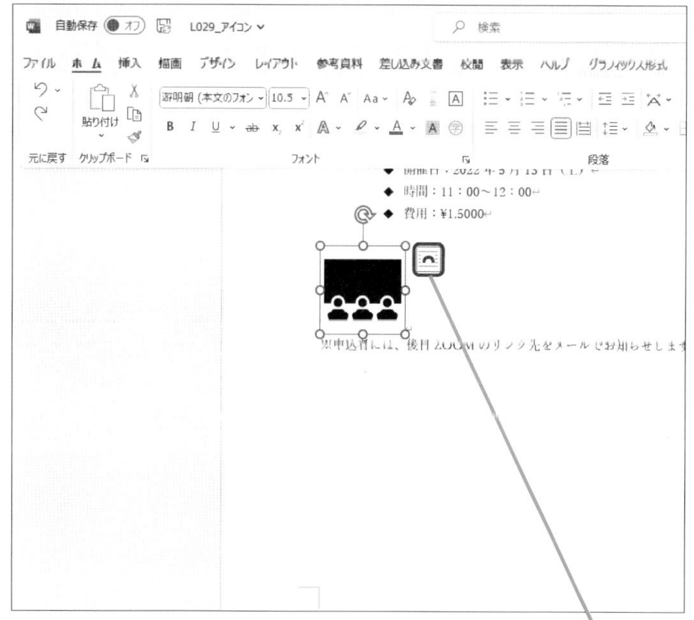

使いこなしのヒント

アイコンのサイズを変えるには

アイコンの周りにある白いハンドルをドラッグすると、アイコンのサイズを変更できます。このとき、四隅にあるハンドルをドラッグすると、アイコンの縦横比を保持したままサイズを変更できます。

まとめ 文書の内容に合ったイラストを使おう

イラストは、文書を華やかにするだけでなく、文書の内容をイメージしやすくする効果があります。このレッスンのように、「オンライン旅行」のご案内に合ったイラストを入れることで、文字とイラストの相乗効果で内容が伝わりやすくなります。イラストを使うときは、文書の内容に合ったイラストを使うことがポイントです。

レッスン

30 イラストの色を変えよう

グラフィックスの塗りつぶし

練習用ファイル L030_グラフィックス.docx

［アイコン］機能を使って挿入したイラストの色は後から変更できます。ここでは、［グラフィックのスタイル］の機能を使って、黒のイラストを青に変更します。

1 ［グラフィックス形式］タブを表示する

1 イラストをクリックして選択する

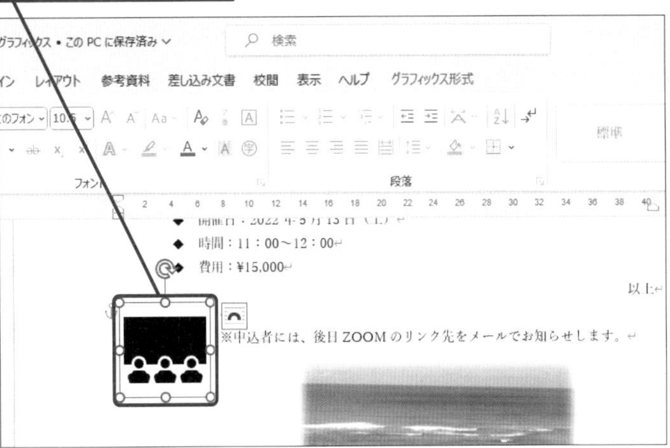

2 ［グラフィックス形式］タブをクリック

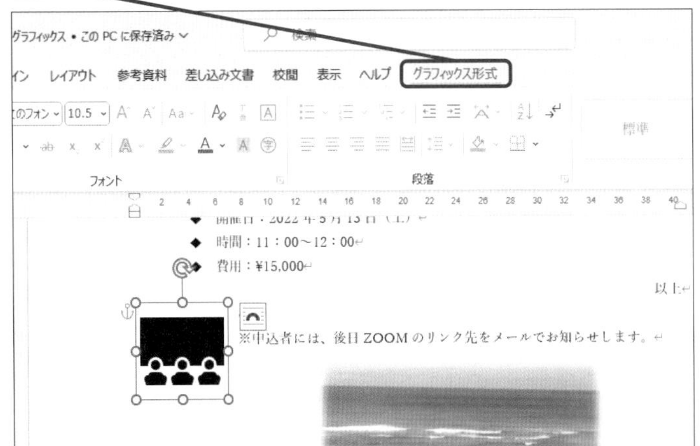

［グラフィックス形式］タブが表示される

キーワード

アイコン	P.306
スタイル	P.309
タブ	P.310

使いこなしのヒント

右クリックでも塗りつぶしできる

アイコンを右クリックしたときに表示されるミニツールバーの［スタイル］や［塗りつぶし］から色を変更することもできます。

1 イラストを右クリック

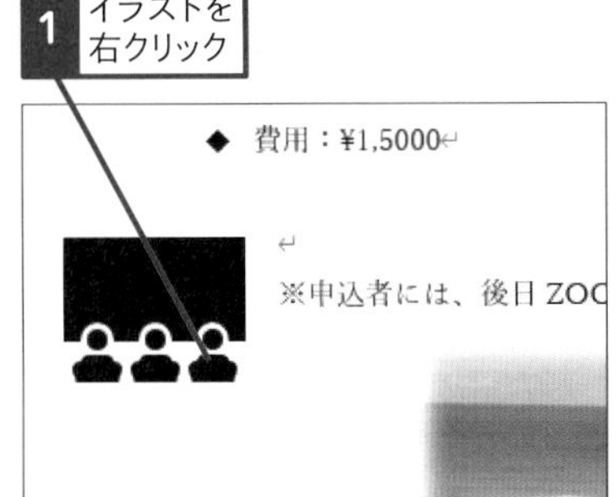

ミニツールバーが表示された

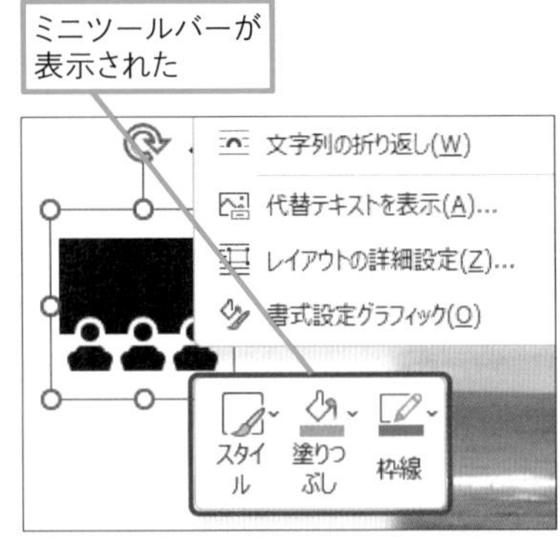

2 イラストの色合いを選択する

1 ［その他］をクリック

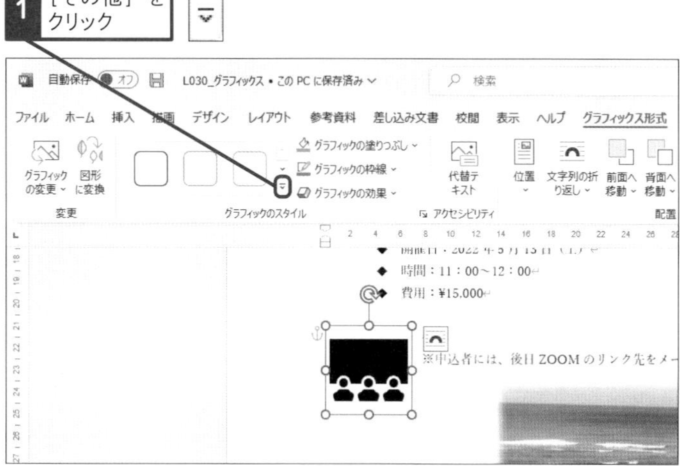

2 ここをクリック

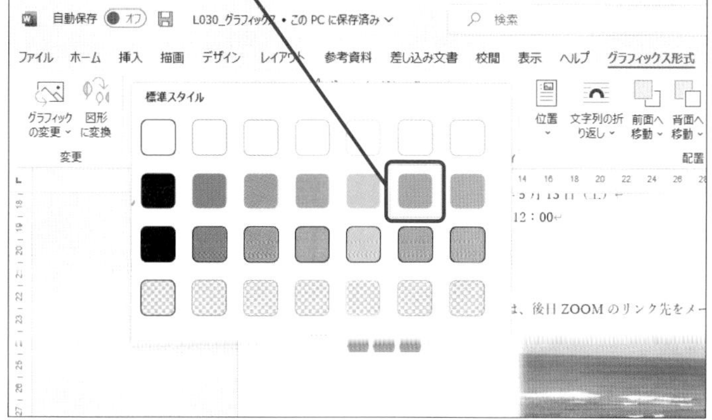

イラストの色合いが変更された

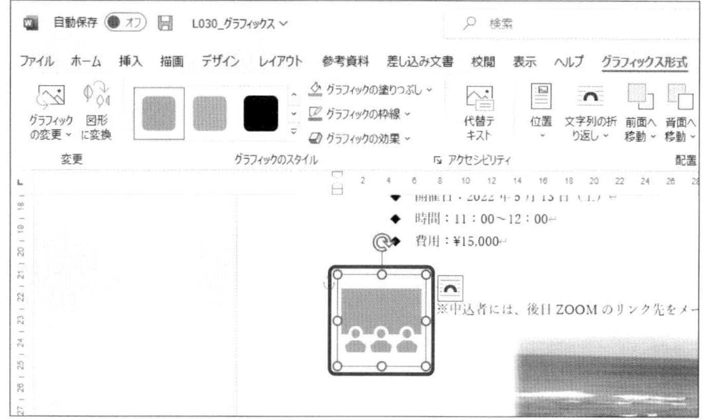

使いこなしのヒント

好みの色合いがない場合は

手順2の操作2に好みの色が表示されないときは、手順1の後で［グラフィックの塗りつぶし］をクリックします。表示されるカラーパレットから変更したい色を選択しましょう。

使いこなしのヒント

イラストは上下左右に回転できる

［グラフィック形式］タブの［回転］をクリックすると、アイコンを90度ずつ回転したり、上下左右に反転させたりすることができます。

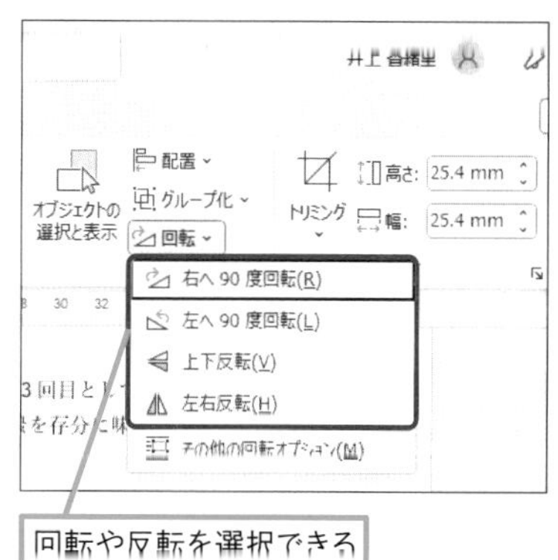

回転や反転を選択できる

まとめ 統一感のある文書に仕上げよう

アイコンの色は最初は白黒ですが、そのままでは文書の雰囲気と合わない場合もあるでしょう。ここで作成している「オンライン旅行開催のお知らせ」の文書では、図形の色や写真が青系でまとまっています。それに合わせて、イラストの色も青系に変更すると、全体の統一感が保たれます。文書の内容に合わせて、イラストの色や向きを変更して使いましょう。

レッスン

31 イラストの位置を移動しよう

位置　練習用ファイル　L031_位置.docx

[位置] の機能を使うと、イラストを文書の中央や右下などに簡単に移動できます。ここでは、イラストを文書の中央右付近に移動します。

キーワード

図形　P.309
タブ　P.310

1 イラストの位置を変更する

レッスン30を参考にイラストを選択しておく

1 [グラフィックス形式] タブをクリック

スキルアップ

[文字列の折り返し] について理解しよう

[位置] の機能を使わずにイラストを移動するには、レッスン26のスキルアップの操作で [文字列の折り返し] を [行内] 以外に変更してから、イラストをドラッグします。[文字列の折り返し] の種類は以下の通りです。

● [文字列の折り返し] の設定項目

項目	機能	配置
四角	画像の四方に文字が回り込む	
外周	画像の輪郭に沿って文字が回り込む。[折り返し点の編集] を選択すると、回り込む位置を変更できる	
内部	画像の輪郭に沿って文字が回り込む。[折り返し点の編集] を選択して回り込み位置を設定すると、文字が画像の内側にも表示される	

項目	機能	配置
上下	画像の上下に文字が回り込む	
背面	文字の背面に画像が表示される	
前面	文字の前面に画像が表示される	

スキルアップ

背面にある図形やイラストを選べない！

複数の図形やイラストが重なっていると、描画したときに、背面の図形が隠れて選択できない場合があります。このようなときは、以下の操作で［選択］作業ウィンドウを表示します。文書内の図形やイラストの一覧が表示されるので、名前をクリックして選択しましょう。

一番奥に三角形が配置されているが、隠れていて選択できない

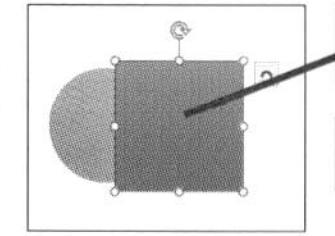

1 四角形をクリック

四角形が選択された

2 ［図形の書式］タブをクリック

3 ［オブジェクトの選択と表示］をクリック

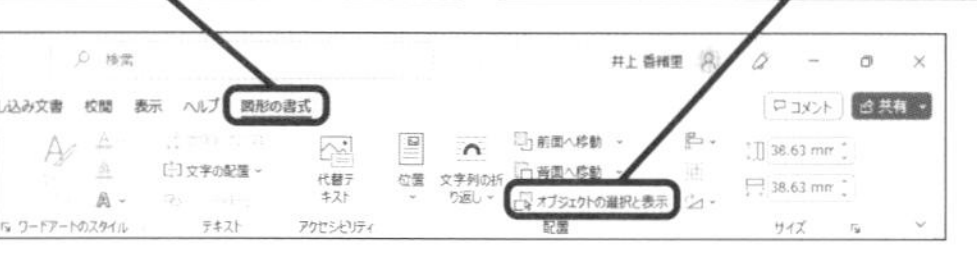

図形の一覧が表示された

4 ［二等辺三角形1］をクリック

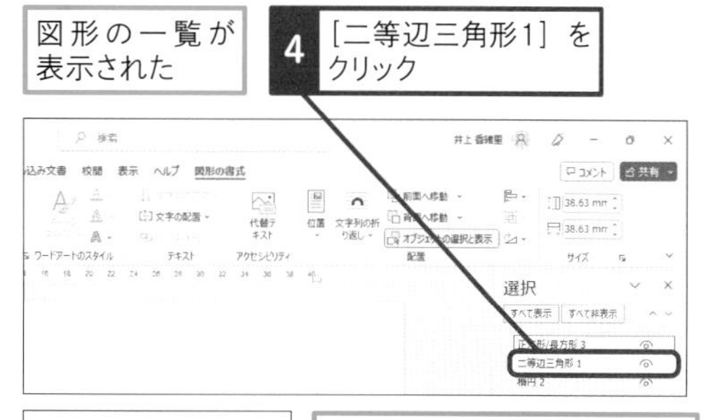

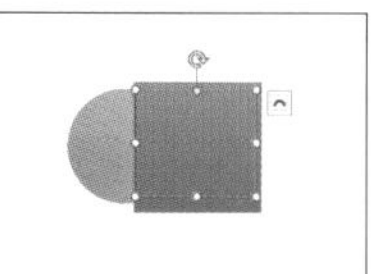

一番奥の三角形が選択された

目のマークのクリックで図形の表示・非表示を切り替えられる

● イラストの位置を選択する

2 ［位置］をクリック

［文字列の折り返し］の一覧が表示された

3 ここをクリック

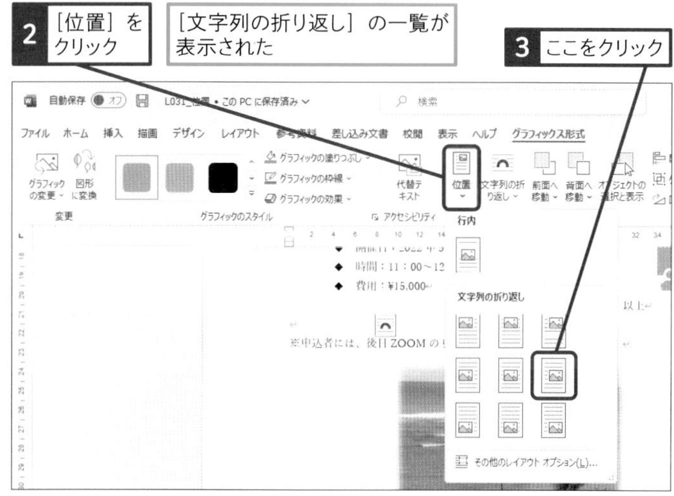

イラストが用紙の右中央に移動した

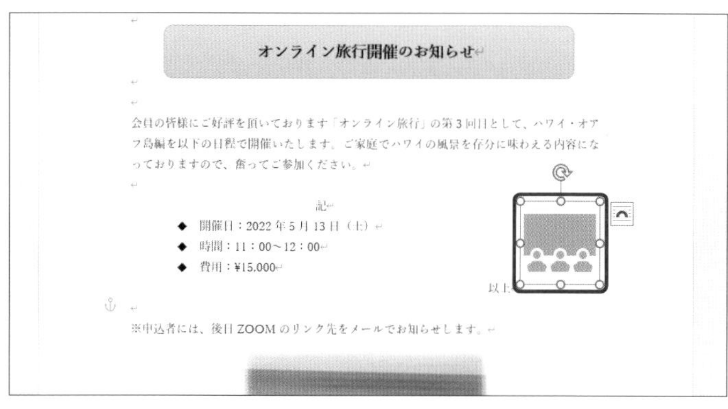

使いこなしのヒント

イラストの位置を微調整するには

［位置］の機能を使ってイラストを移動した後でイラストをドラッグすると、好きな場所にイラストを移動できます。イラストの位置を微調整するときにも便利です。

まとめ イラストと写真の移動方法は3つある

文書に挿入したイラストや写真の移動方法はいくつかありますが、3つの方法を覚えておくと便利です。1つは、［ホーム］タブの［中央揃え］や［右揃え］を使って横方向だけ移動する方法です。2つめは、［位置］の機能を使ってワンタッチで目的の位置に移動する方法です。3つめは、スキルアップの操作で［文字列の折り返し］を選んでからドラッグ操作で移動する方法です。この中から使いやすい方法で目的の位置に移動しましょう。

レッスン
32 作成した文書を印刷しよう

印刷

練習用ファイル L032_印刷.docx

作成した文書をプリンターで印刷しましょう。[印刷] 画面に表示される印刷イメージをしっかり確認してから印刷すると、何度も印刷し直すことがなくなります。

1 [印刷] の画面を表示する

1 [ファイル] タブをクリック

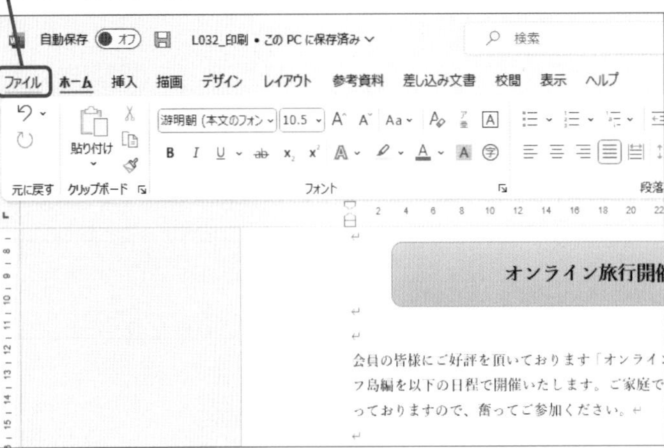

2 [印刷] をクリック

[印刷] の画面が表示された

印刷プレビューが表示された

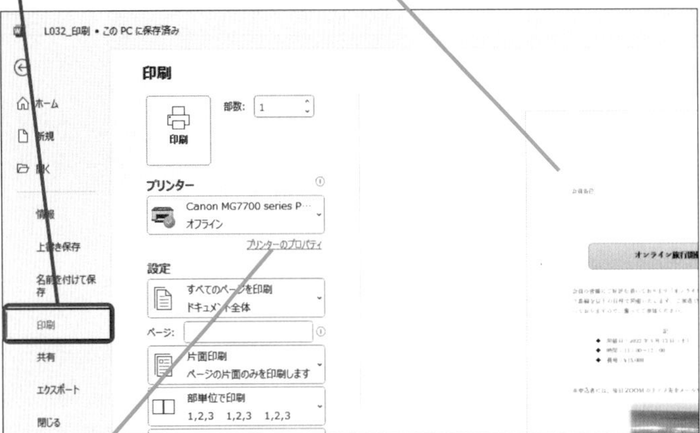

[プリンターのプロパティ] をクリックすると、プリンターの詳細設定画面が表示される

キーワード

印刷プレビュー	P.306
ズームスライダー	P.308
タブ	P.310

ショートカットキー

[印刷] の画面の表示 Ctrl + P

使いこなしのヒント

プリンターの設定画面を表示するには

[印刷] の画面は、中央の [プリンター] や [設定] の項目で設定した内容が右側の印刷プレビューに反映されます。パソコンに接続しているプリンターの詳細設定画面を開くには、プリンター名の下の [プリンターのプロパティ] をクリックします。

使いこなしのヒント

印刷部数や印刷するページを細かく設定できる

[印刷] の画面で [部数] の数値を変更すると、印刷部数を変更できます。また [ページ] に「1,4」や「2-3」などと入力すれば、複数のページを指定して印刷できます。

ここに注意

印刷を実行してもプリンターが動かないときは、プリンターとパソコンが正しく接続されているか、プリンターの電源が入っているかどうかを確認しましょう。

スキルアップ

割付印刷をするには

1枚の用紙に複数ページをまとめて印刷するには、［印刷］画面で［1ページ/枚］をクリックします。例えば、［2ページ/枚］を選択すると、1枚の用紙に2ページずつ印刷できます。ただし、その分文字が小さくなるので注意しましょう。

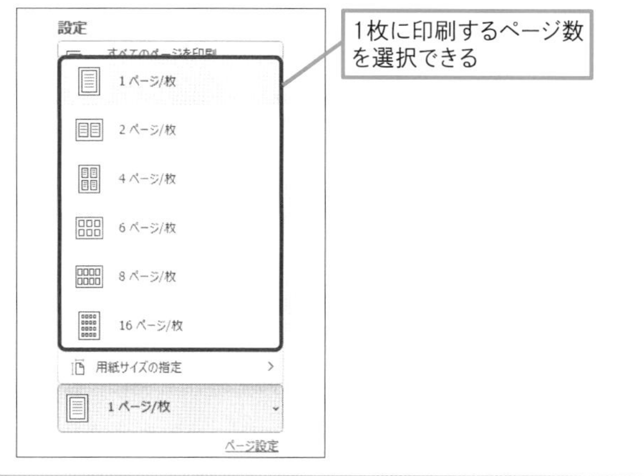

● 印刷の設定を確認する

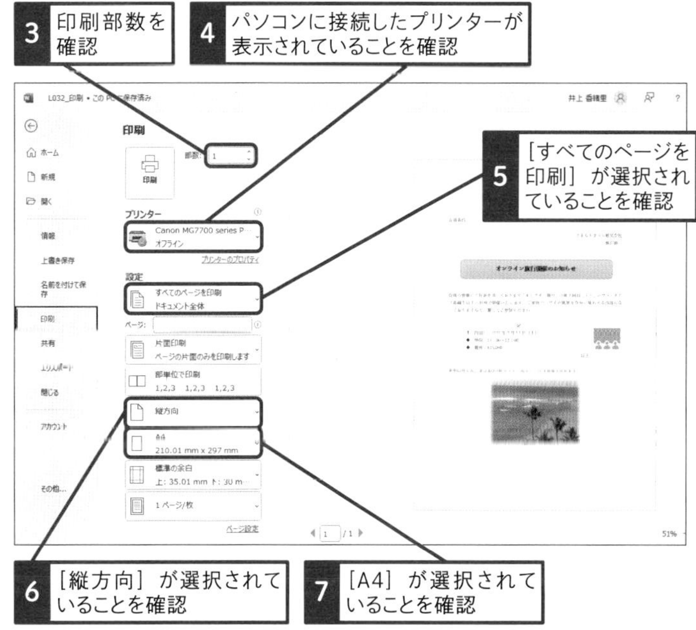

2 印刷を実行する

印刷の設定が完了したので、文書を印刷する

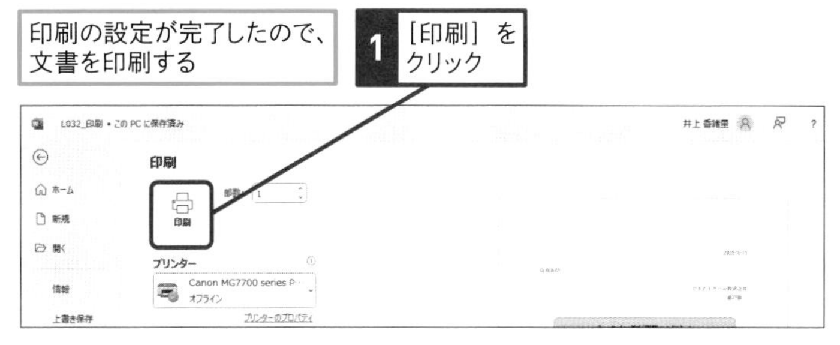

使いこなしのヒント

印刷プレビューの表示倍率を変更できる

印刷イメージの右下にあるズームスライダーを使うと、印刷イメージの表示倍率を変更できます。

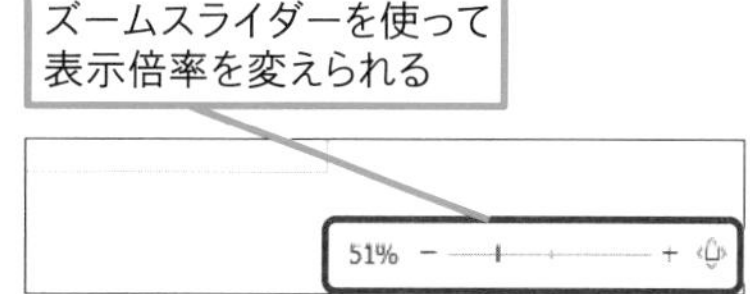

まとめ 印刷前には必ず印刷プレビューを確認しよう

作成した文書は最終的に印刷して利用することが多いでしょう。しかし、いきなりプリンターから印刷すると、文字が間違っていたり、全体のバランスが悪かったりして、何度も印刷し直すことになり、用紙やインク、時間を余計に使ってしまいます。編集画面に表示されているのは、文書のごく一部分だけです。プリンターから印刷する前には、印刷プレビューを表示して、画面上で文書全体のバランスを確認する習慣を付けましょう。こうして最終確認を行った上で印刷を実行するのが効率のいい方法です。

この章のまとめ

図形や画像を使って表現力豊かな文書を作成しよう

ビジネスで使う文書は黒一色で文字中心のものが一般的ですが、プライベートで使う文書は楽しい雰囲気や華やかな雰囲気に仕上げたいものです。そのときに欠かせないのが写真やイラストです。写真をパソコンに取り込んでおけば、それらを簡単に文書に挿入することができます。こうして文書の中に挿入した写真は、Officeアプリに用意されている豊富な編集機能を使ってより魅力的になるように加工できます。手持ちの写真がないときは、［アイコン］機能を使って文書に合ったイラストを挿入するのもいいでしょう。また、図形の機能を使ってタイトルの文字を囲むように描画すると、タイトルが引き立ちます。

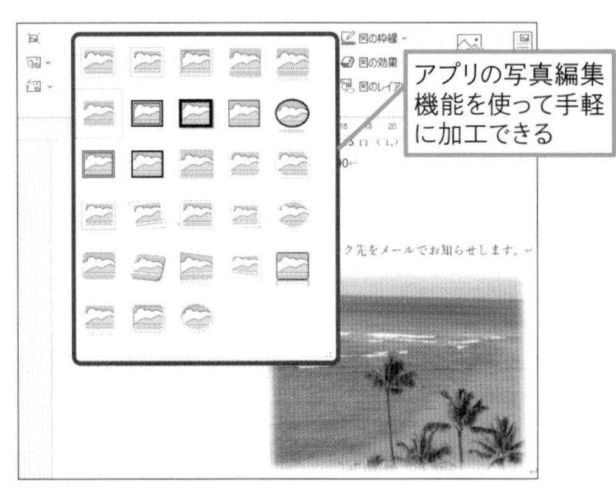

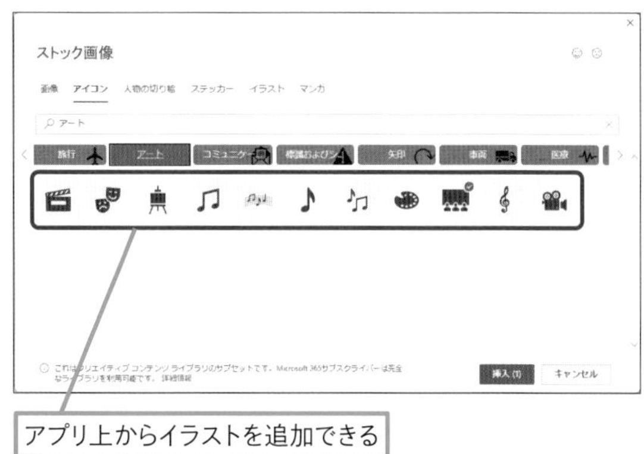

図形や写真が文書に加わると、印象がまったく変わって見えますね！内容がより直感的に伝わるというか…。

その通り！　いいことに気付いたね。同じ内容だったとしても、文字だけの文書と図形や写真、イラストを使った文書では、印象がまるで違って見えるんですよ。読み手に伝わるだけでなく、読んでもらえるようにできるのもメリットと言えますね。

わたしはイラストが入れられる機能が気に入りました。色々なイラストが用意されていて、これを使うだけでも、文書をグレードアップするのに役立ちそうです！

教えた機能を気に入ってくれてうれしいです。用意されているイラストは白黒ですが、自分で色を変えられるのもポイントですね。ぜひ使いこなしてワンランク上の文書作成を目指してください。

Excel

基本編

第5章

データ入力と表作成の基本を知ろう

この章では、表計算アプリのExcelを使って、表を作成するための基本操作を解説します。ワークシートのセルにさまざまな種類のデータを入力したり、入力したデータを効率よく修正したりする方法を覚えましょう。

レッスン

33 Introduction この章で学ぶこと 表作成の流れを知ろう

Excelで表を作成する順番に決まりはありませんが、最初にセルにデータや数式を入力し、次に表全体の見た目を整えると効率よく操作できます。まずは「セル」の仕組みを理解して、目的のセルに正しくデータを入力できるようにしましょう。

Excelの基本は「セル」にあり！

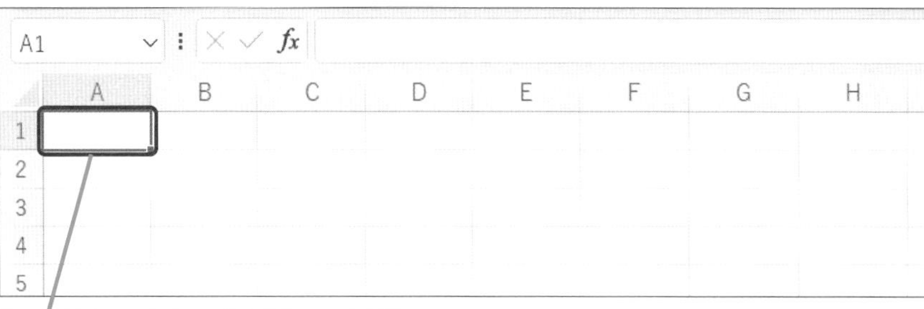

Excelではセルにデータを入力し、表を作ったり、表計算を実行したりする

Excelの画面って、独特ですよね。WordやPowerPointはなんとなく理解できますが、Excelはさっぱりです…。

ははは！　その気持ちは分かるよ。マスにアルファベットと数字が並んでいるから、なんとなく難しそうだよね。Excelでは「セル」と呼ばれるマスにデータを入力していくんだ。

セル…。1つ1つのセルにデータを入力して、表を作っていくということですか？

その通り！　数字はもちろん、日本語やアルファベットが入力できるようになっているんだよ。ただ、セルへの入力はちょっと慣れが必要なんだ。まずはこの章で基本を覚えていこう！

効率よくデータを入力する方法を覚えよう

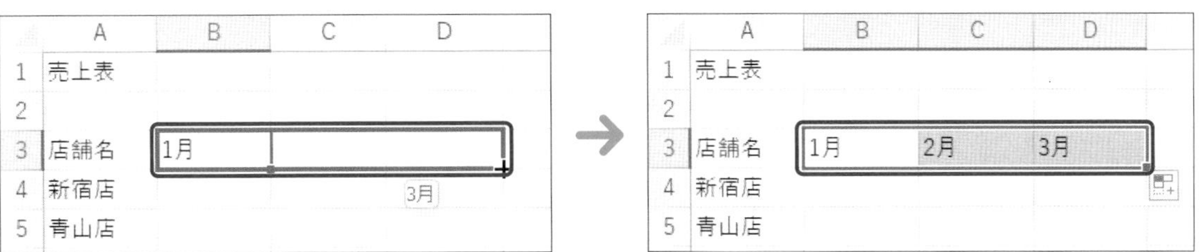

じゃあ、ちょっとこれを見てほしい。入力されたデータを選択して、ドラッグすると…。

データが自動的に入力されました！こんなことができるんですね!?

そうなんだ！ Excelは大量のデータを処理できるのだけど、すべてを手作業で入力したら大変だよね。そこで、自動でデータを入力する機能が備わっているんだ！

入力したデータを編集する方法を知っておこう

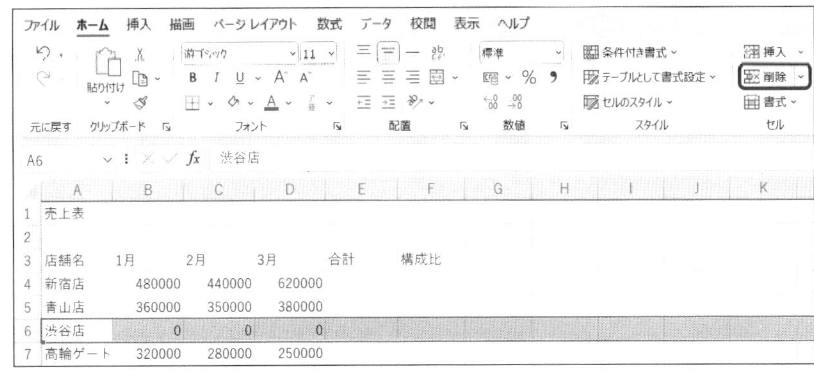

例えば左のように、間違って不要なデータを入力しても、1行分をまとめて削除することができるんだ。

1つずつデータを削除する必要がないんですね！少し安心しました。

他にもデータを上書きしたり、一部を修正する方法も解説していくよ。

レッスン
34 Excelの画面構成を知ろう

画面構成　練習用ファイル　なし

各部の名称を知ろう

Excelは、中央にある集計用紙の「ワークシート」の「セル」にデータを入力し、画面上部の「リボン」に用意されている機能を使って表を作成・編集します。画面各部の名称と役割を確認しましょう。

キーワード

数式バー	P.309
セル	P.309
タブ	P.310
リボン	P.312
ワークシート	P.312

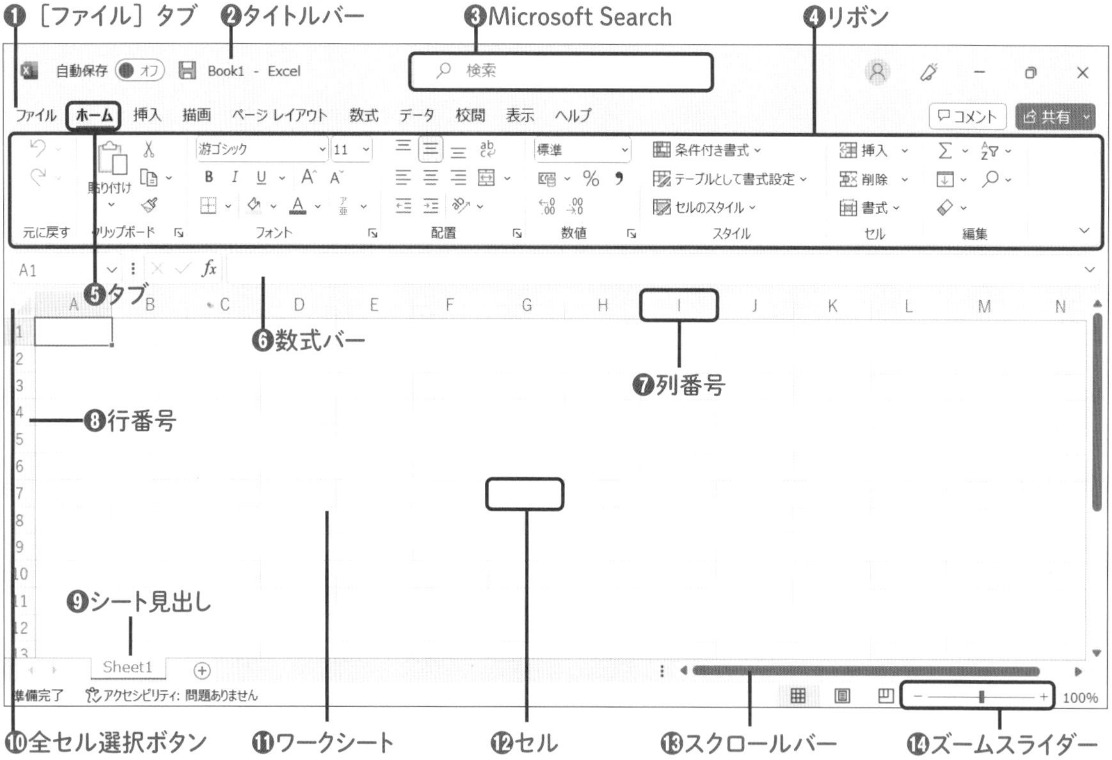

❶［ファイル］タブ　❷タイトルバー　❸Microsoft Search　❹リボン　❺タブ　❻数式バー　❼列番号　❽行番号　❾シート見出し　❿全セル選択ボタン　⓫ワークシート　⓬セル　⓭スクロールバー　⓮ズームスライダー

スキルアップ

リボンをたたんで表示できる

画面上部のいずれかのタブをダブルクリックすると、リボンがたたまれて非表示になります。こうすると、ワークシートを画面に広く表示することができます。タブをダブルクリックするたびに、表示と非表示が交互に切り替わります。なお、タブをクリックすると、一時的にタブの内容が表示されるので、リボンをたたんでいても使い勝手は変わりません。

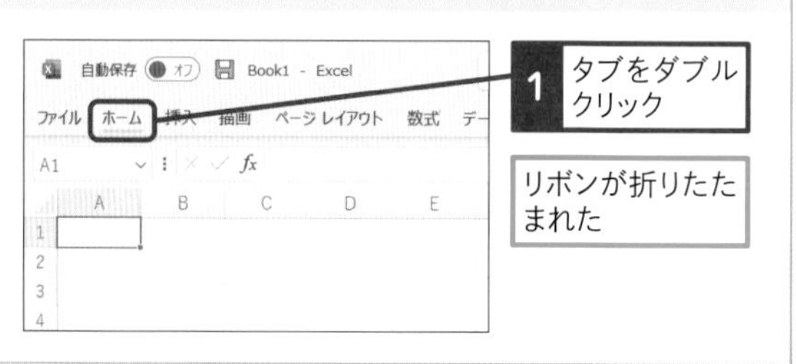

各部の役割を知ろう

❶［ファイル］タブ
ブックの保存や印刷など、基本的な操作が行える

❷タイトルバー
今開いているブックの名前が表示される

❸Microsoft Search
次に行いたい操作を入力すると、関連する機能の名前が一覧表示され、クリックするだけで機能を実行できる。
目的の機能がどのタブにあるかが分からないときに便利

❹リボン
さまざまな機能のボタンがタブごとに分類されている

❺タブ
Excelの機能が目的別にタブで分類されている

❻数式バー
選択したセル内のデータが表示される

❼列番号
ワークシートの横方向に並ぶ列の番号が英字で表示される

❽行番号
ワークシートの縦方向に並ぶ行の番号が数字で表示される

❾シート見出し
ブックに入っているワークシートの名前が表示される

❿全セル選択ボタン
ワークシートシートにあるすべてのセルを選択できる

⓫ワークシート
表を作成するための作業エリアで、作業領域ともいう

⓬セル
1つ1つのデータを入力する場所

⓭スクロールバー
バーをドラッグして、ワークシートの表示位置を移動できる

⓮ズームスライダー
つまみを左右にドラッグすると、スライドの表示倍率を変更できる。［拡大］ボタン（+）や［縮小］ボタン（−）をクリックすると、10%ごとに表示の拡大と縮小ができる

使いこなしのヒント
リボンの内容は状況によって変わる

リボンは、タブをクリックして手動で切り替えるだけでなく、操作に応じて自動的に切り替わる場合もあります。これはExcelが次に行う操作を予測してタブを切り替えているためです。操作によって、通常は表示されない特別なタブが表示される場合もあります。

使いこなしのヒント
新機能を確認できる

Officeのアプリがアップデートされる際に、新機能が追加される場合があります。画面右上の［近日公開の機能です。いますぐお試しください］ボタンをクリックすると、新機能の内容を確認できます。

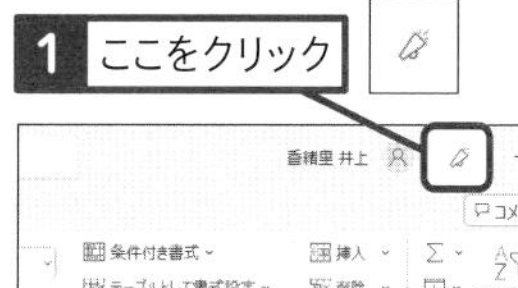

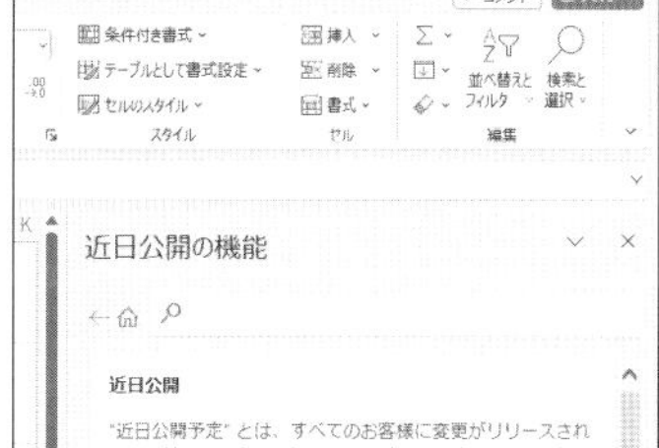

まとめ　画面の構成と名称を覚えておこう

このレッスンで解説したExcel画面の各部の名称は、本書だけでなくWebサイトや雑誌などでも頻繁に出てくる用語です。用語の意味をしっかり覚えておくと、Excel操作の理解が深まります。

レッスン

35 セルに文字を入力しよう

文字の入力

練習用ファイル L035_文字の入力.xlsx

データを入力するときは、セルをクリックして「アクティブセル」の状態にしてから入力します。このレッスンでは、表のタイトルと項目名を入力してみましょう。

1 入力するセルを選択する

レッスン02を参考に、Excelを起動して［空白のブック］をクリックしておく

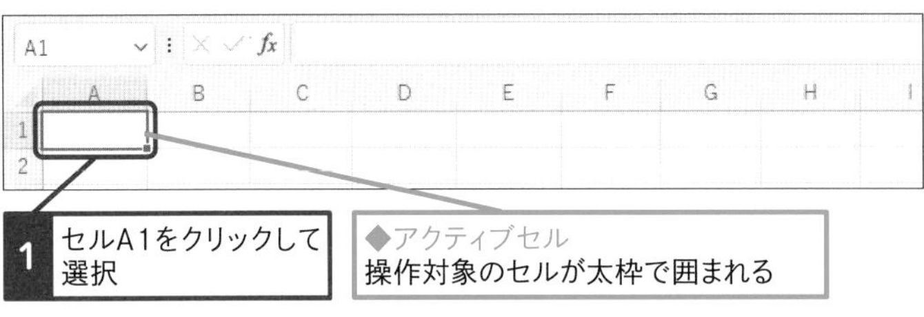

1 セルA1をクリックして選択

◆アクティブセル
操作対象のセルが太枠で囲まれる

2 文字を入力する

入力モードを［ひらがな］に切り替える

1 半角/全角キーを押す

入力モードが［ひらがな］に切り替わり、［あ］と表示された

2 「売上表」と入力

入力した文字が数式バーにも表示される

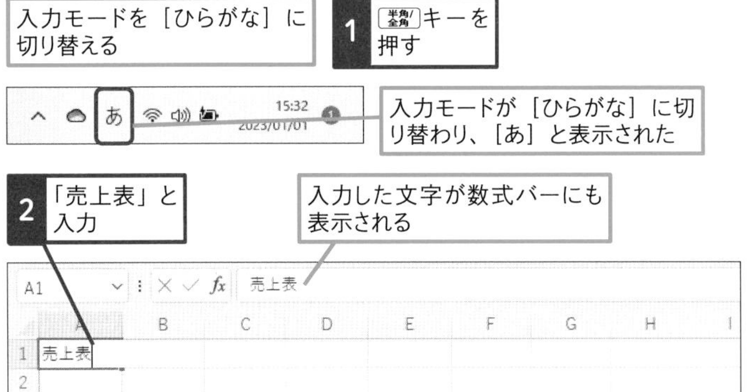

3 入力した文字を確定する

セル内のデータとしてはまだ確定されていない

1 Enterキーを押す

入力した内容が確定し、セルA2がアクティブセルになった

A2

	A	B	C	D	E	F	G	H	I
1	売上表								
2									

キーワード

使いこなしのヒント

アクティブセルって何？

アクティブセルとは、操作対象として選択されているセルのことです。セルをクリックすると、セルのまわりに太い枠線が表示されてアクティブセルになります。

使いこなしのヒント

セルの位置はアルファベットと数字で表す

セルの位置は英字の列番号と数字の行番号を組み合わせた「セル番地」で表します。例えば、A列の3行目のセルは「A3」と表します。セルをクリックすると、左上の［名前ボックス］にセル番地が表示されます。

◆名前ボックス

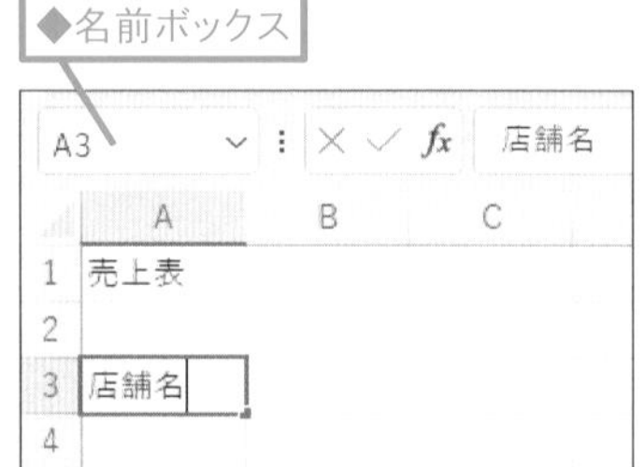

● 表の続きを入力する

続けて別のセルに文字を入力する

2 セルA3をクリックして選択

セルA3が選択された

3 「店舗名」と入力

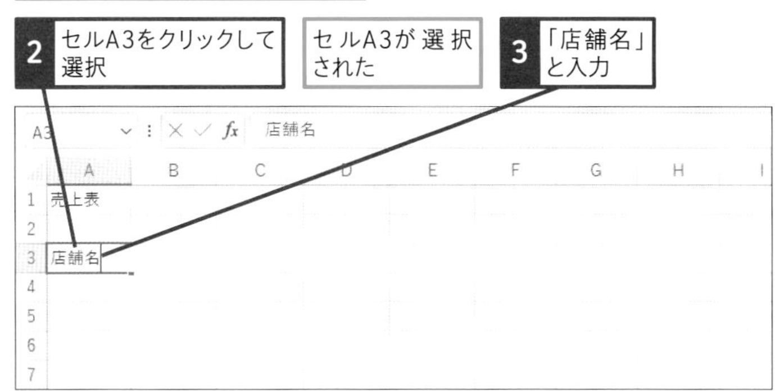

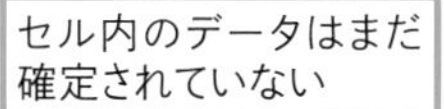

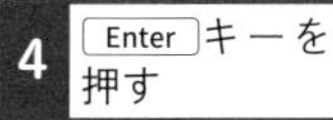

セル内のデータはまだ確定されていない

4 Enter キーを押す

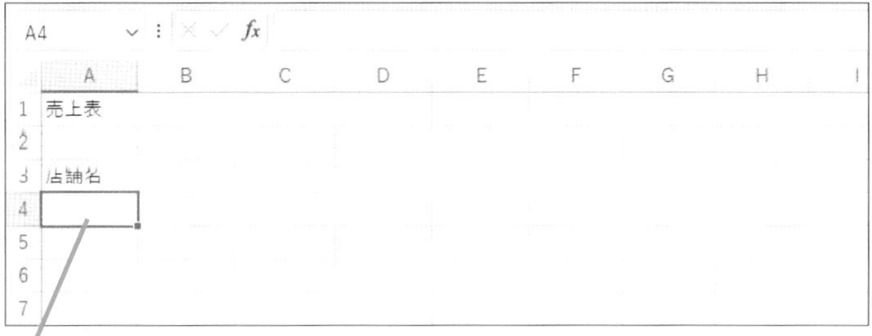

入力した内容が確定し、セルA4がアクティブセルになった

他の項目名を入力する

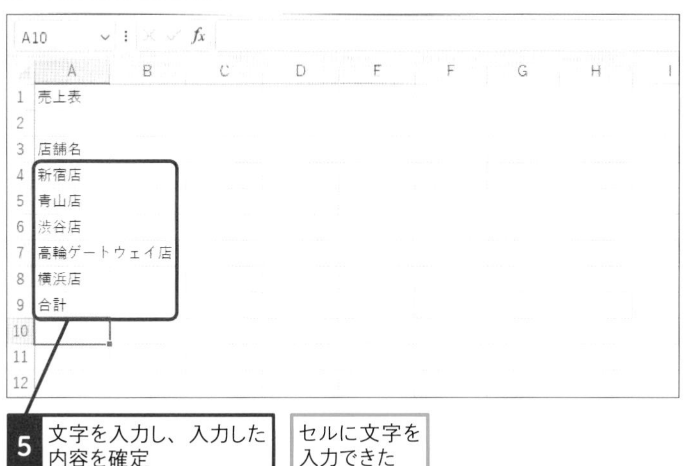

5 文字を入力し、入力した内容を確定

セルに文字を入力できた

使いこなしのヒント

入力後のアクティブセルは下と右を使い分けられる

手順3の操作4で Enter キーを押すと、アクティブセルが下方向に移動します。右方向に連続してデータを入力するときは、操作4で Tab キーを押します。次データを入力する方向に合わせて Enter キーと Tab キーを使い分けると、効率よくデータを入力できます。

1 Tab キーを押す

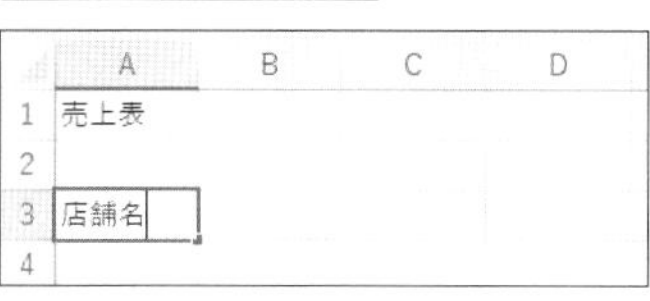

文字が確定され、右のセルがアクティブセルになった

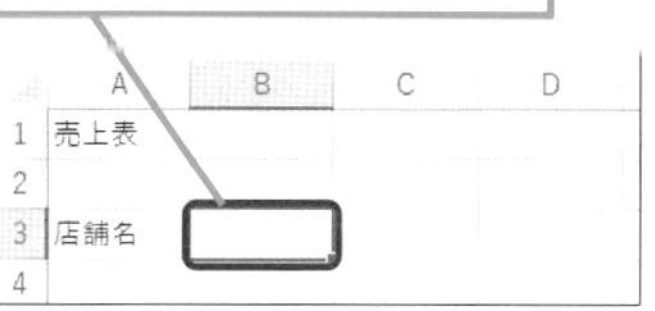

まとめ 表の項目名から入力しよう

Excelで表を作成するにはいろいろな方法があります。最初に罫線を引いて枠組みを作る方法の他、セルにデータを入力するたびにフォントサイズや色などの書式を設定する方法もあります。どの方法も間違いではありませんが、効率よく表を作成するには、このレッスンのように最初にタイトルや見出しなどの文字を入力するといいでしょう。そうすると、表全体の大きさを把握できるため、罫線を設定しやすくなります。文字や数値、数式の入力後に書式を設定すると、複数のセルに同じ書式をまとめて設定できて便利です。なお、ワークシートのどの位置からでも表を作成できますが、左上角のセルA1から作り始めるのが基本です。

レッスン

36 連続したデータを入力しよう

オートフィル

練習用ファイル L036_オートフィル.xlsx

［オートフィル］機能を使うと、月名や曜日、年度のような連続したデータをマウスのドラッグ操作だけで素早く入力できます。ここでは、表の項目の「1月」「2月」「3月」を入力してみましょう。

1 基となるセルを選択する

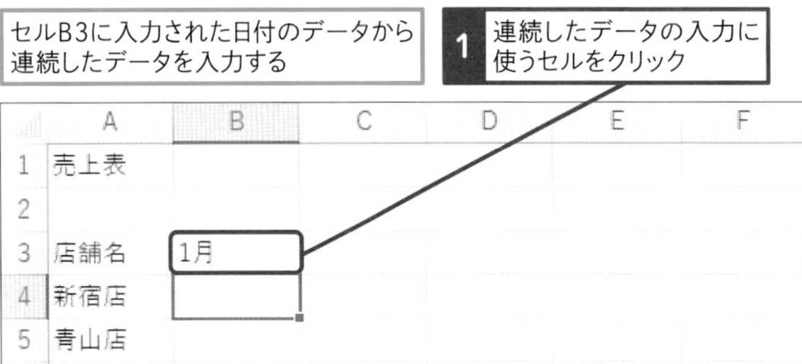

2 オートフィルを実行する

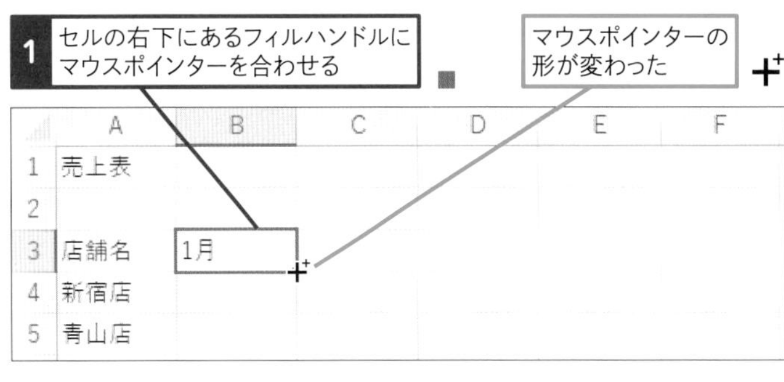

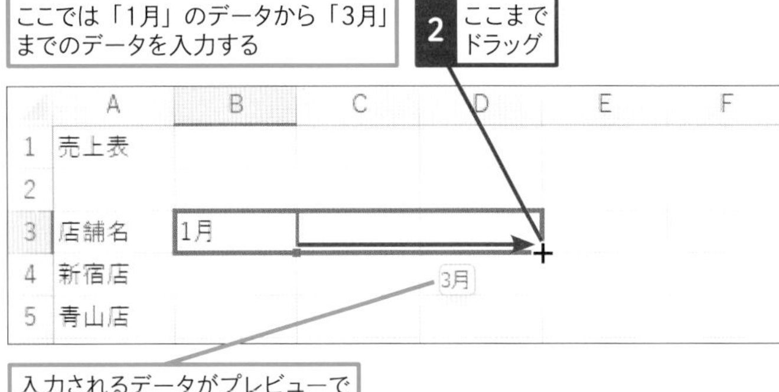

キーワード

オートフィル	P.307
オートフィルオプション	P.307
フィルハンドル	P.311

用語解説

オートフィル

オートフィルとは、セルに入力したデータを基に、規則性のあるデータや数式を隣接するセルに自動入力する機能です。連番や日付、曜日などの連続データを入力するときに便利です。

使いこなしのヒント

日付も連続したデータを入力できる

月名だけでなく日付の連続データを入力することもできます。例えば「4月1日」と入力したセルを基にオートフィルを実行すると、「4月2日」「4月3日」が自動入力されます。「月曜日」や「2023年」などをもとに連続データを作成することもできます。

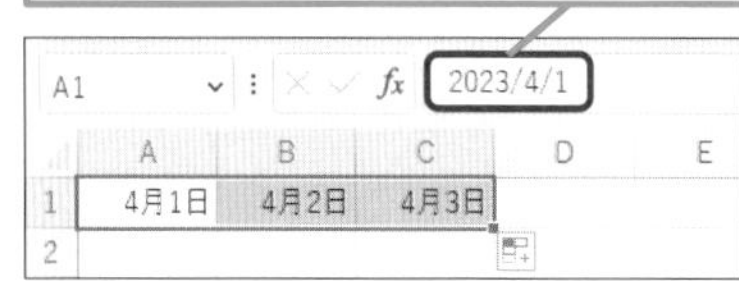

使いこなしのヒント

入力するデータによってセル内の配置が変わる

セルに入力するデータのうち、人数や金額といった「数値」のデータは、セルの右端に配置されます。一方、「文字」のデータは、セルの左端に配置されます。

● 連続したデータが入力された

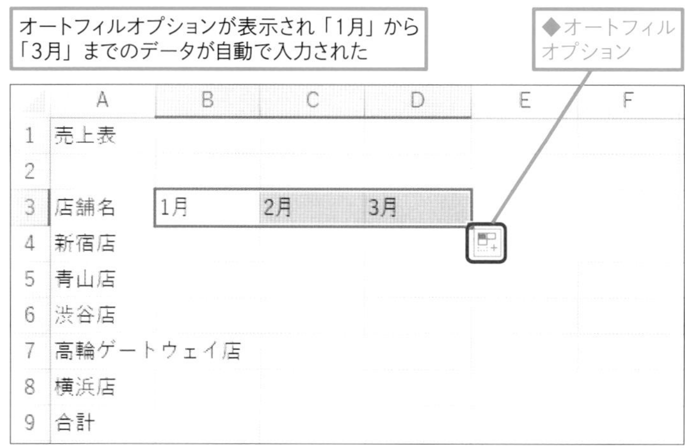

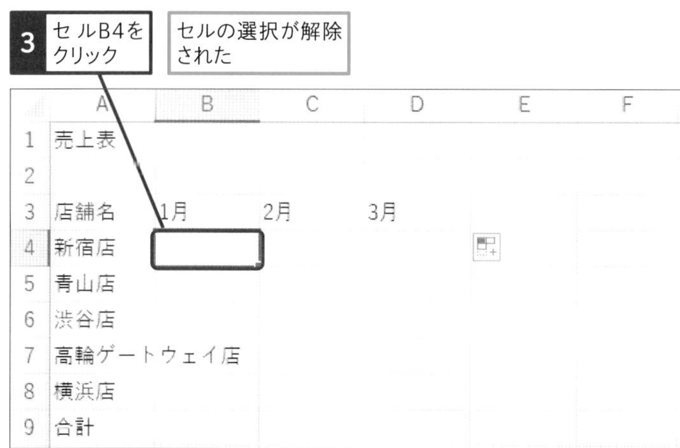

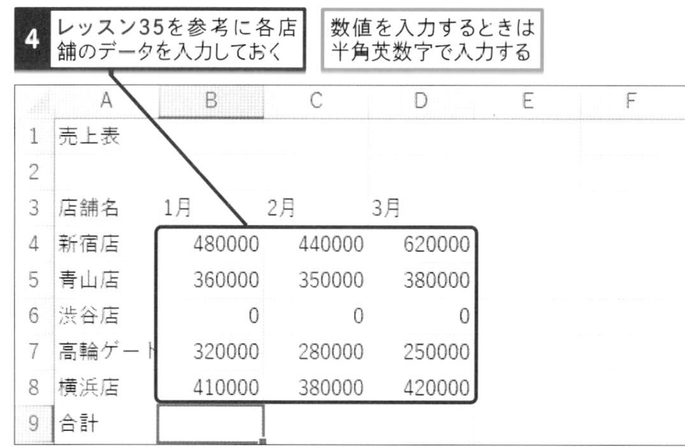

	A	B	C	D	E	F
1	売上表					
2						
3	店舗名	1月	2月	3月		
4	新宿店	480000	440000	620000		
5	青山店	360000	350000	380000		
6	渋谷店	0	0	0		
7	高輪ゲート	320000	280000	250000		
8	横浜店	410000	380000	420000		
9	合計					

スキルアップ

後からオートフィルの結果を変更できる

オートフィル実行後に右下に表示される[オートフィルオプション]ボタンを使うと、連続データの表示方法を後から変更できます。例えば、データをコピーした結果に変更したり、セルの書式をコピーするかどうかなどを指定したりできます。

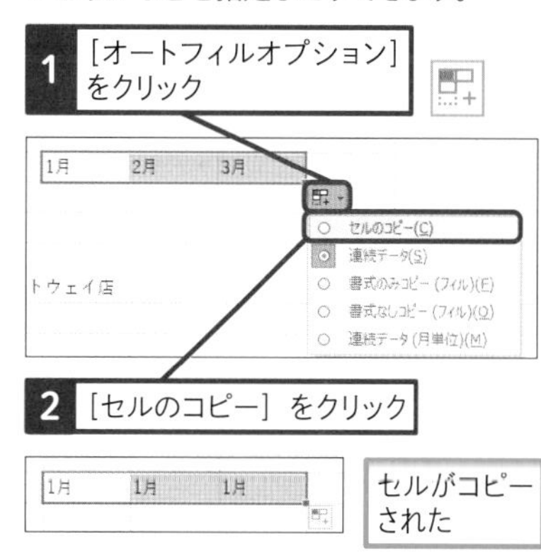

使いこなしのヒント

長い文字は隣のセルをまたいで表示される

セル幅よりも長い文字を入力したときは、隣のセルにまたがって表示されます。ただし、隣のセルにデータを入力すると、セル幅までの文字だけが表示されます。すべての文字を表示するには、レッスン45を参考にセルの幅を変更しましょう。

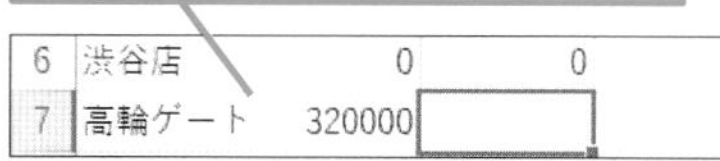

まとめ 入力したデータを利用して効率的に入力しよう

1から100までの連番や1カ月分の日付を入力するのは大変です。[オートフィル]機能を使うと、入力したデータを基に、マウスのドラッグ操作で簡単に連続データを表示できます。時間がかかるデータの入力を効率的に行えるようにしましょう。

レッスン

37 セルをコピーしよう

コピー、貼り付け

練習用ファイル L037_コピー _貼り付け.xlsx

Excelでは、「コピー」と「貼り付け」機能を使って、セルの内容をそのまま別のセルへ簡単にコピーできます。このレッスンでは、「合計」の文字を別のセルにコピーします。

1 セルをコピーする

セルA9に入力されている「合計」の文字をセルE3にコピーする

1 セルA9をクリックして選択

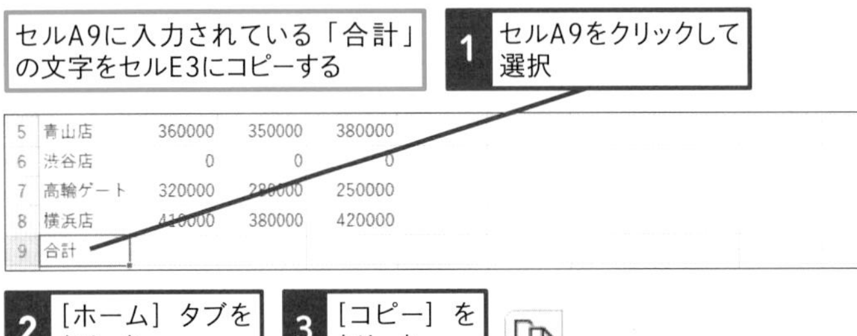

2 ［ホーム］タブをクリック

3 ［コピー］をクリック

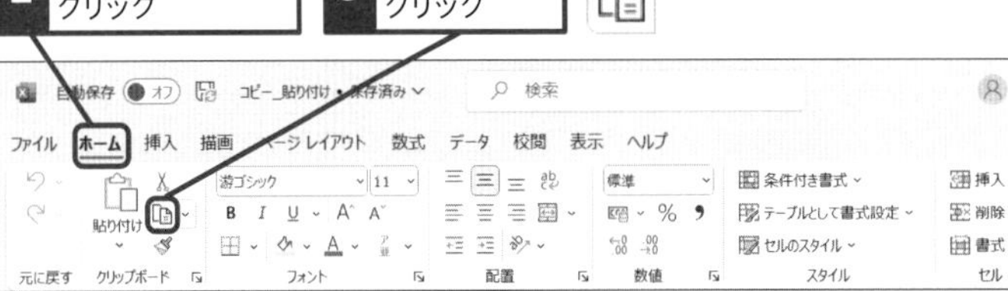

2 コピーしたセルを貼り付ける

コピーを実行すると、コピー元のセルが点線で囲まれる

貼り付けるセルを選択する

1 セルE3をクリックして選択

2 ［貼り付け］をクリック

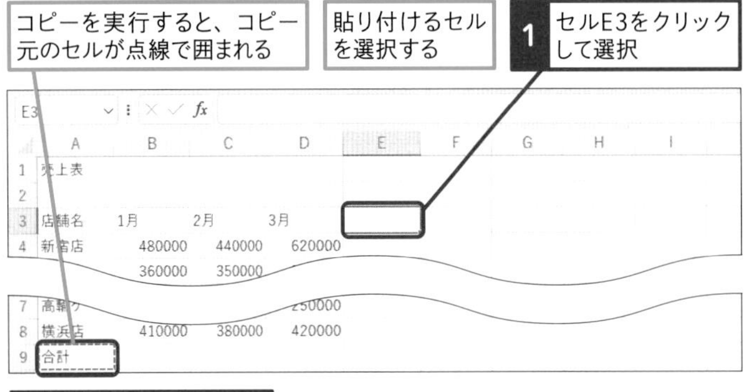

キーワード

使いこなしのヒント

Esc キーでコピー元の指定を解除できる

［コピー］ボタン（）をクリックすると、手順2のようにコピー元のセルが点滅する点線で表示されます。一度貼り付けをしても、コピー元のセルに点線が表示されていれば続けて貼り付けができます。Escキーを押すと、コピー元のセルに表示されていた点線が消えてコピー元の選択が解除されます。なお、入力モードや編集モードになったときもコピー元の選択は解除されます。

ショートカットキー

コピー	Ctrl + C
貼り付け	Ctrl + V
切り取り	Ctrl + X

ここに注意

手順2の操作1でセルを間違えて貼り付けたときは、［ホーム］ボタンにある［元に戻す］ボタン（）をクリックして貼り付けを取り消し、手順1から操作をやり直しましょう。

スキルアップ

後から貼り付け内容を変更できる

手順2の操作2のようにコピーしたセルを貼り付けると、貼り付けたセルの右下に［貼り付けのオプション］ボタンが表示されます。貼り付けを実行した後に貼り付けたセルの値や罫線、書式などを変更するには、［貼り付けのオプション］ボタンをクリックして、表示された一覧から貼り付け方法の項目を選択しましょう。選択した項目によって、貼り付けたデータや書式が変わります。

●［貼り付けのオプション］で選択できる機能

ボタン	機能
貼り付け	コピー元のセルに入力されているデータと書式をすべて貼り付ける
数式	コピー元のセルに入力されている書式と数値に設定されている書式は貼り付けず、数式と結果の値を貼り付ける
数式と数値の書式	コピー元のセルに設定されている書式は貼り付けず、数式と数値に設定されている書式を貼り付ける
元の書式を保持	コピー元のセルに入力されているデータと書式をすべて貼り付ける
罫線なし	コピー元のセルに設定されていた罫線のみを削除して貼り付ける
元の列幅を保持	コピー元のセルに設定されていた列の幅を貼り付け先のセルに適用する
行列を入れ替える	コピーしたセル範囲の行方向と列方向を入れ替えて貼り付ける

ボタン	機能
値	コピー元のセルに入力されている数式やセルと数値の書式はコピーせず、結果の値のみを貼り付ける
値と数値の書式	コピー元のセルに入力されている数式はコピーせず、結果の値と数値に設定されている書式を貼り付ける
値と元の書式	コピー元のセルに入力されている数式はコピーせず、結果の値とセルに設定されている書式を貼り付ける
書式設定	コピー元のセルに設定されている書式のみを貼り付ける
リンク貼り付け	コピー元データの変更に連動して貼り付けたデータが更新される
図	データを画像として貼り付ける。後からデータの再編集はできない
リンクされた図	データを画像として貼り付ける。コピー元データの変更に連動して画像の内容が自動的に更新される

● セルが貼り付けられた

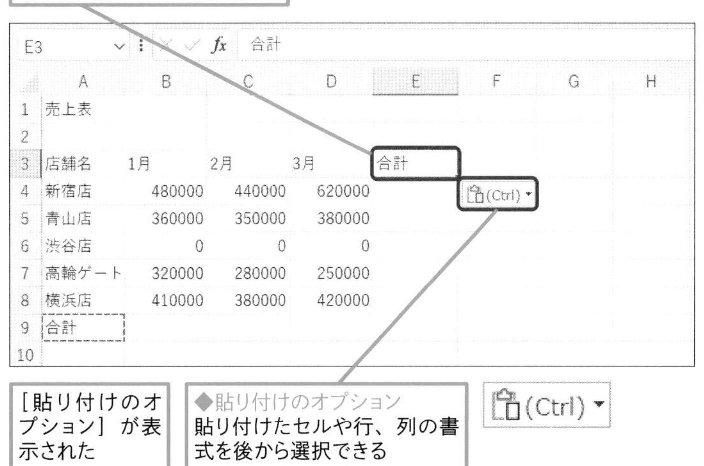

まとめ

コピーと貼り付けで入力の手間が省ける

売上表に入力する商品名や予定表に入力する行動予定など、表の中に同じデータを何度も入力することがあります。その都度入力すると時間がかかるうえに、入力ミスが発生することもあるでしょう。このようなときは、入力したセルのデータをコピーすれば、入力の手間を省くことができます。このレッスンではボタンを利用してコピーと貼り付けを実行しましたが、Ctrl+Cキー（コピー）とCtrl+Vキー（貼り付け）のショートカットキーを使えば、さらにスピーディーに操作ができます。

レッスン

38 不要な行を削除しよう

行の削除

練習用ファイル L038_行の削除.xlsx

不要な行や列は丸ごと削除できます。行を削除すると、下の行のデータが上に詰まって表示されます。このレッスンでは、6行目の「渋谷店」の行を削除します。

1 削除する行を選択する

6行目をすべて削除する

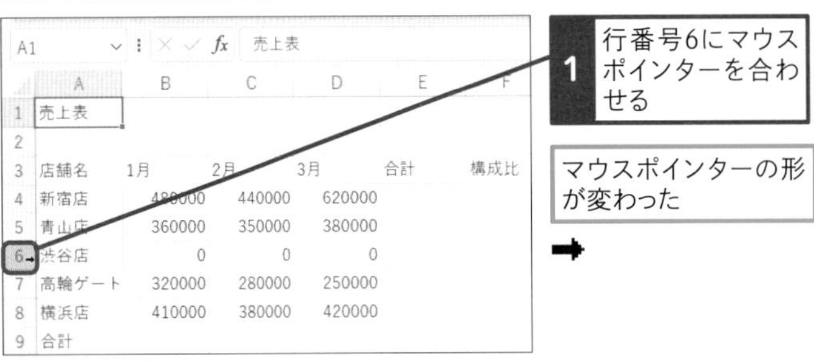

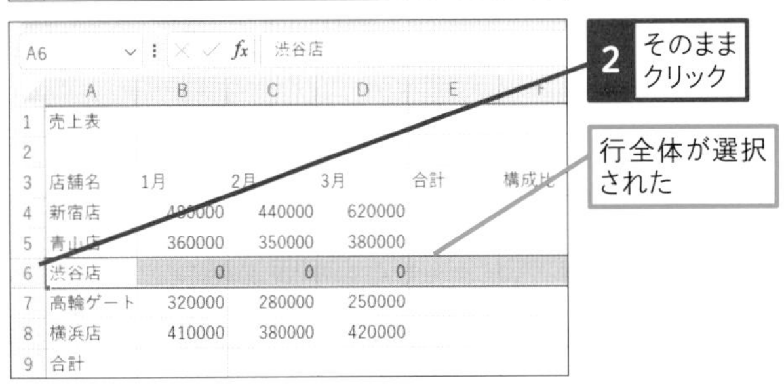

キーワード

行	P.307
行番号	P.307
列	P.312
列番号	P.312

時短ワザ

右クリックから素早く行を削除できる

削除したい行番号や列番号をクリックし、表示されるメニューの［削除］を選んでも削除できます。メニューの[挿入]を選ぶと、選択した位置に行や列を挿入できます。

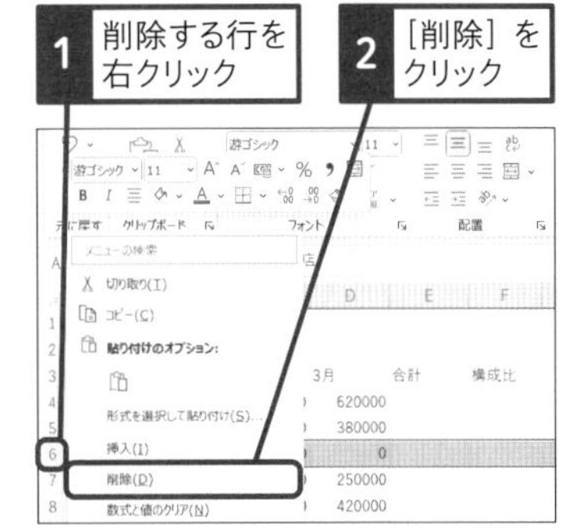

スキルアップ

データの入力後に行や列を挿入する

データを入力した後で、表の途中に空白の行や列を挿入し、データを追加することもできます。行や列を挿入するには、挿入したい場所の行番号や列番号をクリックし、［ホーム］タブの［挿入］ボタンをクリックします。列の場合は左側に新たな列が、行の場合は上側に新たな行がそれぞれ挿入されます。

行番号8の上に行を挿入する

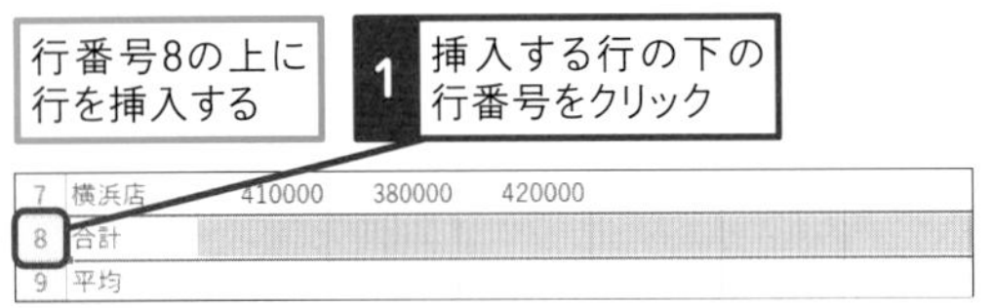

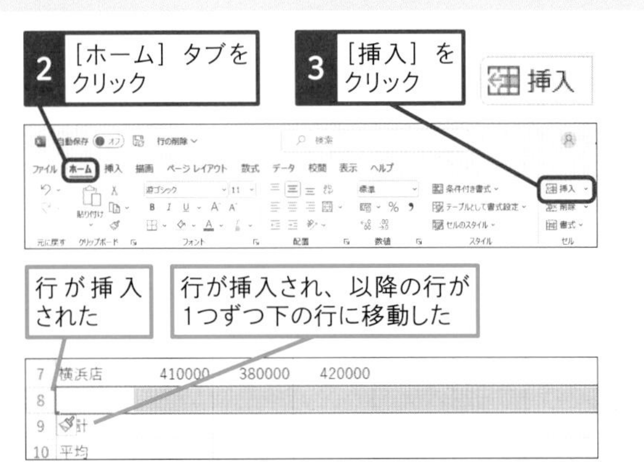

スキルアップ

セル単位でデータを削除できる

行単位や列単位以外にも、セル単位での削除や挿入も可能です。以下の操作5で、削除や挿入後のセルの移動方向を正しく指定しないと、表のレイアウトが崩れる場合があるので注意しましょう。

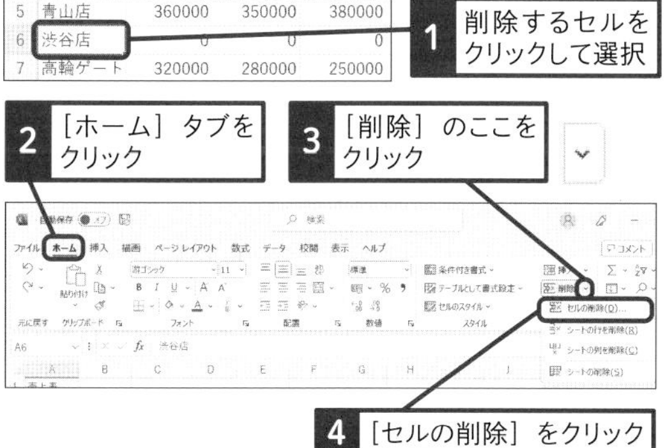

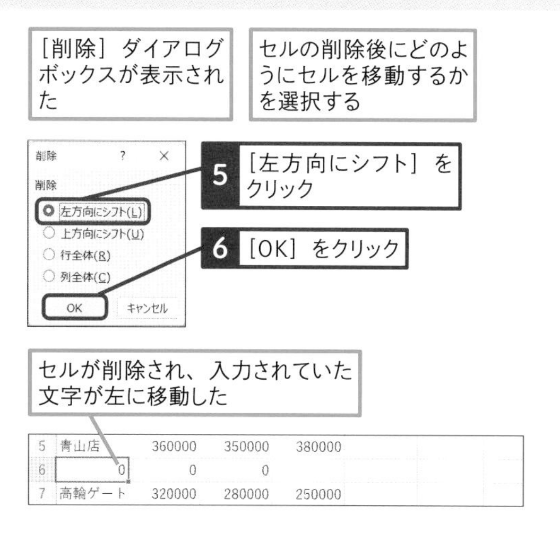

2 行を削除する

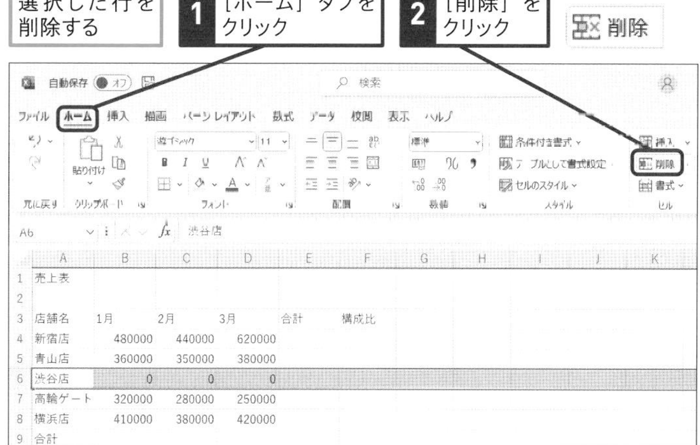

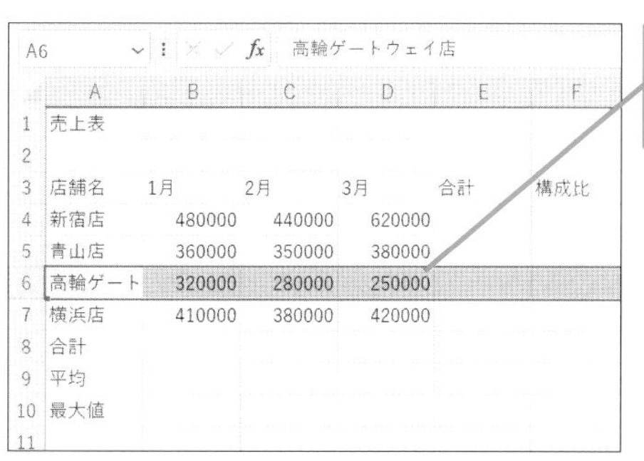

使いこなしのヒント

Delete キーを押すと入力したデータだけが消去される

行や列などを選択した状態で Delete キーを押すと、入力済みの文字や数値が消去され、行や列は空白になります。

まとめ 行を削除すると下の行が上に詰まる

行や列の削除には、「行や列を丸ごと削除する方法」と「データだけを削除する方法」の2通りの方法があります。列を削除すると、入力済みのデータが削除されるだけでなく、列そのものが削除され、右の列が自動的に左に詰まって表示されます。行を削除したときは、下の行が上に詰まって表示されます。つまり、行や列を削除することで、表が自動的に縮小されるのです。一方、行や列を選択した状態で Delete キーを押すと、データが消去されるだけで、その行や列は空白のまま残ります。表の大きさは変わりません。これらの2つの削除方法を区別して使いましょう。

レッスン
39 入力したデータを修正しよう

上書き、文字の修正

練習用ファイル L039_上書き_文字の修正.xlsx

データの修正方法はいろいろありますが、このレッスンではセルのデータを上書きして丸ごと変更する方法と、入力した文字に後から文字を追加する方法を説明します。

キーワード

アクティブセル	P.306
数式バー	P.309
セル	P.309

1 上書きして修正する

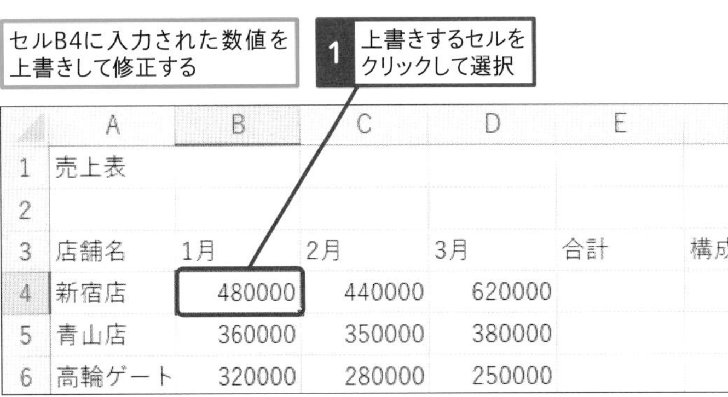

	A	B	C	D	E
1	売上表				
2					
3	店舗名	1月	2月	3月	合計
4	新宿店	480000	440000	620000	
5	青山店	360000	350000	380000	
6	高輪ゲート	320000	280000	250000	

入力モードを半角英数に切り替えておく

2 数値を入力

入力された数値が表示された

	A	B	C	D	E
1	売上表				
2					
3	店舗名	1月	2月	3月	合計
4	新宿店	510000	440000	620000	
5	青山店	360000	350000	380000	
6	高輪ゲート	320000	280000	250000	

3 Enter キーを押す

上書きされた数値が確定され、アクティブセルが下に移動した

	A	B	C	D	E
1	売上表				
2					
3	店舗名	1月	2月	3月	合計
4	新宿店	510000	440000	620000	
5	青山店	360000	350000	380000	
6	高輪ゲート	320000	280000	250000	

使いこなしのヒント

セルのデータを消去するには

データを消去したいセルを選択してから Delete キーを押すと、セルのデータが消去されてセルが空白になります。

使いこなしのヒント

F2 キーでもカーソルも表示できる

「ダブルクリックの操作が苦手」というときは、修正したいセルをクリックした後に F2 キーを押しても、セルにカーソルを表示できます。なお F2 キーを押すと、カーソルがセルに入力されている文字や数値の一番右に表示されます。

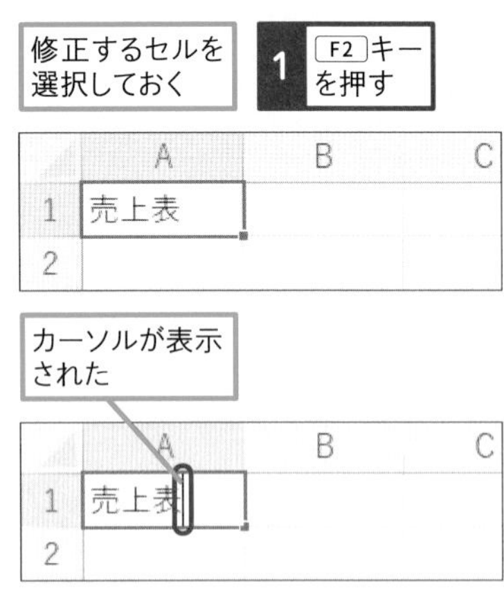

2 文字を挿入する

セルA1に入力された「売上表」を「店舗別売上表」に修正する

1 修正するセルをクリックして選択

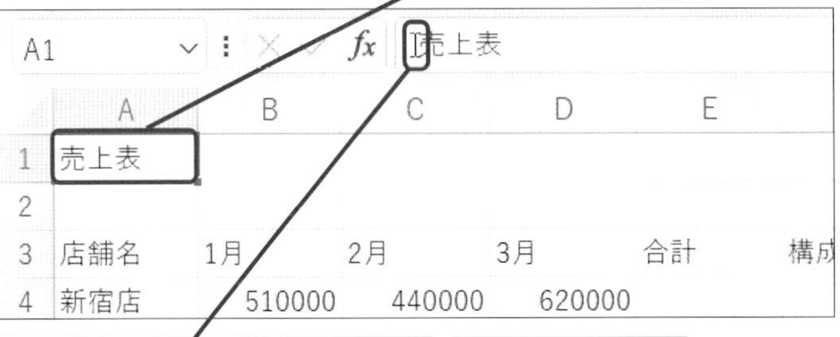

2 数式バーの文字を挿入した位置にマウスポインターを合わせる

マウスポインターの形が変わった

3 そのままクリック

数式バーにカーソルが表示された

4 挿入する文字を入力

5 Enter キーを押す

A1 店舗別売上表

	A	B	C	D	E
1	店舗別売上				
2					
3	店舗名	1月	2月	3月	合計
4	新宿店	510000	440000	620000	

挿入した文字が確定され、アクティブセルが下に移動した

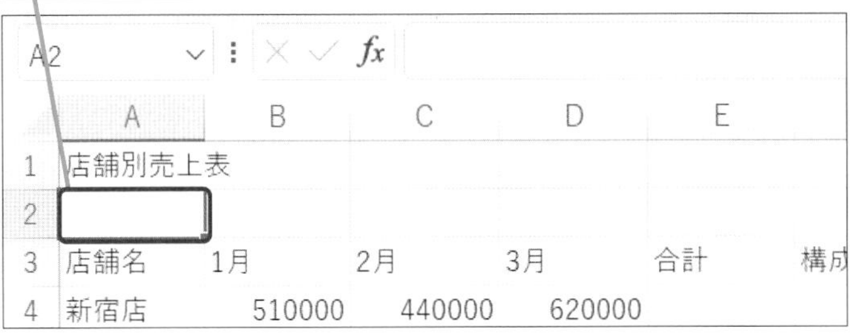

ショートカットキー

セルの編集　F2

時短ワザ

セルをダブルクリックして編集できる

数式バーを使ってセルのデータを編集する以外に、セルを直接ダブルクリックして編集する方法もあります。そうすると、セル内にカーソルが表示され、文字の追加や削除ができるようになります。

1 カーソルを表示する位置をダブルクリック

	A	B	C
1	売上表		
2			

カーソルが表示された

	A	B	C
1	売上表		
2			

まとめ　場合に応じてデータを修正しよう

入力済みのデータを修正するときは「上書き」と「挿入」を頻繁に使います。数値などの短いデータは上書きして修正するのが早いですが、長い文字列や数式の一部などを修正するときは、部分的に修正すると便利です。このとき、数式バーで修正する方法やセルをダブルクリックして修正する方法、F2キーを使って修正する方法の中で、自分が使いやすい方法を覚えておくとでしょう。

この章のまとめ

Excelの機能を上手に使って、効率よくデータを入力しよう

この章では、データの入力・修正の操作を通して、Excelの基本的な機能を紹介しました。表を作成するには、セルに文字や数値などのデータを入力したり、入力済みのデータを修正したりして正確なデータを入力することが必要です。これらのデータが計算やグラフの基になるからです。ただし、データ入力に大量の時間を費やすのは本末転倒です。連続データを自動入力する機能や、セルのデータを素早く修正する方法を身に付けて、効率よくデータを入力できるようにしましょう。

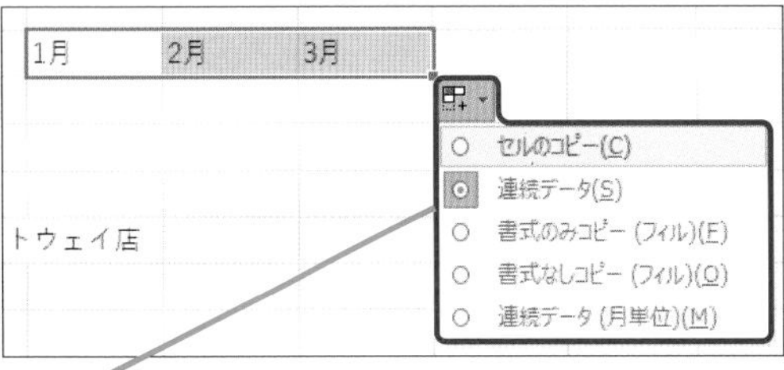

オートフィルオプションを使えば、入力の幅がさらに広がる

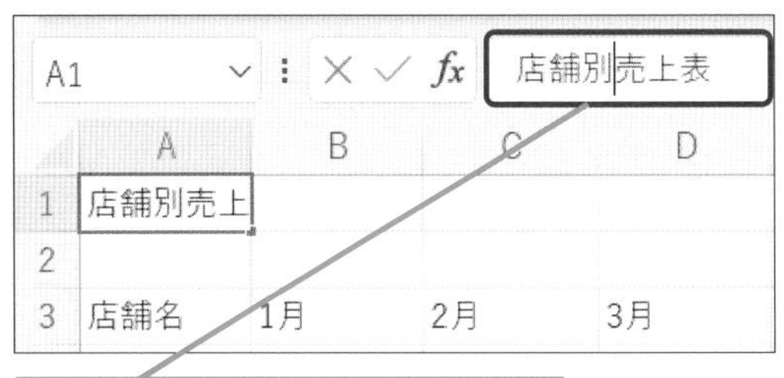

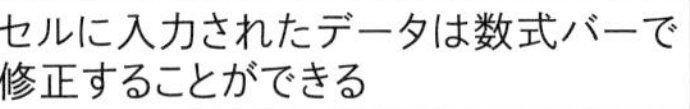

セルに入力されたデータは数式バーで修正することができる

オートフィルは使っていて楽しい機能ですね！　サクサクとデータが入力できて気持ちいいです。こんなに手軽にデータが入力できるだなんて！

最初に持っていた印象からだいぶ変わったみたいだね！　ここでは連続したデータを自動で入力したけど、実はそのままデータをコピーすることもできるんだ。ぜひ使ってみてほしい

データのコピーも思ったより簡単にできました！　データを上書きするだけでなく、一部を修正する方法も理解できたので、入力を間違えても怖くないです。

データのコピーも効率よく入力するには必要な機能だから、しっかりと使いこなしてほしい。ちなみに、データの修正は数式バーだけでなく、セルのダブルクリックからもできるから覚えておくといいよ！

そんな方法もあるんですね！　Excelは奥が深そうですね。もっと便利な機能が知りたいです！

Excel

基本編

第6章

表を見やすく加工しよう

この章では、第5章で作成した表の文字の配置や列の幅などを変更して、表のレイアウトを整えます。また、表のまわりに罫線を引いたり、セルに色を付けたりして、見やすい表になるように加工します。

レッスン

40 Introduction この章で学ぶこと 表を装飾して見やすくしよう

セルにデータを入力しただけでは、データが並んでいるだけです。タイトルを目立たせて何の表なのかを明確にしたり、セルに色を付けて見出しとデータの区切りをはっきりさせると見やすくなります。また、数値にカンマを付けて読みやすくする工夫も必要です。

表にメリハリをつけて読みやすくしよう

Excelではセルにデータを入力していくのだけど、入力したそのままでは分かりにくい表になってしまう。

確かにそうですね。表の内容がまったく頭に入ってこないような気がします。

そこで重要になってくるのが、表を装飾する機能だ。読みやすく、分かりやすくするために欠かせない機能だから、しっかりと覚えていこう!

せっかく表を作るなら、伝わるものに仕上げられるようにしたいです! よろしくお願いします。

	A	B	C	D	E	F
1	店舗別売上表					
2						
3	店舗名	1月	2月	3月	合計	構成比
4	新宿店	510000	440000	620000		
5	青山店	360000	350000	380000		
6	高輪ゲート	320000	280000	250000		
7	横浜店	410000	380000	420000		
8	合計					
9	平均					
10	最大値					
11						
12						

◆文字の装飾
表のタイトルを強調するために、フォントの大きさを変えたり、太字に設定する →レッスン41

◆セルや文字に色を付ける
表の見出しを見やすくするために、セルに色を付ける →レッスン43

◆文字の配置
表の各見出しとデータを区別しやすくするために、セルの中に表示される文字の配置を変更する →レッスン42

データを読み取りやすくするのも重要

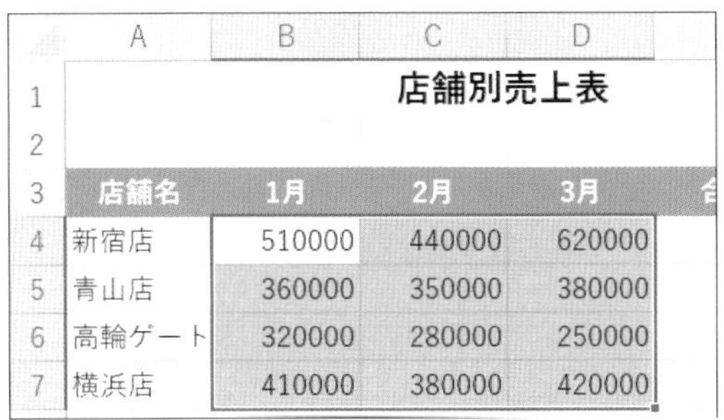

	A	B	C	D
1		店舗別売上表		
2				
3	店舗名	1月	2月	3月
4	新宿店	510000	440000	620000
5	青山店	360000	350000	380000
6	高輪ゲート	320000	280000	250000
7	横浜店	410000	380000	420000

→

	A	B	C	D
1		店舗別売上表		
2				
3	店舗名	1月	2月	3月
4	新宿店	510,000	440,000	620,000
5	青山店	360,000	350,000	380,000
6	高輪ゲート	320,000	280,000	250,000
7	横浜店	410,000	380,000	420,000

表計算では金額を扱うことが多いと思うけど、カンマ記号を付けて分かりやすくするのも重要だ。

それは分かりますが、カンマ記号を手入力するのは大変そうですね…。

Excelにはワンクリックでカンマ記号を付ける機能があるから、大丈夫だよ！

ワンクリックでできるんですか？　入れ間違えたり、入れ忘れたりする心配がないんですね。それは知っておきたい機能です！

入力されたデータに合わせて表を調整しよう

データを入力していたら、「高輪ゲートウェイ店」と表示されるはずが、途中までしか表示されなくなってしまいました…。

	A	B	C	D
1		店舗別売上表		
2				
3	店舗名	1月	2月	3月
4	新宿店	510,000	440,000	620,000
5	青山店	360,000	350,000	380,000
6	高輪ゲート	320,000	280,000	250,000
7	横浜店	410,000	380,000	420,000

Excelではよくあることだから心配しないで！　こんなときはセルの幅を広げればちゃんと表示されるよ。

なるほど！　入力されたデータに合わせて、セルの幅を広げられるのですね。安心しました！

レッスン

41 文字の見た目を変えよう

フォントサイズ、太字

練習用ファイル L041_フォントサイズ.xlsx

セルに文字を入力すると、すべて同じサイズで表示されますが、サイズやフォントは後から自由に変更できます。ここでは、タイトルが目立つように設定します。

1 フォントサイズを変更する

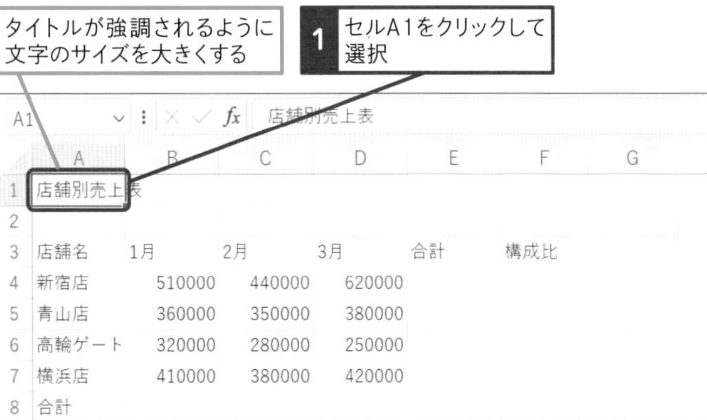

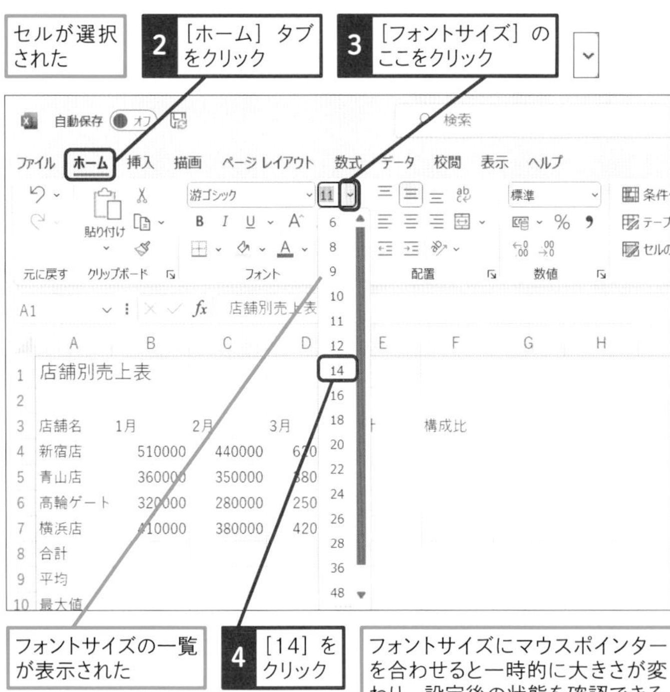

キーワード

書式	P.308
フォント	P.311
リアルタイムプレビュー	P.312

使いこなしのヒント

フォントの種類も変えられる

最初にセルに入力したデータは「游ゴシック」というフォントで表示されます。文字の形を変更したいときは、以下の手順のように目的のフォントを選択します。マウスポインターをフォント名に合わせるだけでセルに入力されている文字の形が変化し、一時的に結果を確認できます。これを「リアルタイムプレビュー」と呼びます。

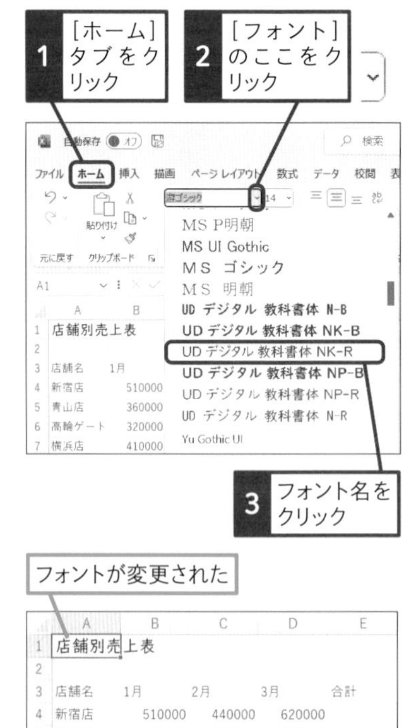

● フォントサイズが変更された

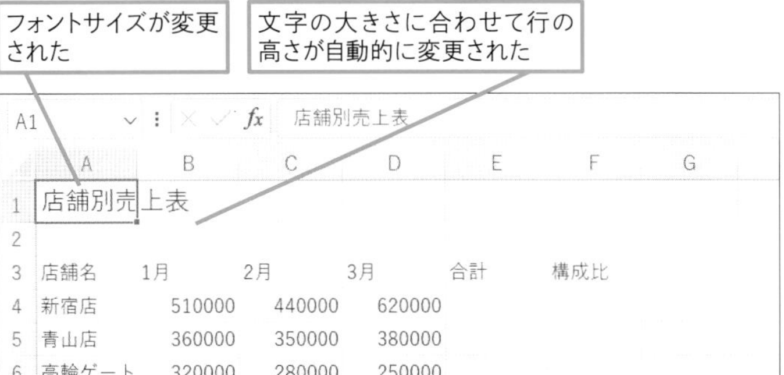

2 フォントに太字を設定する

続けて、タイトルの文字を太くする

1 ［ホーム］タブをクリック

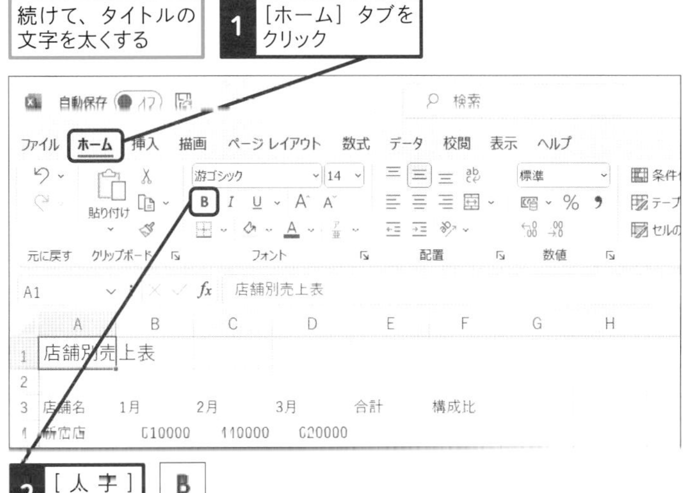

2 ［太字］をクリック

タイトルの文字が太くなった

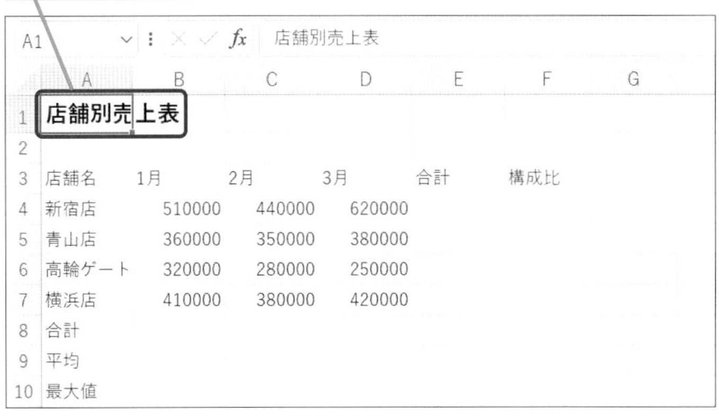

使いこなしのヒント

太字の設定を解除するには

手順2で設定した太字を解除するには、もう一度同じ［太字］ボタン（B）をクリックします。［太字］ボタンをクリックするたびに、太字の設定と解除が切り替わります。

使いこなしのヒント

斜体や下線付きの文字にもできる

［ホーム］タブの［斜体］ボタン（I）をクリックすると、文字が斜めに表示されます。また、［下線］ボタン（U）をクリックすると、文字の下に一重線が表示され、［下線］ボタンの▾をクリックすると、二重下線を引くこともできます。太字や斜体、下線を自由に組み合わせることもできます。なお、同じボタンを再度クリックすると、斜体や下線を解除できます。

◆斜体 I

店舗別売上表

◆下線 U

店舗別売上表

ショートカットキー

太字 Ctrl + B

まとめ 文字の書式を設定して表を装飾しよう

このレッスンのように、表のタイトルを大きくしたり太字にしたりすると、タイトルが強調されてバランスがよくなります。また、フォントやフォントサイズ、太字などの書式を組み合わせて設定することで、表現力の豊かな表に仕上がります。Excelの「リアルタイムプレビュー」でいろいろな書式を試しながら、表が見やすくなるように設定しましょう。

レッスン

42 文字の配置を変えよう

中央揃え、セルを結合して中央揃え

練習用ファイル L042_中央揃え.xlsx

セルに入力した文字の配置は後から自由に変更できます。ここでは、表の見出しの文字をセルの中央に、タイトルの文字を表の横幅の中央に配置します。

1 セル内の文字を中央に配置する

表が見やすくなるように、項目名の文字をセルの中央に配置する

1 セルA3 ～ F3をドラッグして選択

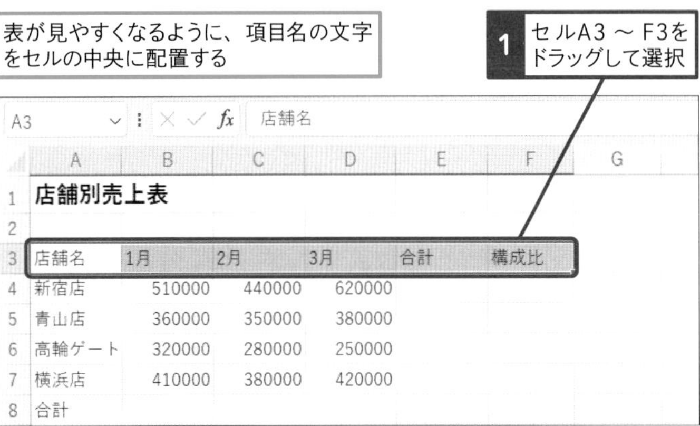

セルが選択された

選択したセルの文字を中央に配置する

2 ［ホーム］タブをクリック

3 ［中央揃え］をクリック

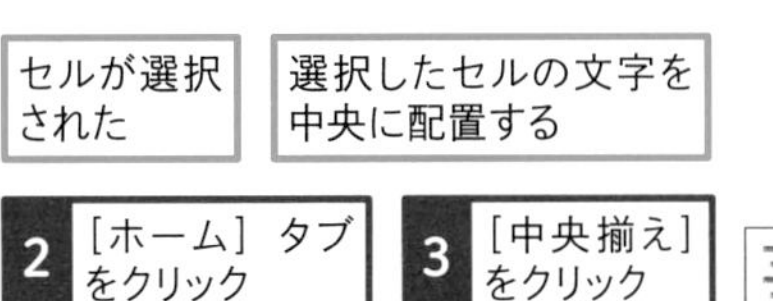

項目名が各セルの中央に配置された

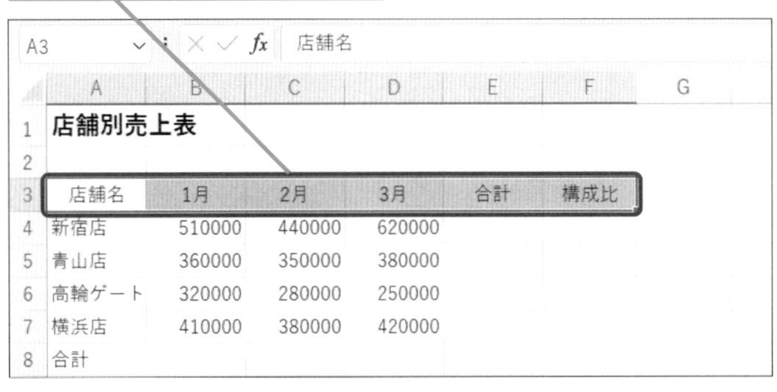

キーワード

セル P.309

タブ P.310

使いこなしのヒント

複数のセルをまとめて選択するには

最初に複数のセルを選択しておくと、離れたセルをまとめて変更できます。最初のセルを選択し、2つ目以降のセルを Ctrl キーを押しながらクリックするかドラッグします。

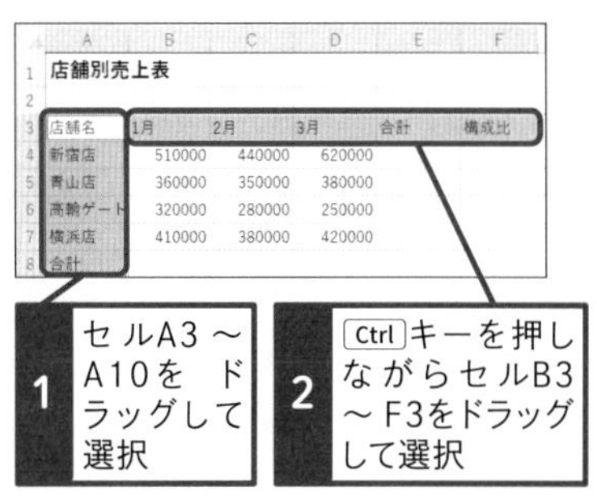

1 セルA3 ～ A10をドラッグして選択

2 Ctrl キーを押しながらセルB3 ～ F3をドラッグして選択

ここに注意

手順1で、項目名以外のセルの配置を変更してしまったときや、手順2で、セルの選択を間違えたまま結合してしまったときは、［ホーム］タブの［元に戻す］ボタン（↶）をクリックして1つ前の手順からやり直します。

2 複数のセルを結合して文字を中央に配置する

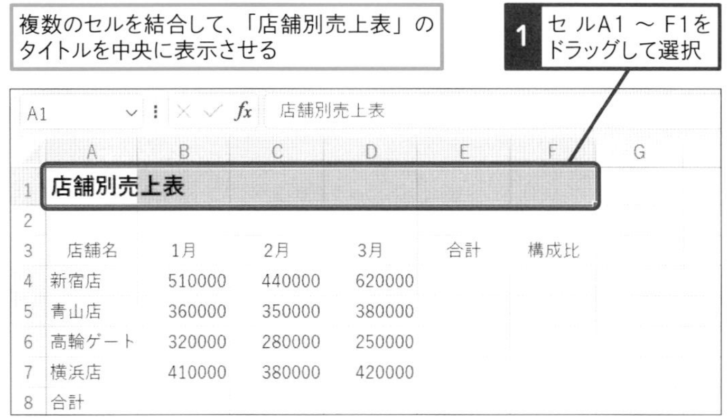

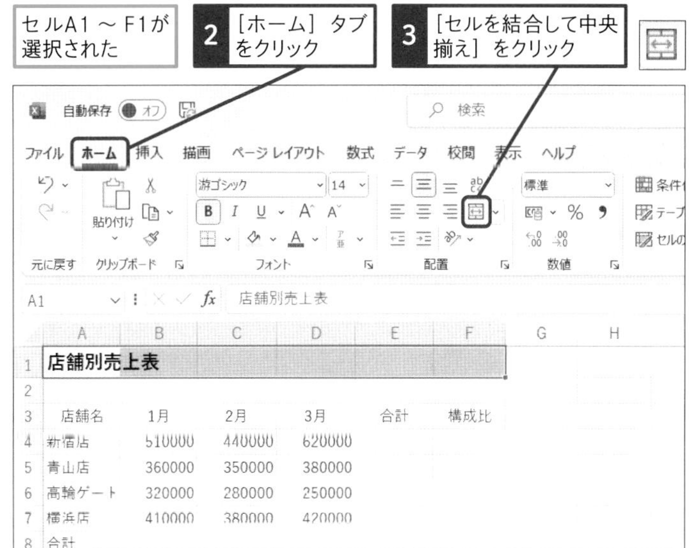

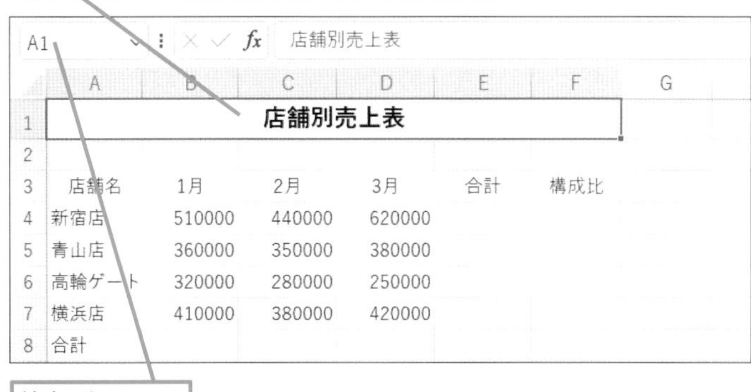

使いこなしのヒント

セルの結合を元に戻すには

結合したセルを元に戻すには、結合したセルを選択して再度［セルを結合して中央揃え］ボタン（▣）をクリックし、セルの結合を解除します。

使いこなしのヒント

縦方向にセルを結合するには

セルの結合は縦方向にも適用できます。縦方向のセルを選択し、［セルを結合して中央揃え］ボタン（▣）をクリックすると、セルが結合され、上下の中央に文字が配置されます。

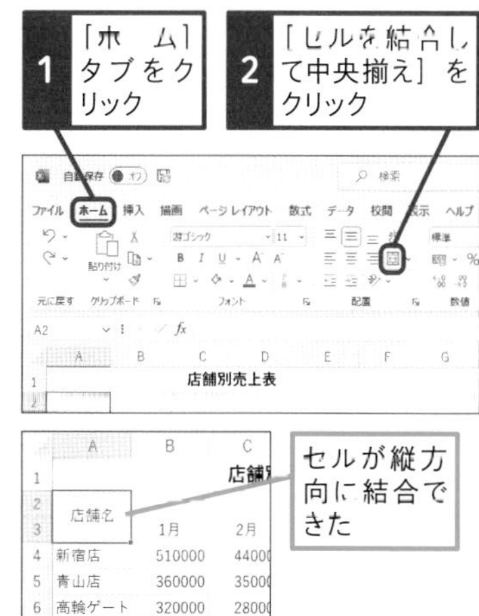

まとめ 数値は右、見出しは中央に配置するのが基本

セルにデータを入力すると、最初は数値がセルの右に、文字がセルの左に配置されますが、このレッスンで紹介したように、配置は後から自由に変更できます。表の見出しとなる項目名をセルの中央に配置すると、ほかのデータと区別しやすくなる他、安定感が生まれて表の見た目がよくなります。数値は読みやすさを考えて、右に配置されたままにするのがおすすめです。

レッスン

43 セルと文字の色を変えよう

塗りつぶしの色、フォントの色

練習用ファイル L043_フォントの色.xlsx

このレッスンでは見出しのセルの背景や文字に色を付けます。セルの背景は［塗りつぶしの色］ボタンから、文字の色は［フォントの色］ボタンから設定できます。

1 セルを塗りつぶす

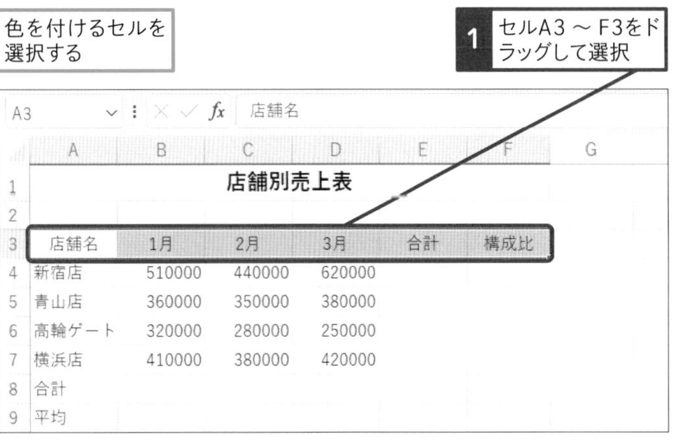

選択したセル範囲に背景色を設定する

2 ［ホーム］タブをクリック

3 ［塗りつぶしの色］のここをクリック

［塗りつぶしの色］の一覧が表示された

4 ［青、アクセント5］をクリック

キーワード

使いこなしのヒント

リアルタイムプレビューで結果が事前に分かる

手順1や手順2で色の一覧にマウスポインターを合わせると、ワークシートのセルの色や文字の色が一時的に変化します。これは「リアルタイムプレビュー」と呼ばれる機能で、色を適用した結果をワークシートで事前に確認できます。

使いこなしのヒント

「テーマの色」って何？

手順1や手順2で色の一覧の上部に表示される［テーマの色］から色を選ぶと、［ページレイアウト］タブの［テーマ］で選択したデザインに連動してセルや文字の色が変化します。［標準の色］から色を選ぶと、テーマよりも優先されて、常に同じ色で表示されます。

ここに注意

間違ったセルに色を付けたときは、［塗りつぶしの色］ボタンの▾をクリックして表示された一覧から［塗りつぶしなし］をクリックして元の色に戻します。

2 フォントの色を変更する

セルの背景色が変更された

文字色を白に変更する

1 [フォントの色]をクリック

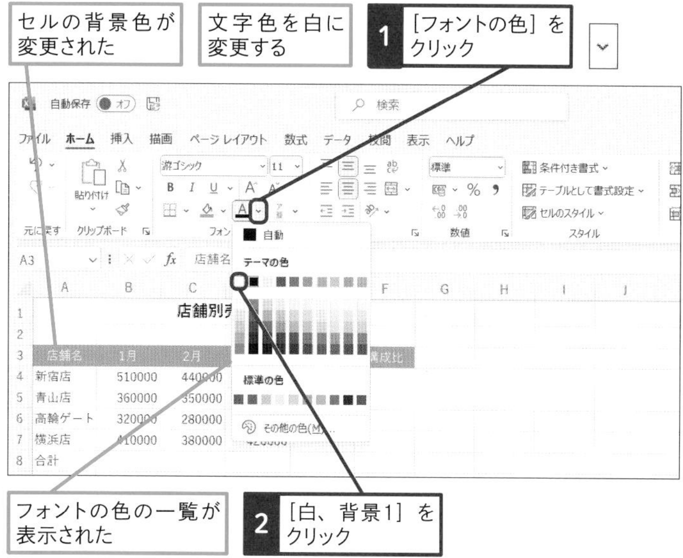

フォントの色の一覧が表示された

2 [白、背景1]をクリック

文字色が白になった

続けて文字を太字に設定する

3 [太字]をクリック

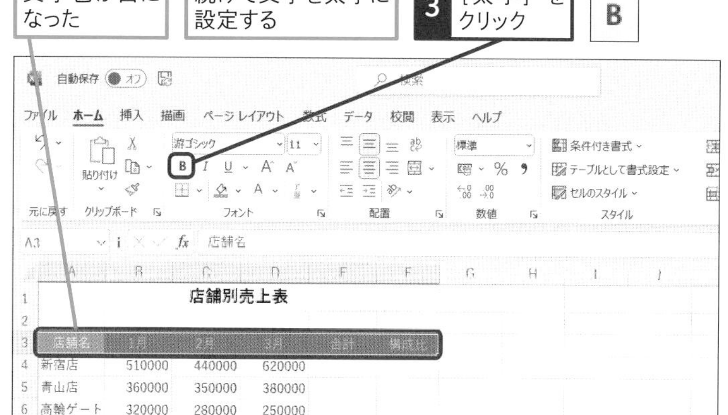

文字が太字に変更された

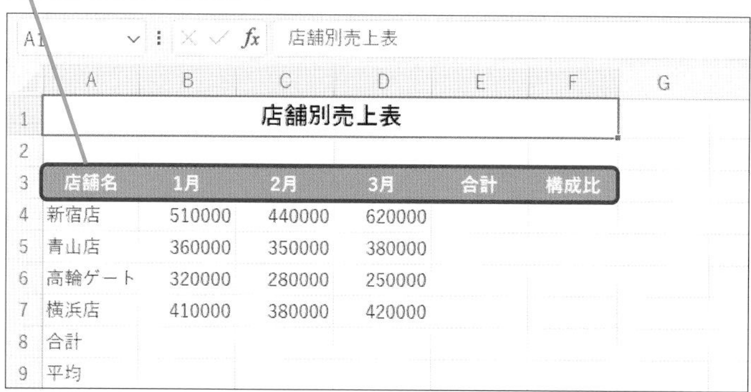

他のセルをクリックし、セル範囲の選択を解除しておく

使いこなしのヒント

[セルのスタイル]ボタンからも色を付けられる

Excelにあらかじめ用意されているセルのスタイルを適用すると、背景の色や文字の色、文字のサイズなどの書式をまとめて設定できます。

色を設定するセルを選択しておく

1 [ホーム]タブをクリック

2 [セルのスタイル]をクリック

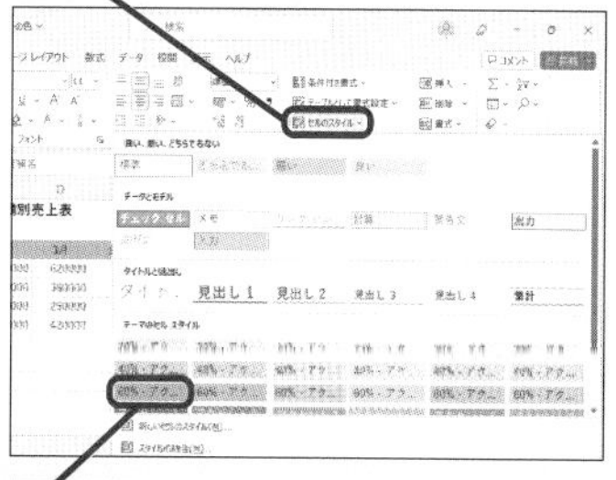

3 設定するスタイルをクリック

セルのスタイルを設定できる

ショートカットキー

太字 Ctrl + B

まとめ 見出しとデータを区別して色付けする

セルや文字に色を付けると、表全体が華やかになり視覚効果が高まります。ただし、手当たり次第に色を付けると、かえって分かりにくい表になってしまいます。表を見やすくまとめるには、見出しの背景に他とは違う色を設定するなど、項目名が目立つように工夫するといいでしょう。このとき、塗りつぶしの色が濃すぎると、肝心の文字が読みにくくなります。セルと文字の色の組み合わせにも注意し、文字が読みやすい配色になるように繰り返し試してみてください。

レッスン 44

数値にカンマ記号を付けよう

桁区切りスタイル

練習用ファイル L044_桁区切りスタイル.xlsx

けた数の多い数値は、3けたごとのカンマ記号を付けると分かりやすくなります。ここでは、各店舗の売上金額の数値にカンマ記号を付けて表示します。

キーワード

1 桁区切りスタイルを設定する

各金額にカンマ記号を表示する

1 セルB4～D7をドラッグして選択

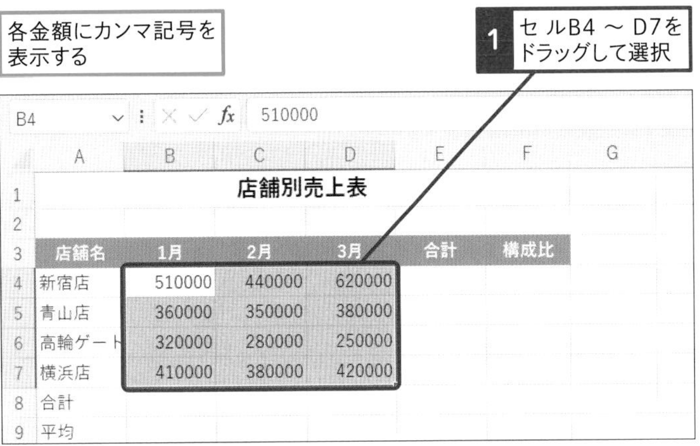

桁区切りスタイルを設定するセルが選択された

2 [ホーム] タブをクリック

3 [桁区切りスタイル] をクリック

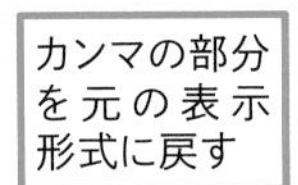

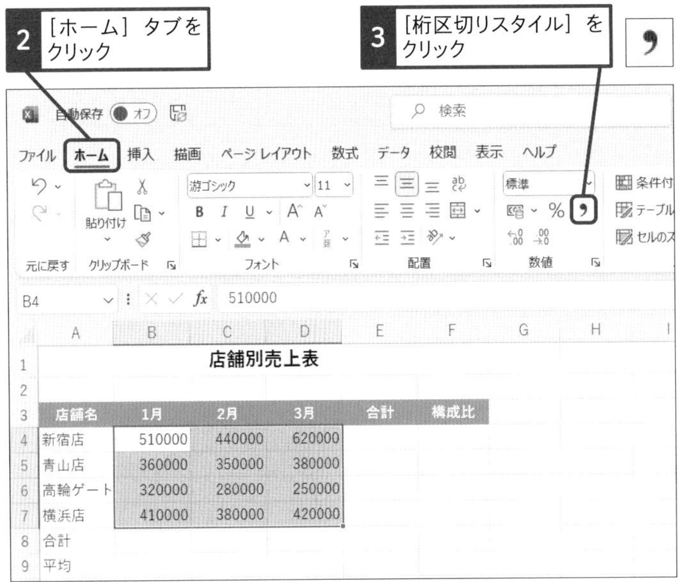

使いこなしのヒント

元の数値に戻すには

カンマ記号を解除して元の数値に戻すには、[数値の書式] を [標準] に変更します。

カンマの部分を元の表示形式に戻す

表示形式を元に戻すセル範囲を選択しておく

1 [ホーム] タブをクリック

2 [数値の書式] のここをクリック

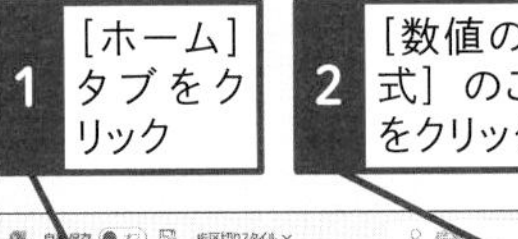

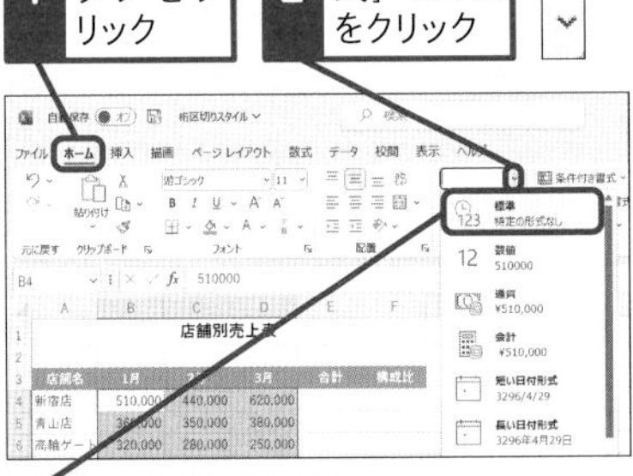

3 [標準] をクリック

元の表示形式に戻った

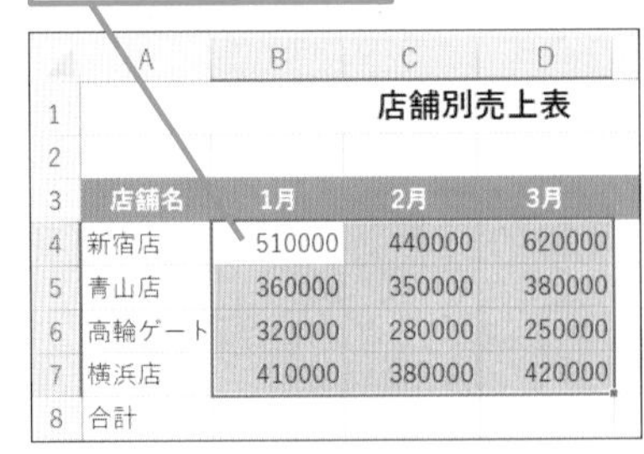

スキルアップ

「¥」記号や「%」記号も付けられる

数値が金額を表すときは、[ホーム] タブの [通貨表示形式] ボタン（ ）をクリックします。すると、「¥」記号とカンマを同時に付けられます。また、構成比や達成率などの割合を表すときは、[ホーム] タブの [パーセントスタイル] ボタン（%）クリックします。すると、数値を100倍して「%」記号が付きます。

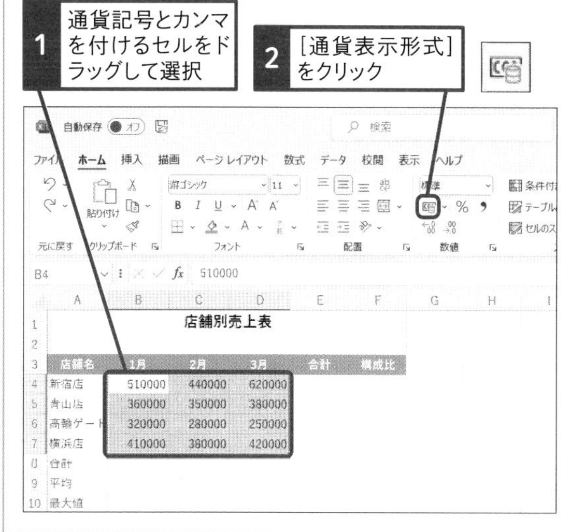

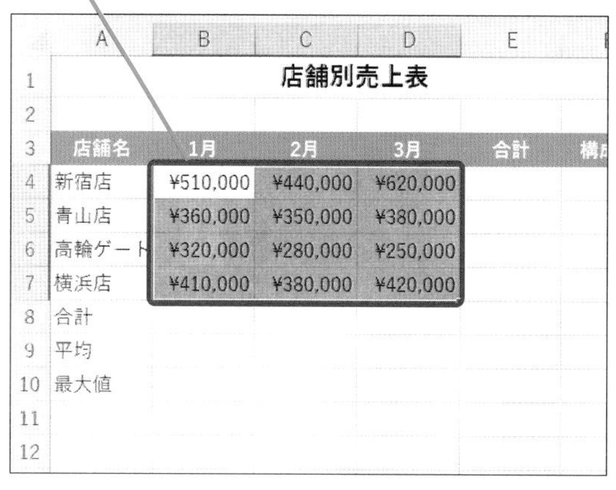

● 桁区切りスタイルが設定された

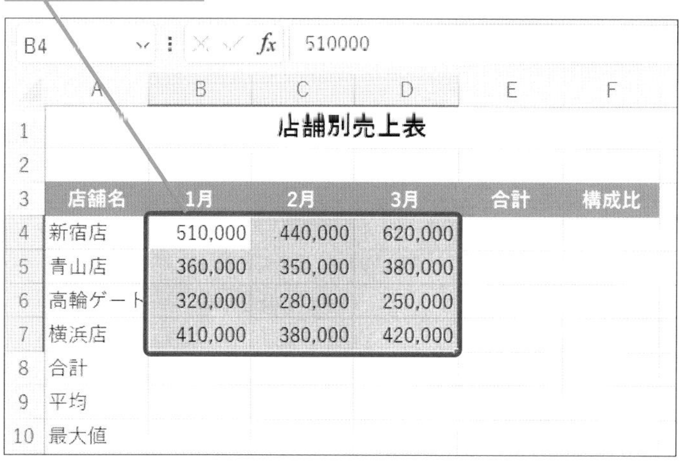

まとめ　データに合わせて見た目を変えよう

けた数の多いデータには位取りの「,」記号、金額を表すデータには「¥」記号が付いていたほうが読みやすくなります。また、上の「スキルアップ」で紹介したように、割合を表すデータには「%」記号を付けるなど、データに合わせて表示形式を設定するようにしましょう。カンマや¥などの記号は、セルに数値を入力するときにキーボードから入力することもできますが、このレッスンのように、ボタンを使って後からまとめて設定したほうが簡単です。

レッスン

45 列幅を変更しよう

列幅

練習用ファイル L045_列幅.xlsx

Excelでは、すべての列が同じ幅になっているため、列幅より文字数が多いと文字が隠れてしまいます。ここではすべての文字が表示できるように列幅を調整します。

1 セルの列幅を変更する

A列の項目名がすべて表示されるように、列の幅を広げる

1 境界線にマウスポインターを合わせる

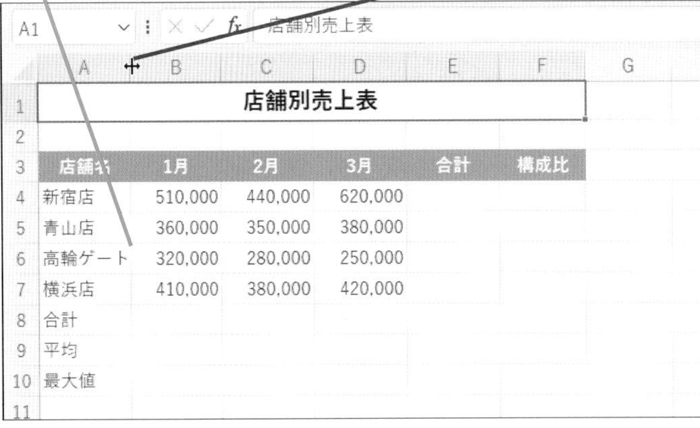

マウスポインターの形が変わった

2 項目名がすべて表示されるところまで右にドラッグ

現在のセルの幅が表示される

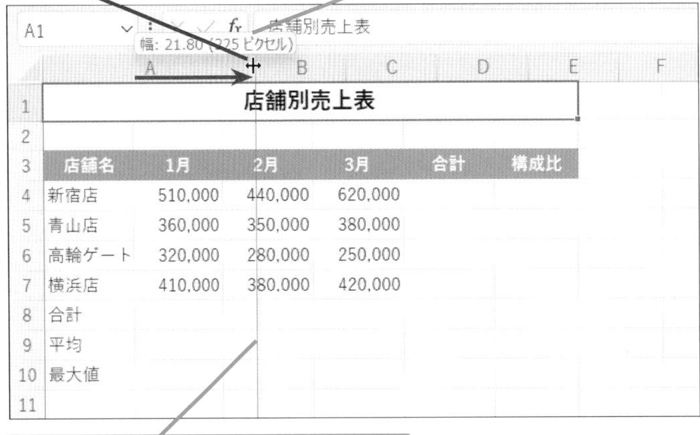

変更後の列幅を表すガイド線が表示される

キーワード

使いこなしのヒント

数値が「#」で表示されてしまったときは

文字がセルに表示し切れないときは、はみ出した文字が欠けて表示されますが、数値がセルに表示し切れないときは、自動的に列幅が広がる場合や「#」の記号だけが表示される場合があります。「#」が表示されたときは、列幅を広げると、数値が表示されるようになります。

使いこなしのヒント

行の高さを変更するには

列幅と同様に行の高さも変更できます。行番号の下の境界線にマウスポインターを合わせ、マウスポインターの形が ✛ に変わったら上下にドラッグします。

1 境界線にマウスポインターを合わせる

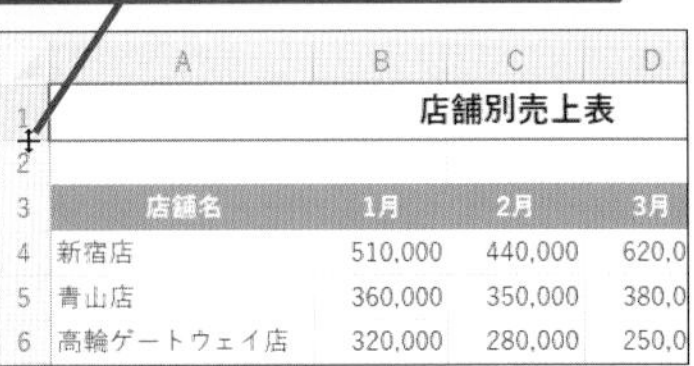

マウスポインターの形が変わった

2 上下にドラッグ

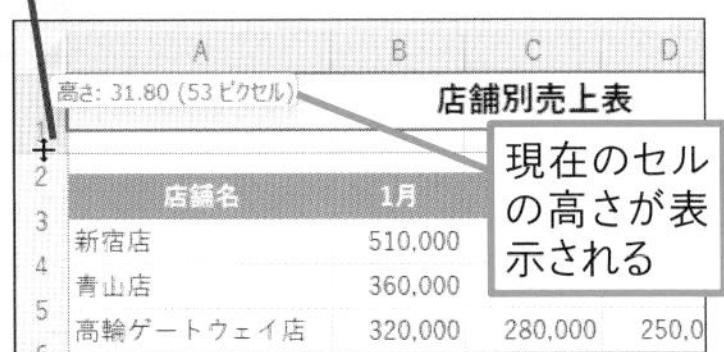

現在のセルの高さが表示される

2 セルの列幅を自動的に調整する

A列の幅が広がった

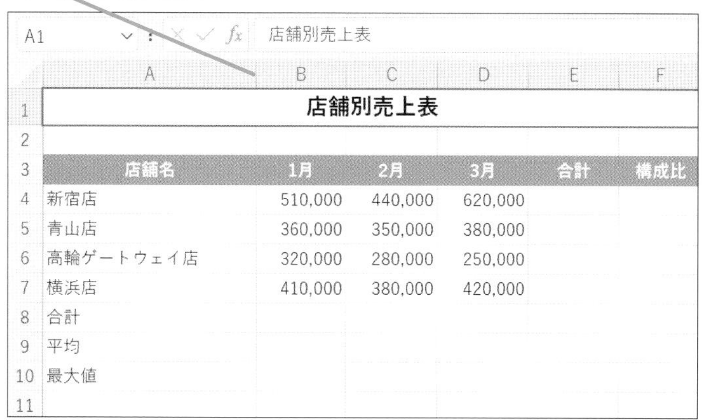

	A	B	C	D	E	F
1	店舗別売上表					
2						
3	店舗名	1月	2月	3月	合計	構成比
4	新宿店	510,000	440,000	620,000		
5	青山店	360,000	350,000	380,000		
6	高輪ゲートウェイ店	320,000	280,000	250,000		
7	横浜店	410,000	380,000	420,000		
8	合計					
9	平均					
10	最大値					
11						

幅が広すぎるので、列幅を自動調整する

1 境界線をダブルクリック

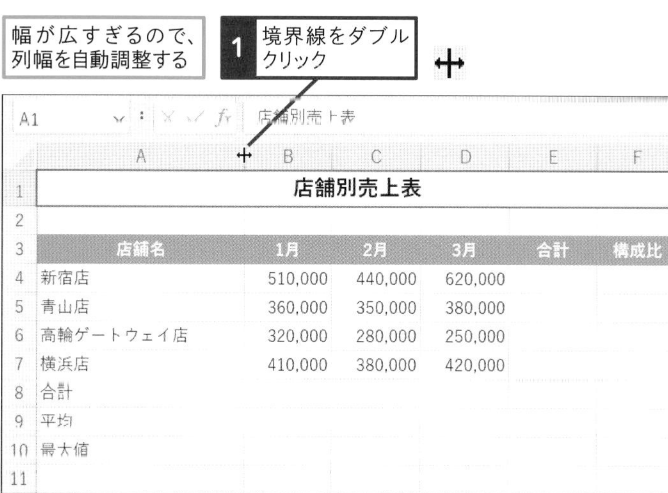

	A	B	C	D	E	F
1	店舗別売上表					
2						
3	店舗名	1月	2月	3月	合計	構成比
4	新宿店	510,000	440,000	620,000		
5	青山店	360,000	350,000	380,000		
6	高輪ゲートウェイ店	320,000	280,000	250,000		
7	横浜店	410,000	380,000	420,000		
8	合計					
9	平均					
10	最大値					
11						

セルに入力されている文字数に合わせて幅が広がった

	A	B	C	D	E	F
1	店舗別売上表					
2						
3	店舗名	1月	2月	3月	合計	構成比
4	新宿店	510,000	440,000	620,000		
5	青山店	360,000	350,000	380,000		
6	高輪ゲートウェイ店	320,000	280,000	250,000		
7	横浜店	410,000	380,000	420,000		
8	合計					
9	平均					
10	最大値					
11						

スキルアップ

複数の列の幅や行の高さをまとめて変更できる

最初に複数の列番号や行番号をドラッグして選択してから、選択範囲内のいずれかの列の右側の境界線や行の下側の境界線をドラッグすると、複数の列の幅や行の高さをそろえて同時に変更できます。

1 B列～D列をドラッグして選択

2 B列とC列の境界線にマウスポインターを合わせる

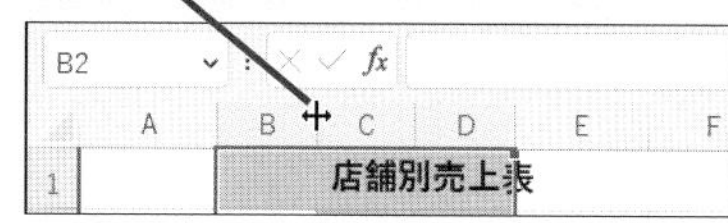

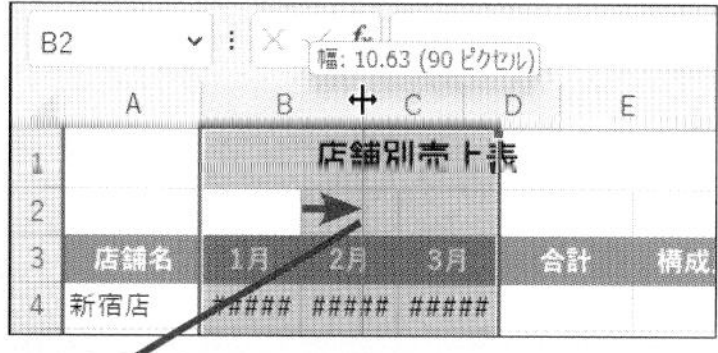

3 ここまでドラッグ

複数の列幅がまとめて変更された

	A	B	C	D
1		店舗別売上表		
2				
3	店舗名	1月	2月	3月
4	新宿店	510,000	440,000	620,000

まとめ 余裕のある列幅に設定しよう

Excelでは最初はすべての列幅がそろっており、列幅よりも長い文字を入力すると、セルから文字が溢れて隠れてしまいます。そのようなときは、このレッスンで紹介した手動調整や自動調整の操作で列幅を調整します。ただし、データがセルの右端ぎりぎりまで表示されていると、印刷時にデータの右側が欠けてしまうことがあるので、少し余裕のある列幅に設定しておくことがポイントです。

レッスン

46 表全体に罫線を引こう

罫線

練習用ファイル L046_罫線.xlsx

表の縦横の区切りを明確にするために、[罫線] の機能を使って格子の罫線を引きます。ここでは、計算結果が未入力のセルも含めて表全体に格子状の罫線を引きます。

1 表に罫線を引く

罫線を引くセルを選択する

1 セルA3 ~ F10をドラッグして選択

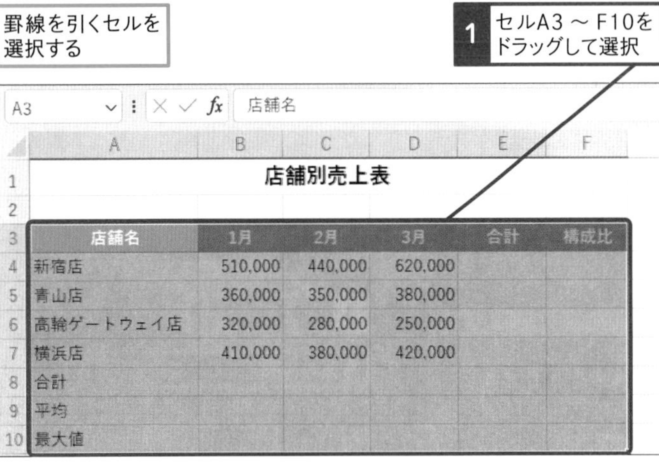

セル範囲が選択された

2 [ホーム] タブをクリック

3 [罫線] のここをクリック

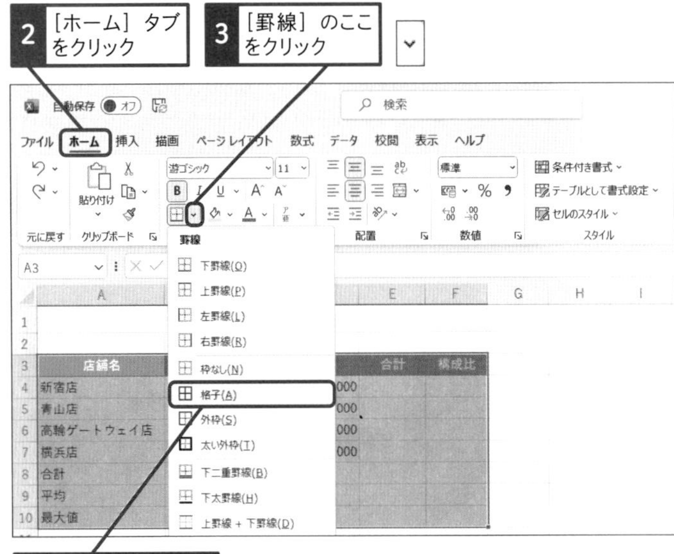

4 [格子] をクリック

キーワード

罫線	P.308
セル範囲	P.310
ダイアログボックス	P.310

ショートカットキー

[セルの書式設定]
ダイアログボックスの表示 Ctrl+1

使いこなしのヒント

自由な位置に罫線を引くには

[罫線] ボタンの ⌄ をクリックし、一覧から [罫線の作成] をクリックすると、マウスポインターが鉛筆の形（✎）に変わります。この状態でセルをドラッグして罫線を引けます。

1 [ホーム] タブをクリック

2 [罫線] のここをクリック

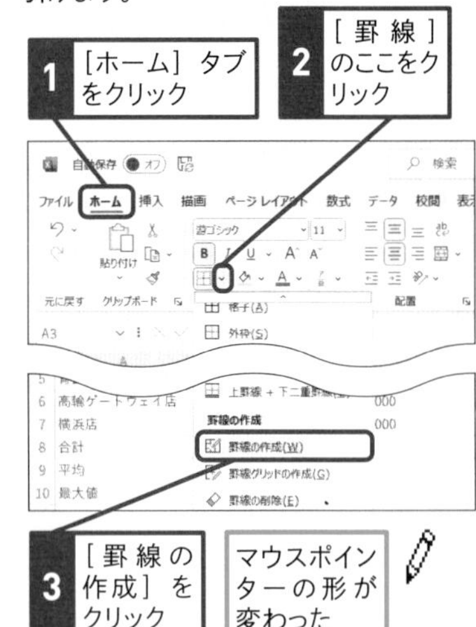

3 [罫線の作成] をクリック

マウスポインターの形が変わった

Esc キーを押して罫線の作成を終了できる

スキルアップ

凝った罫線を引くには

色付きの線や点線など、[罫線] ボタンの▼をクリックしても目的の罫線が表示されないときは、以下の方法で [セルの書式設定] ダイアログボックスを使って設定します。

罫線を引くセルを選択しておく

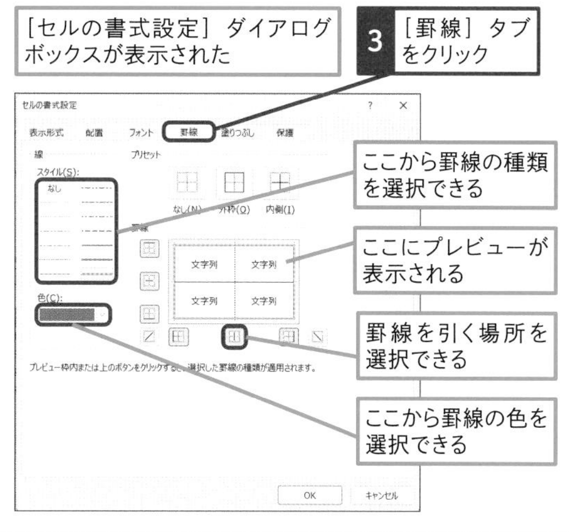

使いこなしのヒント

太枠を引くには

罫線の [太い外枠] を設定すると、選択したセルのまわりだけに太い罫線を引くことができます。ここでは、格子の罫線の上から太い外枠の罫線を引いています。

表のまわりの罫線を太線にする

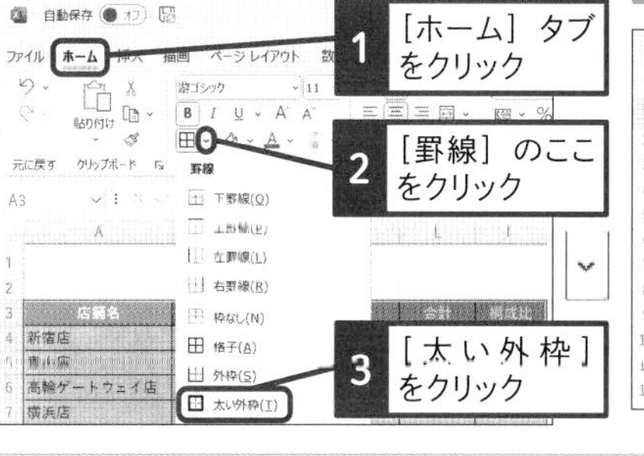

選択したセルに太枠が設定された

店舗名	1月	2月	3月	合計	構成比
新宿店	510,000	440,000	620,000		
青山店	360,000	350,000	380,000		
高輪ゲートウェイ店	320,000	280,000	250,000		
横浜店	410,000	380,000	420,000		
合計					
平均					
最大値					

● 表に罫線が引かれた

選択したすべてのセルに罫線が引かれた

店舗別売上表

店舗名	1月	2月	3月	合計	構成比
新宿店	510,000	440,000	620,000		
青山店	360,000	350,000	380,000		
高輪ゲートウェイ店	320,000	280,000	250,000		
横浜店	410,000	380,000	420,000		
合計					
平均					
最大値					

まとめ　罫線を組み合わせて使おう

通常の設定では、ワークシートに最初から表示されている灰色の枠線は印刷されません。印刷したときに表のまわりに線が必要な場合は「罫線」を設定します。罫線は後から引いたものが上書きされます。この特性を利用して、まず表全体に格子の罫線を引いておき、その後で外枠だけを太くしたり、見出しとデータの区切りを二重線にしたりするなど、部分的に罫線を上書きしていくと効率的です。

この章のまとめ

ひと手間かけて表を見やすいように加工する

ワークシートのセルにデータを入力しただけでは、データが羅列しているだけで見やすい表とはいえません。データの入力が終わったら、表を見やすく加工する操作を行います。表のタイトルの文字を大きくしたり表の見出しの配置を変更したりすると、表にメリハリが生まれます。さらに、セルからはみ出している文字があるときは、列幅を広げる操作も必要です。仕上げに罫線や色を設定すると、表の見栄えがぐんと上がります。後は第7章の操作で数式を入力したり、第8章の操作で表を印刷したりして表を完成させましょう。

	A	B	C	D	E	F
1	店舗別売上表					
2						
3	店舗名	1月	2月	3月	合計	構成比
4	新宿店	510,000	440,000	620,000		
5	青山店	360,000	350,000	380,000		
6	高輪ゲートウェイ店	320,000	280,000	250,000		
7	横浜店	410,000	380,000	420,000		
8	合計					
9	平均					
10	最大値					

罫線を使うと、表の完成度が一気に高まる

数字だけの表がグッと見やすくなりました！　文字の配置やセルの色を変えるだけで、これだけ変わるものなのですね。

ここでは数字にカンマ記号を付けて、けたを分かりやすくする方法を解説したけど、一歩進んで「¥」などの通貨記号を付けたり、「%」を付けたりすることもできるんだ！　覚えておくといいよ。

Excelではセルの隣にデータが入力されていると、途中まで表示されないということが理解できました。セルの幅を広げて調整するときに、自動で調整できるのもすごいですね！

ちなみに、セルの幅だけでなく、高さも調整できるからぜひ覚えておいてほしい。もちろん自動で調整することもできるよ！

最後の仕上げに罫線を付けたのですが、最初に罫線を付けてもいいのですか？

それはあまりおすすめできないかな。追加や削除したときに付け直す必要があるから、罫線は最後に付けるのがいいよ！

Excel

基本編

第7章

数式や関数を利用しよう

表計算アプリのExcelは計算が得意です。この章では、第6章で作成した表の数値を使って、四則演算や関数の数式を組み立てて、合計や平均などを計算します。数式を作る操作と数式をコピーする操作を覚えましょう。

レッスン
47 Introduction この章で学ぶこと

数式や関数を使ってみよう

数式や関数と聞くと難しそうな印象がありますが、Excelには数式や関数の入力をサポートする機能がたくさん用意されています。四則演算や基本的な関数の使い方を覚えて、セルのデータを計算できるようになると、Excelを使う楽しさが広がります。

まずは簡単な数式から覚えていこう

数式…。関数…。いきなり難易度が上がりそうですね…。

そんなに不安になることはないよ。まずは数式の基本となる足し算、引き算、かけ算、割り算の四則演算からはじめよう!

足し算、引き算、かけ算、割り算と聞くと、なんだか自分にも理解できそうな気がしてきました!

数式の基本的な仕組みを理解しよう

3	店舗名	1月	2月	3月	合計	構成比
4	新宿店	510,000	440,000	620,000	=B4+C4+D4	
5	青山店	360,000	350,000	380,000		

足し算の数式で簡単に基本を解説するね。Excelでは「=」で数式を開始して、計算対象のセルをクリックして数式を組み立てていくんだ。

セルをクリックするだけなんですね。自分で入力していくのだと思い込んでいました。思ったより簡単そうです!

関数は難しそうだけど実は手軽に使える

3	店舗名	1月	2月
4	新宿店	510,000	440,000
5	青山店	360,000	350,000
6	高輪ゲートウェイ店	320,000	280,000
7	横浜店	410,000	380,000
8	合計	=SUM(B4:B7)	

ここではよく使う基本的な関数を解説していくよ。これは合計を求めるSUMという関数なんだ！　簡単でしょ?

えええ…。SUMという単語そのものが初耳です。それに「：」とか四則演算では使わない記号が入っていますよ?

一見難しそうに見えるけど、この関数はボタンをクリックしてセルを選択するだけで使えるんだよ！

そうなんですか！　想像していたよりも簡単に使えそうですね。

入力された数式や関数を有効活用する方法を覚えよう

3	店舗名	1月	2月	3月	合計
4	新宿店	510,000	440,000	620,000	1,570,000
5	青山店	360,000	350,000	380,000	
6	高輪ゲートウェイ店	320,000	280,000	250,000	
7	横浜店	410,000	380,000	420,000	

3	店舗名	1月	2月	3月	合計
4	新宿店	510,000	440,000	620,000	1,570,000
5	青山店	360,000	350,000	380,000	1,090,000
6	高輪ゲートウェイ店	320,000	280,000	250,000	850,000
7	横浜店	410,000	380,000	420,000	1,210,000

ここまでの章で入力されたデータをコピーして、効率よく入力する方法を解説してきたのは覚えているかな?

はい！　第2章で覚えました。コピーしたデータの一部を修正するという操作ですよね。

Excelには数式や関数をコピーするだけで、データを自動で修正してくれる機能もあるんだ！　効率よく作業を進めるために役立つ機能だから、ぜひマスターしてほしい！

レッスン

48 四則演算の数式を作ろう

YouTube動画で見る 詳細は2ページへ

数式の入力

練習用ファイル L048_数式の入力.xlsx

足し算や引き算などの演算記号を使うと、自由に数式を作成できます。ここでは、数値が入力されているセルの位置を指定して、1月から3月の合計を求める数式を作成します。

1 数式の入力を開始する

1月から3月の売り上げの合計を求める

SUM =

店舗別売上表

	A	B	C	D	E	F
3	店舗名	1月	2月	3月	合計	構成比
4	新宿店	510,000	440,000	620,000	=	
5	青山店	360,000	350,000	380,000		
6	高輪ゲートウェイ店	320,000	280,000	250,000		
7	横浜店	410,000	380,000	420,000		
8	合計					

1 セルE4をクリックして選択

2 「=」を入力

2 セルを参照する

1月の売り上げを参照して指定する

1 セルB4をクリック

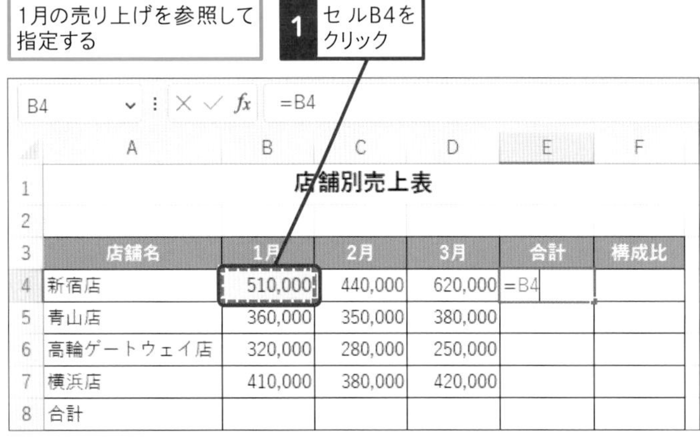
B4 =B4

店舗別売上表

	A	B	C	D	E	F
3	店舗名	1月	2月	3月	合計	構成比
4	新宿店	510,000	440,000	620,000	=B4	
5	青山店	360,000	350,000	380,000		
6	高輪ゲートウェイ店	320,000	280,000	250,000		
7	横浜店	410,000	380,000	420,000		
8	合計					

参照されたセルは点線で囲んで表示される

キーワード

演算子	P.307
関数	P.307
数式	P.308
数式バー	P.309
セル参照	P.310

使いこなしのヒント

セルの参照って何?

Excelでは「セルに入力した数値」そのものを使って計算するのではなく、「数値が入力されているセル番地」を参照しながら計算します。セル番地を参照して計算すると、セルの数値が後から変更になっても、自動的に計算し直してくれます。セル参照では、列番号と行番号を組み合わせて「A1」や「B5」といった形式でセル番地を表します。

使いこなしのヒント

四則演算で使う記号

Excelの四則演算で使う記号は以下に示す通りです。足し算と引き算は通常の算数と同じ記号を使いますが、掛け算と割り算の記号が「×」や「÷」と異なるので注意しましょう。

計算	演算子
足し算	+(プラス)
引き算	-(マイナス)
掛け算	*(アスタリスク)
割り算	/(スラッシュ)

● 数式の続きを入力する

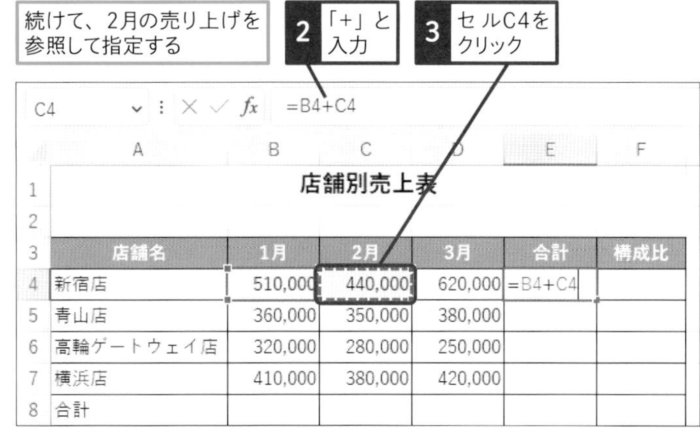

	A	B	C	D	E	F
1	店舗別売上表					
2						
3	店舗名	1月	2月	3月	合計	構成比
4	新宿店	510,000	440,000	620,000	=B4+C4	
5	青山店	360,000	350,000	380,000		
6	高輪ゲートウェイ店	320,000	280,000	250,000		
7	横浜店	410,000	380,000	420,000		
8	合計					

3 数式を確定する

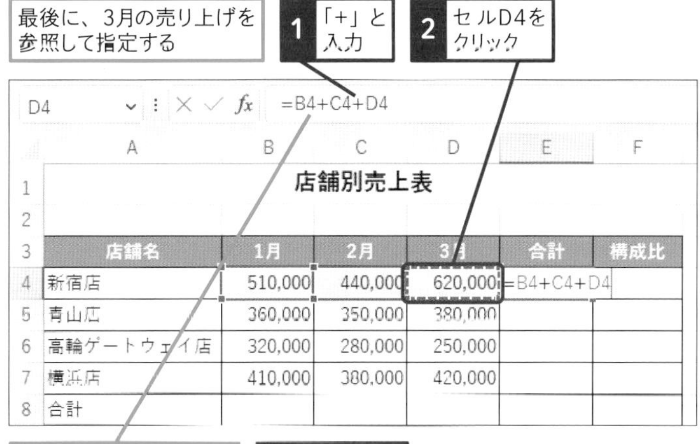

	A	B	C	D	E	F
1	店舗別売上表					
2						
3	店舗名	1月	2月	3月	合計	構成比
4	新宿店	510,000	440,000	620,000	=B4+C4+D4	
5	青山店	360,000	350,000	380,000		
6	高輪ゲートウェイ店	320,000	280,000	250,000		
7	横浜店	410,000	380,000	420,000		
8	合計					

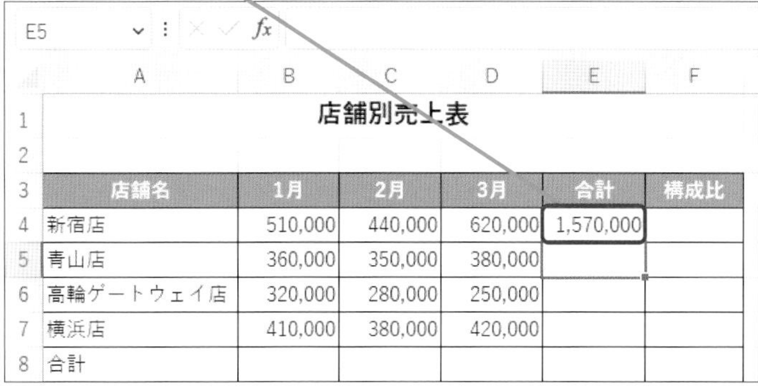

	A	B	C	D	E	F
1	店舗別売上表					
2						
3	店舗名	1月	2月	3月	合計	構成比
4	新宿店	510,000	440,000	620,000	1,570,000	
5	青山店	360,000	350,000	380,000		
6	高輪ゲートウェイ店	320,000	280,000	250,000		
7	横浜店	410,000	380,000	420,000		
8	合計					

使いこなしのヒント

セルをクリックして数式を作る

セル参照を利用して数式を作るときは、このレッスンのように計算対象のセルを直接クリックして指定します。キーボードからセル番地を入力しても構いませんが、入力の手間がかかる上に入力ミスが発生する可能性があるので注意しましょう。

スキルアップ

関数を使うこともできる

合計はSUM関数を使って求めることもできます。SUM関数の操作はレッスン50を参照してください。

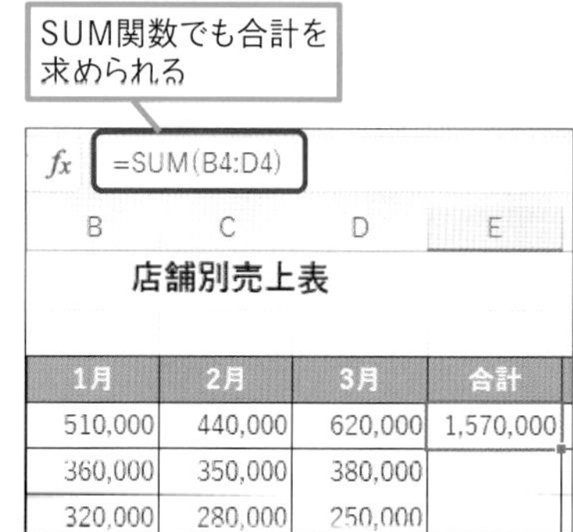

B	C	D	E
店舗別売上表			
1月	2月	3月	合計
510,000	440,000	620,000	1,570,000
360,000	350,000	380,000	
320,000	280,000	250,000	

まとめ 数式はセルをクリックするだけで作れる

Excelで数式を作成するときは、手順をしっかり守ることが大切です。まず、計算結果を表示したいセルを選択し、数式の先頭に「=」を入力します。「=」に続けて数式を組み立てますが、キーボードから数値やセル番地を入力しなくても、目的のセルをクリックするだけでセルを指定できます。Enter キーを押して数式を確定すると、セルには計算結果が表示されますが、数式バーには数式の内容が表示されるので、後から数式を確認したり修正したりすることができます。

レッスン

49 数式をコピーしよう

相対参照

練習用ファイル L049_相対参照.xlsx

すべてのセルに数式を入力する必要はありません。数式を縦方向や横方向にコピーすると、コピー先のセルに計算結果が自動的に表示されます。

1 入力された数式のコピーを開始する

セルE4に入力された数式をセルE5 ～ E7にコピーする

1 セルE4をクリックして選択

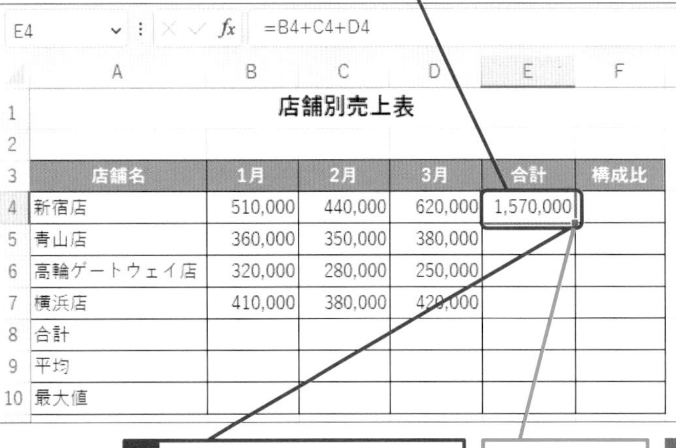

E4 =B4+C4+D4

	A	B	C	D	E	F
1	店舗別売上表					
2						
3	店舗名	1月	2月	3月	合計	構成比
4	新宿店	510,000	440,000	620,000	1,570,000	
5	青山店	360,000	350,000	380,000		
6	高輪ゲートウェイ店	320,000	280,000	250,000		
7	横浜店	410,000	380,000	420,000		
8	合計					
9	平均					
10	最大値					

2 セルE4のフィルハンドルにマウスポインターを合わせる

◆フィルハンドル

E4 =B4+C4+D4

	A	B	C	D	E	F
1	店舗別売上表					
2						
3	店舗名	1月	2月	3月	合計	構成比
4	新宿店	510,000	440,000	620,000	1,570,000	
5	青山店	360,000	350,000	380,000		
6	高輪ゲートウェイ店	320,000	280,000	250,000		
7	横浜店	410,000	380,000	420,000		
8	合計					
9	平均					
10	最大値					

マウスポインターの形が変わった ＋

キーワード

スキルアップ

コピーと貼り付けでも数式をコピーできる

フィルハンドルを使わずに、［ホーム］タブのボタンから数式をコピーすることもできます。離れたセルに数式をコピーするときに便利です。

数式が入力されたセルをコピーしておく

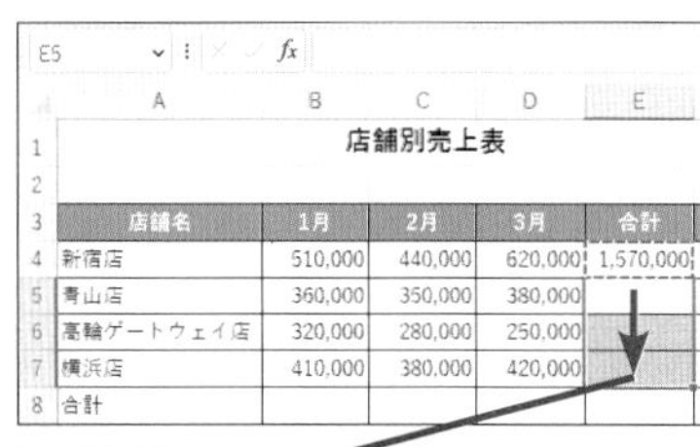

E5

	A	B	C	D	E
1	店舗別売上表				
2					
3	店舗名	1月	2月	3月	合計
4	新宿店	510,000	440,000	620,000	1,570,000
5	青山店	360,000	350,000	380,000	
6	高輪ゲートウェイ店	320,000	280,000	250,000	
7	横浜店	410,000	380,000	420,000	
8	合計				

1 コピー先のセルをドラッグして選択

2 ［貼り付け］をクリック

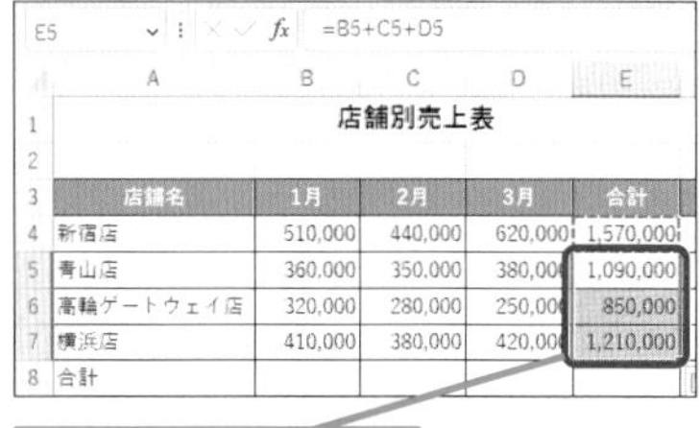

E5 =B5+C5+D5

	A	B	C	D	E
1	店舗別売上表				
2					
3	店舗名	1月	2月	3月	合計
4	新宿店	510,000	440,000	620,000	1,570,000
5	青山店	360,000	350,000	380,000	1,090,000
6	高輪ゲートウェイ店	320,000	280,000	250,000	850,000
7	横浜店	410,000	380,000	420,000	1,210,000
8	合計				

数式が貼り付けられた

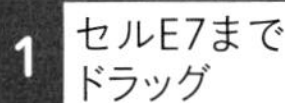

2 数式のコピーを確定する

1 セルE7まで ドラッグ

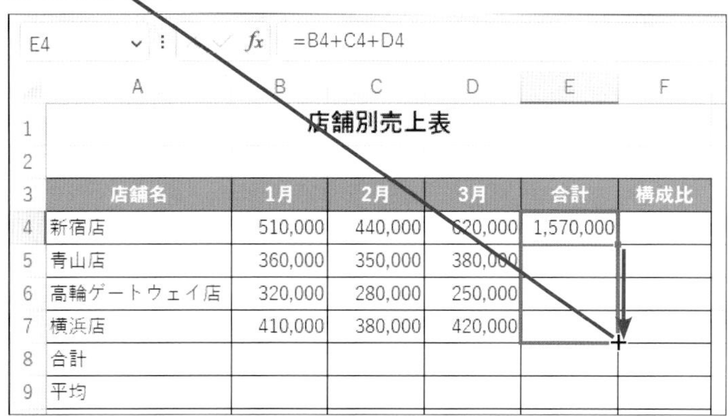

E4 | =B4+C4+D4

	A	B	C	D	E	F
1	店舗別売上表					
2						
3	店舗名	1月	2月	3月	合計	構成比
4	新宿店	510,000	440,000	620,000	1,570,000	
5	青山店	360,000	350,000	380,000		
6	高輪ゲートウェイ店	320,000	280,000	250,000		
7	横浜店	410,000	380,000	420,000		
8	合計					
9	平均					

数式がコピーされ、オートフィルオプションが表示された

E4 | =B4+C4+D4

	A	B	C	D	E	F
1	店舗別売上表					
2						
3	店舗名	1月	2月	3月	合計	構成比
4	新宿店	510,000	440,000	620,000	1,570,000	
5	青山店	360,000	350,000	380,000	1,090,000	
6	高輪ゲートウェイ店	320,000	280,000	250,000	850,000	
7	横浜店	410,000	380,000	420,000	1,210,000	
8	合計					
9	平均					

セルの選択を解除する

2 セルA1を クリック

A1 | 店舗別売上表

	A	B	C	D	E	F
1	店舗別売上表					
2						
3	店舗名	1月	2月	3月	合計	構成比
4	新宿店	510,000	440,000	620,000	1,570,000	
5	青山店	360,000	350,000	380,000	1,090,000	
6	高輪ゲートウェイ店	320,000	280,000	250,000	850,000	
7	横浜店	410,000	380,000	420,000	1,210,000	
8	合計					
9	平均					

セルE5～E7に数式がコピーされ、計算結果が表示された

使いこなしのヒント

オートフィルオプションって何?

数式をコピーすると、右下に［オートフィルオプション］ボタン（ ）が表示されます。このボタンをクリックすると、コピーの方法を後から変更できます。

3月	合計	構成比
620,000	1,570,000	
380,000	1,090,000	
250,000	850,000	
420,000	1,210,000	

- セルのコピー(C)
- 書式のみコピー (フィル)(F)
- 書式なしコピー (フィル)(O)
- フラッシュ フィル(F)

クリックすると、変更できるコピーの方法が表示される

ここに注意

アクティブセルの外枠にマウスポインターを合わせてドラッグすると、データが移動します。ドラッグ先にデータが入力されているときは「既にデータがありますが、置き換えますか？」のメッセージが表示されます。

まとめ 数式はコピー先に合わせて自動的に変わる

このレッスンのように、4店舗の合計を求めるときは、最初に作った数式をコピーして利用します。B4やC4などのセル番地を使って組み立てた数式を行方向（縦）にコピーすると、行番号が自動的に1行ずつずれて貼り付けられます。列方向（横）にコピーすると、列番号が1列ずつずれて貼り付けられます。そのため、数式を1つずつ入力しなくても、それぞれの行や列に合った計算結果を簡単に求められます。このように、セル番地を使って数式を組み立てることを「セル参照」と呼び、コピー先に合わせて自動的にセル番地が変化する参照方法を「相対参照」と呼びます。

レッスン
50 関数で合計を求めよう

オートSUM　練習用ファイル　L050_オートSUM.xlsx

関数を使うと、計算が簡単に行えます。［ホーム］タブや［数式］タブにある［合計］ボタン（Σ）を使うと、クリックするだけで簡単に合計を求められます。

1 SUM関数を入力する

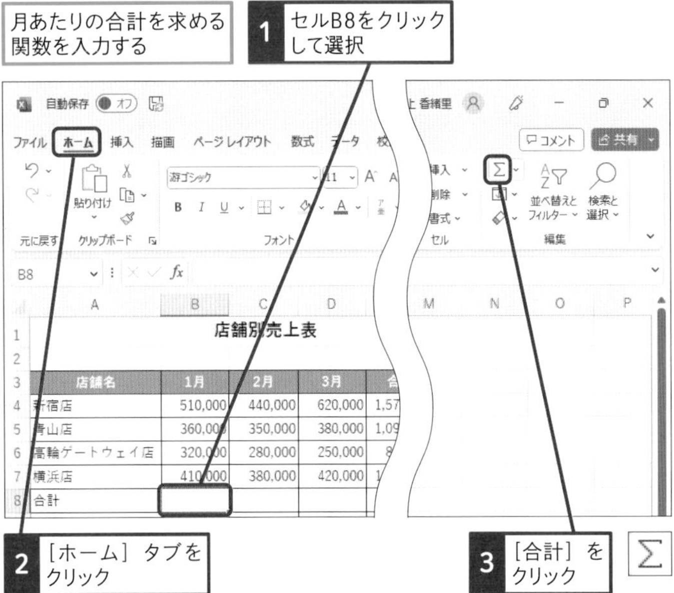

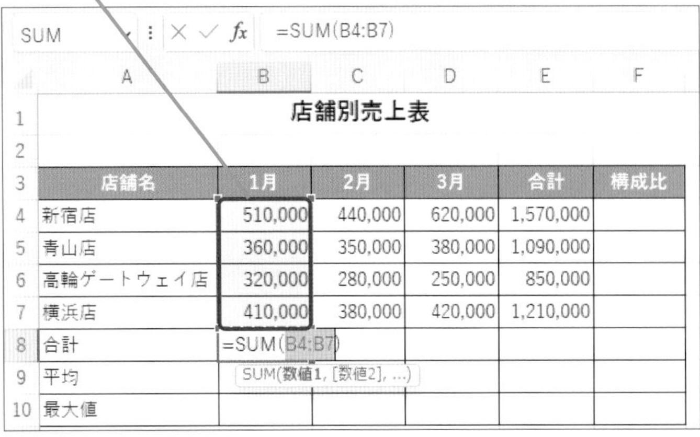

店舗名	1月	2月	3月	合計	構成比
新宿店	510,000	440,000	620,000	1,570,000	
青山店	360,000	350,000	380,000	1,090,000	
高輪ゲートウェイ店	320,000	280,000	250,000	850,000	
横浜店	410,000	380,000	420,000	1,210,000	
合計	=SUM(B4:B7)				
平均					
最大値					

キーワード

ショートカットキー

合計　Alt + =

使いこなしのヒント

セルに表示された「=SUM(B4:B7)」って何？

Excelでは計算式の先頭に「=」を付けるのが決まりです。そして「SUM」は合計を求める関数の名前です。SUMに続くかっこの中には、合計するセルの範囲を指定します。つまり、この数式は「セルB4からセルB7までを合計しなさい」という意味を表しています。

用語解説

セル範囲

セル範囲とは、複数のセルをまとめて選択した状態のことです。SUM関数では、セル範囲の先頭のセルB4と最後のセルB7を使って「B4:B7」と表します。

● 関数の計算結果が表示された

関数の入力が確定され、セル範囲の合計が求められた

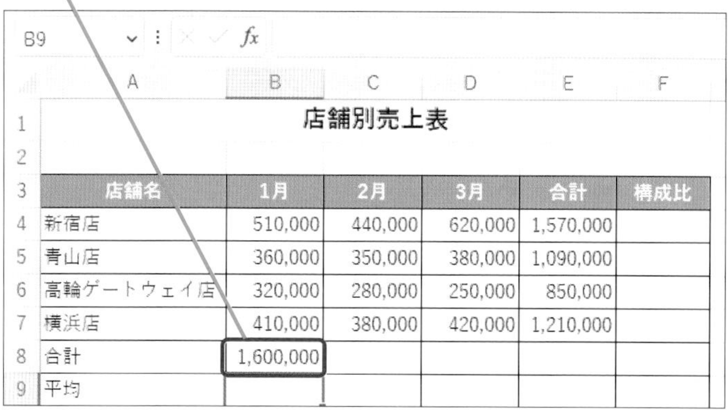

2 入力された関数をコピーする

セルB8に入力された数式をセルC8～E8にコピーする

1 セルB8をクリックして選択

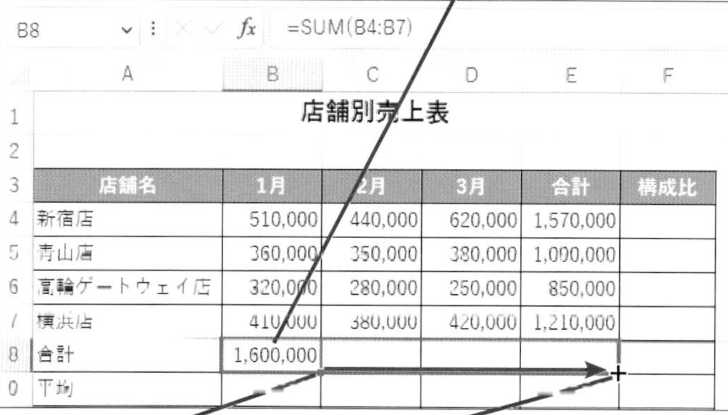

2 セルB8のフィルハンドルにマウスポインターを合わせる

3 セルE8までドラッグ

セルB8に入力された数式がコピーされ、各セルの合計が求められた

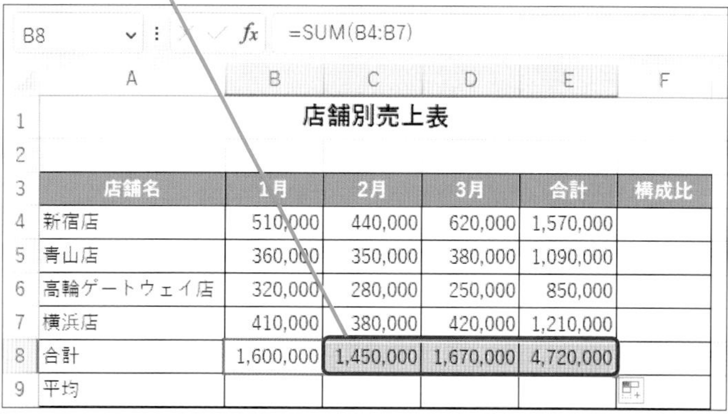

使いこなしのヒント

数式バーで数式を確認できる

数式を入力したセルには計算結果が表示されますが、セルに入力されているのは数式です。SUM関数を入力したセルB8をアクティブセルにすると、数式バーに数式が表示され、いつでも確認できます。

1 数式を確認するセルをクリック

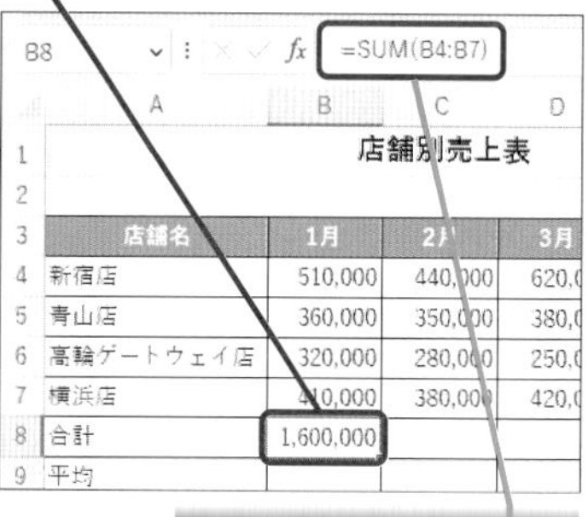

セルに入力された数式が数式バーに表示された

まとめ 合計はSUM関数を使って求めよう

合計を求めるには、「=B4+B5」のように、四則演算の数式を組み立ててセルを1つずつ足していく方法もあります。この方法では、合計するセルの数が多いとセル番地を指定するのが大変です。［合計］ボタンをクリックすると、Excelが自動的に合計範囲を認識してSUM関数を組み立ててくれるので、簡単に合計を求められます。ただし、表示された合計の範囲が正しいかどうかは自分の目でしっかり確認しなければなりません。通常は、アクティブセルの上または左にあるセル範囲が計算対象となります。

レッスン
51 セル参照を使って構成比を求めよう

絶対参照、パーセントスタイル

練習用ファイル L051_絶対参照.xlsx

「合計/総合計」の数式を作成し、店舗ごとの売上構成比を求めます。後から数式をコピーすることを考慮して、総合計のセルがずれないように「絶対参照」にします。

1 割り算の数式を入力する

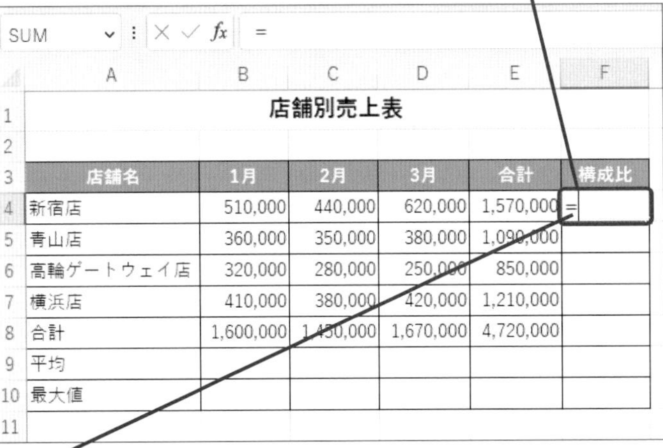

	A	B	C	D	E	F
1	店舗別売上表					
2						
3	店舗名	1月	2月	3月	合計	構成比
4	新宿店	510,000	440,000	620,000	1,570,000	=
5	青山店	360,000	350,000	380,000	1,090,000	
6	高輪ゲートウェイ店	320,000	280,000	250,000	850,000	
7	横浜店	410,000	380,000	420,000	1,210,000	
8	合計	1,600,000	1,450,000	1,670,000	4,720,000	
9	平均					
10	最大値					
11						

3 セルE4をクリック　4 「/」を入力

F4　=E4/

	A	B	C	D	E	F
1	店舗別売上表					
2						
3	店舗名	1月	2月	3月	合計	構成比
4	新宿店	510,000	440,000	620,000	1,570,000	=E4/
5	青山店	360,000	350,000	380,000	1,090,000	
6	高輪ゲートウェイ店	320,000	280,000	250,000	850,000	
7	横浜店	410,000	380,000	420,000	1,210,000	
8	合計	1,600,000	1,450,000	1,670,000	4,720,000	
9	平均					
10	最大値					
11						

キーワード

使いこなしのヒント

常に同じセルを使って計算できる絶対参照

数式をコピーすると、コピー先の行や列に合わせて、行番号や列番号が自動的に変更されます。ただし、このレッスンのセルE8のように、常に同じセルを使って計算したい場合もあります。このようなときは、コピー元のセルに「$」記号を付けてからコピーします。「$」の付いたセルは固定され、コピー先で行や列が変更されることはありません。常に変わらないセルの参照方法を「絶対参照」といいます。

	A	B	C	D	E	F
1	店舗別売上表					
2						
3	店舗名	1月	2月	3月	合計	構成比
4	新宿店	510,000	440,000	620,000	1,570,000	0.332627
5	青山店	360,000	350,000	380,000	1,090,000	=E5/E9
6	高輪ゲートウェイ店	320,000	280,000	250,000	850,000	#DIV/0!
7	横浜店	410,000	380,000	420,000	1,210,000	#DIV/0!
8	合計	1,600,000	1,450,000	1,670,000	4,720,000	#DIV/0!
9	平均					
10	最大値					

2 セルの参照を絶対参照に変更する

総合計の売り上げが入力されたセルを参照する

1 セルE8をクリックして選択

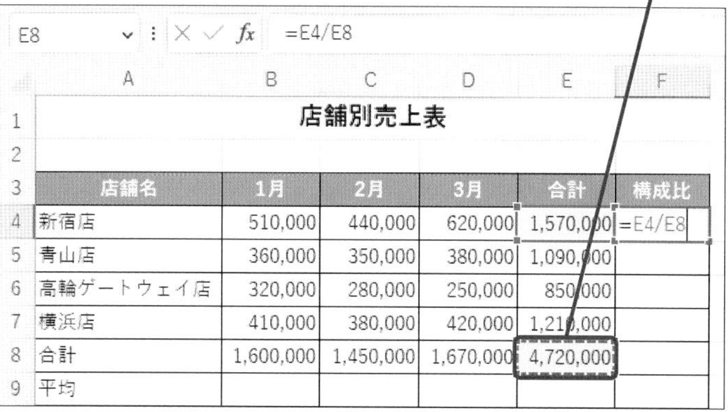

	A	B	C	D	E	F
1	店舗別売上表					
2						
3	店舗名	1月	2月	3月	合計	構成比
4	新宿店	510,000	440,000	620,000	1,570,000	=E4/E8
5	青山店	360,000	350,000	380,000	1,090,000	
6	高輪ゲートウェイ店	320,000	280,000	250,000	850,000	
7	横浜店	410,000	380,000	420,000	1,210,000	
8	合計	1,600,000	1,450,000	1,670,000	4,720,000	
9	平均					

参照されたセルE8を絶対参照に変更する

2 セルF4をクリックしてカーソルを表示

3 「$E$8」に修正

F4
=E4/$E$8

	A	B	C	D	E	F
1	店舗別売上表					
2						
3	店舗名	1月	2月	3月	合計	構成比
4	新宿店	510,000	440,000	620,000	1,570,000	=E4/$E$8
5	青山店	360,000	350,000	380,000	1,090,000	
6	高輪ゲートウェイ店	320,000	280,000	250,000	850,000	
7	横浜店	410,000	380,000	420,000	1,210,000	
8	合計	1,600,000	1,450,000	1,670,000	4,720,000	
9	平均					

4 Enter キーを押す

入力された数式が確定し、比率が求められた

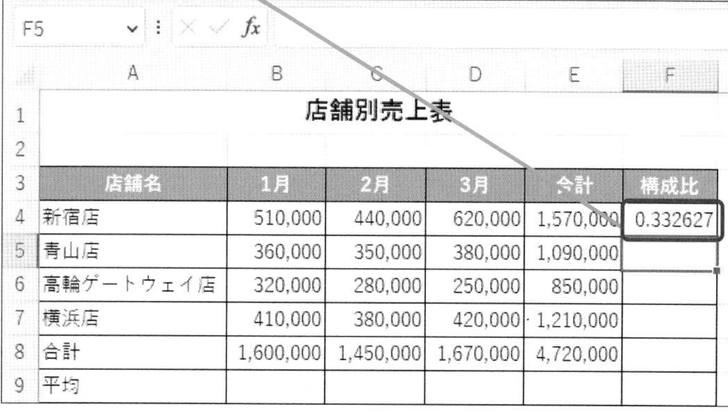

	A	B	C	D	E	F
1	店舗別売上表					
2						
3	店舗名	1月	2月	3月	合計	構成比
4	新宿店	510,000	440,000	620,000	1,570,000	0.332627
5	青山店	360,000	350,000	380,000	1,090,000	
6	高輪ゲートウェイ店	320,000	280,000	250,000	850,000	
7	横浜店	410,000	380,000	420,000	1,210,000	
8	合計	1,600,000	1,450,000	1,670,000	4,720,000	
9	平均					

ショートカットキー

参照方法の切り替え　F4

時短ワザ

ショートカットキーで素早く絶対参照に変更する

手順2の操作3では、手動で「$」記号を付けましたが、手順2の操作1の後で F4 キーを押すと、自動的に「$」記号が付きます。F4 キーを押すごとに「$E$8」→「E$8」→「$E8」→「E8」と「$」記号が付く位置が変化します。

1 数式が入力されたセルをダブルクリック

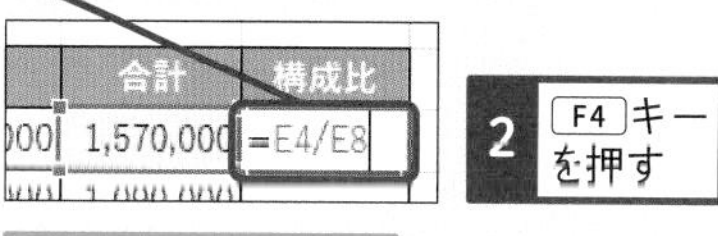

2 F4 キーを押す

行と列の絶対参照に変わった

合計	構成比
1,570,000	=E4/$E$8

3 F4 キーを押す

行のみの絶対参照に変わった

合計	構成比
1,570,000	=E4/E$8

4 F4 キーを押す

列のみの絶対参照に変わった

合計	構成比
1,570,000	=E4/$E8

もう一度、F4 キーを押すと相対参照に変わる

ここに注意

手順2の操作2でセル内をクリックする操作を忘れると、セル参照そのものがずれてしまいます。これを防ぐには、「時短ワザ」で紹介した F4 キーを使って絶対参照にする操作を覚えておくと便利です。

次のページに続く➡

● 入力した数式をコピーする

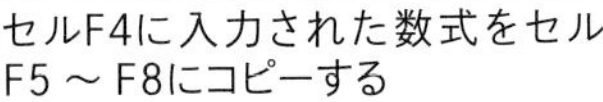

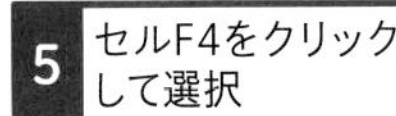

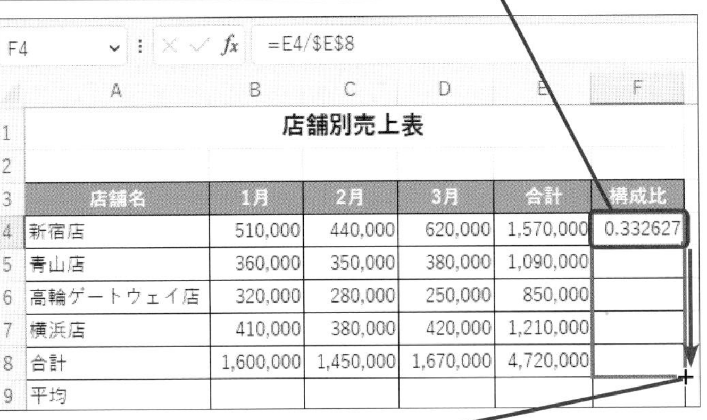

6 セルF4のフィルハンドルにマウスポインターを合わせる

7 セルF8までドラッグ

セルF4に入力された数式がコピーされ、各セルの比率が求められた

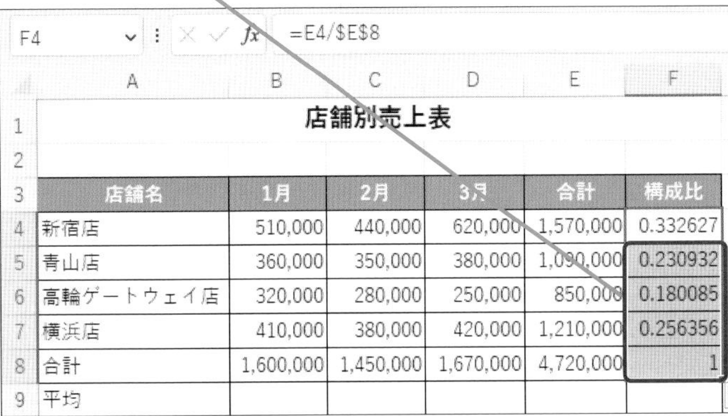

時短ワザ

書式を設定してからコピーすることもできる

このレッスンでは、数式をコピーしてから「%」記号を付けていますが、セルF4に「%」記号を付けてから数式をコピーしてもかまいません。そうすると、数式と書式をまとめてコピーできます。

スキルアップ

ダブルクリックで素早くコピーできる

コピー元のセルのフィルハンドルをダブルクリックすると、表の最後の行まで素早くコピーできます。ただし、ダブルクリックするセルの左右どちらかにデータが入力されていないとコピーできません。

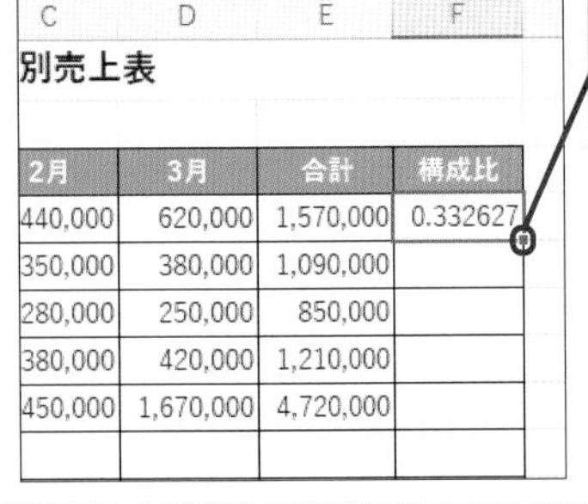

1 コピーするセルのフィルハンドルをダブルクリック

2月	3月	合計	構成比
440,000	620,000	1,570,000	0.332627
350,000	380,000	1,090,000	0.230932
280,000	250,000	850,000	0.180085
380,000	420,000	1,210,000	0.256356
450,000	1,670,000	4,720,000	1

セルに入力された数式が自動的にコピーされた

3 セルの数値をパーセントで表示する

セルF4～F8に入力された比率をパーセントで表示する

1 セルF4～F8をドラッグして選択

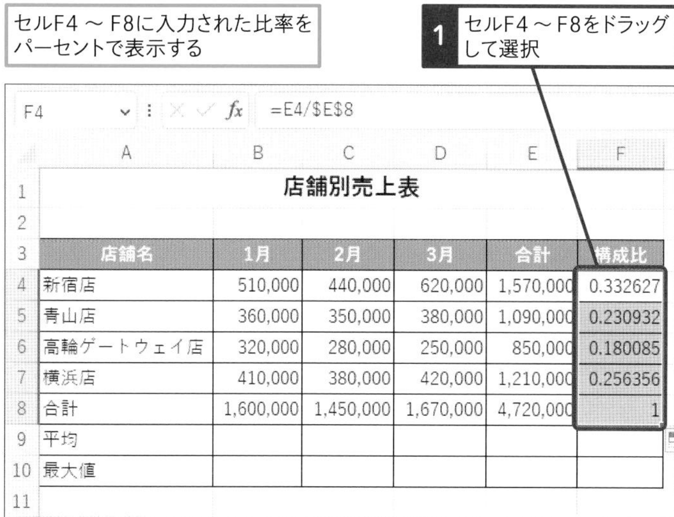

F4 =E4/$E$8

	A	B	C	D	E	F
1	店舗別売上表					
2						
3	店舗名	1月	2月	3月	合計	構成比
4	新宿店	510,000	440,000	620,000	1,570,000	0.332627
5	青山店	360,000	350,000	380,000	1,090,000	0.230932
6	高輪ゲートウェイ店	320,000	280,000	250,000	850,000	0.180085
7	横浜店	410,000	380,000	420,000	1,210,000	0.256356
8	合計	1,600,000	1,450,000	1,670,000	4,720,000	1
9	平均					
10	最大値					
11						

2 ［ホーム］をクリック

3 ［パーセントスタイル］をクリック

セルF4～F8に入力された比率がパーセントで表示された

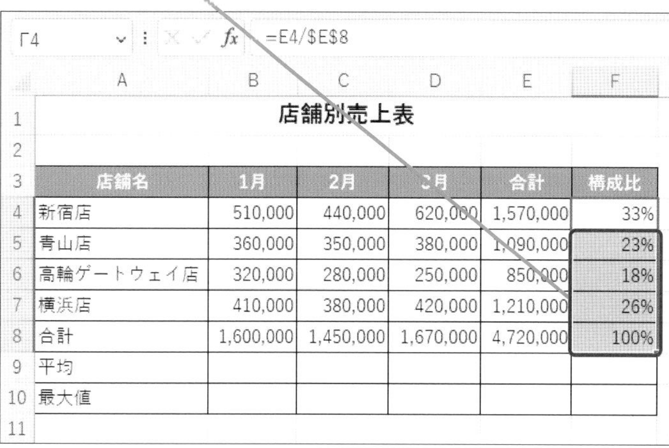

F4 =E4/$E$8

	A	B	C	D	E	F
1	店舗別売上表					
2						
3	店舗名	1月	2月	3月	合計	構成比
4	新宿店	510,000	440,000	620,000	1,570,000	33%
5	青山店	360,000	350,000	380,000	1,090,000	23%
6	高輪ゲートウェイ店	320,000	280,000	250,000	850,000	18%
7	横浜店	410,000	380,000	420,000	1,210,000	26%
8	合計	1,600,000	1,450,000	1,670,000	4,720,000	100%
9	平均					
10	最大値					
11						

ショートカットキー

パーセントスタイル
Ctrl + Shift + %

使いこなしのヒント

パーセントは数値を100倍する

［パーセントスタイル］ボタンをクリックすると、自動的にセルの数値を100倍してから「%」記号を付与します。

使いこなしのヒント

小数点以下を表示するには

パーセンテージの小数点以下を表示するには、以下の操作を行います。［小数点以下の桁数を増やす］ボタンをクリックするたびに小数点以下の桁数が増えます。反対に「小数点以下の桁数を減らす」ボタンをクリックすると、1桁ずつ小数点以下の桁数が減ります。

1 ［ホーム］タブをクリック

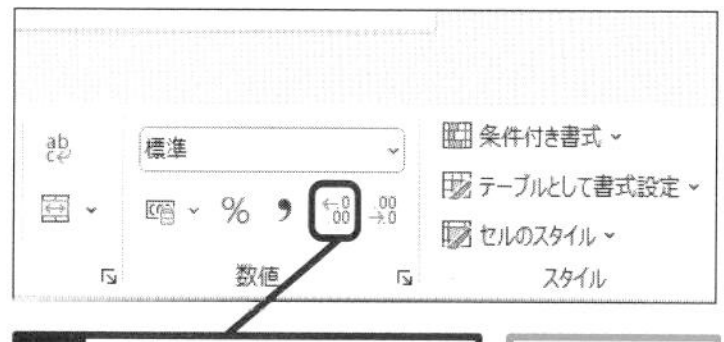

2 ［小数点以下の表示桁数を増やす］をクリック

小数点以下が表示される

まとめ 相対参照と絶対参照の違いを理解する

Excelで数式を組み立てるときは、「相対参照」と「絶対参照」の違いを正しく理解することが大切です。数式内のセル番地をコピー先に合わせてずらすときは相対参照、ずれてほしくないときは「絶対参照」を使います。数式をコピーした結果、エラーが表示されたり明らかに間違った数値が表示されたりしたときは、コピー先のセルをクリックして、数式バーで数式をじっくり確認しましょう。間違いに気付いたら、コピー元のセルの数式を修正してからコピーし直します。

レッスン

52 関数で平均を求めよう

AVERAGE関数　練習用ファイル　L052_AVERAGE関数.xlsx

平均を求めるにはAVERAGE関数を使います。よく使う関数は［合計］ボタンから操作できるようになっており、AVERAGE関数もクリックするだけで作成できます。

1 AVERAGE関数を入力する

各月の平均売上を求める

1 セルB9をクリックして選択

	A	B	C	D	E	F
1	店舗別売上表					
2						
3	店舗名	1月	2月	3月	合計	構成比
4	新宿店	510,000	440,000	620,000	1,570,000	33%
5	青山店	360,000	350,000	380,000	1,090,000	23%
6	高輪ゲートウェイ店	320,000	280,000	250,000	850,000	18%
7	横浜店	410,000	380,000	420,000	1,210,000	26%
8	合計	1,600,000	1,450,000	1,670,000	4,720,000	100%
9	平均					
10	最大値					

2 ［ホーム］タブをクリック

3 ［合計］のここをクリック

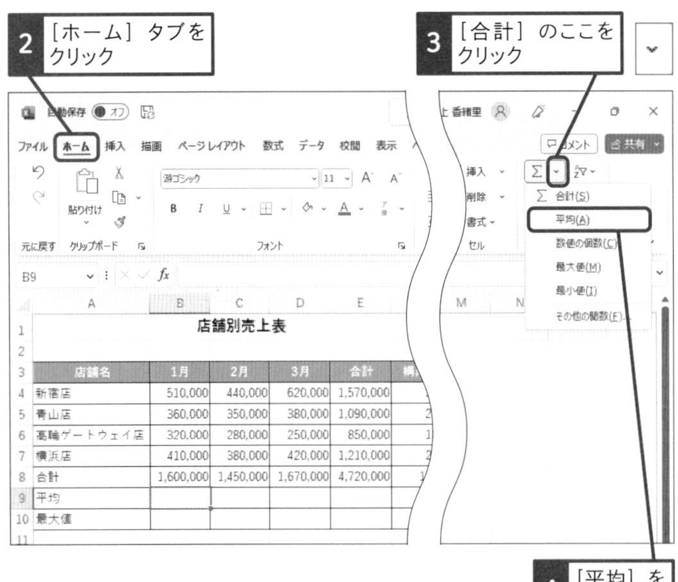

4 ［平均］をクリック

キーワード

関数	P.307
セル参照	P.310
セル範囲	P.310

用語解説

AVERAGE関数

AVERAGE（アベレージ）関数は、指定したセル範囲の平均を求める関数です。「=AVERAGE(B4:B7)」のように、かっこ内に平均を求めたいセル範囲を指定します。

使いこなしのヒント

［数式］タブから関数を入力することもできる

［数式］タブには計算に関するさまざまな機能が登録されています。以下の操作を行うと、［ホーム］タブから操作するのと同じようにAVERAGE関数を入力できます。

1 ［数式］タブをクリック

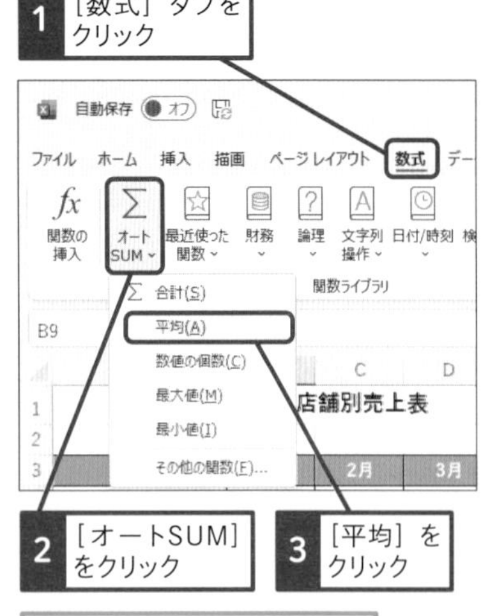

2 ［オートSUM］をクリック

3 ［平均］をクリック

選択されたセルにAVERAGE関数が入力される

2 セル参照を修正する

平均を算出するセル範囲が自動的に参照された

「合計」のセルが含まれないようにセル範囲を修正する

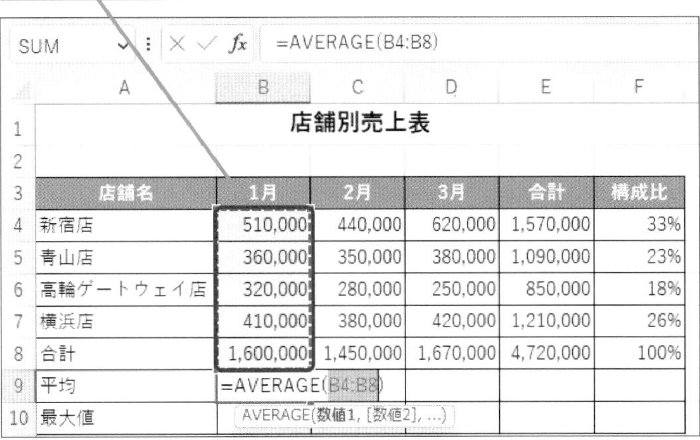

	A	B	C	D	E	F
1	店舗別売上表					
2						
3	店舗名	1月	2月	3月	合計	構成比
4	新宿店	510,000	440,000	620,000	1,570,000	33%
5	青山店	360,000	350,000	380,000	1,090,000	23%
6	高輪ゲートウェイ店	320,000	280,000	250,000	850,000	18%
7	横浜店	410,000	380,000	420,000	1,210,000	26%
8	合計	1,600,000	1,450,000	1,670,000	4,720,000	100%
9	平均	=AVERAGE(B4:B8)				
10	最大値					

1 セルB4～B7をドラッグして選択

2 Enter キーを押す

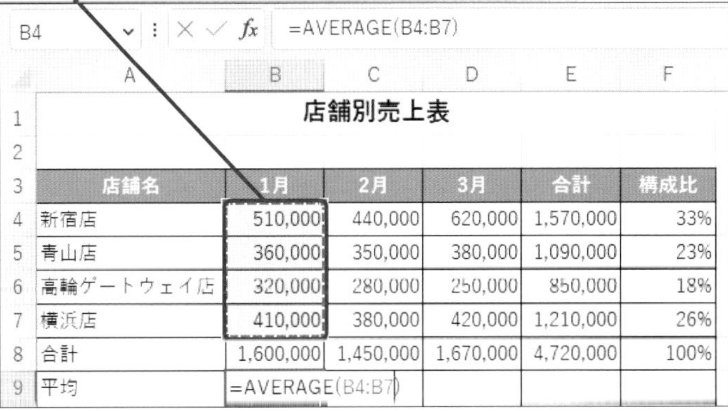

	A	B	C	D	E	F
1	店舗別売上表					
2						
3	店舗名	1月	2月	3月	合計	構成比
4	新宿店	510,000	440,000	620,000	1,570,000	33%
5	青山店	360,000	350,000	380,000	1,090,000	23%
6	高輪ゲートウェイ店	320,000	280,000	250,000	850,000	18%
7	横浜店	410,000	380,000	420,000	1,210,000	26%
8	合計	1,600,000	1,450,000	1,670,000	4,720,000	100%
9	平均	=AVERAGE(B4:B7)				

セル範囲が修正され、正しい平均が求められるようになった

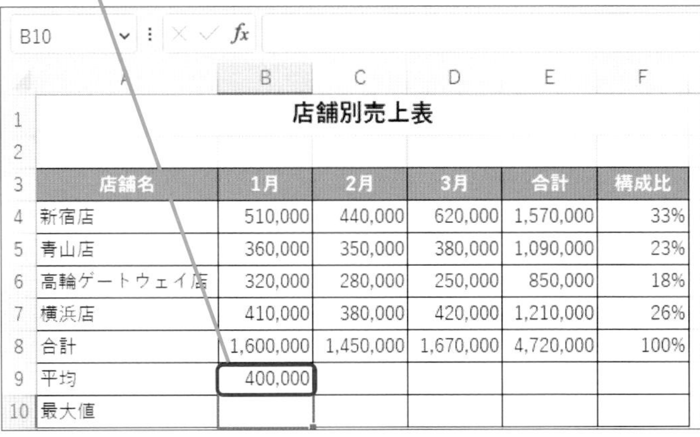

	A	B	C	D	E	F
1	店舗別売上表					
2						
3	店舗名	1月	2月	3月	合計	構成比
4	新宿店	510,000	440,000	620,000	1,570,000	33%
5	青山店	360,000	350,000	380,000	1,090,000	23%
6	高輪ゲートウェイ店	320,000	280,000	250,000	850,000	18%
7	横浜店	410,000	380,000	420,000	1,210,000	26%
8	合計	1,600,000	1,450,000	1,670,000	4,720,000	100%
9	平均	400,000				
10	最大値					

ここに注意

自動表示された関数のセル範囲が正しいとは限りません。確認しないままに Enter キーを押すと大きな計算ミスにつながります、表示された関数の内容をしっかり確認して、必要に応じて修正できるようにしましょう。

使いこなしのヒント

関数のヒントを参考にしよう

手順1の操作4でAVERAGE関数を選ぶと、表示された関数の下にヒントが表示されます。関数には「書式」と呼ばれる入力のルールが決まっており、そのルールが表示されている状態です。関数の指定方法に迷ったら、このヒントを参考にするといいでしょう。

関数の入力を開始するとヒントが表示される

410,000	380,000	420,0
1,600,000	1,450,000	1,670,0
=AVERAGE(B4:B8)		
AVERAGE(数値1, [数値2], ...)		

入力するデータや関数の書式を参照できる

次のページに続く ➡

● 入力した数式をコピーする

セルB9に入力されたAVERAGE関数をセルC9 ～ E9にコピーする

3 セルB9をクリックして選択

	A	B	C	D	E	F
1	店舗別売上表					
2						
3	店舗名	1月	2月	3月	合計	構成比
4	新宿店	510,000	440,000	620,000	1,570,000	33%
5	青山店	360,000	350,000	380,000	1,090,000	23%
6	高輪ゲートウェイ店	320,000	280,000	250,000	850,000	18%
7	横浜店	410,000	380,000	420,000	1,210,000	26%
8	合計	1,600,000	1,450,000	1,670,000	4,720,000	100%
9	平均	400,000				
10	最大値					
11						

4 セルB9のフィルハンドルにマウスポインターを合わせる

5 セルE9までドラッグ

セルB9に入力された数式がコピーされ、各セルの平均が求められた

	A	B	C	D	E	F
1	店舗別売上表					
2						
3	店舗名	1月	2月	3月	合計	構成比
4	新宿店	510,000	440,000	620,000	1,570,000	33%
5	青山店	360,000	350,000	380,000	1,090,000	23%
6	高輪ゲートウェイ店	320,000	280,000	250,000	850,000	18%
7	横浜店	410,000	380,000	420,000	1,210,000	26%
8	合計	1,600,000	1,450,000	1,670,000	4,720,000	100%
9	平均	400,000	362,500	417,500	1,180,000	
10	最大値					
11						

時短ワザ

合計と平均をまとめてコピーできる

セルB8のSUM関数とセルB9のAVERAGE関数をまとめてコピーできます。それには、コピー元のセルB8とセルB9をドラッグして選択し、セルB9の右下のフィルハンドルをセルE9までドラッグします。それぞれの関数を別々にコピーするよりも効率的です。

1 合計と平均の関数が入力されたセルをドラッグして選択

2 フィルハンドルにマウスポインターを合わせる

3 コピー先のセルまでドラッグ

合計と平均のセルがまとめてコピーされた

まとめ 関数の間違いを修正できるようにしよう

合計や平均のように、Excelが自動作成してくれる関数はついつい確認を忘れがちです。しかし、計算したいセル範囲の間違いに気付かずに Enter キーを押すと、数値の大きな間違いになります。関数の最終確認を行うのは自分自身です。表示された関数をよく見て、セル範囲の間違いがあったらその場で修正できるようにしましょう。Enter キーで関数を確定した後でも、数式バーで関数を確認して修正できます。

スキルアップ

関数は直接入力できる

関数はキーボードから直接入力することもできます。四則演算の数式と同じように、先頭には必ず「=」が必要です。関数名を数文字入力すると関数の候補が表示されるなど、関数入力をサポートする機能が用意されています。関数名の英字は大文字でも小文字でもかまいませんが、必ず半角で入力します。

	A	B	C	D	E
1	店舗別売上表				
2					
3	店舗名	1月	2月	3月	合計
4	新宿店	510,000	440,000	620,000	1,570,000
5	青山店	360,000	350,000	380,000	1,090,000
6	高輪ゲートウェイ店	320,000	280,000	250,000	850,000
7	横浜店	410,000	380,000	420,000	1,210,000
8	合計	1,600,000	1,450,000	1,670,000	4,720,000
9	平均	=			
10	最大値				
11					

2 「=」を入力

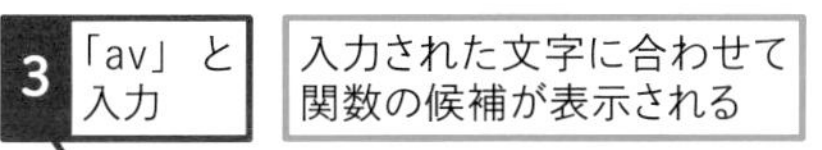

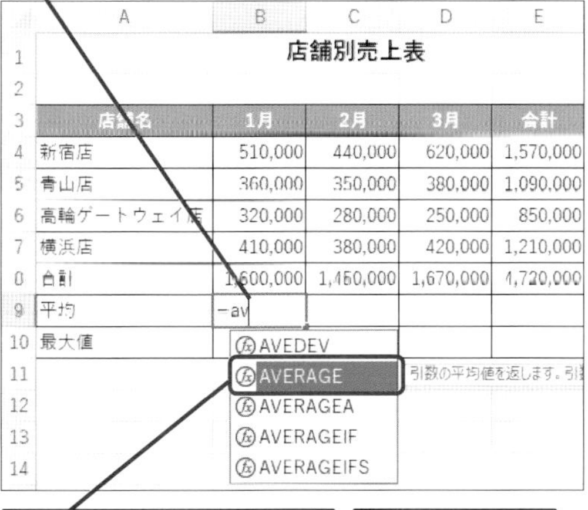

	A	B	C	D	E
1	店舗別売上表				
2					
3	店舗名	1月	2月	3月	合計
4	新宿店	510,000	440,000	620,000	1,570,000
5	青山店	360,000	350,000	380,000	1,090,000
6	高輪ゲートウェイ店	320,000	280,000	250,000	850,000
7	横浜店	410,000	380,000	420,000	1,210,000
8	合計	1,600,000	1,450,000	1,670,000	4,720,000
9	平均	=av			
10	最大値	AVEDEV			
11		AVERAGE	引数の平均値を返します。引		
12		AVERAGEA			
13		AVERAGEIF			
14		AVERAGEIFS			

4 ↑↓キーを使って入力する関数を選択

5 Enter キーを押す

クリックして選択することもできる

関数が入力された

	A	B	C	D	E
1	店舗別売上表				
2					
3	店舗名	1月	2月	3月	合計
4	新宿店	510,000	440,000	620,000	1,570,000
5	青山店	360,000	350,000	380,000	1,090,000
6	高輪ゲートウェイ店	320,000	280,000	250,000	850,000
7	横浜店	410,000	380,000	420,000	1,210,000
8	合計	1,600,000	1,450,000	1,670,000	4,720,000
9	平均	=AVERAGE(			
10	最大値	AVERAGE(数値1, [数値2], ...)			
11					

6 セル範囲をドラッグして選択

7 Enter キーを押す

	A	B	C	D	E
1	店舗別売上表				
2					
3	店舗名	1月	2月	3月	合計
4	新宿店	510,000	440,000	620,000	1,570,000
5	青山店	360,000	350,000	380,000	1,090,000
6	高輪ゲートウェイ店	320,000	280,000	250,000	850,000
7	横浜店	410,000	380,000	420,000	1,210,000
8	合計	1,600,000	1,450,000	1,670,000	4,720,000
9	平均	=AVERAGE(B4:B7			
10	最大値	AVERAGE(数値1, [数値2], ...)			
11					

関数の入力が確定した

	A	B	C	D	E
1	店舗別売上表				
2					
3	店舗名	1月	2月	3月	合計
4	新宿店	510,000	440,000	620,000	1,570,000
5	青山店	360,000	350,000	380,000	1,090,000
6	高輪ゲートウェイ店	320,000	280,000	250,000	850,000
7	横浜店	410,000	380,000	420,000	1,210,000
8	合計	1,600,000	1,450,000	1,670,000	4,720,000
9	平均	400,000			
10	最大値				
11					

レッスン

53 関数で最大値を求めよう

MAX関数

練習用ファイル L053_MAX関数.xlsx

指定したセル範囲の中で一番大きな値を求めるにはMAX関数を使います。ここでは、1月の売上金額の中で一番大きな値を求めます。

1 MAX関数を入力する

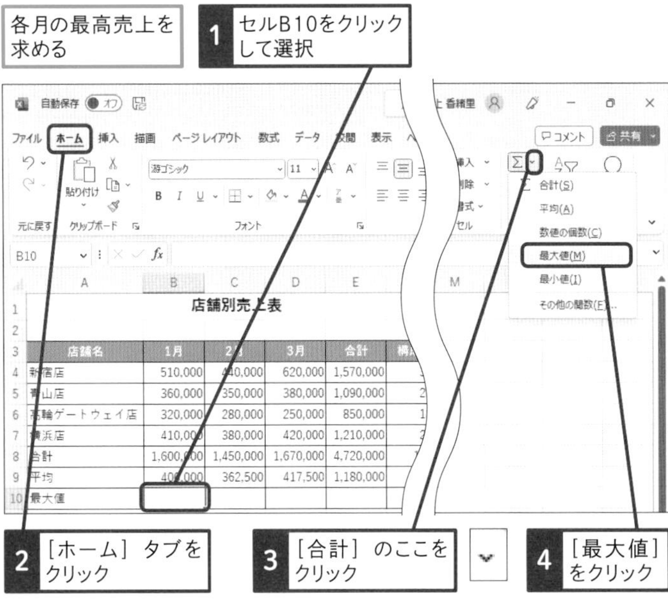

MAX関数が入力された

AVERAGE　=MAX(B4:B9)

	A	B	C	D	E	F
1	店舗別売上表					
2						
3	店舗名	1月	2月	3月	合計	構成比
4	新宿店	510,000	440,000	620,000	1,570,000	33%
5	青山店	360,000	350,000	380,000	1,090,000	23%
6	高輪ゲートウェイ店	320,000	280,000	250,000	850,000	18%
7	横浜店	410,000	380,000	420,000	1,210,000	26%
8	合計	1,600,000	1,450,000	1,670,000	4,720,000	100%
9	平均	400,000	362,500	417,500	1,180,000	
10	最大値	=MAX(B4:B9				
11		MAX(数値1, [数値2], ...)				

キーワード

用語解説

MAX関数

MAX（マックス）関数は、指定したセル範囲の中で一番大きな値を求める関数です。「=MAX(B4:B7)」のように、かっこ内に対象となるセル範囲を指定します。

使いこなしのヒント

「数値の個数」って何?

手順1の操作4のメニューの中に［数値の個数］があります。これは指定したセル範囲の中に数値のセルがいくつあるかを数える関数で、COUNT関数が自動入力されます。

時短ワザ

直接入力すれば参照を修正する手間を減らせる

「=MAX(B4:B7)」と直接キーボードから入力すると、このレッスンのようにセル範囲を修正する手間を省くことができます。関数に慣れてきたら、よく使う関数を直接入力できるようにしてみましょう。

● MAX関数のセル参照を修正する

「合計」「平均」のセルが含まれないようにセル範囲を修正する

	A	B	C	D	E	F
1	店舗別売上表					
2						
3	店舗名	1月	2月	3月	合計	構成比
4	新宿店	510,000	440,000	620,000	1,570,000	33%
5	青山店	360,000	350,000	380,000	1,090,000	23%
6	高輪ゲートウェイ店	320,000	280,000	250,000	850,000	18%
7	横浜店	410,000	380,000	420,000	1,210,000	26%
8	合計	1,600,000	1,450,000	1,670,000	4,720,000	100%
9	平均	400,000	362,500	417,500	1,180,000	
10	最大値	=MAX(B4:B7)				
11		MAX(数値1, [数値2], ...)				

5 セルB4 ～ B7をドラッグして選択

6 Enter キーを押す

セル範囲が修正され、正しい最大値が求められるようになった

B11 fx

	A	B	C	D	E	F
1	店舗別売上表					
2						
3	店舗名	1月	2月	3月	合計	構成比
4	新宿店	510,000	440,000	620,000	1,570,000	33%
5	青山店	360,000	350,000	380,000	1,090,000	23%
6	高輪ゲートウェイ店	320,000	280,000	250,000	850,000	18%
7	横浜店	410,000	380,000	420,000	1,210,000	26%
8	合計	1,600,000	1,450,000	1,670,000	4,720,000	100%
9	平均	400,000	362,500	417,500	1,180,000	
10	最大値	510,000				

7 レッスン50を参考にセルB10に入力された数式をセルC10 ～ E10にコピーしておく

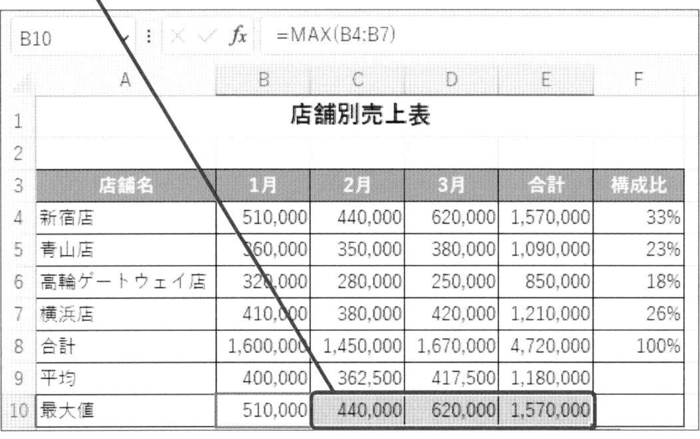

B10 fx =MAX(B4:B7)

	A	B	C	D	E	F
1	店舗別売上表					
2						
3	店舗名	1月	2月	3月	合計	構成比
4	新宿店	510,000	440,000	620,000	1,570,000	33%
5	青山店	360,000	350,000	380,000	1,090,000	23%
6	高輪ゲートウェイ店	320,000	280,000	250,000	850,000	18%
7	横浜店	410,000	380,000	420,000	1,210,000	26%
8	合計	1,600,000	1,450,000	1,670,000	4,720,000	100%
9	平均	400,000	362,500	417,500	1,180,000	
10	最大値	510,000	440,000	620,000	1,570,000	

スキルアップ

MIN関数で最小値を求められる

手順1の操作4のメニューの「最小値」をクリックすると、MIN（ミニマム）関数が自動入力されます。これは、指定したセル範囲の中で最も小さな値を求める関数です。

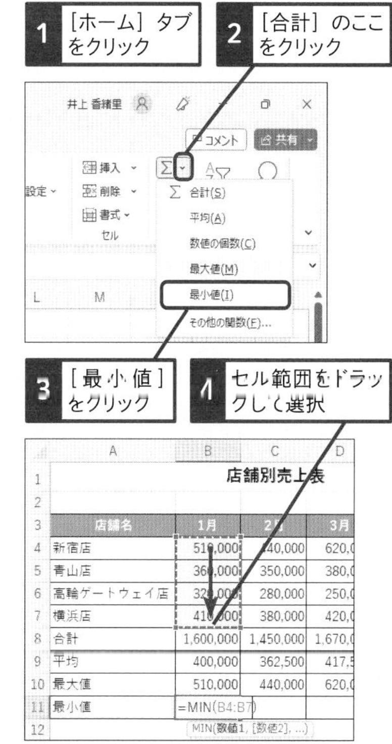

	A	B	C	D
1	店舗別売上表			
2				
3	店舗名	1月	2月	3月
4	新宿店	510,000	440,000	620,0
5	青山店	360,000	350,000	380,0
6	高輪ゲートウェイ店	320,000	280,000	250,0
7	横浜店	410,000	380,000	420,0
8	合計	1,600,000	1,450,000	1,670,0
9	平均	400,000	362,500	417,5
10	最大値	510,000	440,000	620,0
11	最小値	=MIN(B4:B7)		
12		MIN(数値1, [数値2], ...)		

5 Enter キーを押す

MIN関数が入力される

まとめ 関数を使えば正確に結果を求められる

Excelの関数は400種類以上あり、バージョンアップと共に新しい関数が追加されています。ローン計算や財務計算など、四則演算では求められない計算や複雑な計算も関数を使うと正確に計算できます。すべての関数を覚える必要はありませんが、よく使う関数はその書式をしっかり理解して使いましょう。間違いに気付いたら、修正できるようにしておくことも大切です。

レッスン

54 他の表から該当するデータを取り出そう

XLOOKUP関数

練習用ファイル L054_XLOOKUP関数.xlsx

「商品番号」を入力すると、自動的に「商品名」や「単価」が表示されると便利です。ここでは、XLOOKUP関数を使って請求書を作成します。

1 「商品名」を取り出すXLOOKUP関数を入力する

商品番号に入力された数値を基にセルI7～I13に入力されたデータを取り出す

1 セルB7をクリックして選択

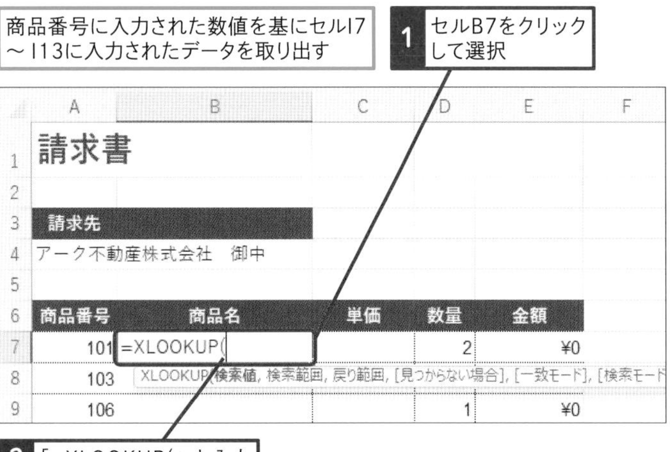

2 「=XLOOKUP(」と入力

2 検索値・検索範囲・戻り範囲のセルを参照する

検索対象となるセルを参照する

1 セルA7をクリック

2 「,」を入力

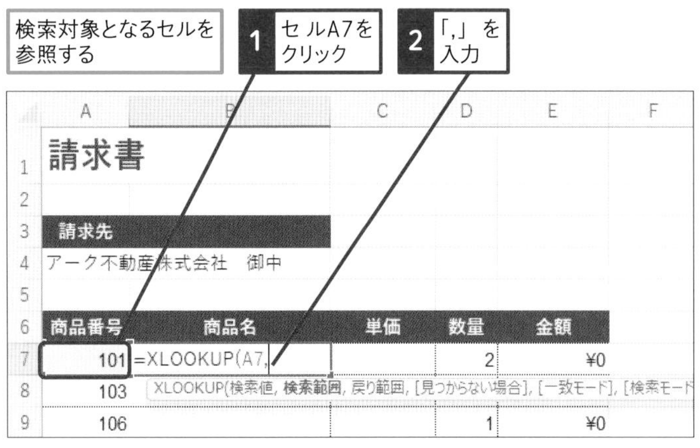

キーワード

関数	P.307
セル	P.309
セル参照	P.310
セル範囲	P.310

用語解説

XLOOKUP関数

XLOOKUP（エックスルックアップ）関数は、「商品番号」や「顧客番号」などのデータを入力すると、別表からデータを検索し、入力したデータと一致するデータを取り出して表示する関数です。あらかじめ、商品リストや顧客リストなどの別表を作成しておく必要があります。

検索対象のセル参照が確定した

次に検索先となるセルを参照する

3 セルH7 ～ H13をドラッグして選択

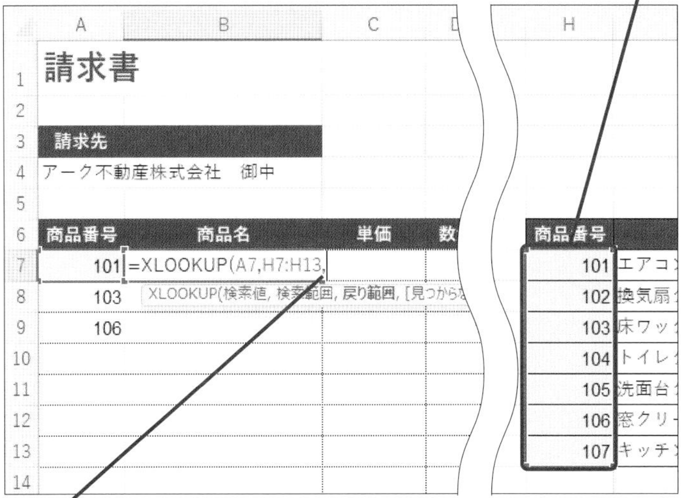

4 「,」を入力

検索先のセル参照が確定した

次に取り出すデータが入力されたセルを参照する

5 セルI7 ～ I13をドラッグして選択

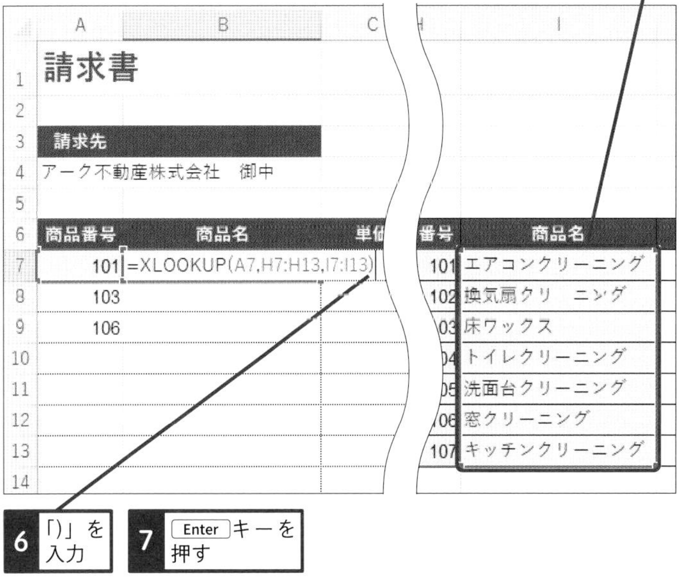

6 「)」を入力

7 Enter キーを押す

ここに注意

XLOOKUP関数のかっこの中には、最低でも「検索値」「検索範囲」「戻り範囲」の3つを指定します。検索値は、別表を検索するきっかけになるセル、検索値は別表の中で一致するデータを探すセル範囲、戻り範囲は一致したデータの中で実際に取り出すデータのセル範囲です。1つでも欠けるとエラーになるので注意しましょう。

◆検索値
検索元になるセルを指定する

◆検索範囲
検索先になるセル範囲を指定する

◆戻り範囲
検索元と検索先のデータが一致したときに表示するデータが入力されたセルを指定する

時短ワザ

「)」を入力しなくても Enter キーで入力を確定することもできる

関数の最後の閉じかっこは省略できます。手順2の操作6で閉じかっこを入力せずに Enter キーを押すと、Excelが自動的に閉じかっこを補完します。

次のページに続く

●「商品名」を取り出すXLOOKUP関数の入力が完了した

XLOOKUP関数の入力が確定した

商品番号の数値を基にセルJ7 ～ J13 に入力されたデータが取り出された

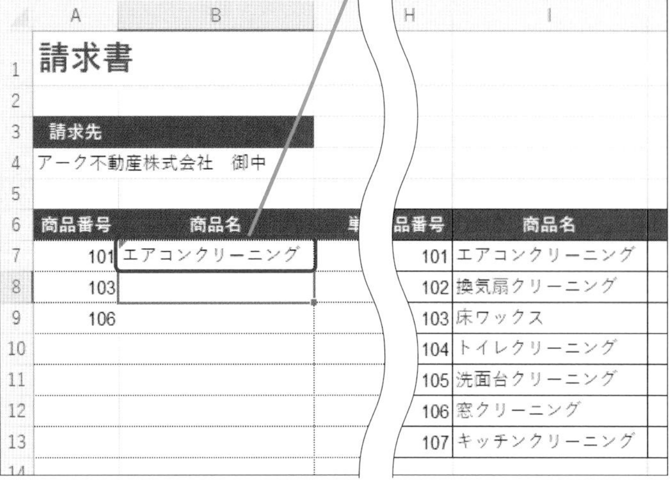

4 レッスン50を参考にセルB7に入力された数式をセルB8 ～ B9にコピーしておく

	商品番号	商品名	単価	数量	金額
6	商品番号	商品名	単価	数量	金額
7	101	エアコンクリーニング		2	¥0
8	103	床ワックス		4	¥0
9	106	窓クリーニング		1	¥0
10					

3 「単価」を取り出すXLOOKUP関数を入力する

商品番号の数値を基にセルJ7 ～ J13 に入力されたデータを取り出す

1 セルC7をクリックして選択

2 「=XLOOKUP(」と入力

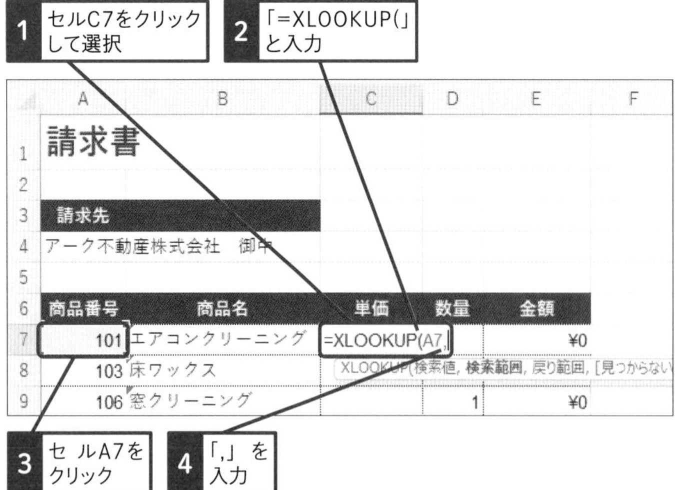

3 セルA7をクリック

4 「,」を入力

使いこなしのヒント

エラーチェックオプションって何?

XLOOKUP関数を入力すると、セルの左上に緑色の三角記号が表示されます。これは「エラーチェックオプション」と呼ばれるもので、セルにエラーがある可能性を示しています。以下の操作でエラーの原因と対処方法を確認することができますが、間違いがない場合はそのままにしておいても問題はありません。

1 セルB7をクリックして選択

	商品番号	商品名
7	101	エアコンクリーニング
8	103	
9	106	
10		

［エラーチェックオプション］が表示された

2 ［エラーチェックオプション］をクリック

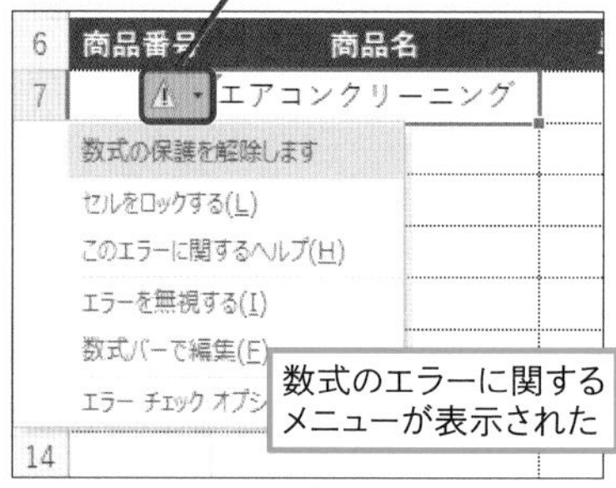

数式のエラーに関するメニューが表示された

ここに注意

前ページの「ここに注意」で解説したように、XLOOKUP関数のかっこの中には最低でも3つの項目を指定します。指定する項目が足りない場合は、以下のようなエラーメッセージが表示されます。「OK」ボタンをクリックして関数を修正します。

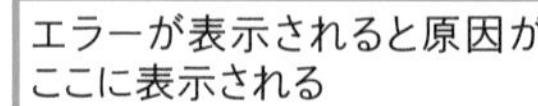

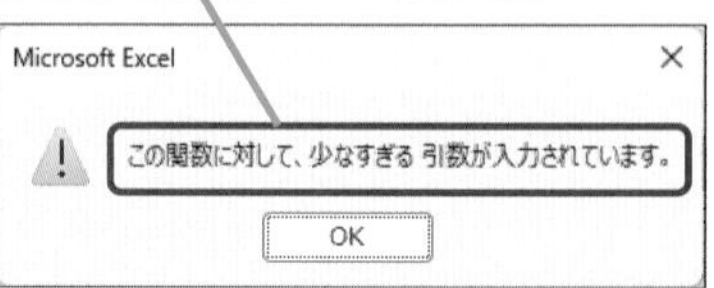

Excel　基本編　第7章　数式や関数を利用しよう

●「単価」を取り出すXLOOKUP関数の入力を続ける

5 セルH7 ～ H13をドラッグして選択

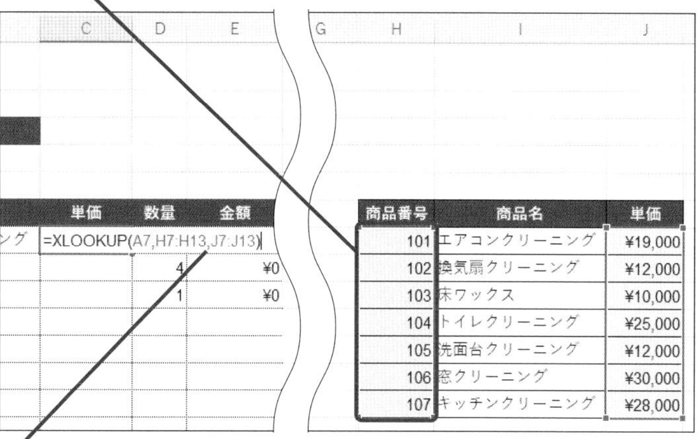

6「,」を入力

7 セルJ7 ～ J13をドラッグして選択

単価	数量	金額
=XLOOKUP(A7,H7:H13,J7:J13)		
	4	¥0
	1	¥0

商品番号	商品名	単価
101	エアコンクリーニング	¥19,000
102	換気扇クリーニング	¥12,000
103	床ワックス	¥10,000
104	トイレクリーニング	¥25,000
105	洗面台クリーニング	¥12,000
106	窓クリーニング	¥30,000
107	キッチンクリーニング	¥28,000

8「)」を入力し、Enter キーを押す

商品番号の数値を基にセルJ7 ～ J13 に入力されたデータが取り出された

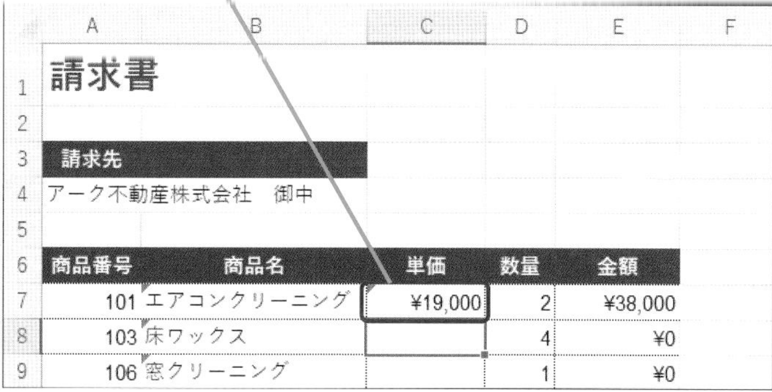

9 レッスン50の手順2を参考にセルC7に入力された数式をセルC8 ～ C9にコピーしておく

商品番号	商品名	単価	数量	金額
101	エアコンクリーニング	¥19,000	2	¥38,000
103	床ワックス	¥10,000	4	¥40,000
106	窓クリーニング	¥30,000	1	¥30,000

スキルアップ
あらかじめ数式を入力して効率化しよう

このレッスンの練習用ファイルでは、「金額」「小計」「消費税」のセルにあらかじめ数式を入力してあります。こうすると、XLOOKUP関数を入力した途端に該当するセルの計算結果が変化します。

「金額」のセルには単価と数量を掛け算する数式が入力されている

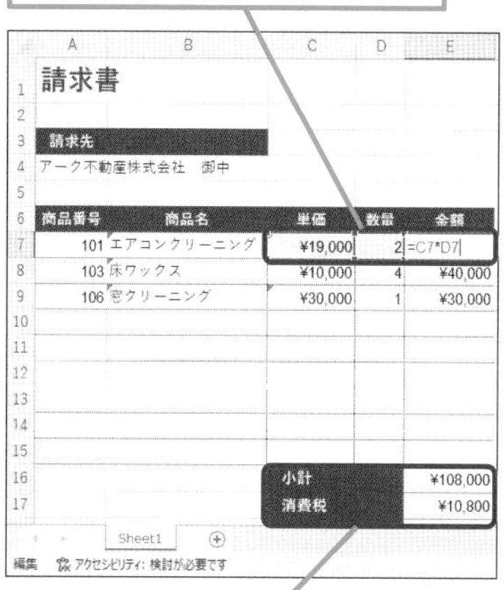

あらかじめ「小計」「消費税」にもそれぞれ数式が入力されている

まとめ
XLOOKUP関数なら入力の手間を大幅に減らして効率化できる

見積書や請求書、売上明細表などを作成するときに、「商品番号」「商品名」「単価」をその都度入力するのは時間がかかる上、入力ミスも発生しがちです。何度も繰り返して入力するデータを別表として一覧表にまとめておくと、XLOOKUP関数を使って該当するデータを別表から取り出せます。こうすると、「商品番号」を入力するだけで自動的に「商品名」や「単価」が表示されるので、作業効率が大幅にアップします。

この章のまとめ

数式や関数の入力は参照を常に意識する

表計算アプリのExcelを使うと、四則演算を使って自由に数式を組み立てたり、関数を使って効率よく計算したりすることができます。また、表のセルにひとつずつ数式を入力しなくても、数式を縦横に自由にコピーして使うこともできます。数式を入力するときは、演算記号や関数の書式のルールに沿って入力することが大切です。Excelが途中まで自動表示してくれる関数もありますが、セル参照が間違っていると目的とは違う計算結果になってしまいます。どのセルを使って何を計算したいのかを見極めて、必要に応じてセル参照を修正できるようにしましょう。

	A	B	C	D	E	F
1	店舗別売上表					
2						
3	店舗名	1月	2月	3月	合計	構成比
4	新宿店	510,000	440,000	620,000	1,570,000	33%
5	青山店	360,000	350,000	380,000	1,090,000	23%
6	高輪ゲートウェイ店	320,000	280,000	250,000	850,000	18%
7	横浜店	410,000	380,000	420,000	1,210,000	26%
8	合計	1,600,000	1,450,000	1,670,000	4,720,000	100%
9	平均	400,000	362,500	417,500	1,180,000	
10	最大値	=MAX(B4:B7)				
11		MAX(数値1, [数値2], ...)				

自動的に選択された参照先は再確認する

最大値を求めるMAX関数を選択して入力、っと。ボタンから関数が使えるだなんて、本当にラクですね♪

ちょっと待った！　自動で選択された参照先を確認してみて。それだと、「合計」「平均」も含まれてしまうから、計算結果が間違ってしまうよ！

本当だ！　サクッと入力できるあまり、よく確認せずに表を完成させてしまうところでした…。

合計や最大値、平均値など一部の関数は自動でセルまで参照してくれる優れものだけど、表の構成によっては参照を修正しなければならないので注意するようにしたいね。

過信は禁物ということですね。関数の入力を確定させる前に確認するようにします！

基本編

第8章

Excelでグラフを作ろう

この章では、第7章で作成した表からグラフを作成する方法を解説します。グラフの中でも使用頻度の高い円グラフを作成し、グラフのレイアウトや色などを変更して見やすくします。また、表とグラフを印刷する操作も解説します。

レッスン
55 Introduction この章で学ぶこと
グラフでデータを分かりやすく伝えよう

Excelでは、表を作成するだけでなく、表のデータからさまざまな種類のグラフを作成できます。グラフは数値の全体的な傾向を示すもので、グラフを見ただけで、数値の大きさや推移、割合などがひと目で分かります。

グラフによって表の数値を分かりやすく表現できる

表を装飾したり、数式や関数を使ったりして工夫した表だけど、数字だらけでは結局分かりにくいものになってしまう。

まさにこの間、先輩から言われてしまいました…。

私もです。色々と工夫してがんばったつもりだったのですが、確かに分かりにくいのは否定できませんでした…。

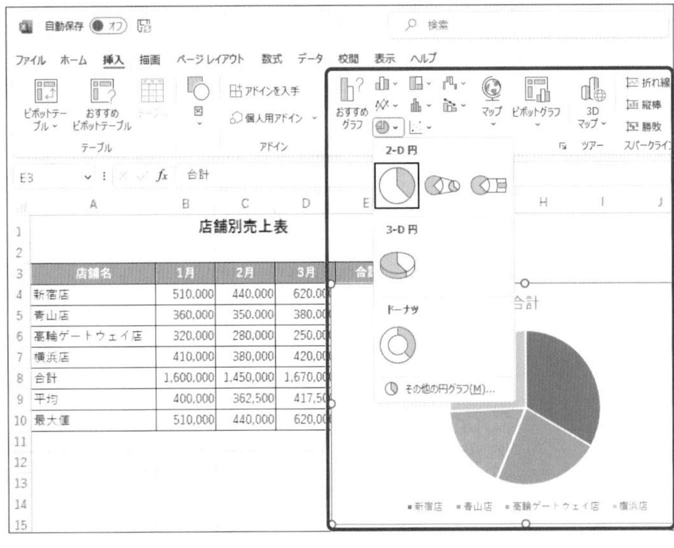

そんなときに役立つのがグラフなんだ！数値を視覚化して見せられるからグッと分かりやすくできるよ。Excelでは基になるセルをクリックするだけでグラフを挿入できるから、ぜひマスターして！

グラフにひと手間加えれば分かりやすさをパワーアップできる

追加したグラフは、そのままでも分かりやすいといえるけど、ひと手間加えるだけで、パワーアップできるんだ。

先輩が資料に使っているようなグラフです！
数値が一緒に入っていて分かりやすいですよね。

私もこんなグラフを作れるようになりたいです。
ぜひ教えてください！

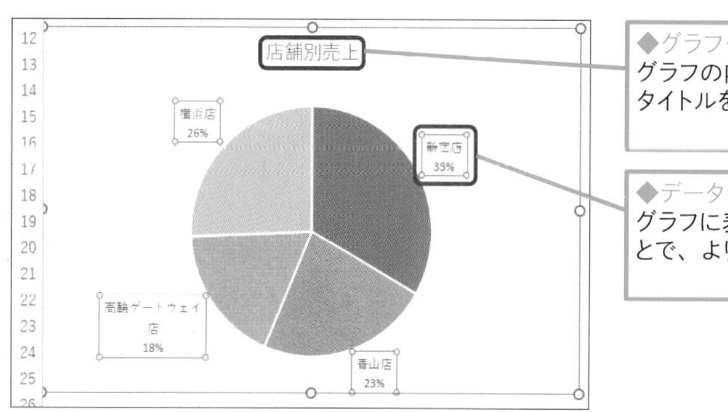

◆グラフタイトル
グラフの内容がひとめで分かるタイトルを入れられる
→レッスン58

◆データラベル
グラフに表の数値を表示することで、より分かりやすくなる
→レッスン59

完成した表とグラフを印刷しよう

最後に完成した表を印刷する方法も解説するよ！　Excelでは事前に確認しておくことが重要なので、ぜひ覚えてほしい。

分かりました！

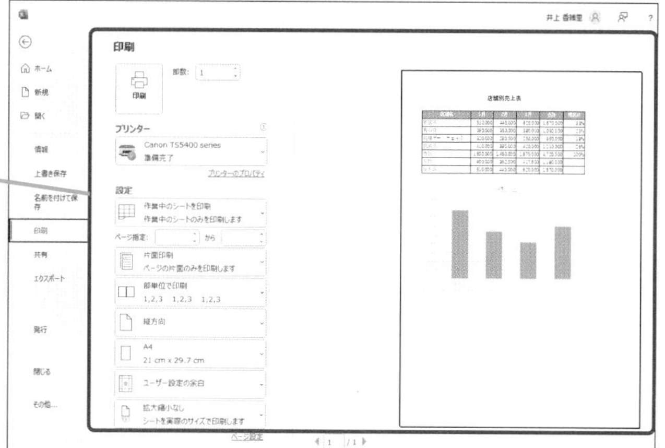

◆印刷プレビュー
印刷する前に確認できる。用紙の余白なども設定できる
→レッスン62

レッスン
56 グラフを作ろう

2D円グラフの挿入

練習用ファイル L056_グラフの挿入.xlsx

グラフは、表のデータを選択し、グラフの種類を選ぶだけで作成できます。ここでは、店舗ごとの売上金額が全体に占める割合を示す円グラフを作成します。

1 グラフの基となるデータを選択する

各店舗の売上合計を円グラフで作成する

1 セルA3 ～ A7をドラッグして選択

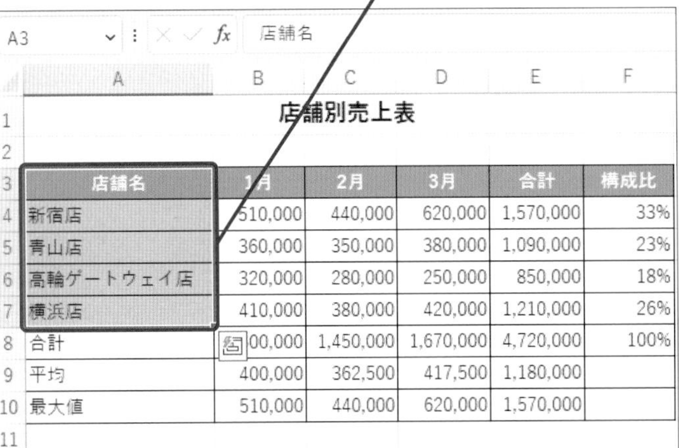

A3 | 店舗名

	A	B	C	D	E	F
1	店舗別売上表					
2						
3	店舗名	1月	2月	3月	合計	構成比
4	新宿店	510,000	440,000	620,000	1,570,000	33%
5	青山店	360,000	350,000	380,000	1,090,000	23%
6	高輪ゲートウェイ店	320,000	280,000	250,000	850,000	18%
7	横浜店	410,000	380,000	420,000	1,210,000	26%
8	合計	00,000	1,450,000	1,670,000	4,720,000	100%
9	平均	400,000	362,500	417,500	1,180,000	
10	最大値	510,000	440,000	620,000	1,570,000	
11						

各店舗が選択された

2 Ctrlキーを押しながらセルE3 ～ E7をドラッグして選択

E3 | 合計

	A	B	C	D	E	F
1	店舗別売上表					
2						
3	店舗名	1月	2月	3月	合計	構成比
4	新宿店	510,000	440,000	620,000	1,570,000	33%
5	青山店	360,000	350,000	380,000	1,090,000	23%
6	高輪ゲートウェイ店	320,000	280,000	250,000	850,000	18%
7	横浜店	410,000	380,000	420,000	1,210,000	26%
8	合計	1,600,000	1,450,000	1,670,000	4,720,000	100%
9	平均	400,000	362,500	417,500	1,180,000	
10	最大値	510,000	440,000	620,000	1,570,000	
11						

キーワード

グラフ	P.308
グラフエリア	P.308
セル範囲	P.310
ハンドル	P.311

ここに注意

手順1で、セル範囲を間違えて選択したときは、任意のセルをクリックして選択を解除し、最初からやり直します。

使いこなしのヒント

［おすすめグラフ］で簡単にグラフが作れる

グラフの種類は目的によって使い分けます。どのグラフが適しているか迷ったときは、［おすすめグラフ］の機能を使いましょう。最初に選択したセル範囲に応じて、最適なグラフの種類の候補が［グラフの挿入］ダイアログボックスに提示されます。

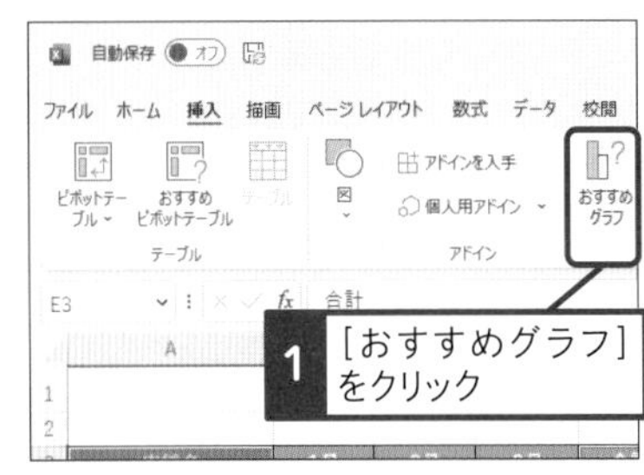

スキルアップ

F列の構成比を選択して作成することもできる

構成比を計算したセルがある場合は、手順1の操作2で、セルF3 ～ F7の構成比の値をドラッグして円グラフを作成することもできます。

2 グラフを作成する

グラフの種類から円グラフを選択する

1 ［挿入］タブをクリック

2 ［円またはドーナツグラフの挿入］をクリック

店舗別売上表

店舗名	1月	2月	3月	合計
新宿店	510,000	440,000	620,00	
青山店	360,000	350,000	380,00	
高輪ゲートウェイ店	320,000	280,000	250,00	
横浜店	410,000	380,000	420,00	
合計	1,600,000	1,450,000	1,670,00	
平均	400,000	362,500	417,50	
最大値	510,000	440,000	620,00	

3 ［円］をクリック

選択したセル範囲から円グラフが作成された

グラフの基になっているセル範囲に色が付いた枠が表示された

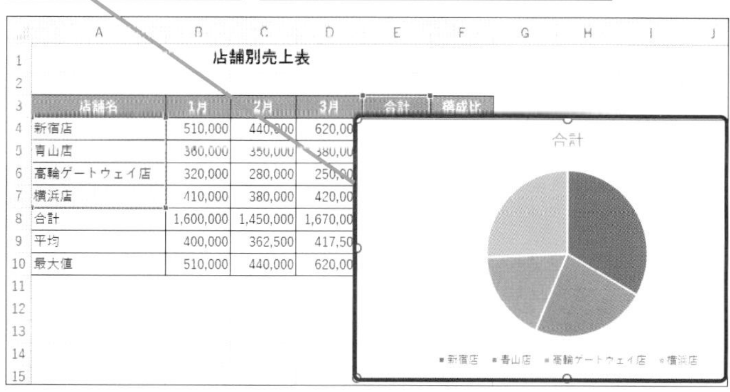

他のセルをクリックし、セル範囲の選択を解除しておく

使いこなしのヒント

項目名も含めてセルを選択する

手順1でセル範囲を選択するときは、表の縦横にある項目名も含めて選択します。選択したセル範囲の一番上の行と一番左の列のデータが見出しと自動的に判断され、項目名の文字が凡例や横軸の名前として表示されます。

使いこなしのヒント

グラフと表は連動している

グラフは表のデータを基に作成するため、グラフと表は常に連動しています。表のデータを変更すると、グラフも表のデータに合わせて自動的に更新されます。グラフだけを単独では作成できません。

使いこなしのヒント

グラフを削除するには

グラフを削除するときは、白いハンドルが表示されていることを確認し、Delete キーを押して削除します。グラフにハンドルが表示されていないときは、［グラフエリア］と表示される場所をクリックして選択しましょう。

まとめ グラフは2つのステップで作成できる

Excelでグラフを作成する手順は簡単です。まずグラフにしたいデータを選択し、次に［挿入］タブからグラフの種類を選ぶだけです。このレッスンでは、店舗ごとの売上金額が全体に占める割合を示す円グラフを作成しましたが、店舗ごとの月別の売上金額を比較したいときは、セルA3～D7をドラッグして選択し、「集合縦棒」グラフを選びます。グラフを作成する前にどんなグラフを作りたいのかをイメージしておくといいでしょう。

レッスン

57 グラフの位置と大きさを変えよう

位置とサイズの変更

練習用ファイル L057_位置とサイズ.xlsx

作成したグラフは後から自由にサイズや位置を変更できます。このレッスンでは、円グラフを表の下に移動して、グラフのサイズを縦横に拡大します。

キーワード

グラフエリア	P.308
タブ	P.310
ハンドル	P.311

1 グラフを移動する

グラフ全体を選択する

1 [グラフエリア] と表示される位置にマウスポインターを合わせる

◆グラフエリア

	A	B	C	D	E	F
1	店舗別売上表					
2						
3	店舗名	1月	2月	3月	合計	構成比
4	新宿店	510,000	440,000	620,000		
5	青山店	360,000	350,000	380,000		
6	高輪ゲートウェイ店	320,000	280,000	250,000		
7	横浜店	410,000	380,000	420,000		
8	合計	1,600,000	1,450,000	1,670,000		
9	平均	400,000	362,500	417,500		
10	最大値	510,000	440,000	620,000		

グラフ エリア

合計

■新宿店 ■青山店 ■高輪ゲートウェイ店 ■横浜店

マウスポインターの形が変わった

グラフエリアをクリックするとグラフ全体を選択できる

グラフを表の下に移動する

2 ここまでドラッグ

グラフをドラッグし始めると、マウスポインターの形が変わる

	A	B	C	D	E	F
1	店舗別売上表					
2						
3	店舗名	1月	2月	3月	合計	構成比
4	新宿店	510,000	440,000	620,000	1,570,000	33%
5	青山店	360,000	350,000	380,000	1,090,000	23%
6	高輪ゲートウェイ店	320,000	280,000	250,000	850,000	18%
7	横浜店	410,000	380,000	420,000	1,210,000	26%
8	合計	1,600,000	1,450,000	1,670,000	4,720,000	100%
9	平均	400,000	362,500	417,500	1,180,000	
10	最大値	510,000	440,000	620,000	1,570,000	

合計

ワークシートの左端に合うように移動する

使いこなしのヒント

グラフをセルの枠に合わせてドラッグするには

グラフを移動したりサイズを変更したりするときに、Altキーを押しながらドラッグすると、セルの枠線にぴったり沿うように配置できます。

使いこなしのヒント

グラフの位置を微調整するには

グラフを選択した状態で上下左右の矢印キーを押して、グラフを移動することもできます。細かい位置合わせのときに使うと便利です。

使いこなしのヒント

グラフはたくさんの要素で構成されている

グラフは、「グラフエリア」や「グラフタイトル」「凡例」などのいくつもの要素で構成されています。

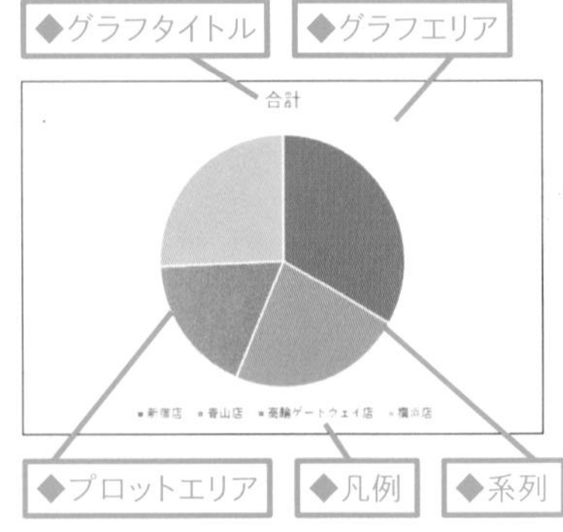

2 グラフの大きさを変更する

スクロールバーを下にドラッグしておく

1 ハンドルにマウスポインターを合わせる

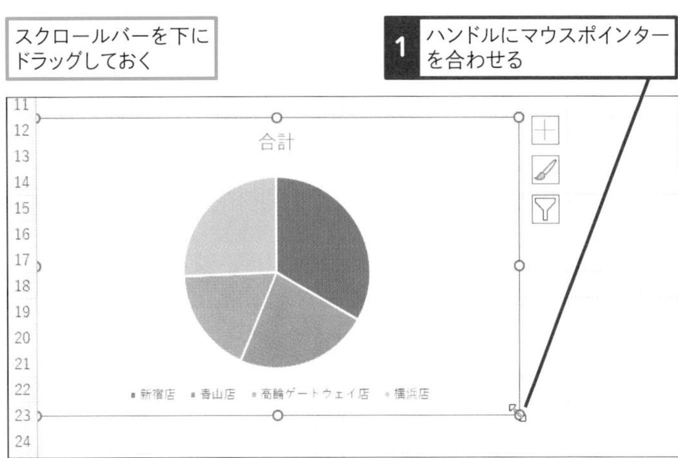

ハンドルをドラッグし始めると、マウスポインターの形が変わる

ここでは、セルG26までハンドルをドラッグする

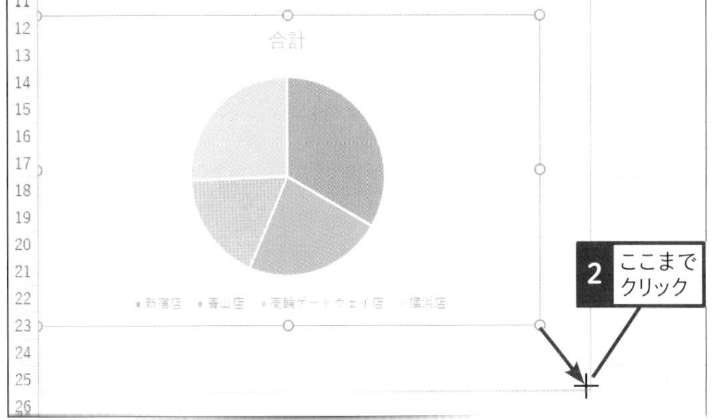

グラフの大きさが変わった

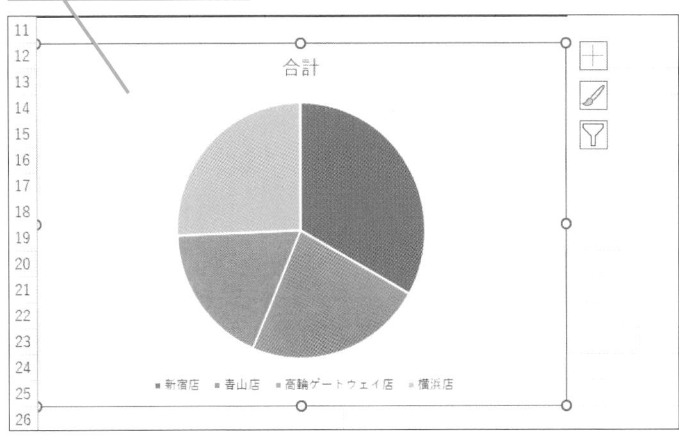

使いこなしのヒント

グラフの縦横比を保ったまま大きさを変更するには

手順2でグラフの大きさを変更するときに、Shift キーを押しながら四隅のハンドルをドラッグすると、最初に表示されたグラフの縦横比を保ったまま、グラフの大きさを変更できます。

使いこなしのヒント

グラフ用のタブが表示される

グラフを選択すると、[グラフのデザイン] タブと [書式] タブが自動的に表示されます。これは、グラフの編集に必要な機能がまとまった専用のタブです。

ここに注意

手順2でグラフのタイトルやグラフの一部分だけが移動してしまったときは、[ホーム] タブの [元に戻す] ( ) ボタンをクリックしてからグラフエリアを正しく選択し、操作をやり直します。

まとめ グラフの構成要素を理解して使おう

グラフはいくつかの要素が集まって構成されています。グラフの移動といったグラフ全体にかかわる操作を行うときは、「グラフエリア」の要素を選択します。また、レッスン58で紹介しますが、タイトルにかかわる操作を行うときは、「グラフタイトル」の要素を選択します。このように、グラフを後から編集するときは、グラフのどの部分を編集するかによって、目的の要素を選択します。各要素の名前はマウスポインターを合わせると表示されます。

レッスン

58 グラフタイトルを変更しよう

グラフタイトル

練習用ファイル　L058_グラフタイトル.xlsx

グラフを作成すると、自動的にグラフの上側にグラフタイトルが表示されます。グラフの内容がひとめで分かるタイトルに変更しましょう。

1 グラフタイトルを選択する

グラフ内のタイトルを変更する

1 ［グラフタイトル］と表示される位置にマウスポインターを合わせる

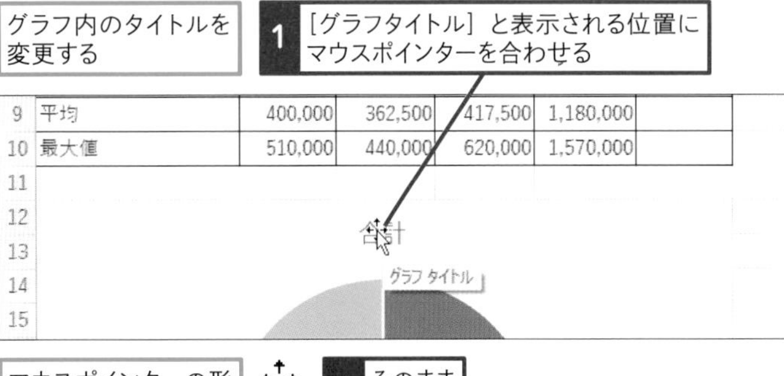

マウスポインターの形が変わった

2 そのままクリック

グラフタイトルが選択された

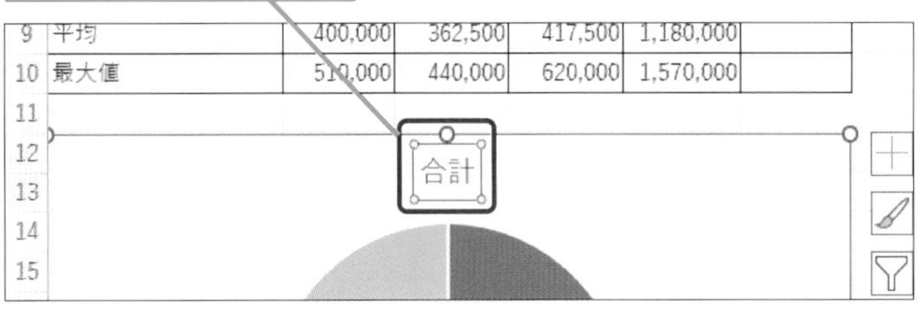

キーワード

時短ワザ

右クリックから素早く変更できる

グラフタイトルを右クリックし、表示されるメニューの［テキストの編集］をクリックすると、手順1と手順2の操作1、操作2の操作をまとめて行えます。

1 グラフタイトルを右クリック

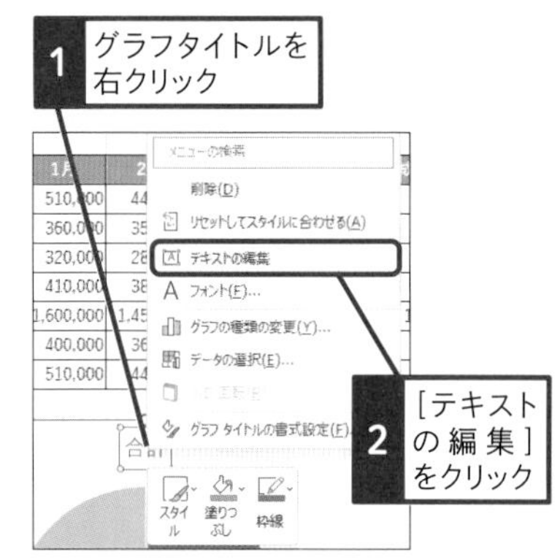

2 ［テキストの編集］をクリック

スキルアップ

グラフタイトルにセル参照を設定して効率アップ！

セルに入力済みの文字と同じ文字をグラフタイトルにする場合は、キーボードから入力せずに、以下の操作でセル参照を使うと便利です。こうすると、参照元の文字が変更されると、連動してグラフタイトルも変化します。

1 グラフタイトルをクリックして選択

2 数式バーに「=」と入力

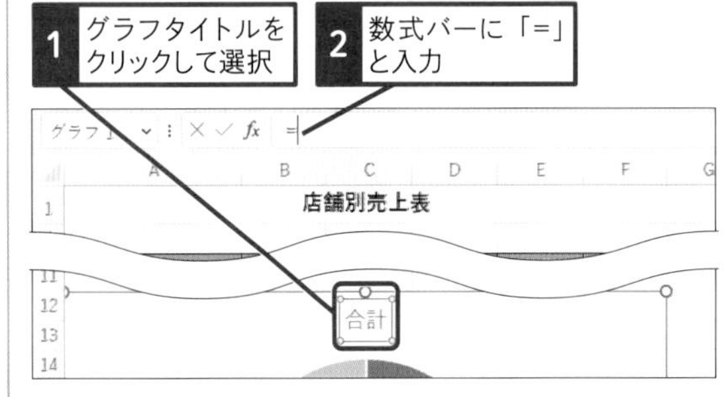

3 グラフタイトルから参照するセルをクリックして選択

4 Enter キーを押す

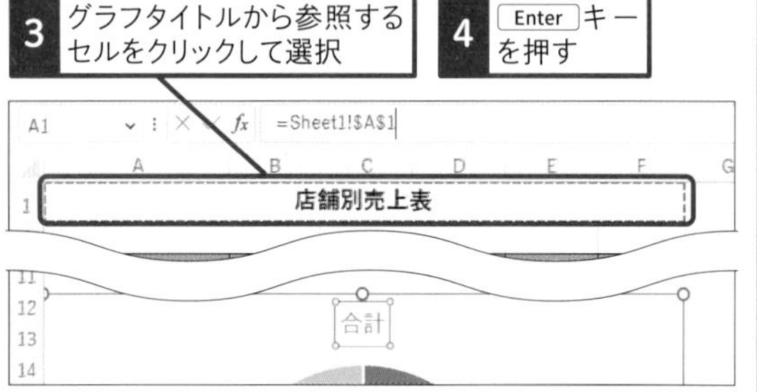

2 グラフタイトルを変更する

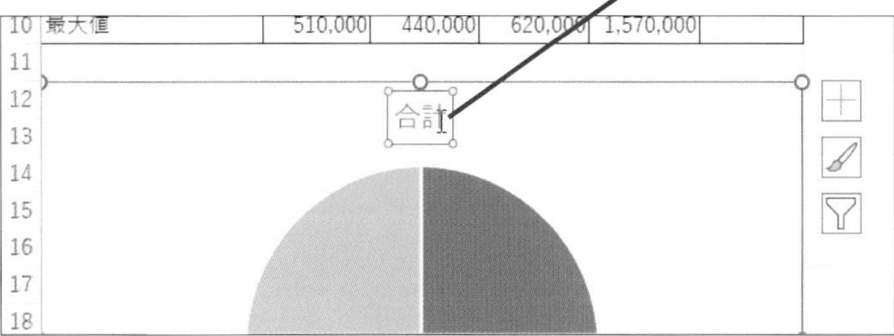

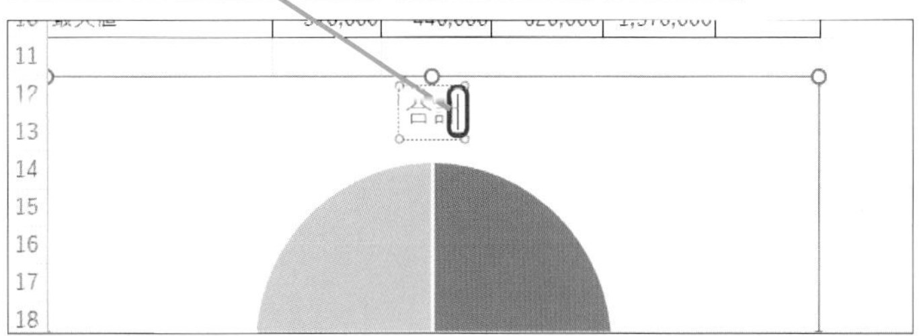

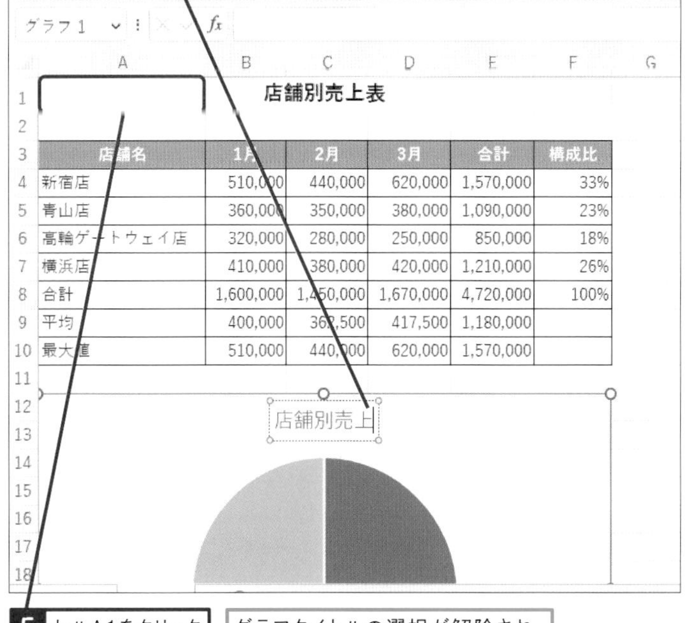

店舗名	1月	2月	3月	合計	構成比
新宿店	510,000	440,000	620,000	1,570,000	33%
青山店	360,000	350,000	380,000	1,090,000	23%
高輪ゲートウェイ店	320,000	280,000	250,000	850,000	18%
横浜店	410,000	380,000	420,000	1,210,000	26%
合計	1,600,000	1,450,000	1,670,000	4,720,000	100%
平均	400,000	362,500	417,500	1,180,000	
最大値	510,000	440,000	620,000	1,570,000	

使いこなしのヒント

グラフタイトルを削除するには

グラフタイトルの要素を選択して Delete キーを押すと、グラフタイトルを削除できます。グラフの右上の［グラフ要素］をクリックし、［グラフタイトル］をクリックしてチェックボックスをオフにしても削除できます。

ここに注意

グラフタイトルの入力後に Enter キーを押しすぎると、カーソルが改行されてグラフエリアの高さが広がります。Back space キーを押してカーソルの位置を元に戻します。

まとめ　グラフの内容がひとめで分かるタイトルを付けよう

グラフタイトルはグラフの顔です。このレッスンでは、自動表示された「合計」のタイトルを「店舗別売上」に変更しました。これなら、店舗別の売上構成比を示す円グラフであることがひとめで分かります。何を伝えたいグラフなのかが分かるようなタイトルを簡潔に付けましょう。その際、グラフタイトルの要素をクリックして正しく選択することが大切です。

レッスン

59 グラフに表の数値を表示しよう

データラベルの追加

練習用ファイル L059_データラベル.xlsx

円グラフは、グラフのまわりに分類名やパーセンテージが表示されていたほうが見やすくなります。[データラベル] の機能を使って、円グラフに表の数値を表示します。

1 データラベルの設定画面を表示する

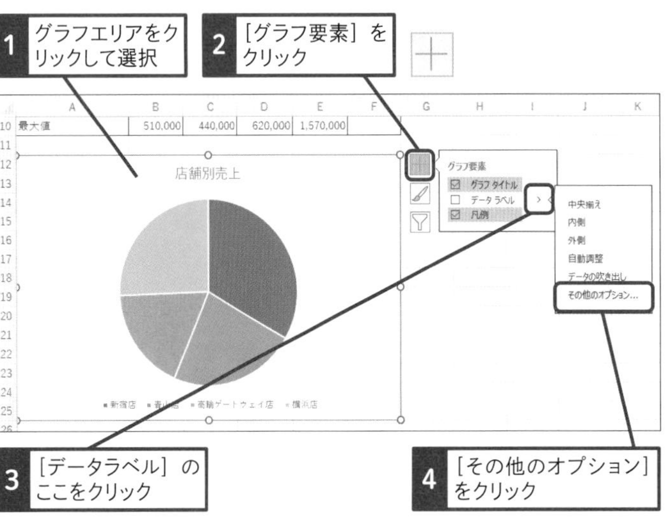

2 データラベルを追加する

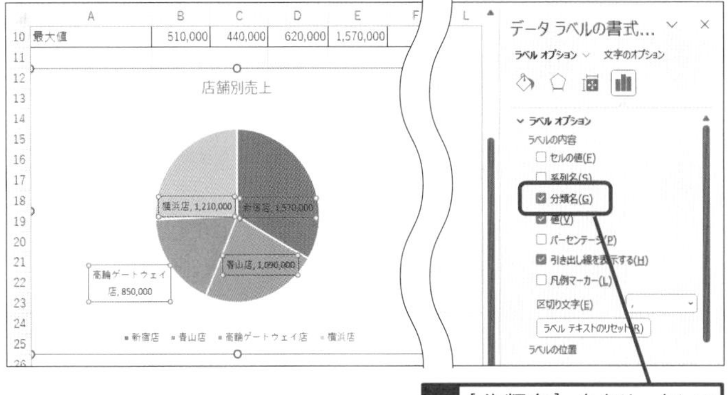

キーワード

ショートカットキー

作業ウィンドウの表示 Ctrl + Shift + 1

使いこなしのヒント

作業ウィンドウを表示したままでも操作できる

画面右側に表示される作業ウィンドウは、操作に応じて自動的に内容が切り替わります。連続してグラフの編集を行うときは、作業ウィンドウを開いたままにしておくと便利です。

ここに注意

手順2で目的とは違うデータラベルを選択してしまったときは、もう一度クリックしてチェックボックスをオフにします。

● 続けて他のデータラベルを設定する

分類名が追加された

2 ［値］をクリックしてチェックマークを外す

3 ［パーセンテージ］をクリックしてチェックマークを付ける

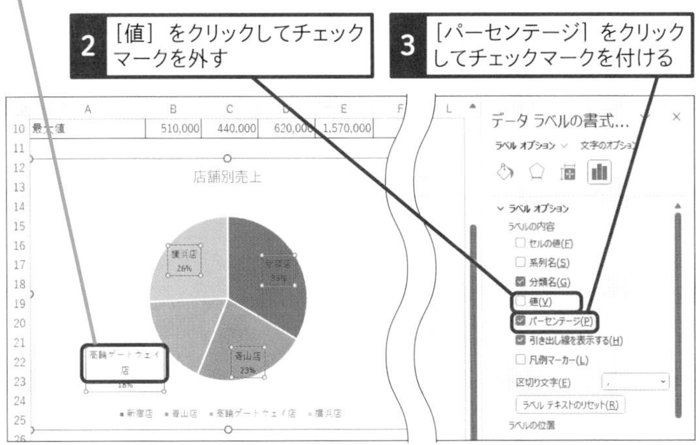

パーセンテージのデータラベルが追加された

データラベルの配置を変更する

4 ここを下にドラッグしてスクロール

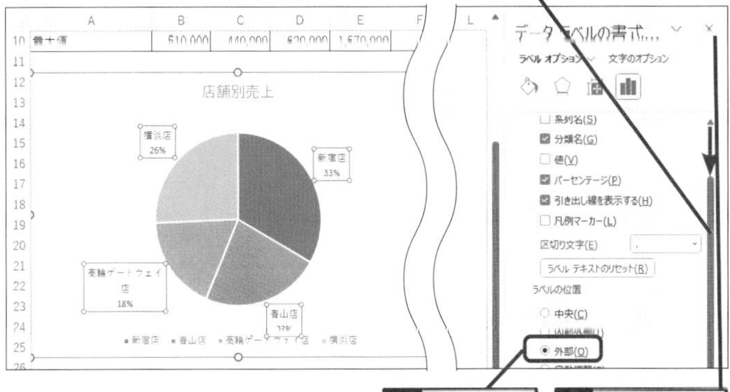

5 ［外側］をクリック

6 ［閉じる］をクリック

3 凡例を削除する

グラフエリアを選択しておく

1 ［グラフ要素］をクリック

2 ［凡例］をクリックして、チェックマークを外す

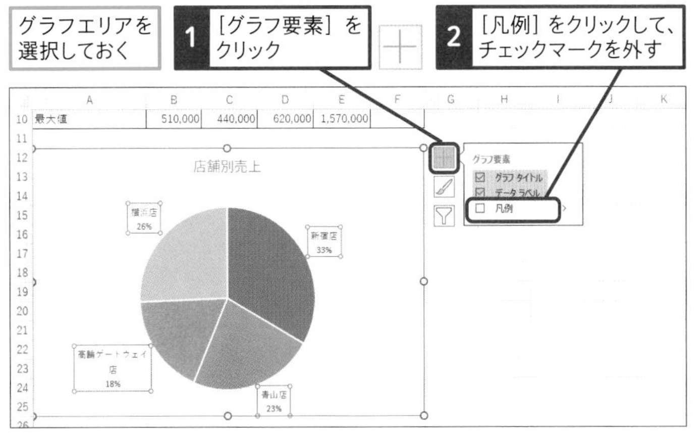

使いこなしのヒント

グラフ専用のタブで設定することもできる

グラフを選択したときに表示される［グラフのデザイン］タブの［グラフ要素の追加］ボタンを使って、データラベルを追加することもできます。

1 グラフエリアをクリックして選択

2 ［グラフのデザイン］タブをクリック

3 ［グラフ要素を追加］をクリック

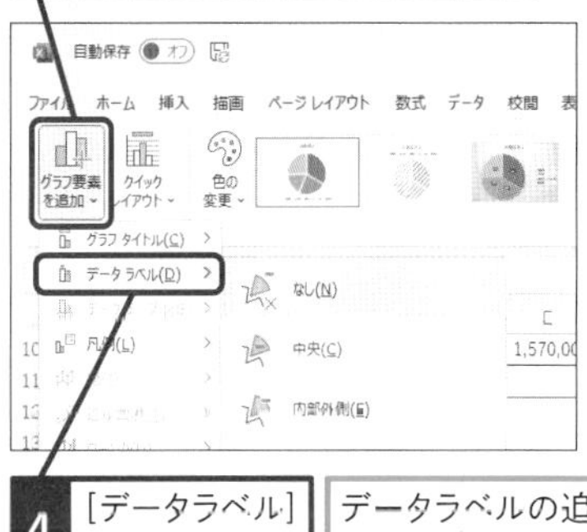

4 ［データラベル］をクリック

データラベルの追加などが行える

まとめ 必要に応じてグラフ要素を追加しよう

作成直後のグラフには、必要最小限の要素だけが表示されます。このレッスンのようにデータラベルを追加すると、グラフ内に表の数値を直接表示できます。グラフのそばに数値があると、わざわざ表に視線を移動する必要がなくなるため、視認性が高まります。円グラフのデータラベルに［パーセンテージ］を指定すると、表の数値を自動的にパーセンテージに変換してくれるので、手動で計算する必要はありません。

レッスン

60 グラフの色を変えよう

グラフの色

練習用ファイル L060_グラフの色.xlsx

グラフの色は後から自由に変更できます。［色の変更］の機能を使うと、用意された色の一覧からクリックするだけで、グラフ全体の色合いが変化します。

1 グラフの色を変更する

グラフ全体を選択してグラフの色を変更する

1 グラフエリアをクリック

2 ［グラフのデザイン］タブをクリック

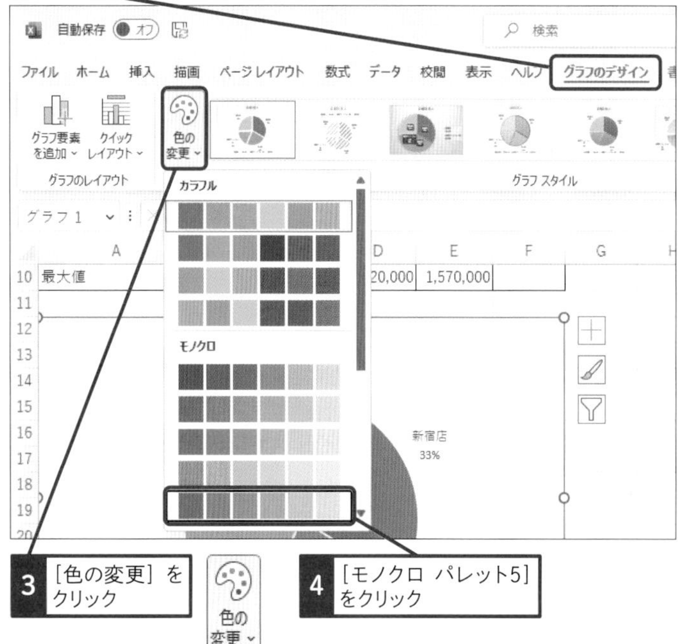

3 ［色の変更］をクリック

4 ［モノクロ パレット5］をクリック

キーワード

使いこなしのヒント

リアルタイムプレビューで事前に確認できる

操作3で表示された色の一覧にマウスポインターを移動すると、その都度グラフの色合いが変化します。クリックして選ぶ前に、いろいろな色合いを試してみましょう。

使いこなしのヒント

グラフの要素を個別に変更するには

［書式］タブにある［図形の塗りつぶし］ボタンや［図形の効果］ボタンを使うと、背景の色や扇形の図形の色だけを個別に変更できます。

1 色を変更するグラフの要素を2回クリック

2 ［書式］タブをクリック

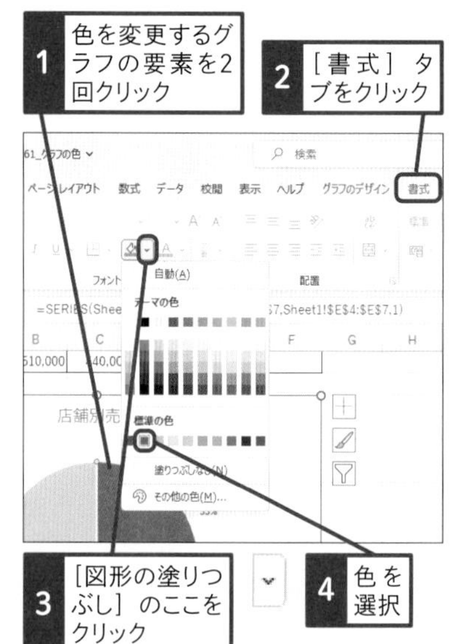

3 ［図形の塗りつぶし］のここをクリック

4 色を選択

スキルアップ

グラフ全体のデザインを変えられる

［グラフスタイル］には、円グラフを構成する扇形の図形のデザインや背景の色、凡例の位置などを組み合わせたパターンが用意されており、クリックして選ぶだけでグラフ全体のデザインが変化します。

1 グラフエリアをクリック

2 ［グラフのデザイン］タブをクリック

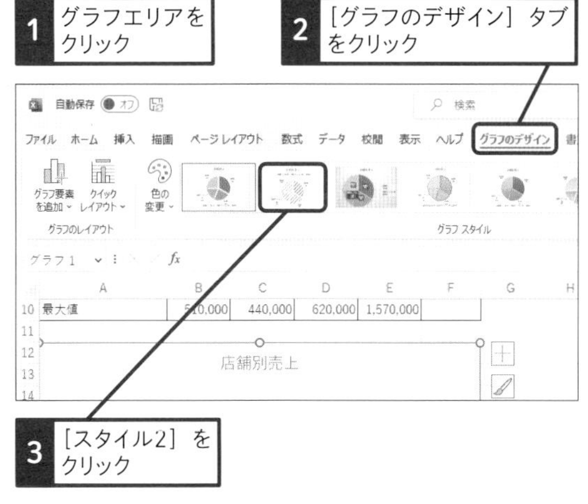

3 ［スタイル2］をクリック

グラフ全体のデザインが変更された

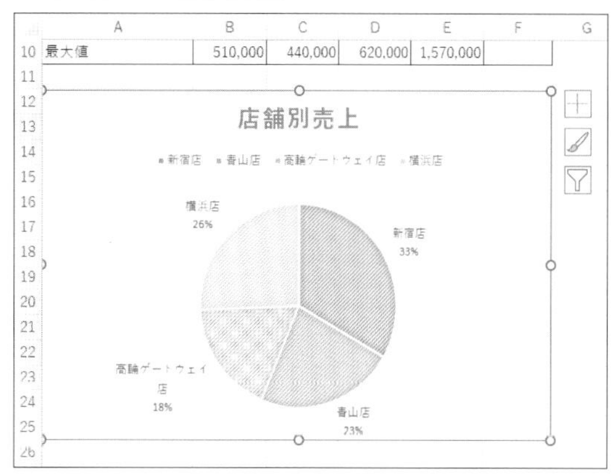

● グラフの色が変更された

グラフの色が変更された

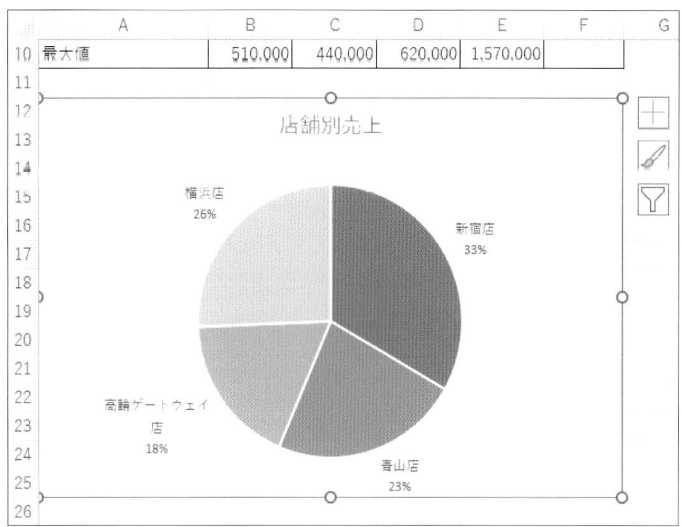

他のセルをクリックし、セル範囲の選択を解除しておく

使いこなしのヒント

グラフの色を最初の状態に戻すには

グラフの色を最初の状態に戻すには、グラフエリアをクリックしてグラフを選択してから、手順1の操作4で［カラフルなパレット1］をクリックします。

まとめ グラフの色でグラフの印象が変わる

円グラフを作成した直後のグラフの色は鮮やかな色の組み合わせです。ひとつひとつの項目を区別して見せたいときには効果的ですが、一部を目立たせたいときには不向きです。このレッスンのように、全体を同じ色の濃淡で表示してから、［グラフの要素を個別に変更するには］の使いこなしのヒントの操作で、強調したい扇形の図形だけに目立つ色を付けると、視線がその色に集まります。

レッスン

61 グラフの種類を変えよう

グラフの種類の変更

練習用ファイル　L061_グラフの種類の変更.xlsx

最初に指定したグラフの種類は、後から何度でも変更できます。ここでは、円グラフを2-Dの集合縦棒グラフに変更します。

キーワード

グラフ	P.308
グラフエリア	P.308
データラベル	P.310

1 グラフの種類を変更する

グラフの種類を円グラフから集合縦棒グラフに変更する

1 グラフエリアをクリック

2 ［グラフのデザイン］タブをクリック

3 ［グラフの種類の変更］をクリック

グラフの種類の変更

［グラフの種類の変更］ダイアログボックスが表示された

4 ［縦棒］をクリック

5 ［集合縦棒］をクリック

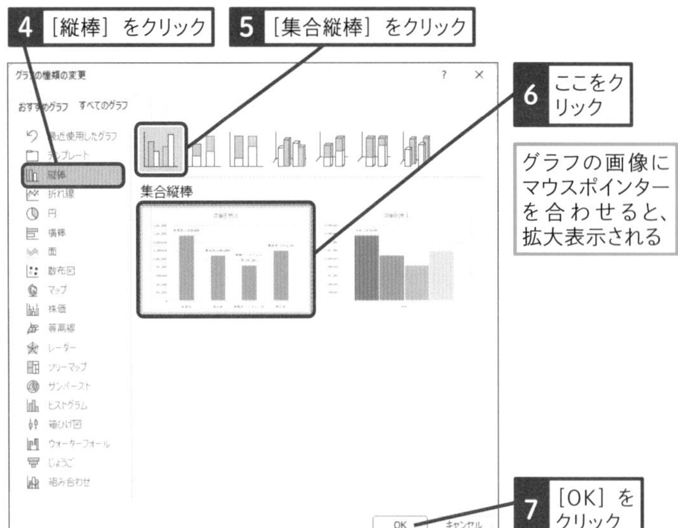

6 ここをクリック

グラフの画像にマウスポインターを合わせると、拡大表示される

7 ［OK］をクリック

使いこなしのヒント

［グラフのデザイン］タブでできること

グラフを選択したときに表示される［グラフのデザイン］タブには、グラフ全体の見た目に関連する機能が集まっています。一方、［書式］タブには、グラフの細部を編集するための機能が集まっています。

◆グラフのデザイン
グラフの見た目を変更する機能がまとめられているとめられている

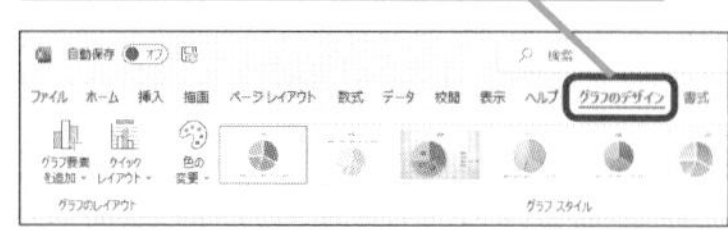

◆書式
グラフの細かい書式を設定する機能がまとめられている

使いこなしのヒント

データや色は引き継がれる

グラフの種類を変更しても、データやグラフの色などの書式はそのまま新しいグラフに引き継がれます。

● グラフの種類が変更された

グラフの種類が［集合縦棒］に変更された

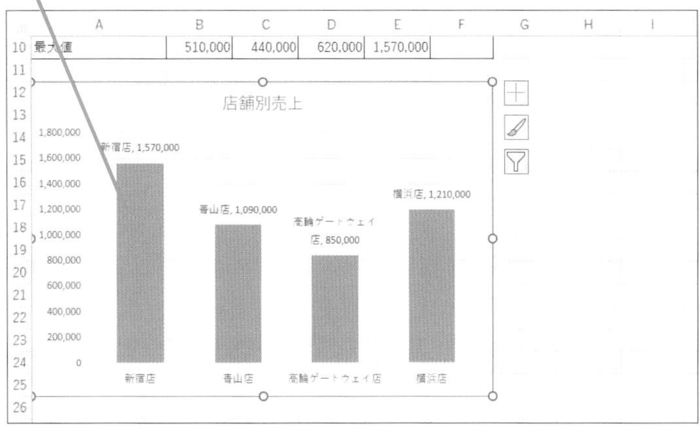

データラベルを削除する

8 ［グラフ要素］をクリック

ここではデータラベルを削除する

9 ［データラベル］をクリックして、チェックマークを外す

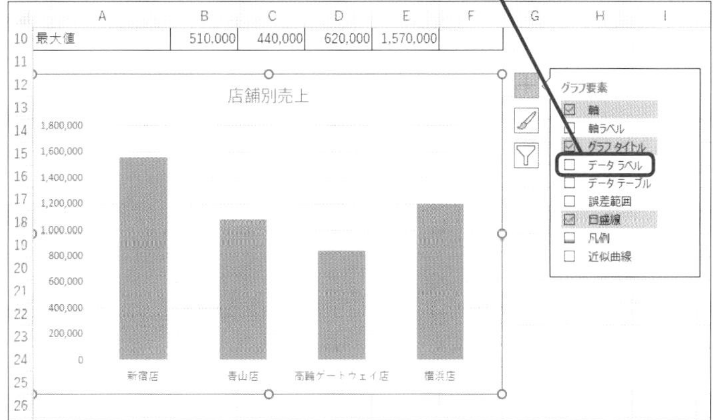

10 セルをクリック

グラフエリアの選択が解除された

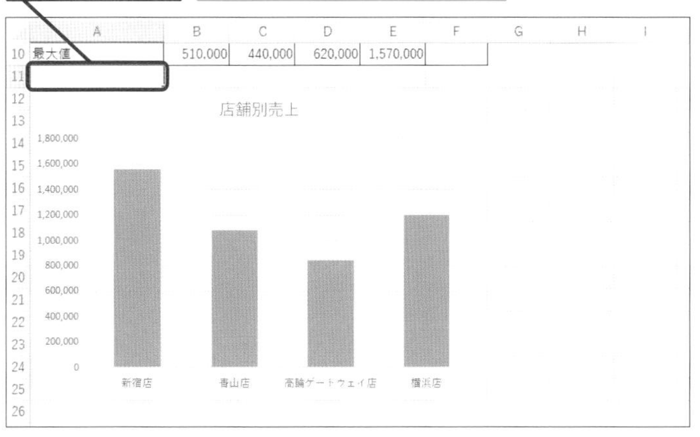

スキルアップ

グラフだけを印刷できる

グラフだけを印刷するときは、最初にグラフエリアをクリックし、グラフを選択してからレッスン62の操作で印刷します。表とグラフを一緒に印刷するときは、いずれかのセルを選択した状態で印刷を実行します。単独で印刷するか、表とグラフを一緒に印刷するかで操作が変わることに注意しましょう。

ここに注意

［グラフのデザイン］タブが表示されないときは、グラフエリアが正しく選択されていない可能性があります。グラフエリアを選択し直しましょう。

まとめ 目的に合ったグラフの種類を選ぼう

このレッスンでは、円グラフを集合縦棒グラフに変更しました。このように、作成したグラフは簡単な操作で別の種類に変更できますが、グラフを変更するときは、どのグラフが適しているかを考えましょう。数値の大小を比較するなら棒グラフ、時系列で数値の推移を示すなら折れ線グラフ、数値の割合を示すなら円グラフというように、目的に合ったグラフを選ばないと、グラフの意図が伝わりにくくなってしまいます

レッスン

62 表とグラフを印刷しよう

表とグラフの印刷

練習用ファイル L062_表とグラフの印刷.xlsx

完成した表とグラフをプリンターから印刷します。印刷を実行する前に印刷イメージを確認して、気になる箇所をすべて修正してから印刷を実行しましょう。

1 印刷プレビューを表示する

ここでは表とグラフを一緒に印刷する

1 ［ファイル］タブをクリック

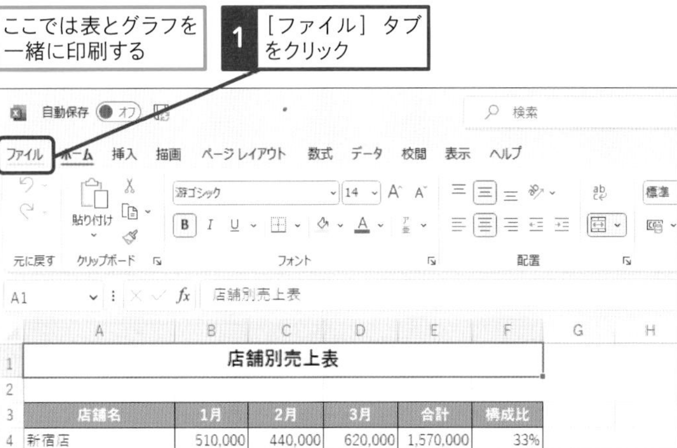

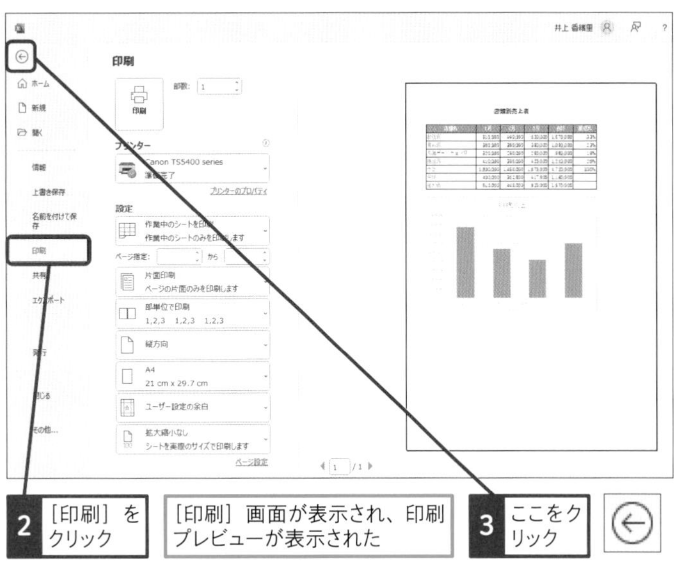

2 ［印刷］をクリック

［印刷］画面が表示され、印刷プレビューが表示された

3 ここをクリック

キーワード

ショートカットキー

印刷 Ctrl + P

時短ワザ

用紙の設定を簡単に変更するには

印刷プレビューを見て、用紙のサイズや向き、余白などを調整する必要が出てきたときは、印刷プレビュー画面の左側にある項目をクリックします。例えば、［標準の余白］をクリックして余白のサイズを変更すると、そのまま右側の印刷プレビューに反映されます。

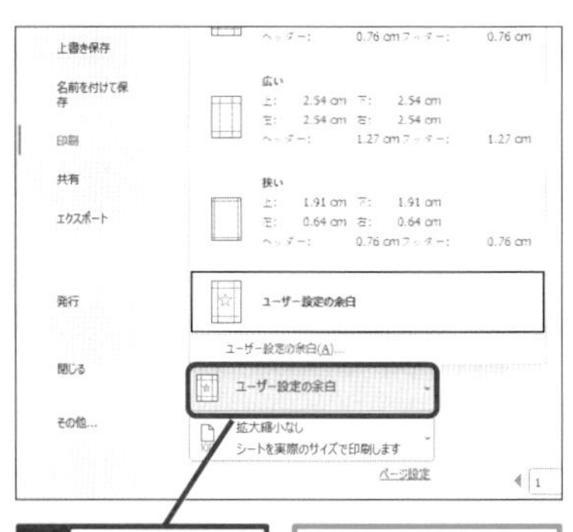

1 ここをクリック

余白の設定一覧が表示された

ここに注意

印刷する前にグラフ以外のセルをクリックしておきます。グラフが選択されていると、グラフだけしか印刷できないので注意しましょう。

● 印刷プレビューが閉じた

［印刷］画面が閉じた

	A	B	C	D	E	F
1	店舗別売上表					
2						
3	店舗名	1月	2月	3月	合計	構成比
4	新宿店	510,000	440,000	620,000	1,570,000	33%
5	青山店	360,000	350,000	380,000	1,090,000	23%
6	高輪ゲートウェイ店	320,000	280,000	250,000	850,000	18%
7	横浜店	410,000	380,000	420,000	1,210,000	26%
8	合計	1,600,000	1,450,000	1,670,000	4,720,000	100%
9	平均	400,000	362,500	417,500	1,180,000	
10	最大値	510,000	440,000	620,000	1,570,000	
11						

2 印刷を実行する

手順1を参考に［印刷］画面を表示しておく

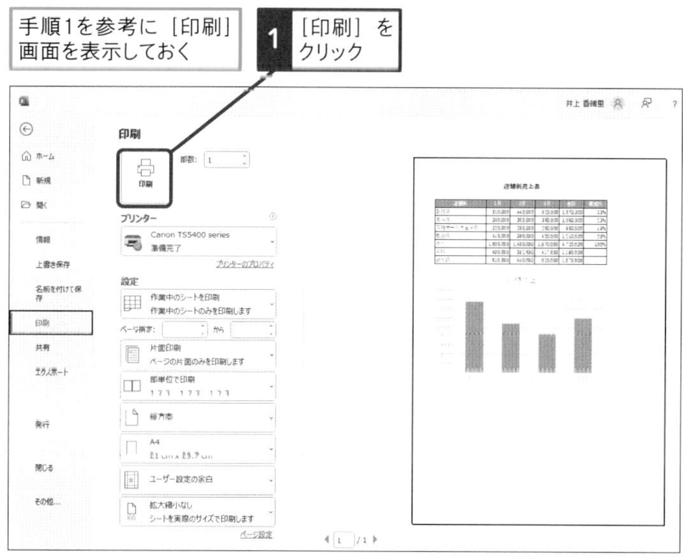

［印刷中］ダイアログボックスが表示され、印刷が実行された

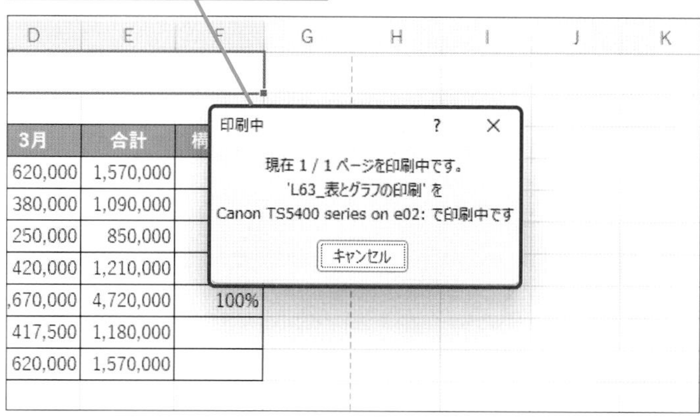

使いこなしのヒント

印刷プレビューを拡大するには

印刷プレビュー画面右下の［ページに合わせる］をクリックすると、画面を拡大できます。［ページに合わせる］をクリックするたびに、拡大と標準が交互に切り替わります。

手順1を参考に［印刷］画面を表示しておく

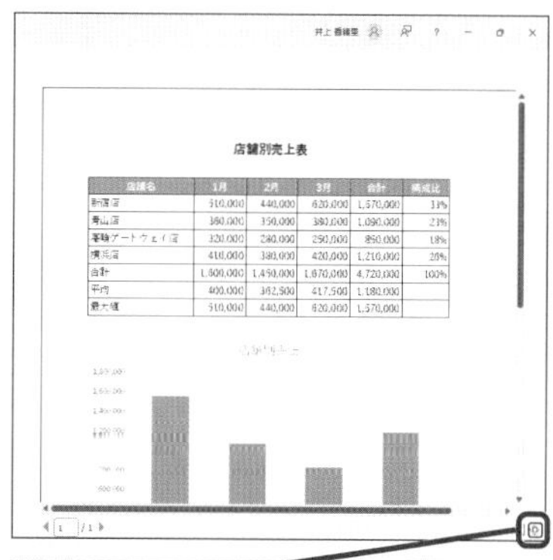

使いこなしのヒント

用紙のサイズを変更するには

印刷プレビュー画面左側の［A4］をクリックすると、用紙サイズの一覧が表示され、印刷するときに使う用紙サイズを変更できます。

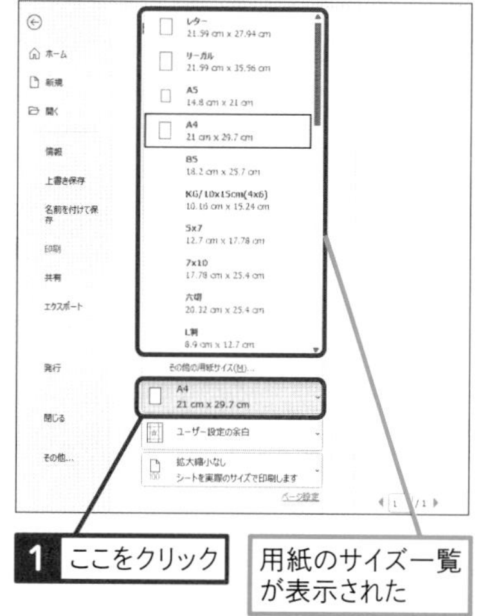

次のページに続く

3 ページの中央に印刷する

手順1を参考に［印刷］画面を表示しておく

1 ［ページ設定］をクリック

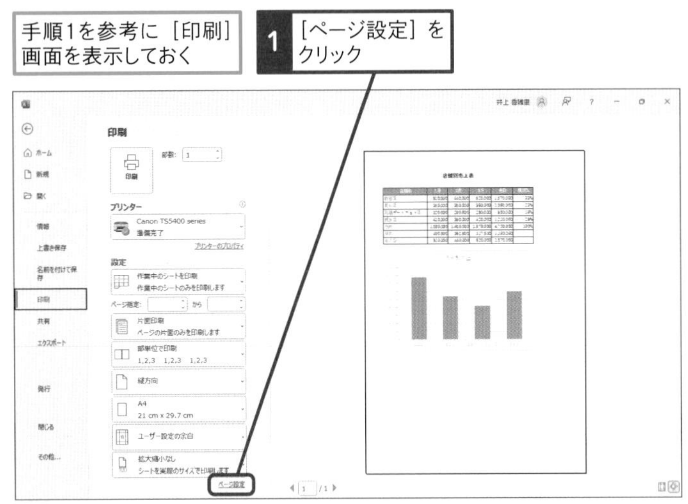

2 ［余白］タブをクリック

［余白］タブでは用紙の上下左右の余白などを設定できる

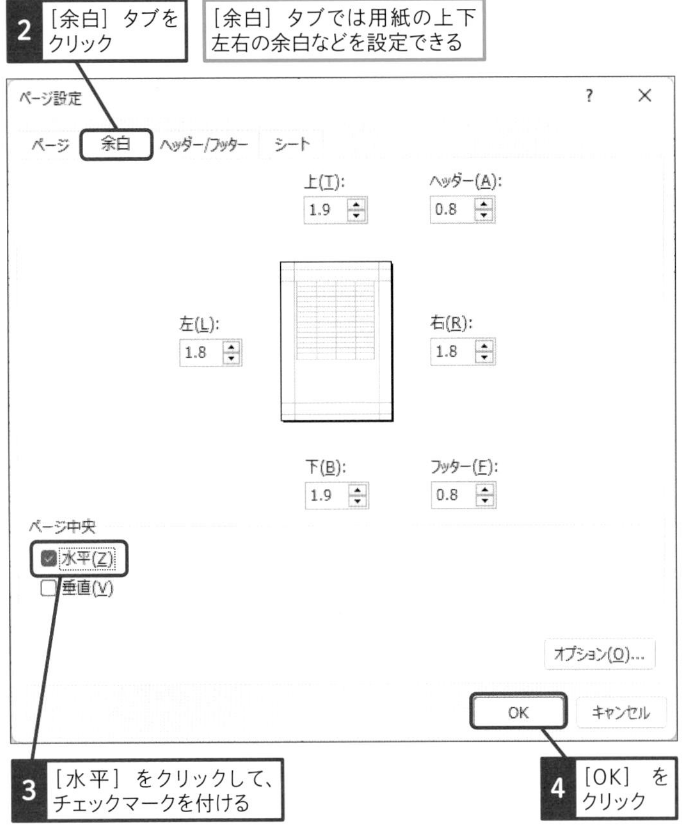

3 ［水平］をクリックして、チェックマークを付ける

4 ［OK］をクリック

使いこなしのヒント

余白を細かく設定するには

ほんの数行や数列が用紙からはみ出ているときは、余白を狭めることで対応できます。以下の操作で余白を示す線を表示すると、線をドラッグして余白のサイズを調整できます。

1 ［余白の表示］をクリック

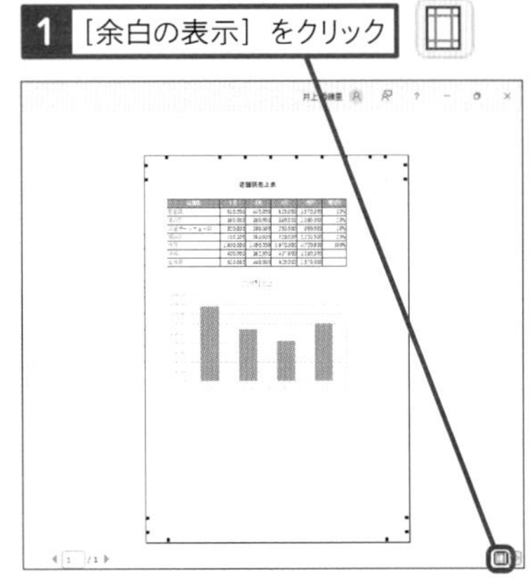

上下左右に表示された線をドラッグして余白を設定できる

使いこなしのヒント

拡大・縮小を設定するには

印刷するときだけ表やグラフを拡大するには、［ページレイアウト］タブの［拡大/縮小］に倍率を指定します。変更した結果は、印刷プレビュー画面で確認できます。

1 ［ページレイアウト］タブをクリック

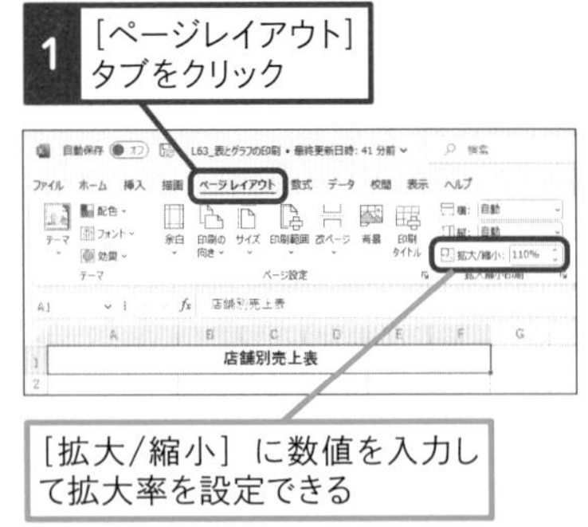

［拡大/縮小］に数値を入力して拡大率を設定できる

スキルアップ

PDFに保存できる

表やグラフをPDF形式で保存することができます。PDF形式で保存する操作はレッスン98を参照してください。

スキルアップ

1ページに収まるように自動で設定できる

表やグラフが2ページに分かれていると一覧性が低下します。強制的に1ページに収めて印刷するには、以下の操作で［すべての列を1ページに印刷］もしくは[シートを1ページに印刷]を選びます。

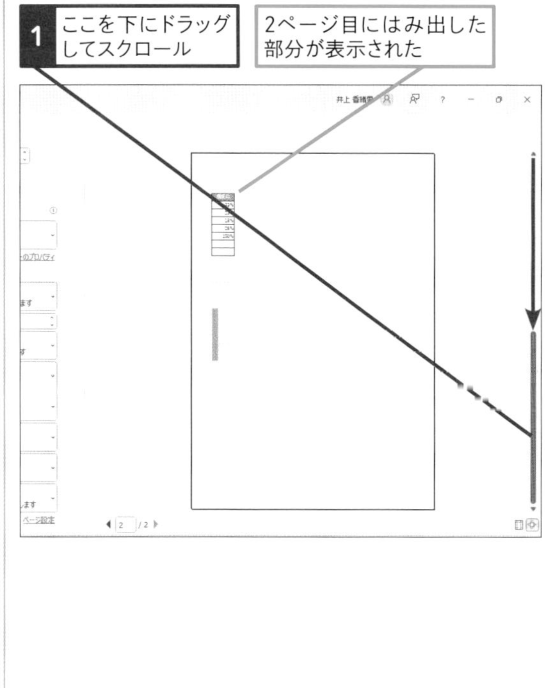

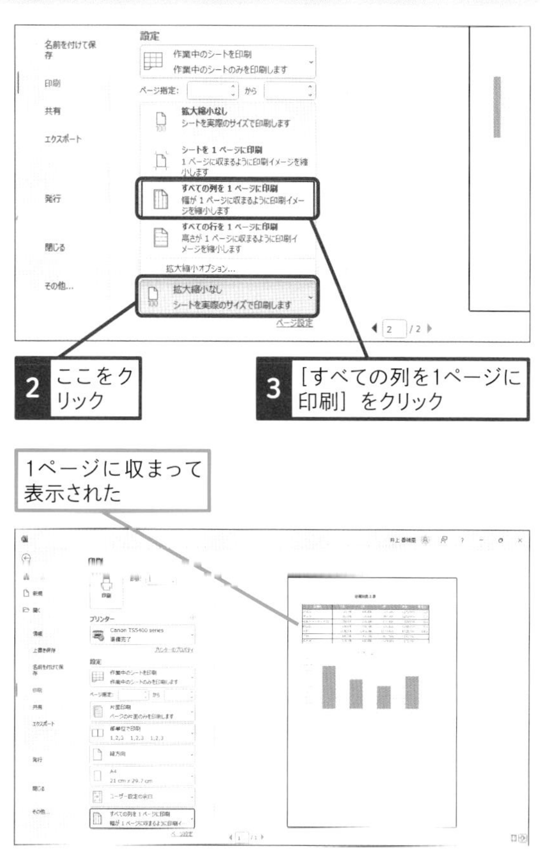

● 表とグラフが中央に印刷されるようになった

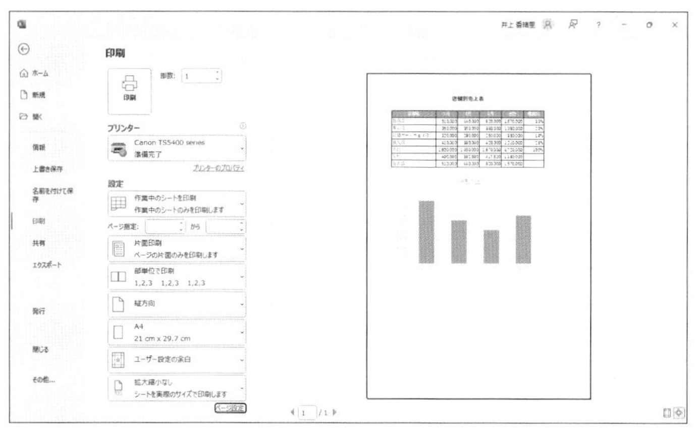

まとめ　Excelでは事前に確認して印刷するのが重要

Wordは画面で見たまま文書を印刷できますが、Excelはそうではありません。そもそもExcelのワークシートには「用紙」の概念がないからです。表やグラフを印刷するときには、事前に印刷プレビューを確認する習慣をつけましょう。用紙サイズや余白などの修正が必要なときは、左側に用意されている項目を使うと、変更結果がそのまま印刷プレビューに反映されます。すべて問題ないことを確認してから印刷すると、時間や用紙、インクの無駄遣いを防げます。

この章のまとめ

グラフを使って数値データを分かりやすく見せよう

表は数値を正しく見せる効果がありますが、数値の羅列を見ているだけでは全体的な傾向が分かりにくいという一面もあります。数値データを分かりやすく見せるためには、グラフを使うといいでしょう。Excelでは、表のデータを選択してグラフの種類を選ぶだけで、簡単にグラフを作成できます。ただし、グラフの種類を間違えると、目的が伝わらないグラフになるので注意しましょう。作成直後のグラフのままでもきれいですが、データラベルやグラフタイトルを追加したり全体の色を変更したりするなど、後から手を加えるとグラフの仕上がりが格段にアップします。

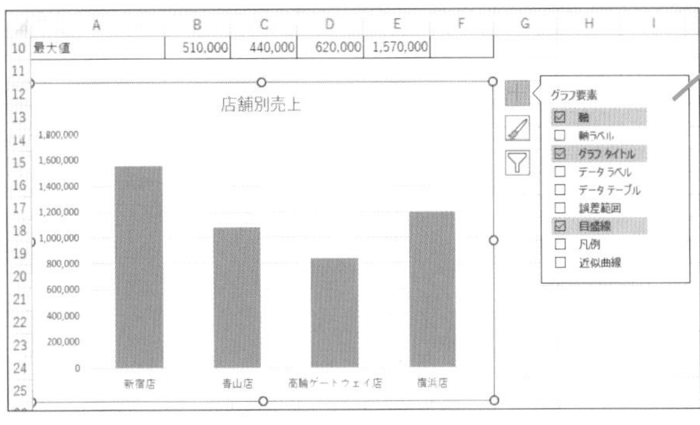

完成したグラフにひと手間かければクオリティアップできる

グラフを使うと、表の数値データが格段に分かりやすくなりますね！しかも思ったより簡単に作ることができて驚きました。

そうですね。基になるデータを選択するだけですからね。作った直後のグラフはそのままでもいいのですが、グラフタイトルやデータラベルを追加することで、もっと分かりやすくなるので、ぜひ覚えておいてください。

それともう一つ驚いたのが、グラフの種類を変える機能です。データはそのままで瞬時に変えられるのですね！

ここでは円グラフから棒グラフに変えてみたけど、目的に合わせたグラフを選ぶことも大切なんだ。まずは数値の大小なら棒グラフ。割合なら円グラフということを覚えておこう！

それから、完成した表やグラフを印刷する前に確認するのも、Excelでは重要だからね。WordやPowerPointと違って、印刷のイメージがつかみにくいから、印刷プレビューでしっかりと確認する習慣を付けるようにしてね。

PowerPoint

基本編

第9章

スライド作成の基本を知ろう

この章では、PowerPointを使ってプレゼンテーション用の資料を作成するための基本操作を解説します。「スライド」と呼ばれる用紙に文字を入力して文字のサイズを変更したり、スライドのデザインや色合いを変更したりする方法を紹介します。

レッスン

63 Introduction この章で学ぶこと PowerPointで考えをまとめよう

PowerPointでプレゼンテーション用の資料を作成するときは、最初にプレゼンテーションの目的を明確にして、どの順番で何を説明するのかをしっかり決めておくことが大切です。構成を決めておけば、資料作成がスムーズに進みます。

目的を明確にして全体の構成を考えよう

ここから本格的に資料作りが始まりますね！
さて、どの写真やイラストを入れようかな……。

ちょっと待った！　いきなりデザインを作り込むのは、非効率だよ。
資料の構成を練りながら、骨格を作ることからスタートしてね。

初めからデザインを作り込むと、視覚的要素が気になり、何度も構成を練り直すことになる

構成を考える前に「何を誰に、何のために発表するのか」目的を明確にすることも忘れずに！　目的を達成するために、どんな情報やデータが必要なのか、どんな説明が伝わりやすいのかが分かって、構成も考えやすくなるよ。

1ページ／1テーマでまとめるのがポイント

構成を考えたら、次はいよいよ作っていくところですね。ポイントは詰め込まないことです。

詰め込まない…。なんだかスカスカになってしまいそうですけど…。

その気持ちは分かりますよ。しかし、PowerPointはプレゼンテーションでよく使われるアプリです。プレゼンテーションでは要点を分かりやすく伝えるのが重要なんです。

要件を分かりやすく！　簡潔にまとめていくのが大切ということですね？

その通り！　ここでは要点をまとめるのに役立つ箇条書きなどの見せ方も解説していきますよ。

プレゼンテーションを一気に仕上げられるのがPowerPointのメリット

スライドの作成で不安なのが、デザインです…。センスゼロなので、仕上げられる自信がありません。

そのあたりは心配ありませんよ！　PowerPointの「テーマ」という機能を使えば、一気にデザインされたスライドに仕上げられますよ。

レッスン

64 PowerPointの画面構成を知ろう

画面構成　練習用ファイル　なし

PowerPointでは、画面中央の「スライド」と呼ばれる用紙を使って資料を作ります。PowerPointを使っていて用語に迷ったら、このページに戻って画面構成や用語を確認しましょう。

キーワード

ズームスライダー	P.308
スライド	P.309
リボン	P.312

各部の名称を知ろう

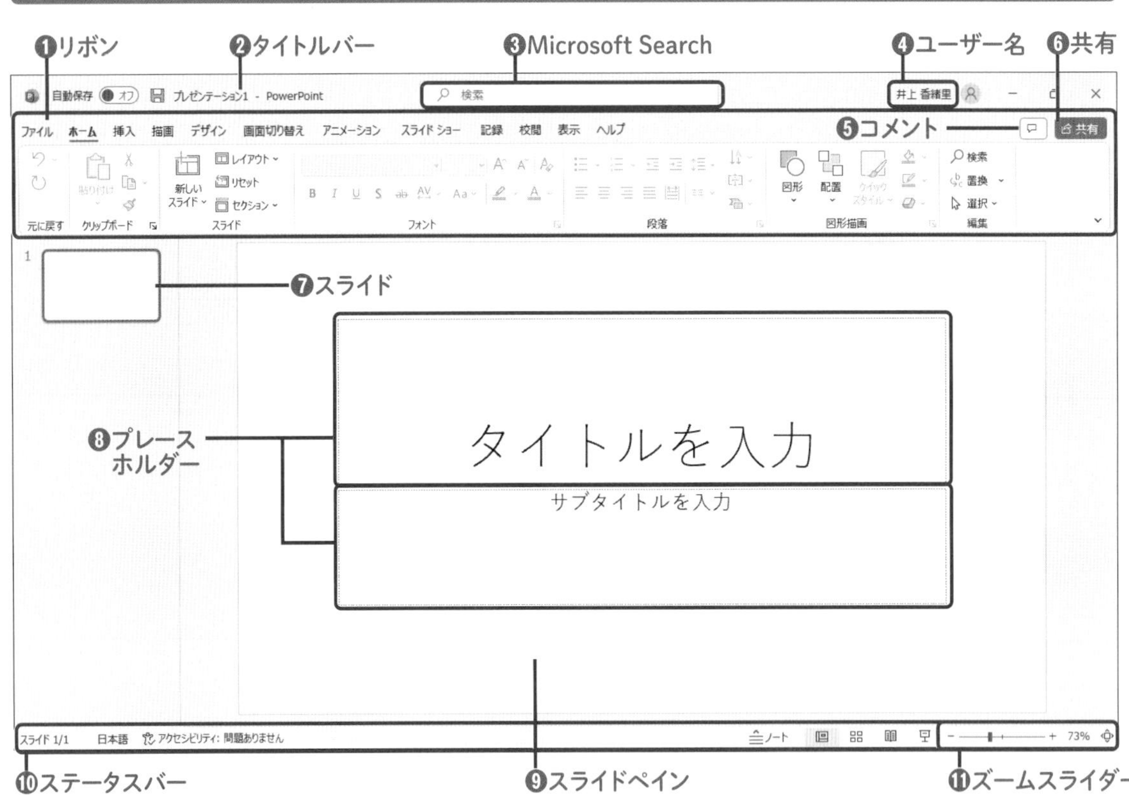

各部の枠割を知ろう

❶リボン
役割別にいくつかのタブに分かれており、リボン上部のタブをクリックして切り替えると、目的のボタンが表示される。必要なボタンを探す手間が省け、より効率的に操作できる。

❷タイトルバー
ファイル名やアプリの名前が表示される。

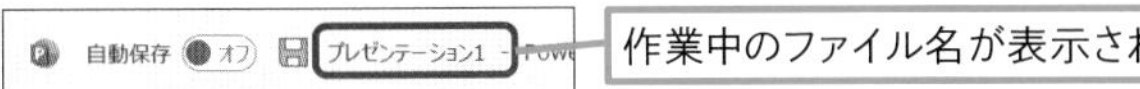

作業中のファイル名が表示される

❸Microsoft Search
次に行いたい操作を入力すると、関連する機能の名前が一覧表示され、クリックするだけで機能を実行できる。目的の機能がどのタブにあるかが分からないときに便利。

❹ユーザー名
Officeにサインインしているユーザー名が表示される。サインインには、Microsoftアカウントを利用する。本書では、Microsoftアカウントでサインインした状態で操作を解説する。

❺コメント
クリックすると、画面右側に［コメント］ウィンドウが開き、スライドにメモを残すことができる。

❻共有
Web上の保存場所であるOneDriveに保存したプレゼンテーションファイルを、第三者と共有して同時に編集するときに利用する。

❼スライド
PowerPointで作成するプレゼンテーションのそれぞれのページのこと。作成したスライドの縮小版が表示される。

❽プレースホルダー
スライド上に文字を挿入したり、イラストやグラフなどを挿入したりするための専用の領域。

❾スライドペイン
スライドを編集する領域。

❿ステータスバー
現在のスライドの枚数や全体の枚数が表示される他、［ノート］ペインの表示／非表示の切り替え、［標準表示］や［スライド一覧表示］などのモードの切り替えが行える。

⓫ズームスライダー
つまみを左右にドラッグすると、スライドの表示倍率を変更できる。［拡大］ボタン（+）や［縮小］ボタン（-）をクリックすると、10%ごとに表示の拡大と縮小ができる。

使いこなしのヒント

リボンを表示しないようにするには

リボンのタブをダブルクリックするか、Ctrl+F1キーを押すと、リボンが非表示になります。その分、スライドペインを大きく表示できます。同じ操作でリボンの表示と非表示を交互に切り替えられます。

ショートカットキー

リボンを折りたたむ　Ctrl+F1

使いこなしのヒント

リボンの表示は画面の解像度によって変わる

ディスプレイの解像度によっては、リボンの中に表示されるボタンの並び方や形が変わる場合もあります。

●1920×1080ピクセルのリボン

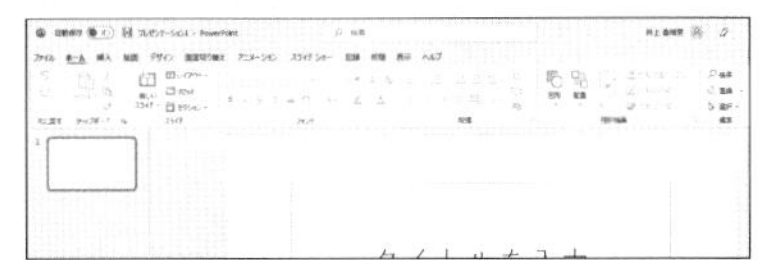

●1366×768ピクセルのリボン

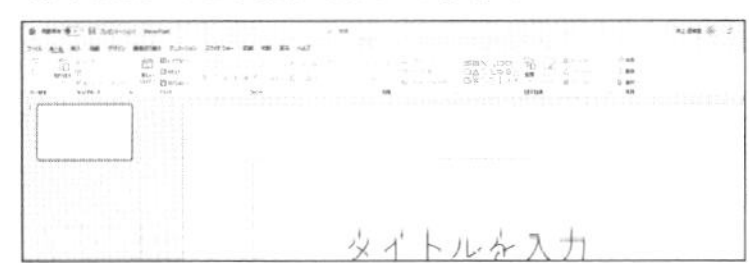

まとめ　スライドペインが操作の中心

PowerPointの画面は、中央の「スライドペイン」を中心に構成されています。「スライドペイン」は、文字やグラフなどの情報を入力・編集する領域です。スライド上側の「リボン」にはPowerPointで使える機能が並んでいます。また、左側にはスライドの縮小画像が表示されて、常に全体を確認しながら操作できます。

レッスン

65 表紙のスライドを作ろう

タイトルスライド　練習用ファイル　なし

PowerPointの起動後に［新しいプレゼンテーション］をクリックすると、プレゼンテーション資料の表紙のスライドが表示されます。枠内にタイトルを入力しましょう。

1 タイトルを入力する

レッスン02を参考に、新しいプレゼンテーションを作成しておく

◆［タイトルスライド］レイアウト

1 ここにマウスポインターを合わせる

マウスポインターの形が変わった

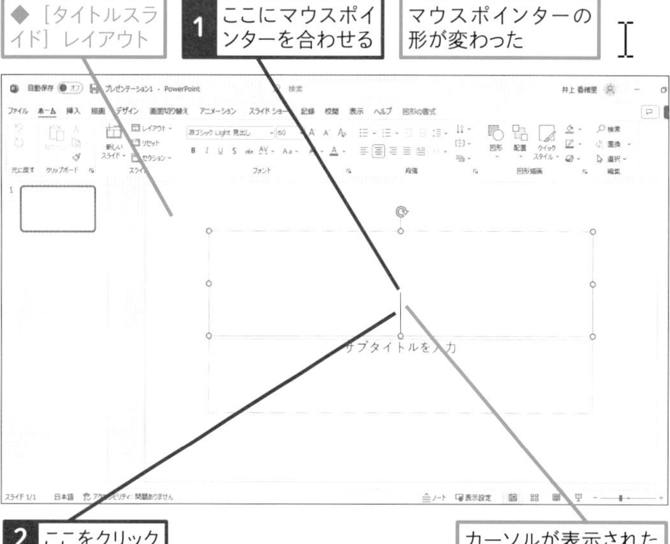

2 ここをクリック

カーソルが表示された

3 「会社説明会」と入力

4 Enter キーを押す

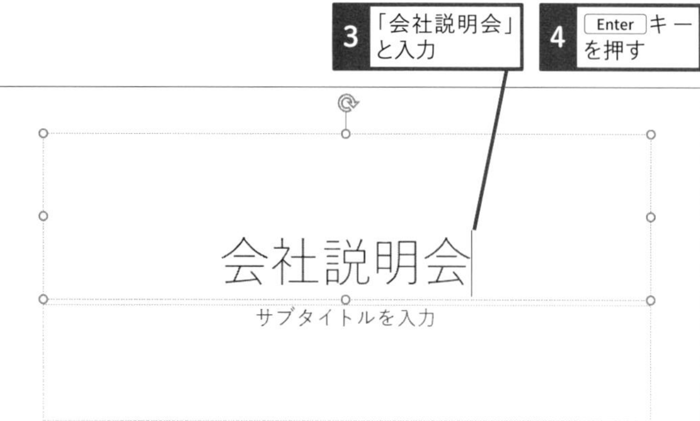

キーワード

用語解説

プレースホルダー

スライド上に点線で表示されている枠のことを「プレースホルダー」と呼びます。プレースホルダーとは、スライドに文字や画像、グラフなどを入れるための領域のことで、スライドのレイアウトによって、さまざまなプレースホルダーの組み合わせがあります。

◆プレースホルダー

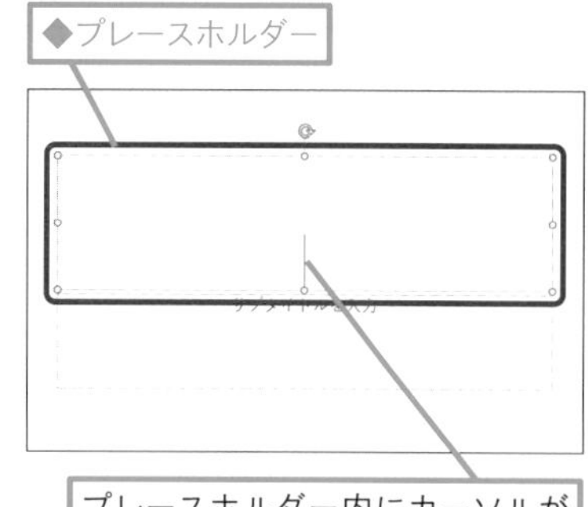

プレースホルダー内にカーソルが表示されると、文字が入力できる

2 サブタイトルを入力する

1 ここをクリック

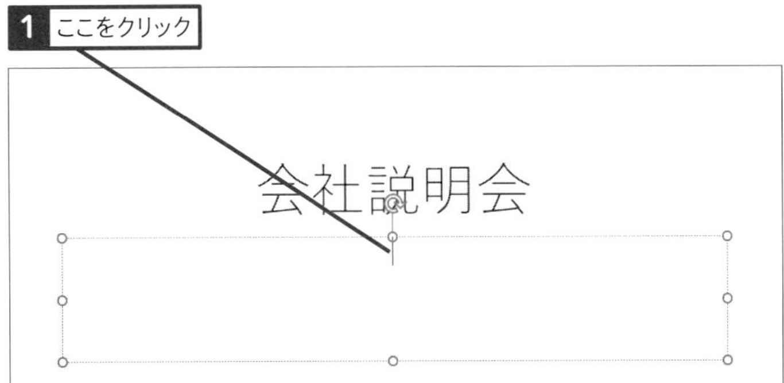

ここでは会社の名前を入力する

2 「できるサイクル株式会社」と入力

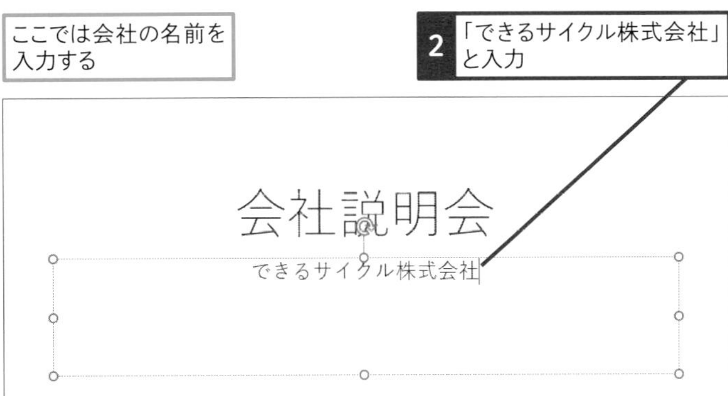

3 スライドの外側をクリック

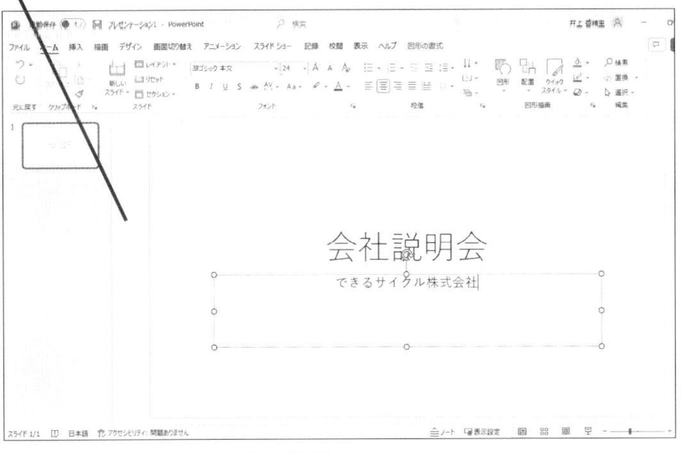

プレースホルダーの枠が非表示になり、選択が解除される

使いこなしのヒント

入力した文字には自動的に書式が設定される

表紙のスライドを見ると、タイトルの文字が大きく、サブタイトルの文字が小さめに表示されています。それぞれのプレースホルダーにはあらかじめ書式が設定されているので、文字を入力するだけで見栄えがする仕上がりになります。

用語解説

書式

書式とは、文字や図形などに色や飾りを付けて見た目を変えることです。

ここに注意

タイトルやサブタイトルが2行にまたがる場合は、区切りのいい箇所でEnterキーを押して改行します。

まとめ 表紙のスライドから始めよう

PowerPointの起動後に［新しいプレゼンテーション］を選ぶと、白紙のスライドが1枚だけ用意されます。これはプレゼンテーションや企画書の表紙になるスライドです。表紙のスライドには、2つのプレースホルダーが用意されており、タイトル用のプレースホルダーには全体を象徴するタイトルを入力します。また、サブタイトル用のプレースホルダーには、会社名や部署名、名前などを入力するといいでしょう。プレースホルダーの説明に従って操作すれば、誰でも簡単に適切な内容を入力できます。

レッスン

66 新しいスライドを挿入しよう

新しいスライド、箇条書きのレベル　練習用ファイル　L066_新しいスライド.pptx

表紙の後ろに新しいスライドを追加しましょう。ここでは、箇条書きや表、グラフなどを入力できる［タイトルとコンテンツ］のレイアウトのスライドを追加します。

1 新しいスライドを挿入する

タイトルスライドの下に、2枚目のスライドを挿入する

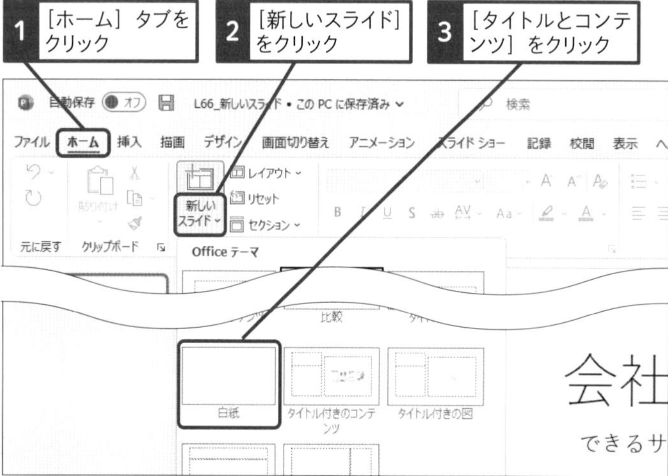

新しい白紙のスライドが挿入され、プレースホルダーが追加された

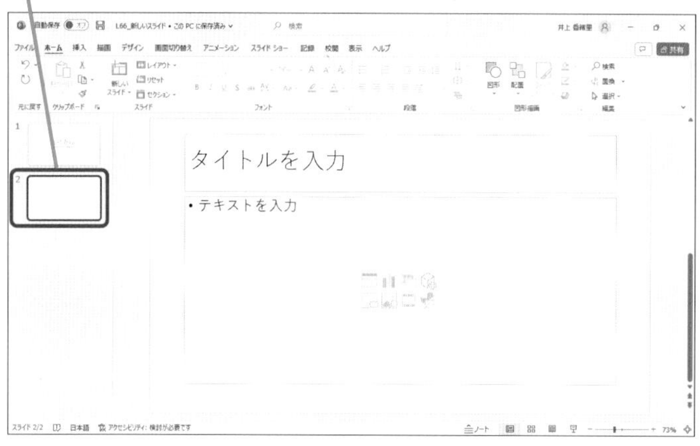

キーワード

箇条書き	P.307
行頭文字	P.307
スライド	P.309
レイアウト	P.312
レベル	P.312

ショートカットキー

新しいスライド　Ctrl + M

使いこなしのヒント

選択したスライドの下に追加される

手順1の操作で新しいスライドを追加すると、選択されているスライドの後ろに追加されます。目的とは違う位置にスライドが追加されてしまったら、画面左側でスライドを移動先までドラッグします。

使いこなしのヒント

右クリックからでもスライドを追加できる

以下の手順でも､スライドを追加できます。他のタブが表示されているときは、［ホーム］タブに切り替える手間が省けて便利です。

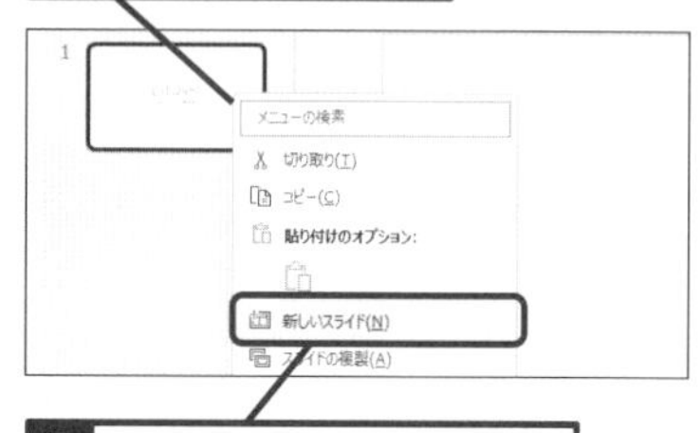

スキルアップ

行頭文字を変更するには

箇条書きの先頭に付く行頭文字の記号は、後から別の記号や連番に変更できます。最初にプレースホルダーの外枠をクリックしてプレースホルダー全体を選択しておくと、箇条書きの行頭文字をまとめて変更できます。詳しくは、レッスン67を参照してください。

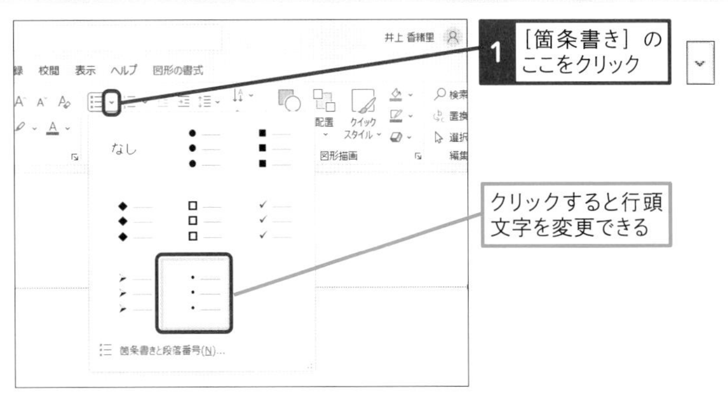

2 箇条書きを入力する

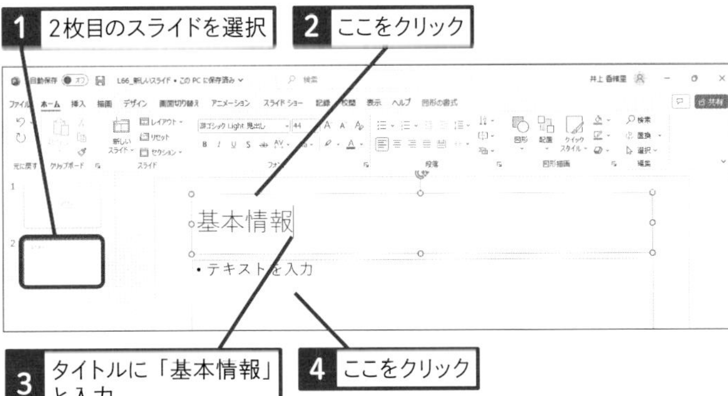

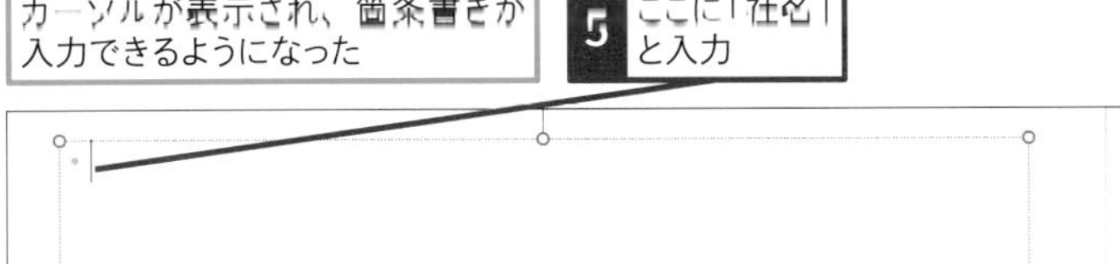

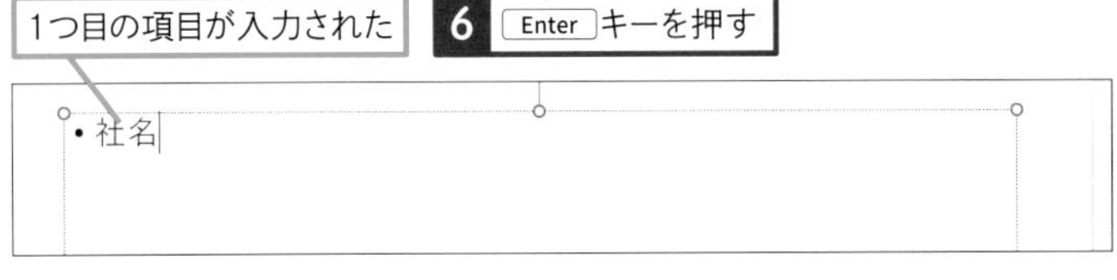

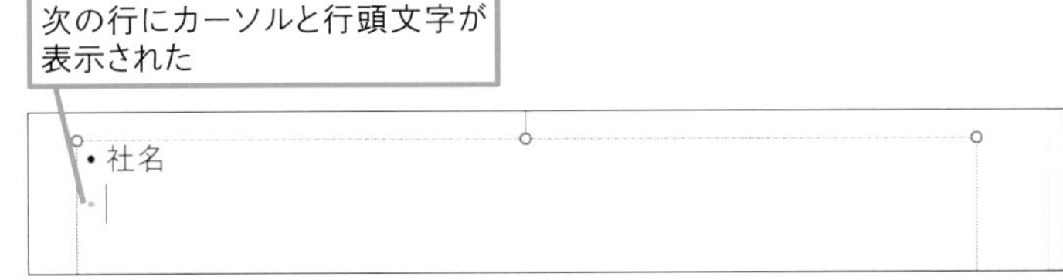

使いこなしのヒント

［新しいスライド］ボタンで追加できるスライドに注意する

手順1の操作2で、［新しいスライド］ボタンの上側をクリックすると、［タイトルとコンテンツ］のレイアウトのスライドが挿入されます。ただし、2枚目以降のスライドを追加するときは、直前のスライドと同じレイアウトのスライドが挿入されます。

直前のスライドと同じレイアウトのスライドが追加された

用語解説

スライドのレイアウト

PowerPointには、プレースホルダーの組み合わせによって、複数のレイアウトが用意されています。［ホーム］タブの［新しいスライド］ボタンの下側をクリックすると、レイアウトの一覧が表示され、スライドを追加するときにレイアウトを選択できます。また、［スライドのレイアウト］ボタンを使って、後からレイアウトを変更することもできます。

次のページに続く

3 Tabキーでレベルを変更する

ここでは2行目のレベルを変更する

1 2行目をクリック

2 Tabキーを押す

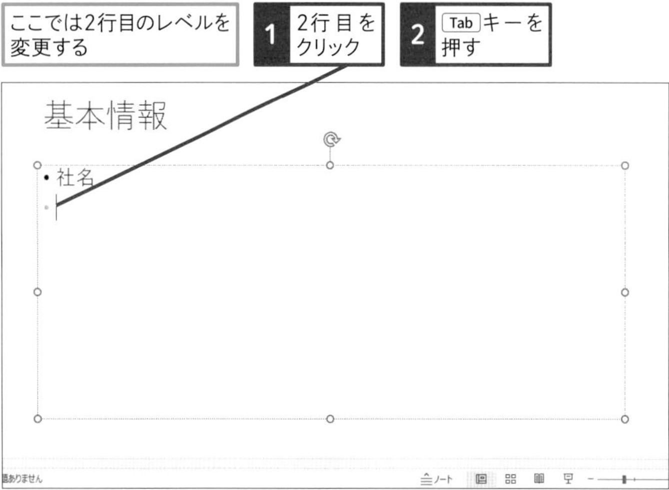

2行目のレベルが変更された

3 「できるサイクル株式会社」と入力

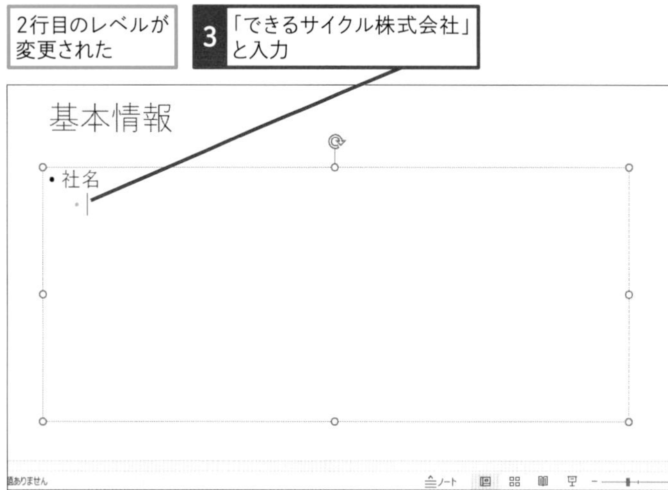

レベルを下げると、文字の大きさが小さくなる

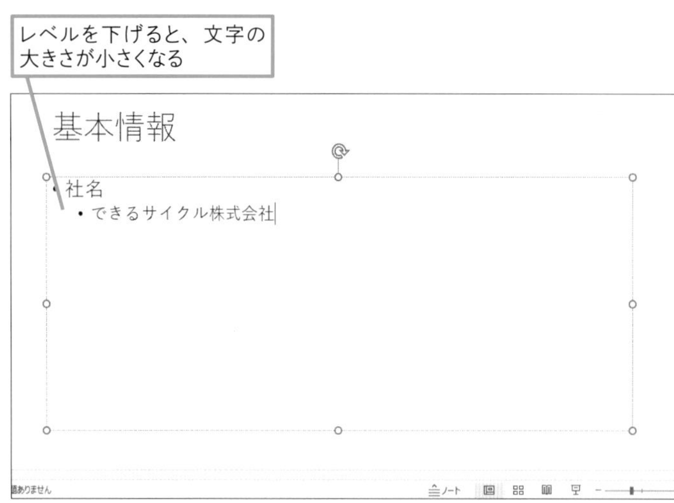

ショートカットキー

レベル上げ	Shift + Tab
レベル下げ	Tab

使いこなしのヒント

行頭文字を付けずに改行するには

Enterキーで改行すると、必ず行頭文字が表示されます。行頭文字を付けずに改行するには、Shift+Enterキーを押します。

用語解説

レベル

箇条書きの階層のことを「レベル」と呼びます。レベルを下げるときにはTabキーを押します。反対にレベルを上げるときにはShift+Tabキーを押します。箇条書きのレベルは9段階ありますが、あまり階層を深くすると複雑になるので注意しましょう。

レベルごとに文字の大きさや字下げの位置が異なる

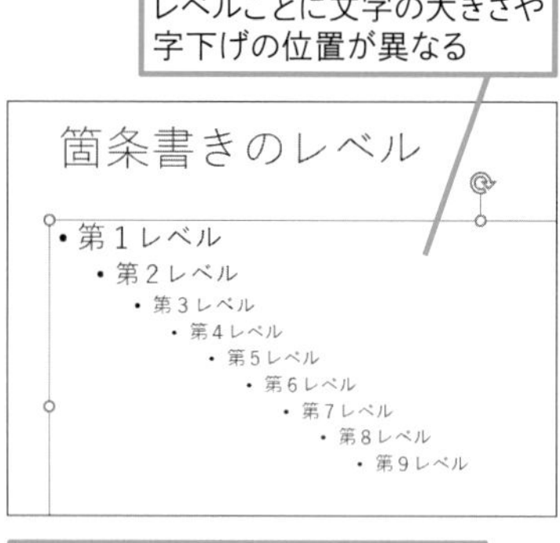

レベルを下げすぎると複雑になるので、「第2レベル」ぐらいまでにとどめておく

4 行頭文字をドラッグしてレベルを変更する

ここでは2行目のレベルを変更する

1 行頭文字にマウスポインターを合わせる

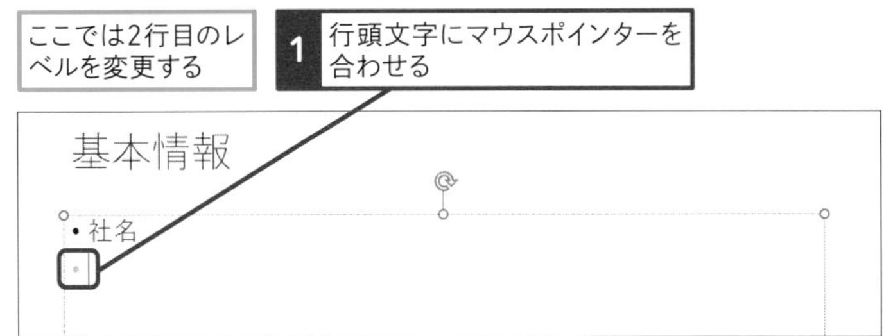

マウスポインターの形が変わった

2 ここまでドラッグ

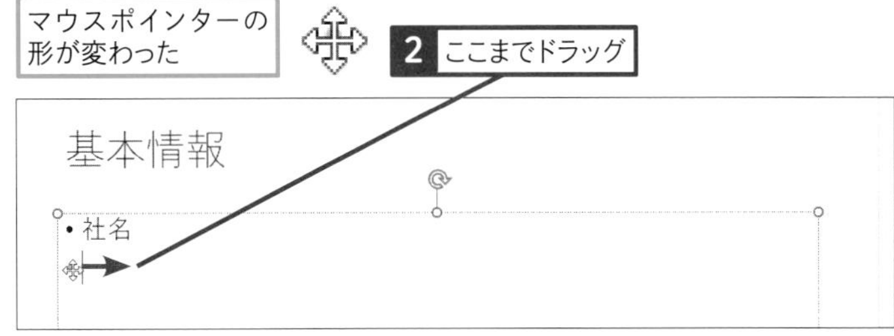

箇条書きのレベルが下がった

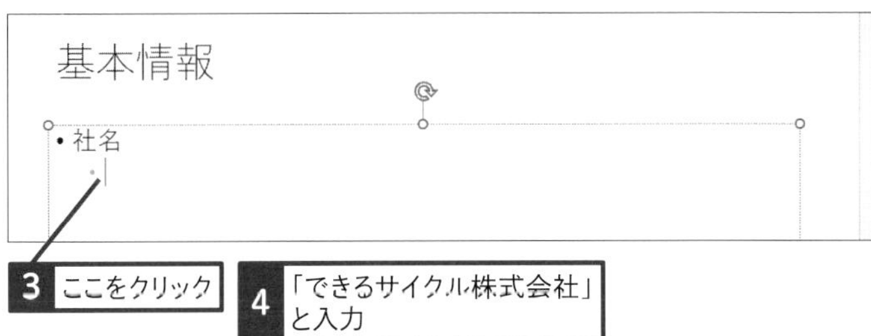

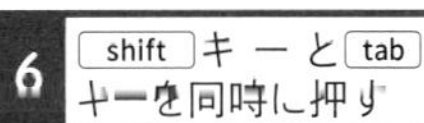

次の行に続けて文字を入力する

5 Enter キーを押す

6 shift キーと tab キーを同時に押す

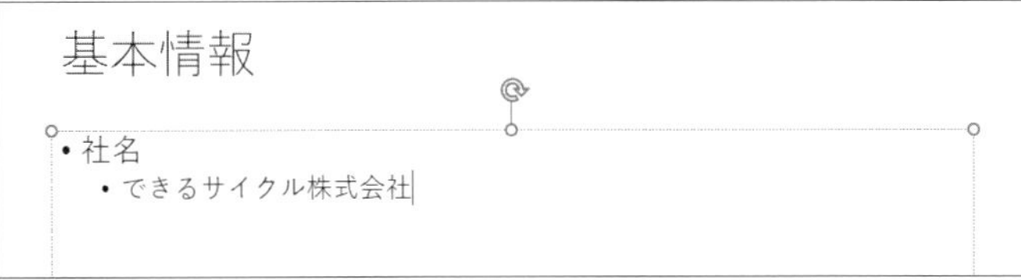

箇条書きのレベルが上がる

続けて以下の内容を入力しておく

・本社所在地
　・東京都千代田区神田神保町 X-X-X
・設立
　・1990 年 7 月
・代表取締役社長
　・安藤誠一郎

使いこなしのヒント
後からレベルを変更するには

箇条書きを入力した後でレベルを変更するには、箇条書きの先頭文字の前をクリックしてから Tab キーでレベルを下げたり、Shift + Tab キーを押してレベルを上げたりします。また、行頭文字を左右にドラッグしてレベルを変更することもできます。

使いこなしのヒント
直前のレベルが引き継がれる

箇条書きを入力した後で Enter キーを押すと、前の行と同じレベルを入力できる状態になります。これは直前のレベルが引き継がれるためです。必要に応じてレベルを上げたり下げたりして使いましょう。

ここに注意

ドラッグ操作でレベルを変更するときに、意図したレベルと違うところまでドラッグしてしまうことがあります。このようなときは、正しい位置までドラッグし直します。

まとめ スライドを追加しながら資料を作る

PowerPointでは、「スライド」という単位が基本です。最初は表紙用のスライドが1枚だけ表示されますが、後からスライドを2枚3枚と追加して、文字や表、グラフなどを入力してプレゼンテーション資料を作成していきます。最終的に何枚ものスライドが集まってできたものが「プレゼンテーションファイル」です。

レッスン

67 箇条書きの記号を付けよう

YouTube動画で見る
詳細は2ページへ

行頭文字　練習用ファイル L067_行頭文字.pptx

スライドに箇条書きを入力すると、最初は箇条書きの先頭に「・」の行頭文字が表示されます。「・」の記号は後から別の記号や連番に変更できます。

1 段落番号を付ける

ここでは3枚目のスライドの行頭文字を番号に変更する

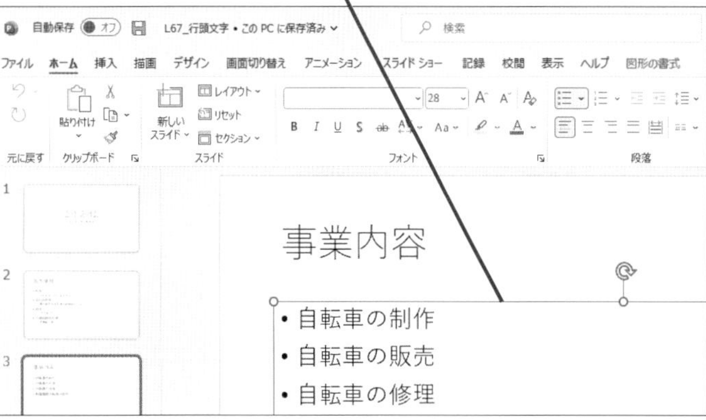

2 [ホーム] タブをクリック

3 [段落番号] をクリック

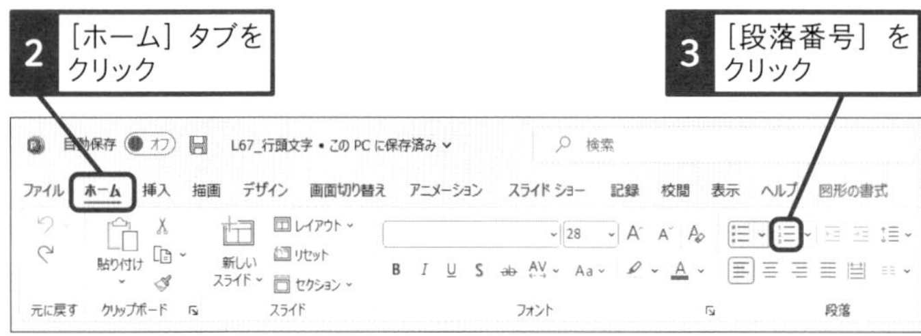

行頭文字が番号に変更された

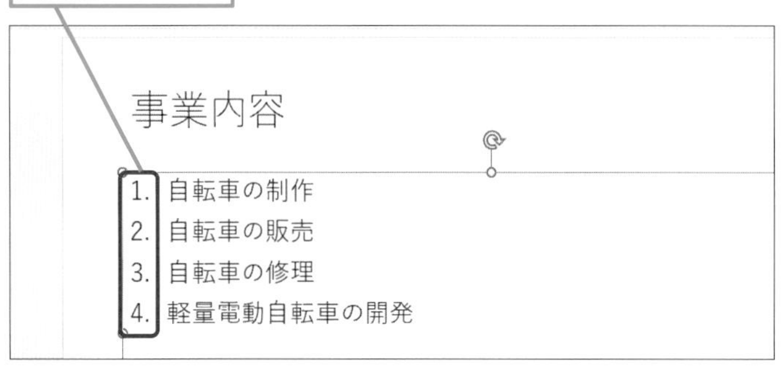

キーワード

箇条書き	P.307
行頭文字	P.307
段落	P.310

使いこなしのヒント

段落番号から箇条書きに戻すには

段落番号に変更した行頭文字を箇条書きの記号に戻すには、段落番号にした箇所を選択し、[箇条書き] ボタン (☰) をクリックします。

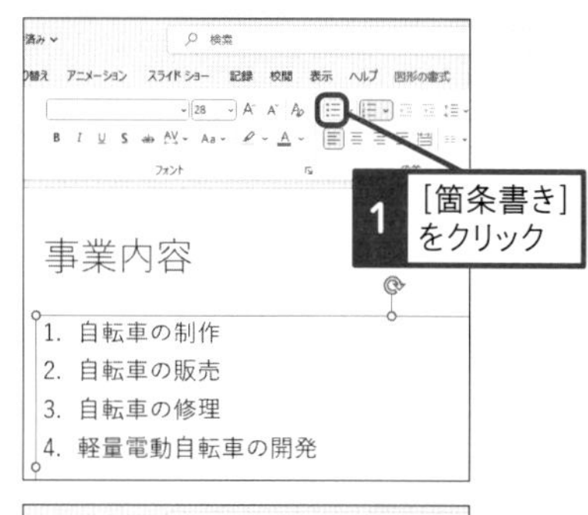

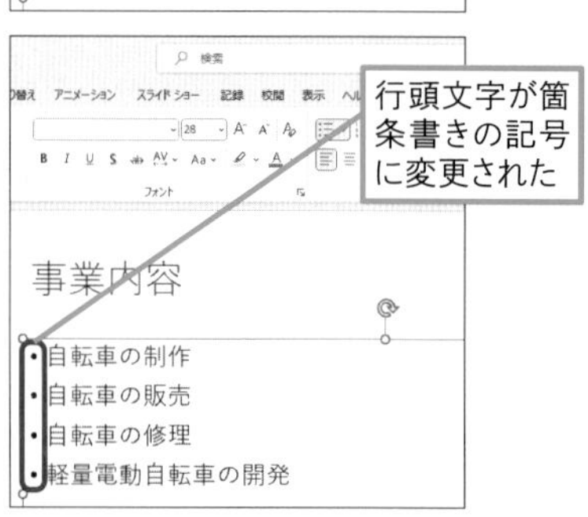

使いこなしのヒント

段落番号はどういうときに使うといいの?

段落番号は、作業の手順を連番で示すときに便利です。また、「3つのポイント」といったスライドの箇条書きに連番を付けると、数字を強調する効果もあります。

2 段落番号の種類を変更する

手順1を参考に、段落番号を付けておく

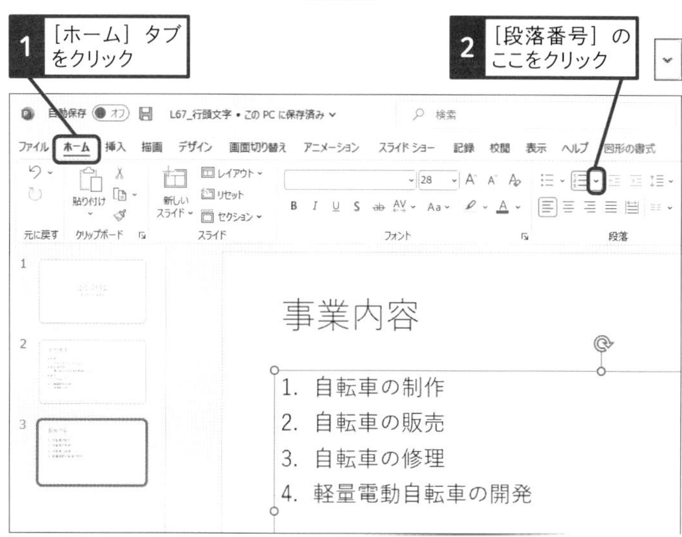

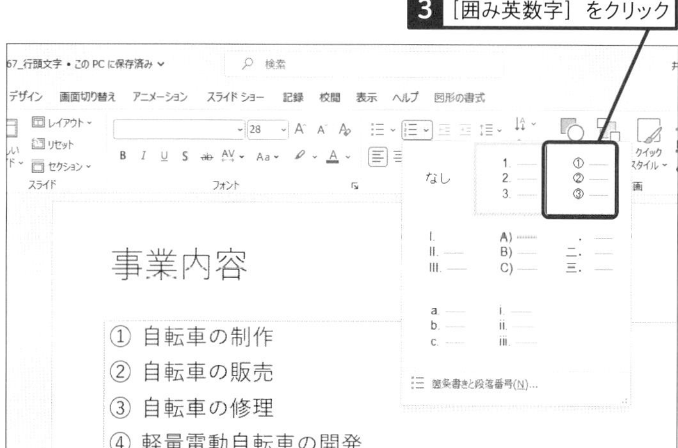

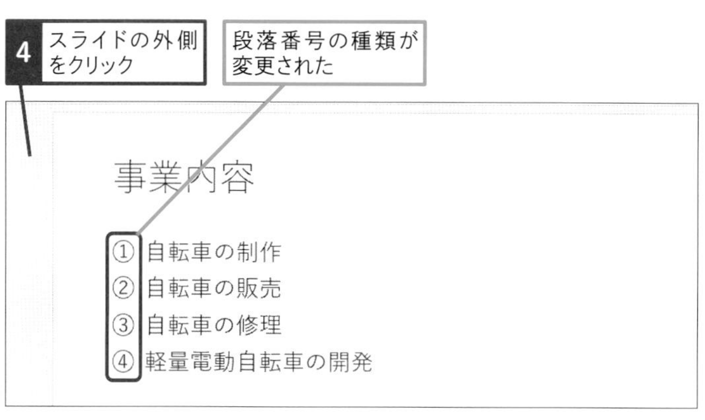

使いこなしのヒント

連番の開始番号を変更するには

段落番号を設定すると、最初は「1」から始まる連番が表示されます。開始番号を変更するには、手順2の操作3で［箇条書きと段落番号］をクリックし、開く画面の［段落番号］タブで［開始番号］を指定します。

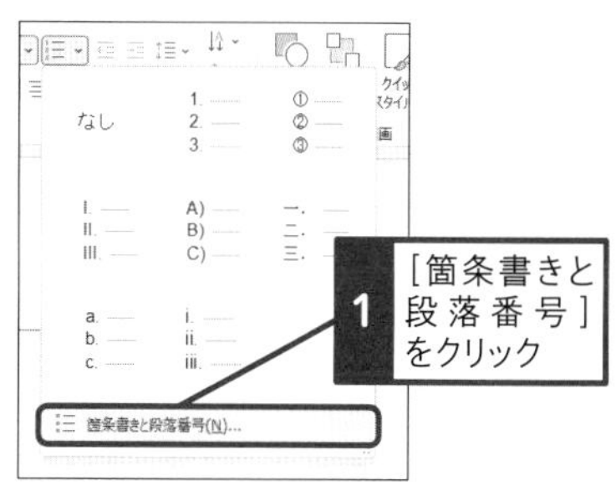

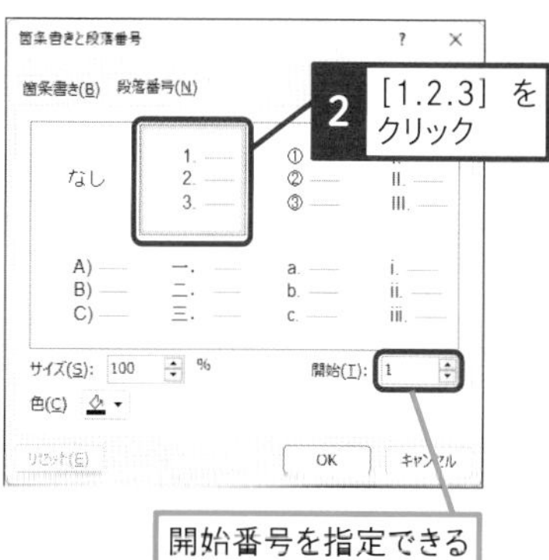

まとめ 箇条書きと段落番号を区別して使う

箇条書きは、通常何行かの項目が並んで表示されています。PowerPointでは、箇条書きの先頭に「行頭文字」と呼ばれる記号が表示されますが、この行頭文字には「箇条書き」と「段落番号」の2つの種類があります。箇条書きが並列の内容で、1つ1つを明確に区別したいときは「箇条書き」の記号を設定します。また、箇条書きの中でも数を示したり、手順やステップを示す場合には、「段落番号」を設定し、連番を表示すると効果的です。「箇条書き」と「段落番号」の行頭文字の違いを理解して上手に使い分けましょう。

レッスン

68 箇条書きの行間を広げよう

行間

練習用ファイル L068_行間.pptx

箇条書きの数が少ないと、スライドの枠内の上側に詰まって表示されます。［行間］の機能を使って、箇条書きの上下の間隔を広げてみましょう。

1 すべての行間を変更する

ここでは3枚目のスライドの箇条書き文字を変更する

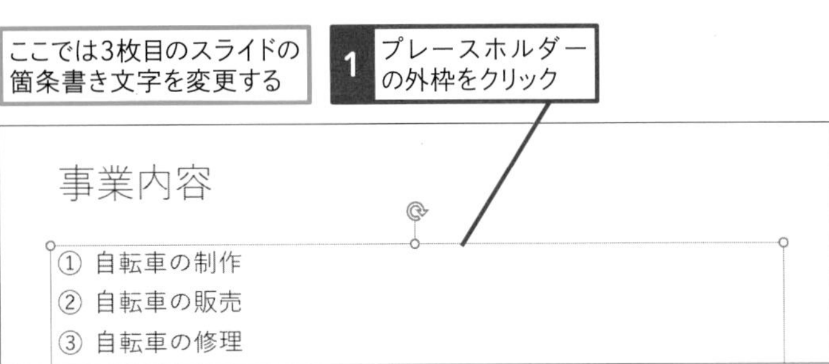

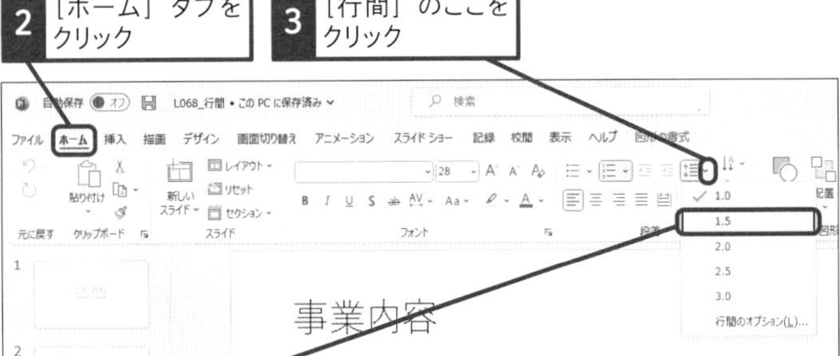

箇条書きの行間が変更された

キーワード

使いこなしのヒント

文字の間隔を調整するには

文字の左右の間隔を調整するときは、［ホーム］タブの［文字の間隔］ボタンを使います。［より狭く］［狭く］［標準］［広く］［より広く］の5種類から選択できます。

スキルアップ

PowerPointに存在する3つの行間

一般的に、行間は行と行の間を指しますが、PowerPointでは、上の行の文字の下端から下の行の文字の下端までの距離を指します。段落とは、Enterキーから次のEnterキーまでの文字の塊のことです。PowerPointでは、行間、段落前、段落後のそれぞれの距離を指定できます。

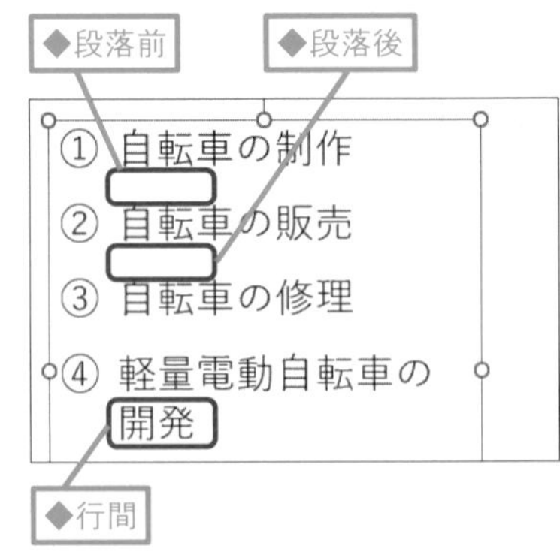

2 特定の行間だけを変更する

ここでは箇条書きの項目を3行分、選択して変更する

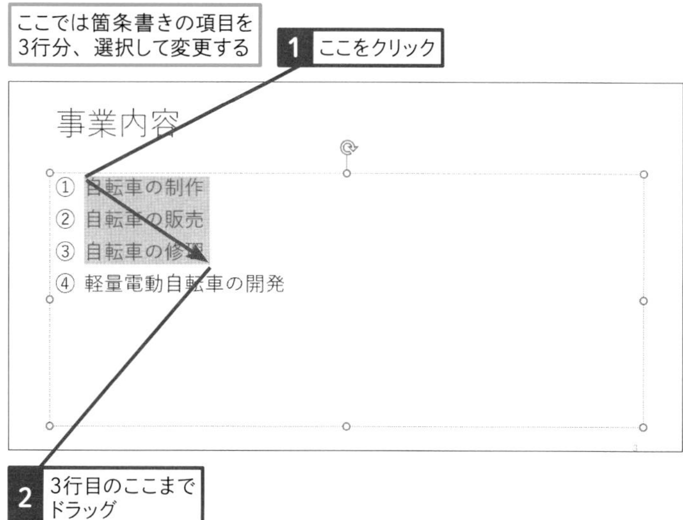

3行目までの文字列が選択された

3 [ホーム] タブをクリック

4 [行間] のここをクリック

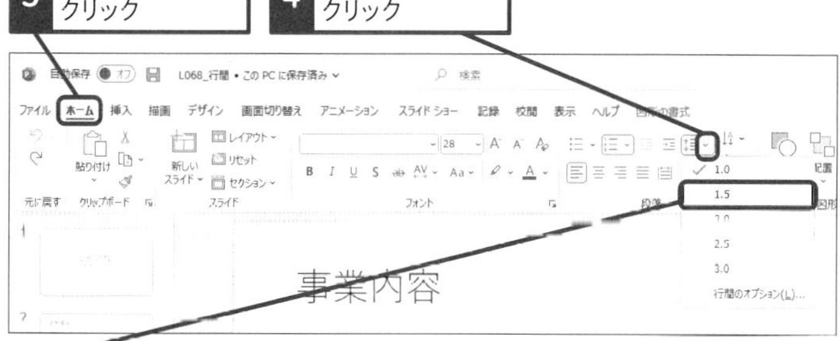

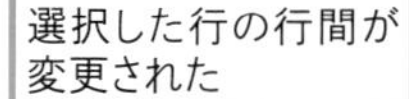

選択した行の行間が変更された

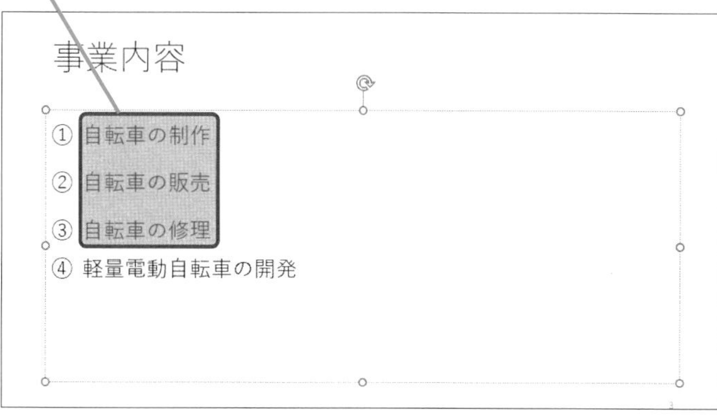

使いこなしのヒント

行間が「1.5」や「2.0」では行間が広がりすぎるときは

[行間] ボタンに用意されている数値以外を指定するには、手順1の操作3で [行間のオプション] を選択します。[段落] ダイアログボックスが開いたら、[インデントと行間隔] タブの [行間] を [固定値] に変更し、右側の [間隔] に行間の数値を指定します。

1 [行間] のここをクリック

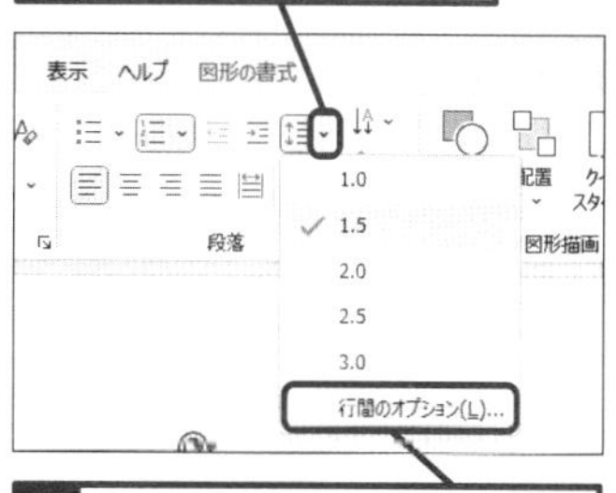

2 [行間のオプション] をクリック

3 [行間] のここをクリックして [固定値] を選択

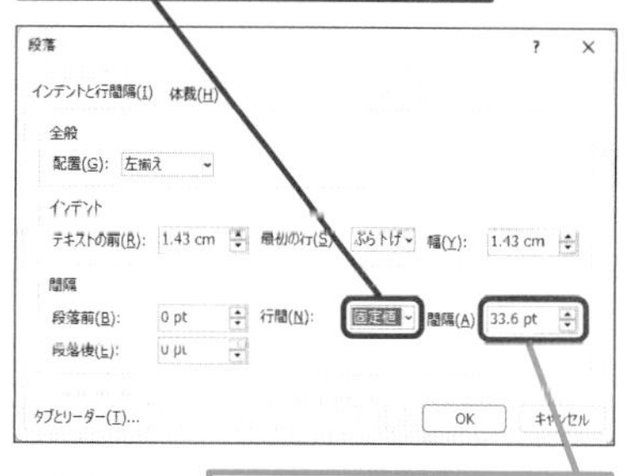

[間隔] に数値を入力して行間を設定できる

まとめ 行間に余裕があったほうが読みやすい

箇条書きは、簡潔に短く入力するのが基本です。ただし、箇条書きの行数が多いと窮屈な印象を与えます。反対に箇条書きの行数が少ないとスライドに空白が目立ちます。このようなときは、このレッスンの操作で行間を広げてみるといいでしょう。箇条書きの上下の間隔が広がると、文字が読みやすくなる効果も生まれます。

レッスン

69 スライドの文字に飾りをつけよう

フォント、フォントサイズ、太字　練習用ファイル　L069_フォント.pptx

スライドに入力した文字のサイズや形は後から変更できます。ここでは、表紙のスライドにあるタイトルの文字を72ptの「BIZ UDPゴシック」の太字に変更して目立たせます。

1 フォントを変更する

ここでは1枚目のスライドのタイトル文字を変更する

1 プレースホルダーの外枠をクリック

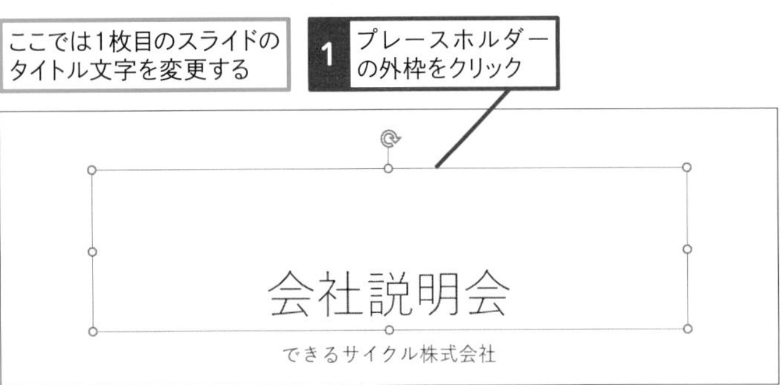

2 [ホーム] タブをクリック

3 [フォント] のここをクリック

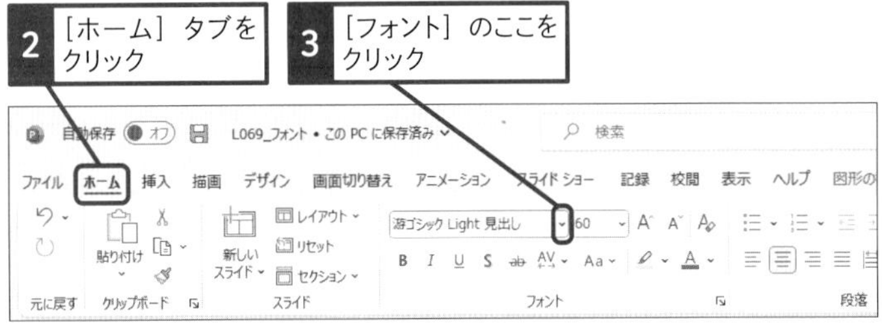

フォントの一覧が表示された

4 [BIZ UDPゴシック] をクリック

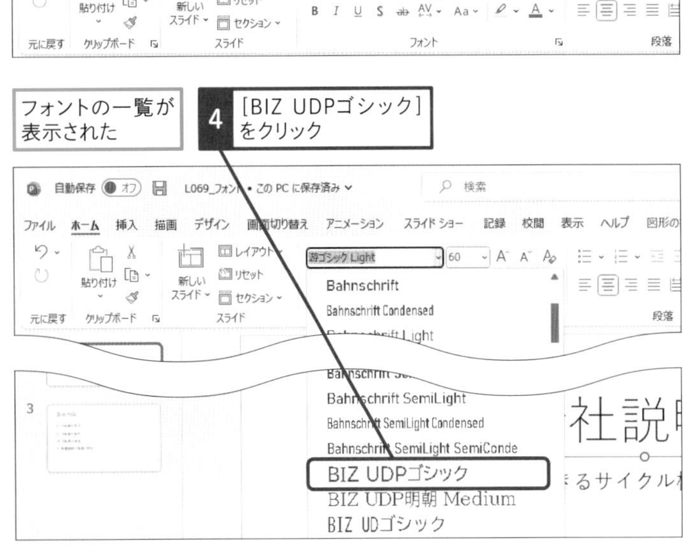

フォントが変更される

キーワード

行頭文字	P.307
スライド	P.309
フォント	P.311
プレースホルダー	P.312

使いこなしのヒント

文字の色を変更するには

[ホーム] タブの [フォントの色] ボタンを使うと、文字の色を変更できます。また、[太字] ボタン、[斜体] ボタン、[下線] ボタンなどをクリックし、複数の書式を組み合わせて装飾することもできます。

スキルアップ

すべてのスライドのフォントを変更するには

すべてのスライドのフォントを変更するときに、1枚ずつ手作業で行うのは大変です。[デザイン] タブにある [バリエーション] の [その他] から [フォント] をクリックし、用意されているフォントを選ぶと、すべてのスライドのフォントをまとめて変更できます。

2 フォントサイズを変更する

1 ［フォントサイズ］のここをクリック

サイズの一覧が表示された

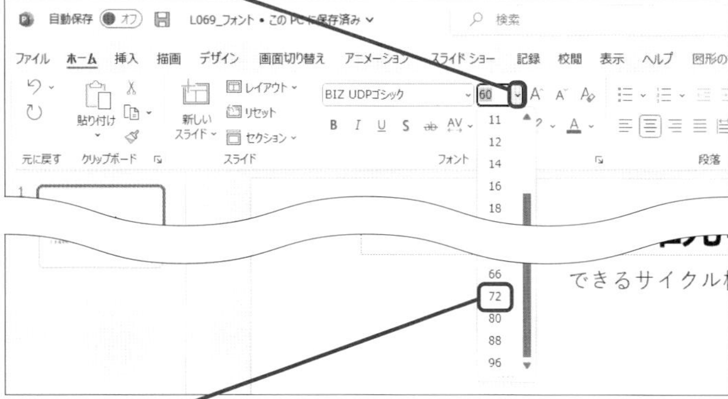

2 ［72p］をクリック

文字のサイズが変更された

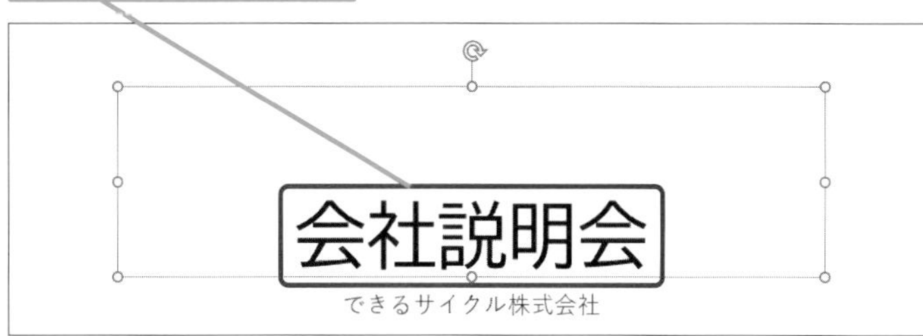

3 太字にする

1 ［太字］をクリック

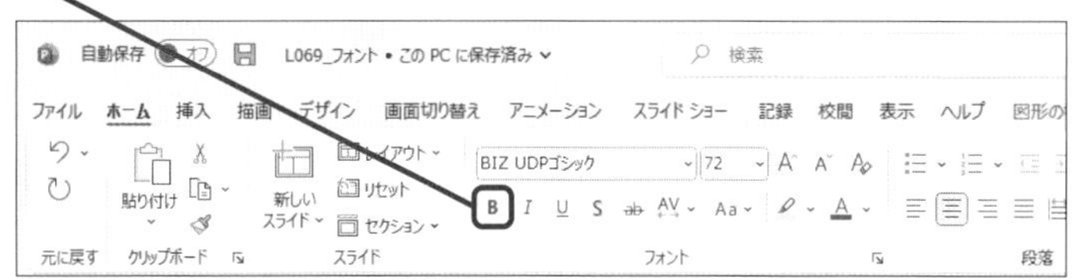

文字が太字になった

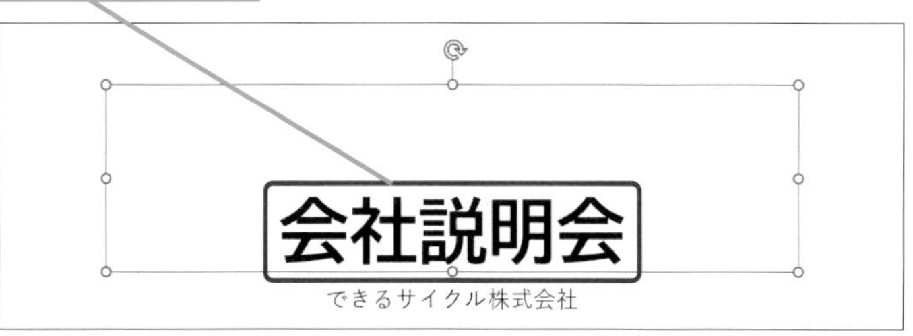

スキルアップ
特定の文字の種類を変更するには

フォントの機能を使うと、プレースホルダー内のすべての文字のフォントが変更されます。特定の文字のフォントだけを変更したいときは、以下の手順で対象となる文字を選択し、［ホーム］タブの［フォント］ボタンから変更後のフォントをクリックします。

1 文字をドラッグして選択

2 ［ホーム］タブをクリック

3 ［フォント］のここをクリック

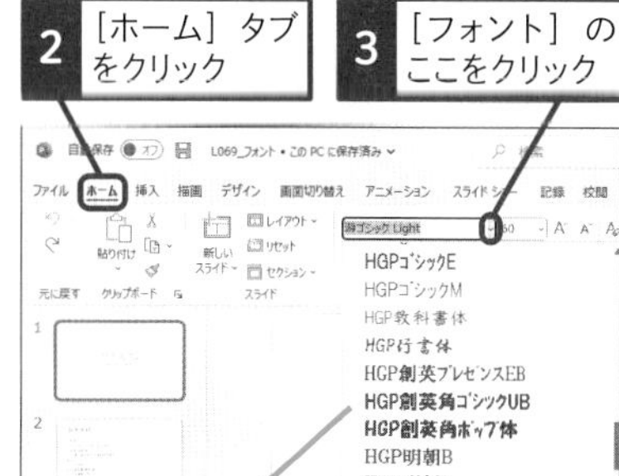

一覧から目的のフォントをクリックして選択する

まとめ スライドの文字は読みやすさが大事

Wordのように、作成した文書を印刷して手元でじっくり読むのとは違い、PowerPointは画面を見ながら説明することを想定しています。そのため、ある程度の文字の大きさがあったほうが読みやすくなります。プレースホルダーには最初から書式が設定されていますが、必要に応じて文字のサイズやフォントなどの書式を調整しましょう。その結果、不自然な位置で文字が改行されたら、190ページの「行頭文字を付けずに改行するには」のヒントの操作で、Shift+Enterキーを押して改行します。

レッスン 70

スライド全体のデザインを変えよう

テーマ

練習用ファイル L070_テーマ.pptx

PowerPointには「テーマ」と呼ばれるスライド用のデザインがいくつも用意されています。テーマを適用すると、すべてのスライドの色や模様、文字の書式が同時に変わります。

1 テーマを変更する

スライドのデザインを変更する

スキルアップ

英字が大文字に変わるテーマもある

選択するテーマによっては、プレースホルダーに入力した英字の小文字が自動的に大文字に変わる場合があります。小文字に戻すには、以下の手順で文字種の変換を実行します。

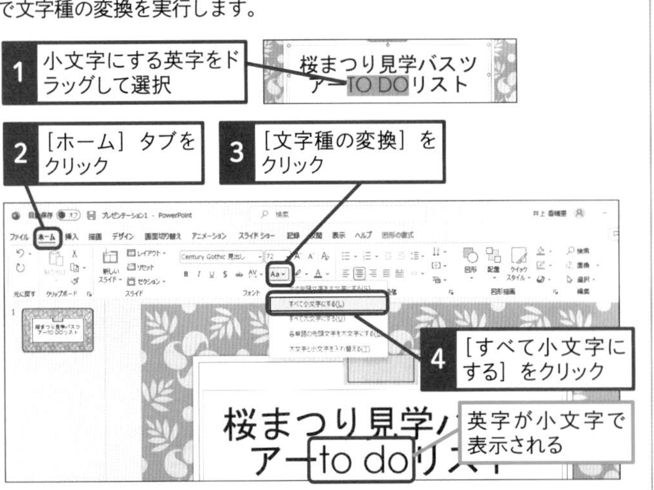

キーワード

テーマ	P.310
プレースホルダー	P.312

用語解説

テーマ

テーマとは、スライドの色や模様、タイトルや箇条書きのフォントやサイズなどの書式がセットになったひな形のことです。テーマを適用するだけで、すべてのスライドに同じデザインを設定できます。

使いこなしのヒント

特定のスライドにテーマを適用するには

テーマを選択すると、自動的にすべてのスライドに同じテーマが適用されますが、選択したスライドだけに別テーマを適用することもできます。最初にテーマを適用したいスライドを選択し、以下のように操作します。ただし、1つのファイルの中に、複数のテーマが混在していると、統一感がなくなるので注意が必要です。

PowerPoint 基本編 第9章 スライド作成の基本を知ろう

●［テーマ］の一覧が表示された

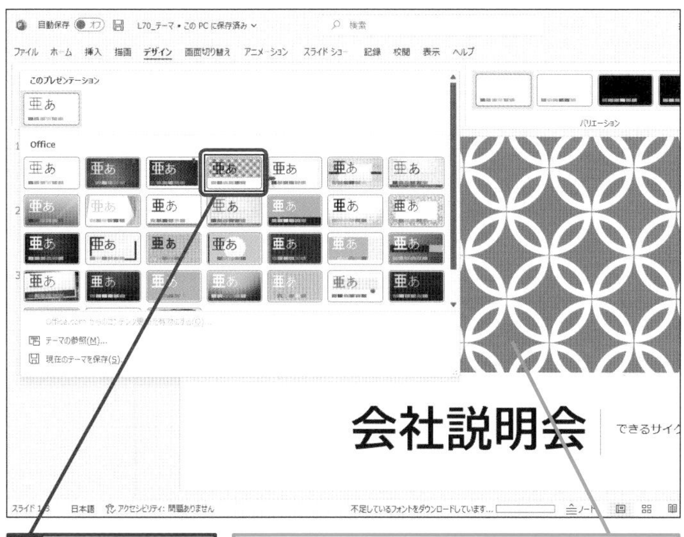

4 ［インテグラル］をクリック

テーマにマウスポインターを合わせると、一時的にスライドのデザインが変わり、設定後の状態を確認できる

スライド全体のデザインが変更された

文字の大きさや色が自動的に変更される

5 2枚目のスライドのデザインも変更されたことを確認

選択したテーマが気に入らないときは、操作1からやり直して何度でもテーマを変更できる

使いこなしのヒント

テーマの一覧が邪魔になるときは

手順1の操作4のようにテーマの一覧を表示すると、スライドが隠れてしまって、デザインを確認しづらい場合があります。以下の手順を実行すれば、一覧を表示せずにテーマを変更できます。

1 ［テーマ］のここをクリック

［テーマ］の表示が1行ずつスクロールする

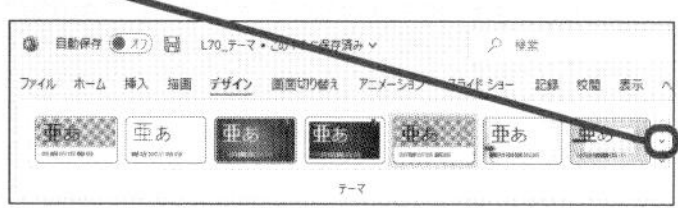

［テーマ］の一覧を表示せずに、テーマにマウスポインターを合わせてスライドのデザインを確認できる

使いこなしのヒント

元の状態に戻すには

テーマを初期設定時の状態に戻すには、手順1の操作4で［テーマ］の一覧から［Officeテーマ］を選択します。

まとめ

テーマを使うと簡単にスライドの見栄えがよくなる

スライドの背景に色や模様などのデザインを設定すると、スライド全体がぐんと華やかになります。PowerPointにはさまざまなデザインのテーマが用意されており、一覧から選択するだけですべてのスライドにデザインを瞬時に適用できます。リアルタイムプレビューの機能でいろいろなテーマを試して、スライドの内容にぴったり合ったテーマを探しましょう。

レッスン
71 テーマのバリエーションを変えよう

バリエーション、配色

練習用ファイル L071_バリエーション.pptx

スライドに設定したテーマはそのままで、デザインだけを変更できます。[バリエーション] の機能を使うと、スライドの背景や色の組み合わせを簡単に変更できます。

1 バリエーションを変更する

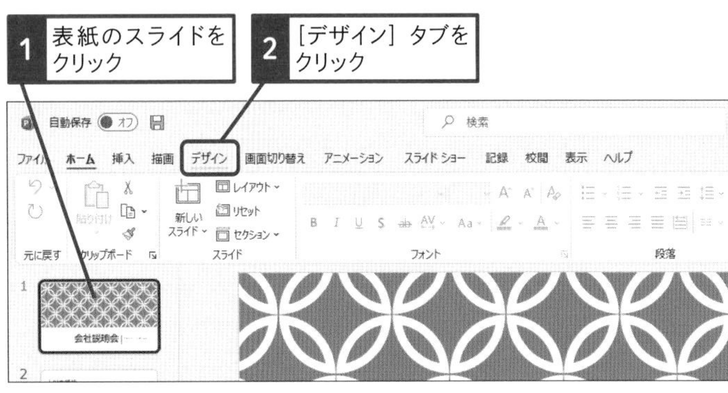

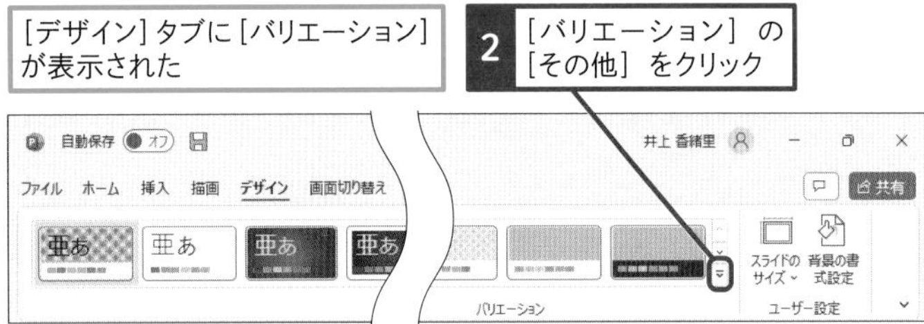

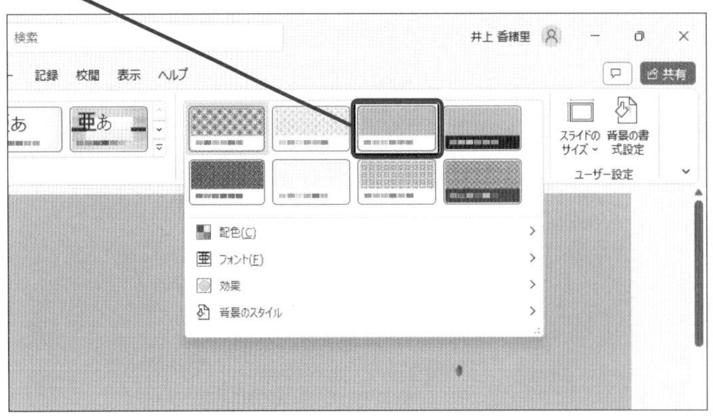

キーワード

スライド	P.309
テーマ	P.310
配色	P.311
バリエーション	P.311

使いこなしのヒント

「バリエーション」って何?

バリエーションとは、選択したテーマの背景の模様や色合いのパターンのことです。バリエーションを変更すると、設定したテーマのデザインはそのままで、スライドの模様や色合いだけを変更できます。

使いこなしのヒント

表示されていないバリエーションがある場合は

手順1で表示されるバリエーションは、選択したテーマによって種類や数が異なります。4種類以上のバリエーションがある場合は、[バリエーション] の [その他] ボタン (▾) をクリックして、[バリエーション] の一覧を表示してから選択します。

ここに注意

目的とは違うバリエーションを選択してしまった場合は、もう一度別のバリエーションを選択し直します。

2 配色を変更する

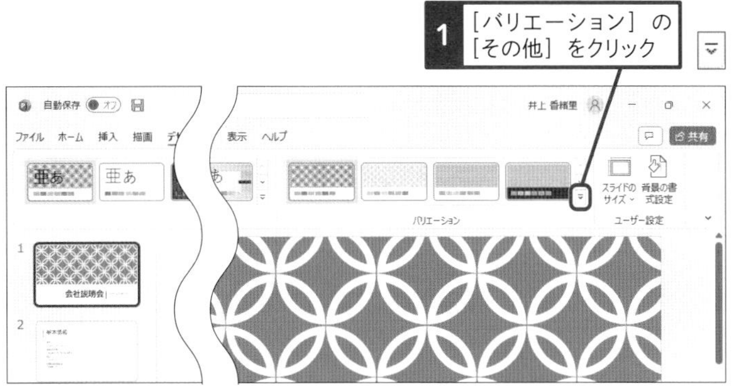

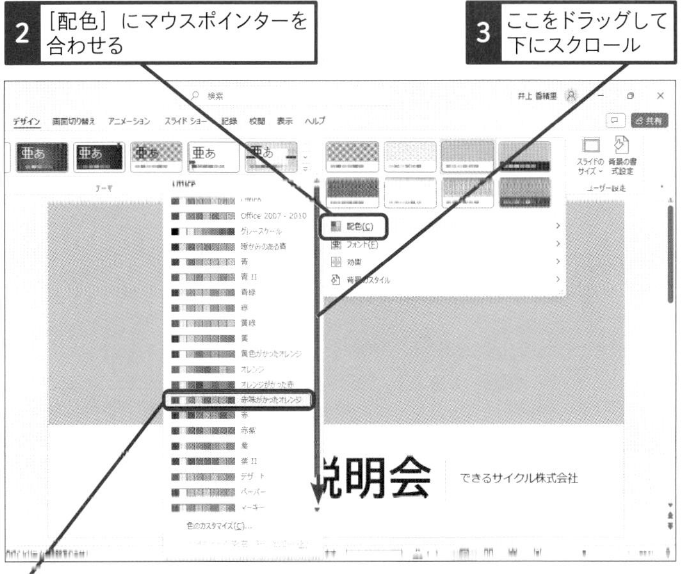

すべてのスライドの配色が変更された

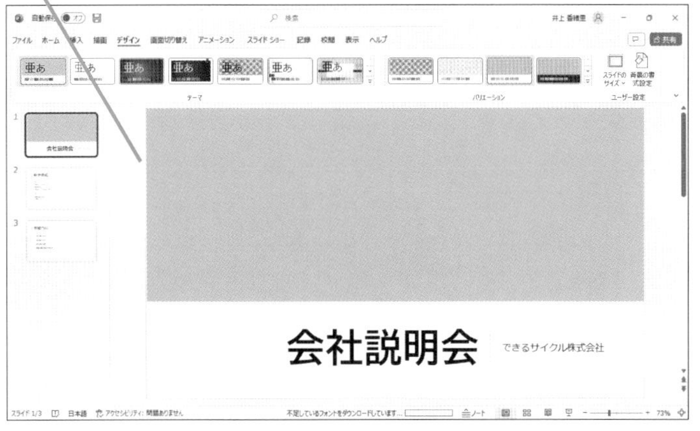

用語解説

配色

文字や背景、図形、ハイパーリンクなど、スライドを構成する12カ所の色の組み合わせを［配色］と呼びます。配色を変更すると、テーマやバリエーションはそのままで色だけを変更できます。

使いこなしのヒント

［配色］を元の状態に戻すには

スライドの配色を標準の状態に戻すには、［配色］の一覧から［Office］を選択します。

使いこなしのヒント

オリジナルの配色を作れる

手順2の操作4で［色のカスタマイズ］を選択すると、スライドを構成する12カ所の色を個別に指定できます。

まとめ テーマとバリエーションの組み合わせでデザインの幅が広がる

「テーマ」の機能を単独で使うと、他の人とデザインが被りがちですが、「テーマ」と「バリエーション」の機能を組み合わせれば、選べるデザインが何倍にも増えます。このレッスンで適用しているテーマでは、バリエーションに背景の模様のパターンがいくつも用意されており、バリエーションを変えるだけで全く違うテーマのように見えます。さらに、「配色」の機能を使ってスライドの色を変更すると、デザインの幅がぐんと広がります。

この章のまとめ

プレゼンテーション資料は「読みやすさ」と「見た目」が勝負

デザインが苦手な人にとって、スライドの模様や色の設定は悩みの種です。しかし、PowerPointにはスライドのデザインをサポートする機能が数多く用意されており、「テーマ」や「バリエーション」の一覧から選ぶだけで見栄えのするスライドに仕上げられます。スライドの見た目はプレゼンテーションの第一印象を左右する重要な要素ですが、プレゼンテーションで一番大事なのはスライドの内容です。「テーマ」や「バリエーション」を設定したら、もういちどスライド全体を見直して、文字が読みづらくなっていないか、伝えたいポイントが目立っているかなどをチェックすることが大切です。

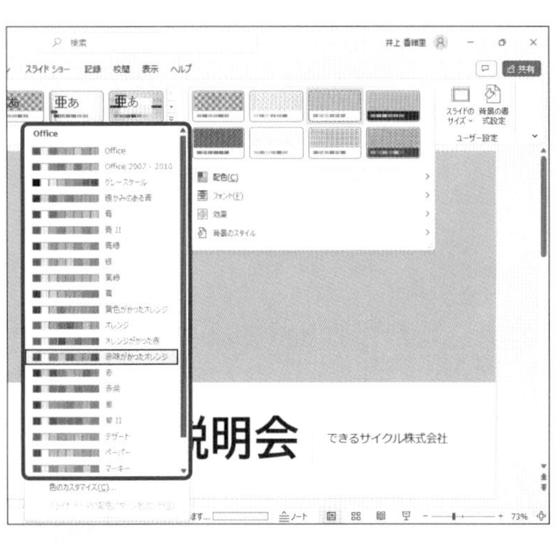

スライドのデザインをサッと変えられる「テーマ」はとても便利ですね！デザインが苦手な自分でも見栄えのよいスライドが作れました。

見栄えがすべてではないけれど、パッと見たときの第一印象に少なからず影響する部分ではある。そういう意味ではデザインに苦手意識がある人にはぜひ活用してほしい機能ですね。

それと、意外と「読みやすくする工夫」も重要だということも分かりました。

見栄え以上に大切なのが内容だけれども、内容がよくても読みにくかったら、元も子もない。行間を調整したり、重要なキーワードを太字にするなど、伝えたいポイントを分かりやすくするのも重要だよ！

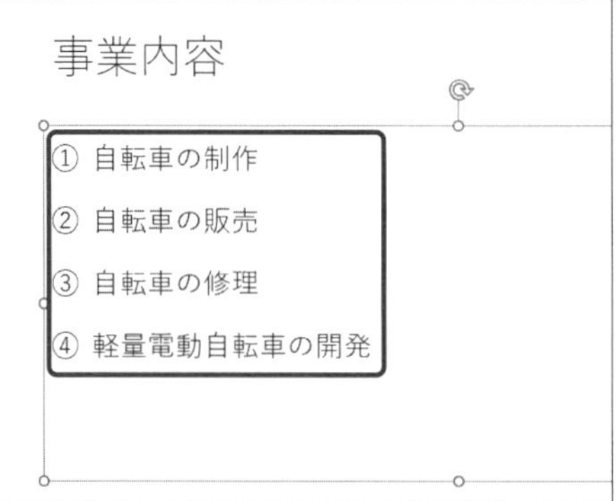

スライドの重要ポイントは、内容と分かりやすさ、そして見栄えという順番ですね。よく覚えておくようにします！

PowerPoint

基本編

第10章

スライドに表や画像を挿入しよう

この章では、スライドに表や写真、図表など、視覚効果の高い要素を追加して、見栄え良く編集する操作を解説します。また、Webページの地図をそのままスライドに貼り付けたり、デジタルカメラで撮影した動画を挿入したり、トリミングしたりする方法も紹介します。

レッスン

72

Introduction この章で学ぶこと

スライドの見栄えを良くしよう

プレゼンテーションで提示するスライドは、瞬時に内容を理解できる必要があります。表や図表を使うことで、文字の情報を整理して分かりやすく見せることができます。また、写真や動画で聞き手の関心を引き付ける工夫も効果的です。

図表を使うことが分かりやすさにつながる

PowerPointでスライドを作る方法が分かってきましたが、文字ばかりで分かりにくいと言われてしまいました…。

分かる…。簡潔にまとめていくのが重要なのは理解しているつもりだけど、文字だけだと味気なく見えちゃうのも悩みどころ…。

それで二人とも浮かない顔をしていたのね。じゃあ、これを見てみて!

カリキュラム

	時間	内容
1回目	10：00～11：00	・ハーブの基礎知識 ・鉢の選び方
2回目	10：00～14：00	・鉢植えセットを使った実習
3回目	10：00～11：00	・ハーブの増やし方 ・ハーブの害虫対策

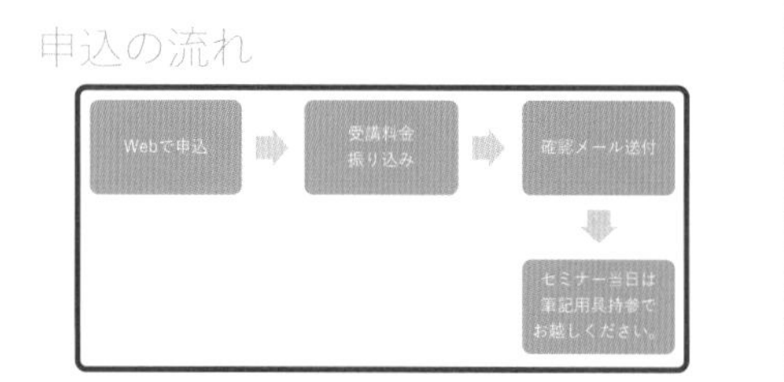

左はカリキュラムの表、右は申し込みの流れを解説したフロー図ですか?

その通り! 表や図表を使えば、情報を整理して分かりやすくしつつ、味気ないスライドを見た目よく仕上げる効果も狙えるんですよ。

ビジュアル効果の使いどころを理解しよう

表や図表以外にも、写真などのビジュアル効果を使えるのもPowerPointの強みですよ!

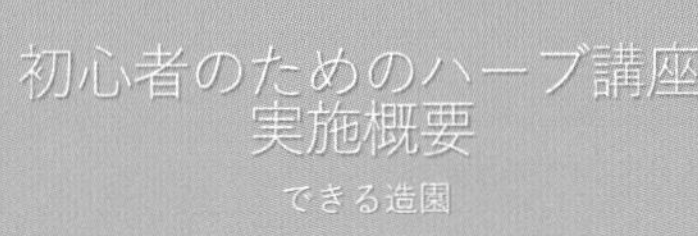

これは表紙のスライドですか?　写真を全体に敷くとインパクトがアップしますね!

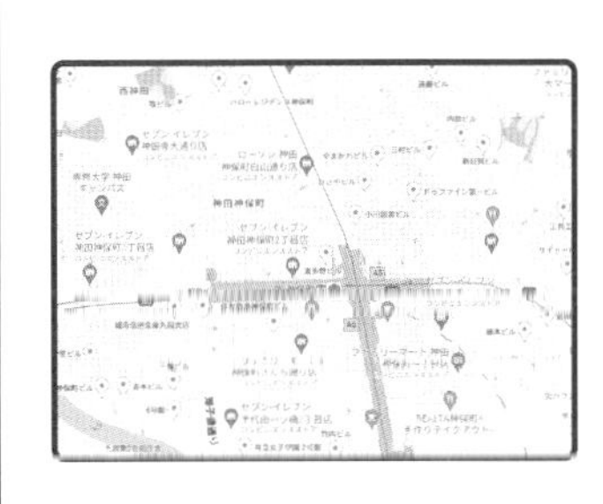

他にも、説明を補足するために地図を入れたりすることもできますよ!

なるほど!　スライドの内容を補足してより分かりやすくするのに役立ちそうです。

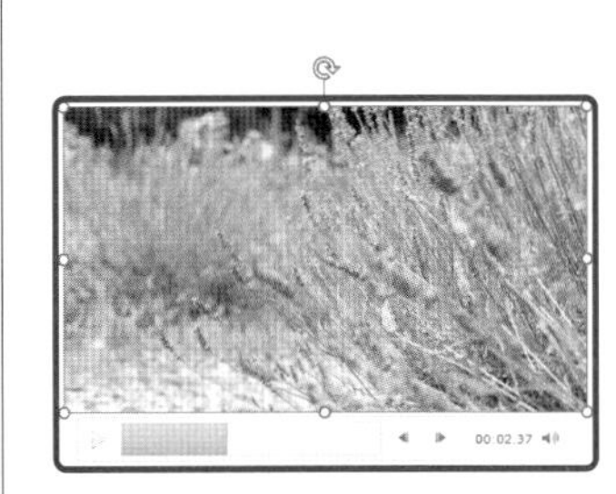

写真などの静止画以外にも、動画を入れることもできちゃいますよ!　スライドの内容に合わせて、ビジュアル効果の使いどころをマスターしましょう。

レッスン

73 スライドに表を挿入しよう

表の挿入

練習用ファイル　L073_表の挿入.pptx

スライドに3列4行の表を挿入します。「表の挿入」の機能を使うと、列数と行数を指定するだけで、スライドに適用したテーマに合った色合いの表が挿入されます。

キーワード

改行	P.307
スライド	P.309
セル	P.309
テーマ	P.310
ハンドル	P.311

1 表を挿入する

スライドに表を挿入する

1 3枚目のスライドをクリック

2 ［表の挿入］をクリック

［表の挿入］ダイアログボックスが表示された

ここでは3列4行の表を挿入する

3 ［列数］に「3」と入力

4 ［行数］に「4」と入力

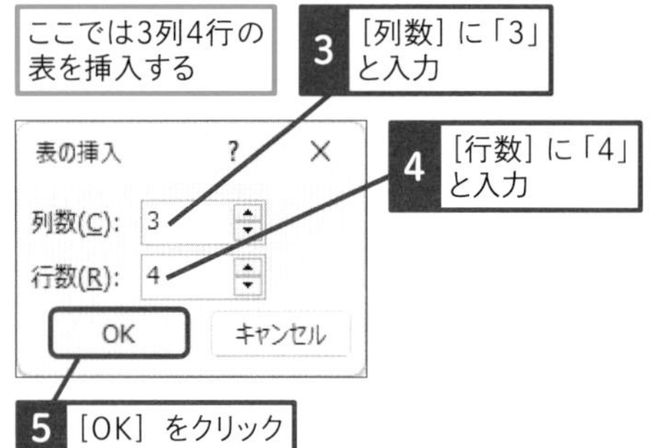

5 ［OK］をクリック

使いこなしのヒント

［挿入］タブからでも表を挿入できる

プレースホルダー内の［表の挿入］ボタン（）を使う以外に、［挿入］タブの［表］ボタンをクリックしても表を挿入できます。既存のスライドに表を挿入するときに利用するといいでしょう。

1 ［挿入］タブをクリック

2 ［表］をクリック

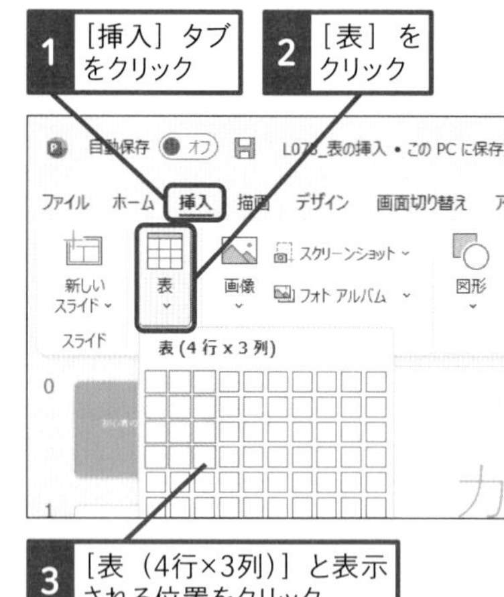

3 ［表（4行×3列）］と表示される位置をクリック

ここに注意

表の列数と行数を間違えて指定してしまった場合は、文字を入力する前であれば、［ホーム］タブの［元に戻す］ボタン（）をクリックして、表を挿入する前の状態に戻します。

2 表の内容を入力する

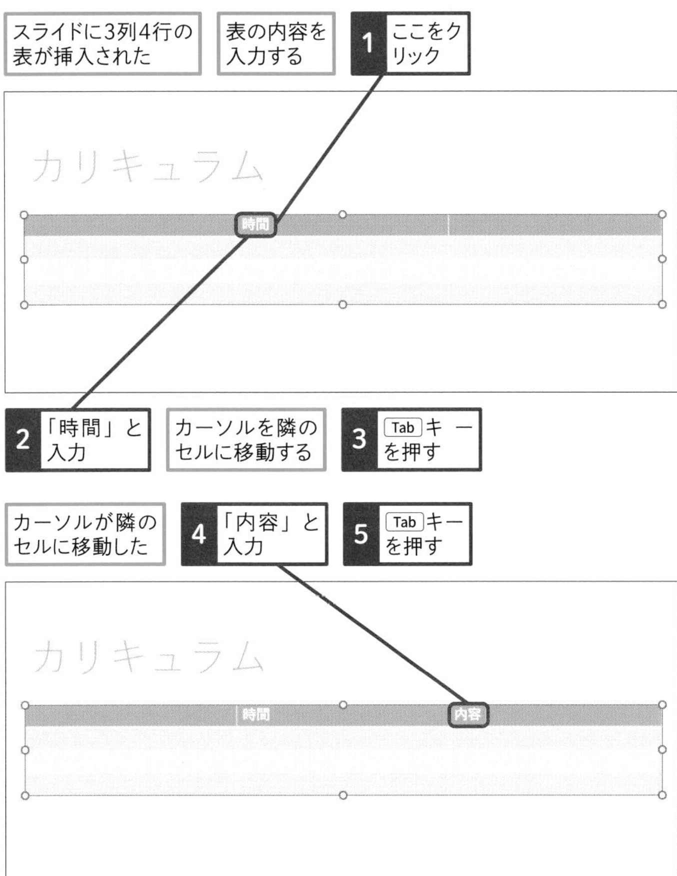

使いこなしのヒント

Wordの表やExcelの表も利用できる

WordやExcelで作成済みの表があれば、そのままスライドに貼り付けて利用できます。詳しくはレッスン94を参照してください。

時短ワザ

セル間をキーボードで移動するには

表の1つ1つのマス目のことを「セル」と呼びます。セル間を移動するには、マウスで直接セルをクリックする以外に、キーボードでも移動できます。文字を入力しているときに、わざわざマウスに持ち替えるのが面倒なときに便利です。

キー	操作内容
Tab キー	1つ次のセルに移動
Shift + Tab キー	1つ前のセルに移動
→ ← ↑ ↓ キー	上下左右のセルに移動

使いこなしのヒント

セル内で改行できる

セルに複数行の文字を入力するには、セルの中で Enter キーを押して改行します。

まとめ 表を使って情報を整理し、一覧性を高める

表はたくさんの情報を整理して正確に伝えるためのものです。項目が多岐にわたるたくさんの情報を整理せずに文字だけで羅列すると、分かりにくいスライドが出来上がってしまいます。また、情報が整理されていないと聞き手が内容を理解するのに時間がかかります。その点、表を使えば数値や文字などの項目を縦横の罫線で区切って見せられるので、一覧性が高まります。

レッスン

74 表の体裁を整えよう

列幅、文字の配置　練習用ファイル　L074_列幅.pptx

セルの中に入力した文字の量に合わせて、列幅を調整します。また、表全体のサイズを変更し、入力した文字をセルの上下中央に配置してバランスを整えます。

1 表全体を選択する

表のサイズを変更する

1 3枚目のスライドをクリック

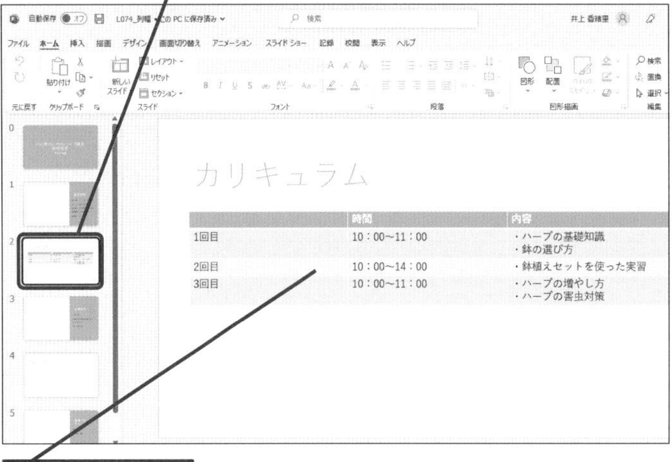

2 表の中をクリック

バランスよく見えるように表の大きさを変更する

3 ハンドルにマウスポインターを合わせる

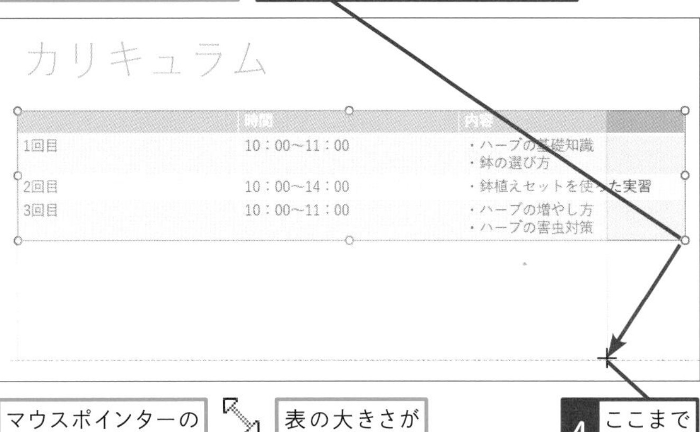

マウスポインターの形が変わった

表の大きさが変更された

4 ここまでドラッグ

キーワード

使いこなしのヒント

表全体を選択しておくと移動や削除もできる

手順1のように表の中をクリックすると、表のまわりに白い枠が表示されます。白い枠をクリックして Delete キーを押すと、表全体を削除できます。また、表を移動したいときは、白い枠にマウスポインターを合わせて、マウスポインターの形が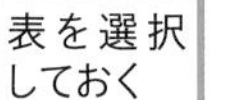に変わったら移動先までドラッグします。

表を選択しておく

1 ここにマウスポインターを合わせる

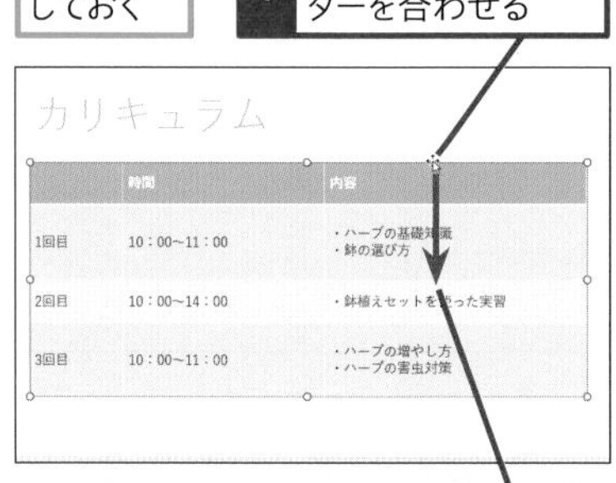

マウスポインターの形が変わった

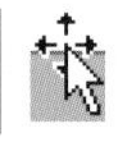

2 ここまでドラッグ

表が移動する

ここに注意

手順1や手順2で、表の高さや列の幅を広げすぎてしまったときは、そのまま反対方向にドラッグして調整し直します。

PowerPoint 基本編 第10章 スライドに表や画像を挿入しよう

2 列の幅を変更する

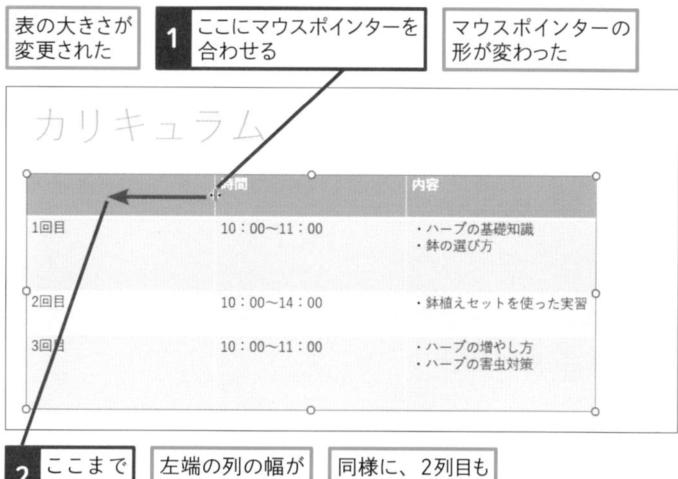

2 ここまでドラッグ

左端の列の幅が変更された

同様に、2列目も変更しておく

3 文字の配置を変更する

表にハンドルが表示されていることを確認する

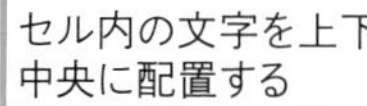

1 ［レイアウト］タブをクリック

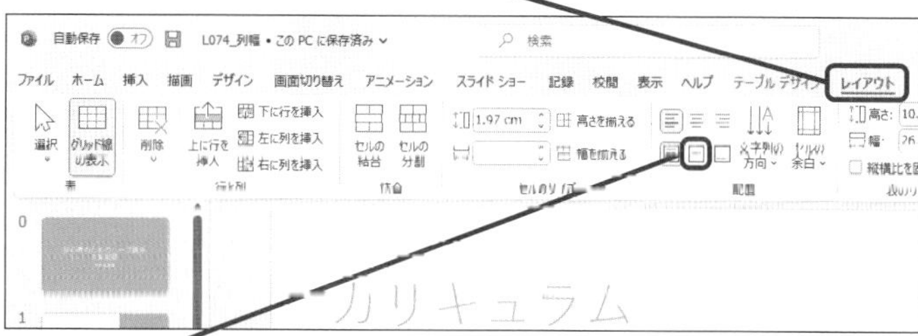

2 ［上下中央揃え］をクリック

すべてのセル内の文字が上下中央に配置された

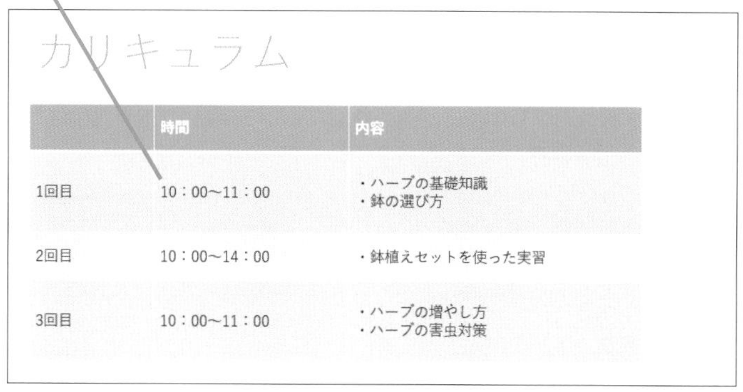

使いこなしのヒント

行の高さを変更するには

行の高さを変更するには、変更したい行の下側にマウスポインターを移動し、マウスポインターが⇕の形になったら上下にドラッグします。また、複数の行を選択し、［レイアウト］タブにある［高さを揃える］ボタン（田）をクリックすると、複数の行の高さがそろいます。

使いこなしのヒント

複数の列の幅をそろえるには

複数の列幅をそろえるときは、幅をそろえたい列をドラッグして選択し、［レイアウト］タブにある［幅を揃える］ボタン（田）をクリックします。

まとめ 編集したい表の各部分を正しく選択する

表はセル単位、行単位、列単位、表全体の単位で編集できます。1つのセルを選択するときは、セル内をクリックするだけで選択できます。複数のセルや特定の行を選択するときは、セルの範囲をドラッグします。また、列を選択するときは、表の上端にマウスポインターを合わせ、マウスポインターの形が⬇に変わったらクリックします。表全体を選択するときは、表の外枠をクリックします。表のどこが選択されているかによって、操作した結果が反映される範囲が異なることを覚えておきましょう。

レッスン

75 スライドに写真を挿入しよう

画像

練習用ファイル L075_画像.pptx、lavender2.jpg

デジタルカメラやスマートフォンで撮影した写真をスライドに挿入します。あらかじめ写真をパソコンに保存しておくと、写真を指定するだけで挿入できます。

1 写真を挿入する

［ピクチャ］フォルダーに［lavender2.jpg］をコピーしておく

1 2枚目のスライドをクリック

2 ［挿入］タブをクリック

3 ［画像］をクリック

4 ［このデバイス］をクリック

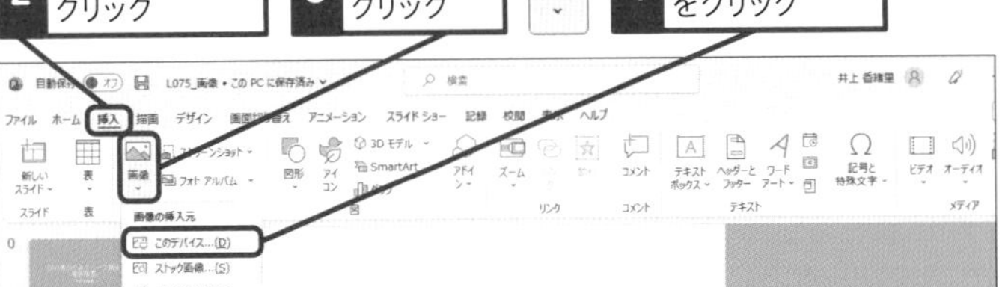

5 ［ピクチャ］をクリック

6 ［lavender2］をクリック

7 ［挿入］をクリック

スライドの中央に写真が挿入された

キーワード

使いこなしのヒント

写真を編集するには

写真の選択時に表示される［図の形式］タブを使うと、写真の明るさや色合いなど、スライドに挿入した写真を後から自由に編集できます。写真を編集する操作はWordと同じです。レッスン76を参照してください。

使いこなしのヒント

画像の挿入後に作業ウィンドウが表示されたときは

手順1で写真の挿入直後に、［デザイナー］作業ウィンドウが表示される場合があります。その場合は、［閉じる］ボタンをクリックして［デザイナー］作業ウィンドウを非表示にしておきましょう。

ここに注意

目的と違う写真を挿入したときは、写真をクリックして Delete キーを押して削除します。その後で手順1からやり直します。

2 写真を移動する

写真の位置を変更する

1 写真にマウスポインターを合わせる

マウスポインターの形が変わった

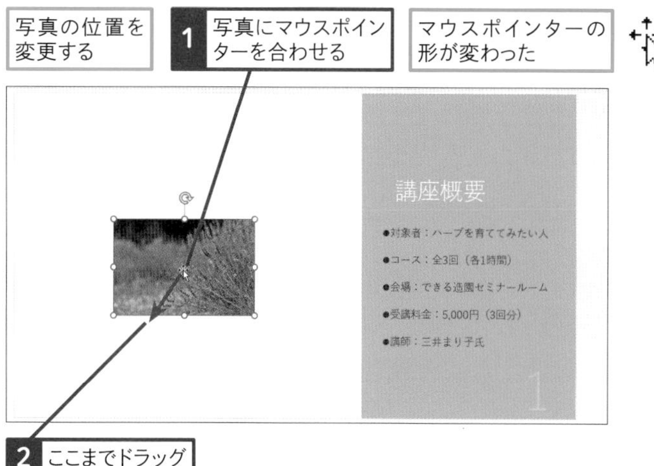

2 ここまでドラッグ

3 写真のサイズを大きくする

1 ハンドルにマウスポインターを合わせる

マウスポインターの形が変わった

2 ここまでドラッグ

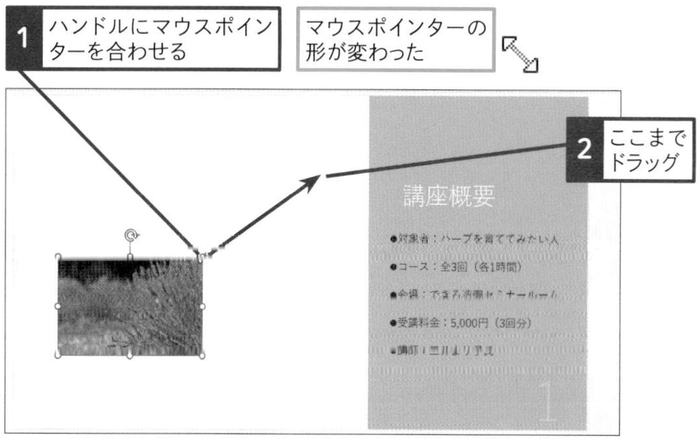

写真のサイズが変更された

必要に応じて位置を微調整しておく

3 スライドの外側をクリック

写真の選択が解除され、ハンドルが非表示になった

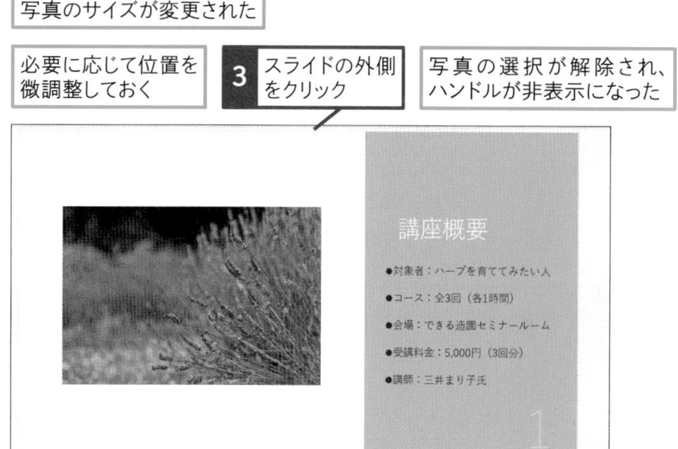

使いこなしのヒント

縦横比を保持したまま サイズを変更するには

写真の四隅にあるハンドル（○）をドラッグすると、縦横比を保ったままの状態でサイズを変更できます。四隅以外のハンドルをドラッグすると、縦横比が変わるので注意しましょう。

使いこなしのヒント

写真をスマートガイドに 沿って配置するには

手順2で写真をドラッグすると、移動先に「スマートガイド」と呼ばれる点線が表示される場合があります。スマートガイドの位置に写真を移動すると、プレースホルダーの端や他の画像の端などにそろえて配置できます。

写真をスマートガイドの点線が表示される場所に配置すると、プレースホルダーの端やスライドの中心などにそろえられる

まとめ 写真で実物のイメージを正しく伝える

写真は実物を正しく伝えるのに最適なツールです。このレッスンのように、実際に扱う植物の写真があると、文章で長々と説明するよりも一瞬で内容を伝えられます。また、商品を紹介するスライドに写真が添えられていれば、どんな商品なのかが正しく伝わります。写真を使うときは、スライドの内容に合ったものを使うように心がけましょう。どうしても写真が用意できないときは、写真を入れずに空白のままにしておく判断も必要です。

レッスン

76 写真の明るさを調整しよう

修整

練習用ファイル L076_修整.pptx

画像編集アプリを使わなくても、スライドに挿入した写真の明るさやコントラストなどを調整できます。このレッスンでは、暗い写真を明るく補正します。

1 修整する画像を選択する

ここでは写真を明るく修整する

1 2枚目のスライドをクリック

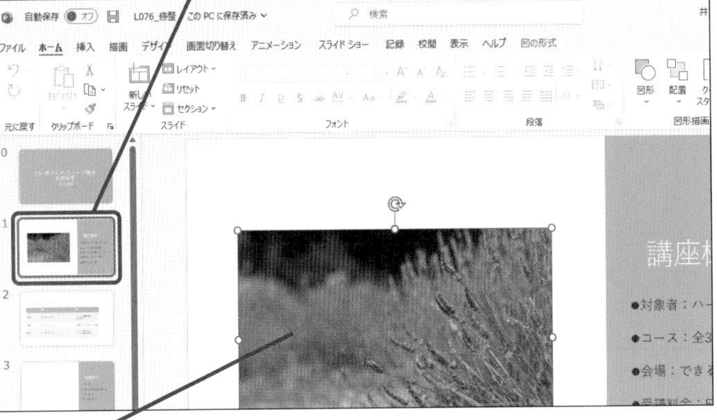

2 写真をクリック

3 ［図の形式］タブをクリック

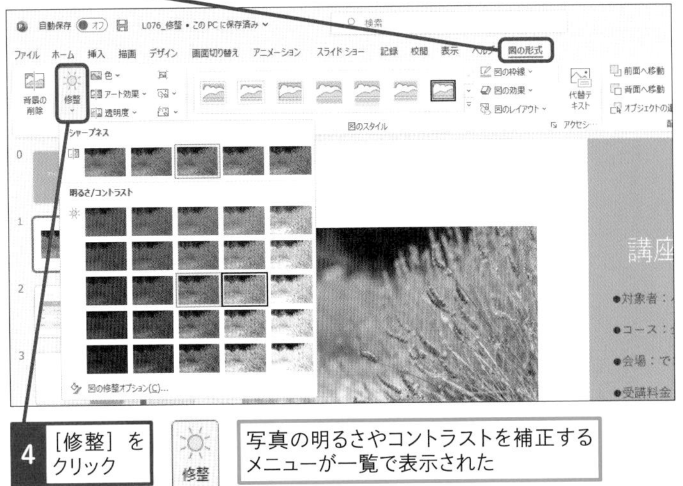

4 ［修整］をクリック

写真の明るさやコントラストを補正するメニューが一覧で表示された

キーワード

アート効果 P.306

トリミング P.310

使いこなしのヒント

見せたくない部分をトリミングできる

写真に不要な部分が映り込んでいる場合は、トリミングできます。［図の形式］タブの［トリミング］ボタンをクリックすると、写真の回りに黒い鍵型のハンドルが表示されます。このハンドルを見せたい部分だけが残るようにドラッグすると、グレーの部分が削除されます。

1 写真をクリック

2 ［図の形式］タブをクリック

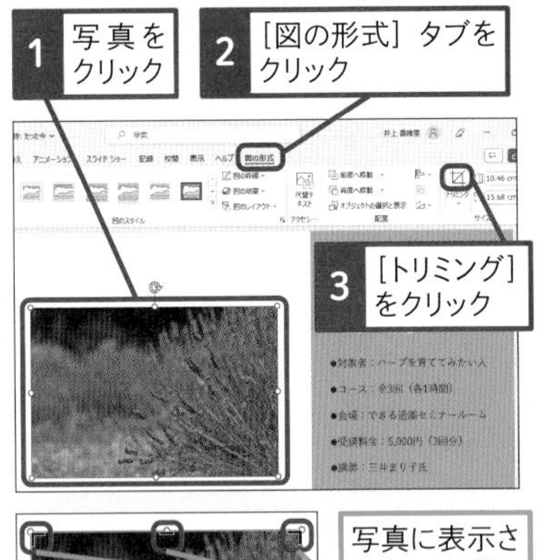

3 ［トリミング］をクリック

写真に表示されたハンドルでトリミングできる

ここに注意

［図の形式］タブにはたくさんの補正機能があります。補正しすぎてしまったときは、［図のリセット］をクリックして、最初の状態に戻してからやり直しましょう。

2 画像を補正する

1 ［明るさ+20%、コントラスト0%（標準）］をクリック

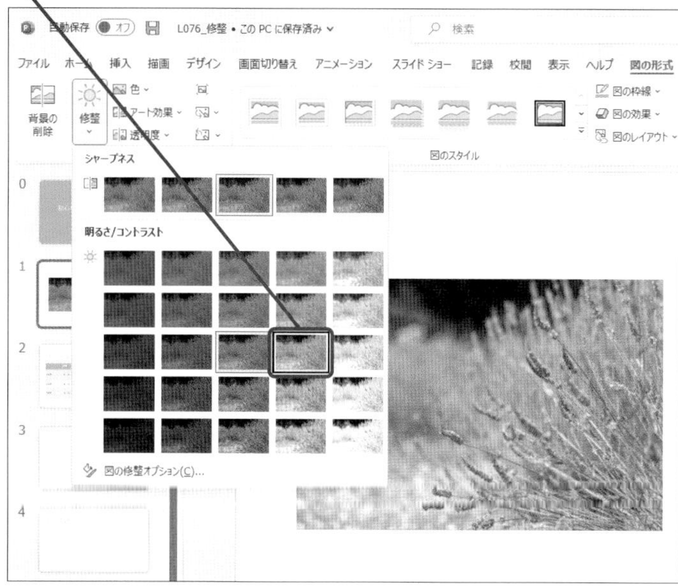

画像の明るさやコントラストが補正された

使いこなしのヒント

画像にアート効果を適用する

［図の形式］タブにある［アート効果］を使うと、画像をパステル調に加工したり、ガラス風に加工したりするなどの効果を設定できます。

スケッチや絵画のように見える効果を適用できる

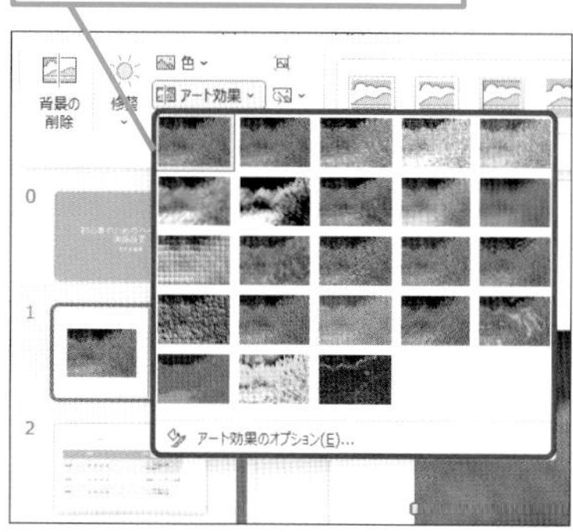

まとめ 見せたいものをはっきり見せる

スライドに挿入した写真が不鮮明だったり、余計なものが映り込んでいたりすると、何を伝えたい写真なのかが分かりません。PowerPointの［図の形式］タブには豊富な画像編集機能が用意されており、画像編集アプリを使わなくても写真を補正できます。明るさやコントラストを補正したり、前ページの「使いこなしのヒント」で紹介したトリミング機能を使ったりするなどして、写真で見せたいものがはっきり見えるようにしましょう。

レッスン

77 スライドの背景に写真を敷こう

背景の書式設定

練習用ファイル L077_背景の書式設定.pptx、lavender1.jpg

表紙のスライドの背景に写真を表示します。［背景の書式設定］作業ウィンドウで［塗りつぶし］に写真を設定すると、スライドのサイズぴったりに写真を表示できます。

1 スライドの背景に写真を敷く

表紙のスライドの背景に写真を敷く

［ピクチャ］フォルダーに［lavender1.jpg］をコピーしておく

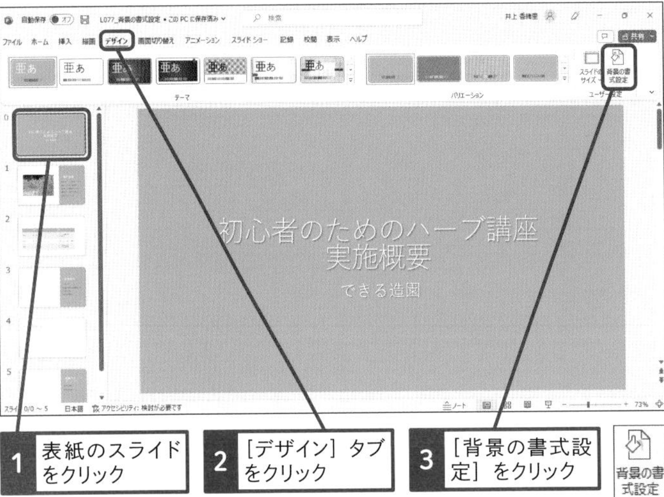

1 表紙のスライドをクリック

2 ［デザイン］タブをクリック

3 ［背景の書式設定］をクリック

背景の書式設定

［背景の書式設定］作業ウィンドウが表示された

4 ［塗りつぶし］をクリック

5 ［塗りつぶし（図またはテクスチャ）］をクリック

6 「画像ソース」の［挿入する］をクリック

7 ［ファイルから］をクリック

キーワード

スライド	P.309
テーマ	P.310
バリエーション	P.311

使いこなしのヒント

背景だけを変更できる

背景の書式を設定すると、適用しているテーマやバリエーションはそのままで、スライドの背景色や模様だけを変更できます。また、このレッスンのように背景に写真を表示できます。

使いこなしのヒント

単色やグラデーションで塗りつぶすこともできる

手順1の操作5で、［塗りつぶし（単色）］や［塗りつぶし（グラデーション）］を選ぶと、背景の色合いを変更できます。なお、背景の書式設定をすべてキャンセルするには、［背景のリセット］ボタンをクリックします。

1 ［塗りつぶし（グラデーション）］をクリック

グラデーションの色や位置を調整できる

● 背景に敷く写真を選択する

[図の挿入] ダイアログボックスが表示された

8 [PC] の [画像] (または [ピクチャ]) が表示されていることを確認

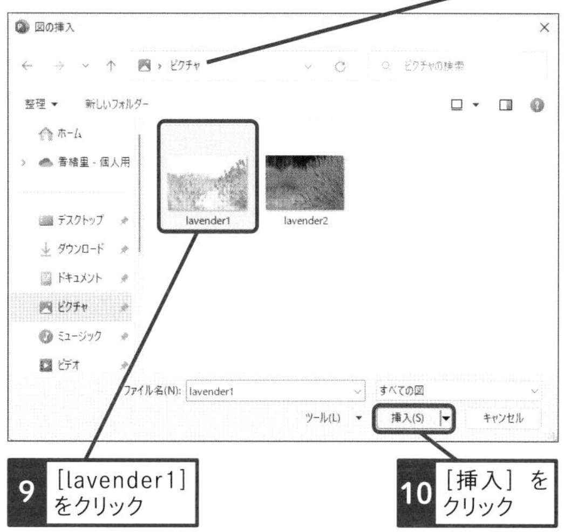

9 [lavender1] をクリック

10 [挿入] をクリック

2 背景の表示方法を設定する

1 [背景グラフィックを表示しない] をクリックしてチェックマークを付ける

2 [閉じる] をクリック

スライドの背景に写真が敷かれた

レッスン69を参考に、タイトルとサブタイトルの文字を太字にしておく

使いこなしのヒント

すべてのスライドの背景に写真を表示したいときは

[背景の書式設定] 作業ウィンドウで [すべてに適用] ボタンをクリックすると、すべてのスライドの背景に写真が表示されます。ただし、2枚目以降のスライドの背景は、スライドの文字がきちんと読めるように、なるべくシンプルにした方が効果的です。元に戻すときは [ホーム] タブの [元に戻す] ボタン (↶) をクリックしましょう。

ここに注意

テーマやバリエーションによっては、背景の写真が見えない場合があります。このようなときは、手順2の操作1で [背景グラフィックを表示しない] にチェックマークを付けます。

まとめ プレゼンテーションを象徴する写真を大胆に使おう

プレゼンテーションの趣旨を説明するスライドや表紙のスライドは、プレゼンテーションの「肝」になる重要なスライドです。こういったスライドにプレゼンテーションの内容に合った写真が大きく表示されていると、聞き手の期待感が膨らみ、プレゼンテーションを盛り上げる効果があります。写真を効果的に使うためには、プレゼンテーション全体を象徴するような横向きの写真を使うことが大切です。背景に写真を敷いた結果、プレースホルダーの文字が読みづらくなったときは、文字の色を変更したり太字にしたりするなどして対応しましょう。

レッスン
78 スライドに図表を入れよう

SmartArt

練習用ファイル L078_SmartArt.pptx

申し込み方法の手順を示す図表を作成します。「SmartArt」の機能を使うと、簡単な操作で見栄えのする図表を挿入して、手順や概要などの情報を整理できます。

1 SmartArtを挿入する

5枚目のスライドに申し込み方法の流れを入れる

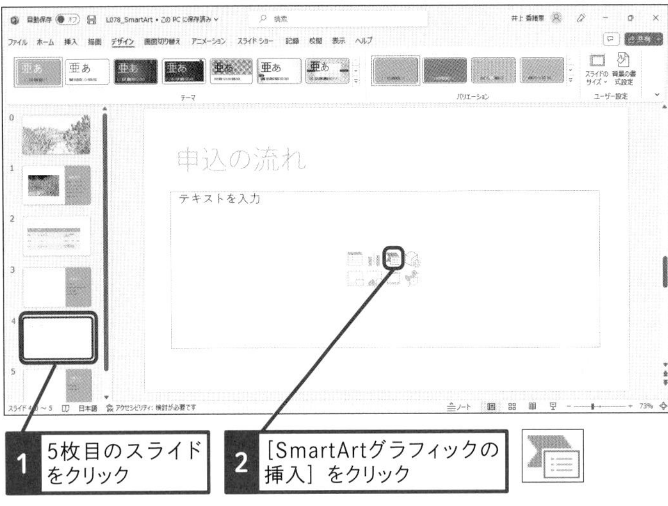

1 5枚目のスライドをクリック

2 ［SmartArtグラフィックの挿入］をクリック

［SmartArtグラフィックの選択］ダイアログボックスが表示された

ここでは、申し込み方法に適した図表を選択する

3 ［手順］をクリック

4 ここを下にドラッグしてスクロール

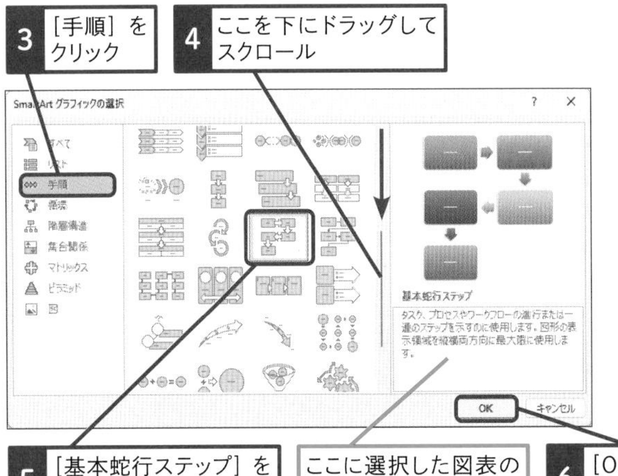

5 ［基本蛇行ステップ］をクリック

ここに選択した図表の説明が表示される

6 ［OK］をクリック

キーワード

SmartArt	P.306
図表	P.309
スライド	P.309
プレースホルダー	P.312

ショートカットキー

新しいスライド ［Win］/［Ctrl］+［M］

用語解説

SmartArt

SmartArtとは、文字を挿入できる図形の集まりです。組織図や循環図などの図表が数多く登録されているので、図形を組み合わせて自分で図表を作成しなくても、デザイン性の高い図表を簡単に作成できます。

循環図や階層構造など、さまざまな図表を作成できる

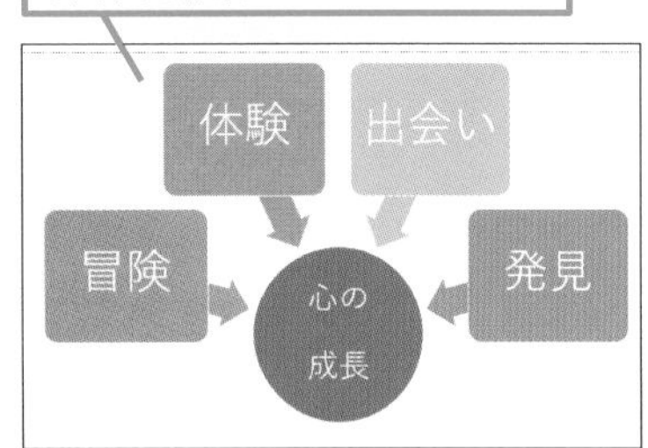

使いこなしのヒント

［挿入］タブからも挿入できる

プレースホルダー内の［SmartArtの挿入］ボタンを使う以外に、［挿入］タブの［SmartArt］ボタンをクリックして、SmartArtを挿入することもできます。既存のスライドにSmartArtを挿入するときに利用するといいでしょう。

●スライドに図表が挿入された

◆テキストウィンドウ

SmartArtの図表に文字を入力できるテキストウィンドウが表示された

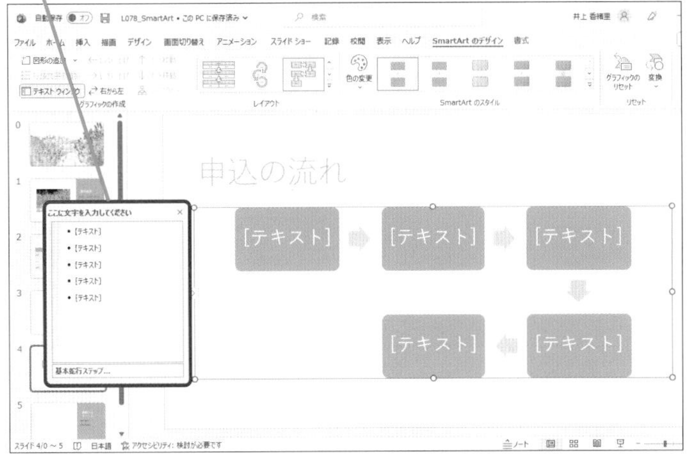

2 図表に文字を入力する

申し込みの流れを入力する

1 ここをクリックして「Webで申込」と入力

テキストウィンドウにも同じ文字が入力された

2 同様に以下の文字を入力

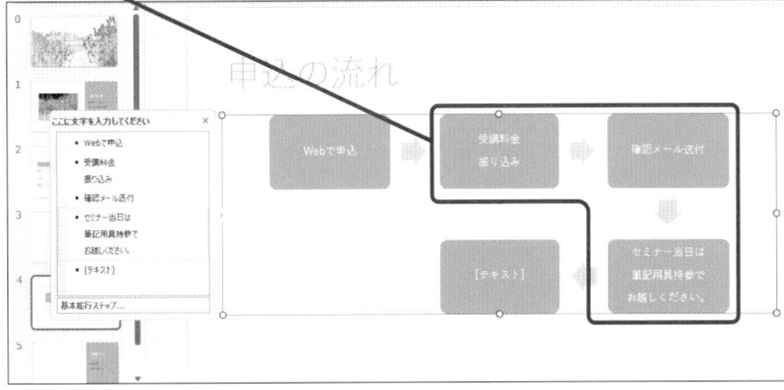

使いこなしのヒント

テキストウィンドウを使っても文字を編集できる

このレッスンでは、図形の中に直接文字を入力しましたが、左側に表示されるテキストウィンドウを使って文字の入力や修正を行うこともできます。テキストウィンドウに入力した文字はそのまま図表に反映されます。

1 文字を入力

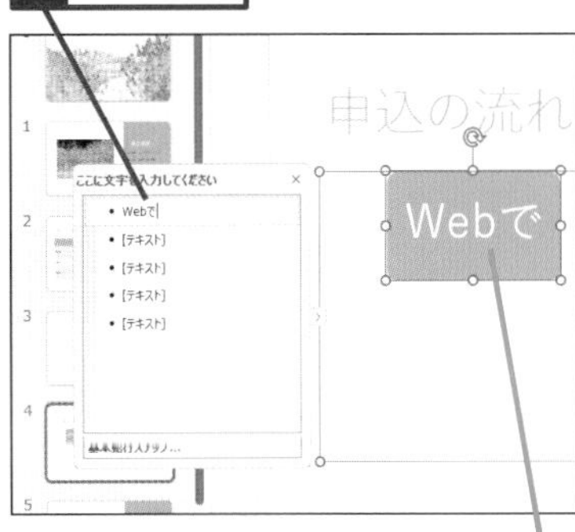

入力した文字が図表に反映される

使いこなしのヒント

図表に図形を追加するには

[SmartAtrのデザイン] タブにある [図形の追加] ボタンを利用すると、指定した位置に図形を追加できます。最初に、追加したい位置の上の階層の図形をクリックしておくのがポイントです。反対に不要な図形をクリックしてDeleteキーを押すと削除できます。

図形を選択しておく

1 [SmartAtrのデザイン] タブをクリック

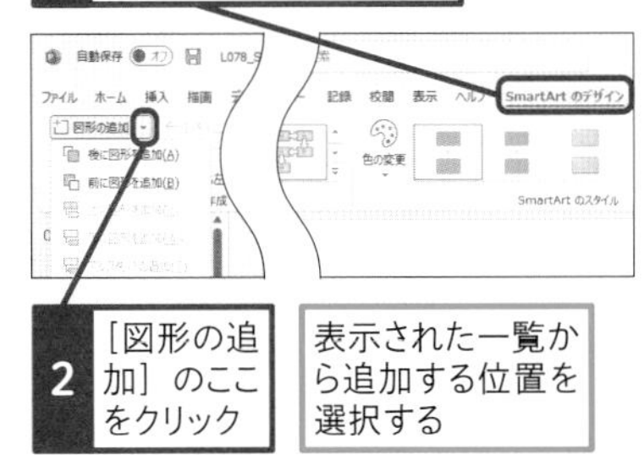

2 [図形の追加] のここをクリック

表示された一覧から追加する位置を選択する

次のページに続く➡

● 図表から図形を削除する

3 [テキスト]の図形の枠線にマウスポインターを合わせる

マウスポインターの形が変わった

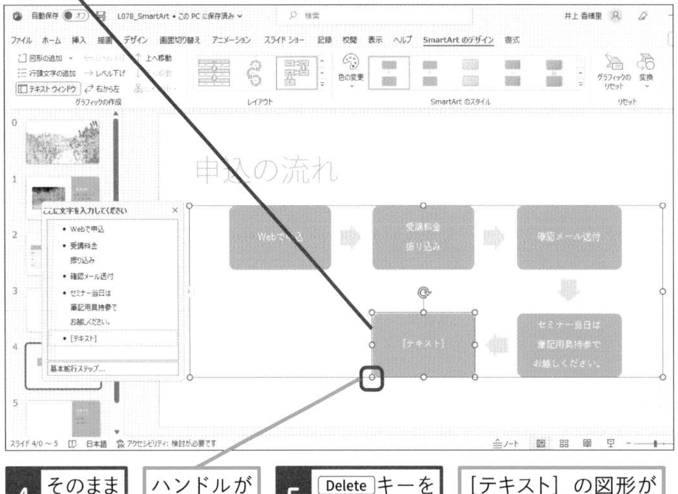

4 そのままクリック

ハンドルが表示された

5 Deleteキーを押す

[テキスト]の図形が削除された

使いこなしのヒント

図表を削除するには

図表全体を削除するには、図表内の何もない場所をクリックし、図表全体にハンドルが表示された状態でDeleteキーを押します。

まとめ SmartArtを上手に活用しよう

プレゼンテーションの資料に図表は欠かせません。図表は図形の中に文字を入れて図形同士の関係を表すもので、メンバー構成を表す組織図や集合関係を表すベン図などは図表の代表格です。このレッスンのように、箇条書きで示すことができる内容も、図表を使うと内容が伝わりやすくなります。SmartArtにはよく使われる図表のひな型とデザインが登録されており、図表の種類やデザインを選択するだけで簡単に作成できます。[SmartArtグラフィックの選択]ダイアログボックスに表示される説明を参考に、適切な図表を選択しましょう。

スキルアップ

図表の種類を変更するには

後から図表の種類を変更するには、図表をクリックし、[SmartAtrのデザイン]タブにある[レイアウト]グループの[その他]ボタン(▿)をクリックします。表示された一覧にない図表に変更するには、[その他のレイアウト]を選択します。

図表を選択しておく

1 [SmartAtrのデザイン]タブをクリック

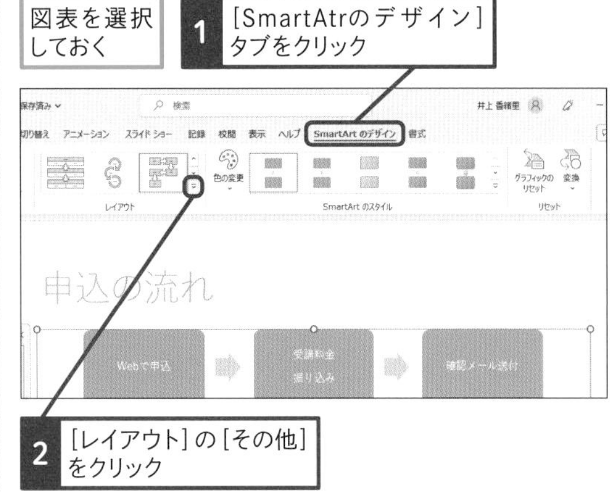

2 [レイアウト]の[その他]をクリック

3 図表のレイアウトをクリック

一覧にない場合は[その他のレイアウト]を選択する

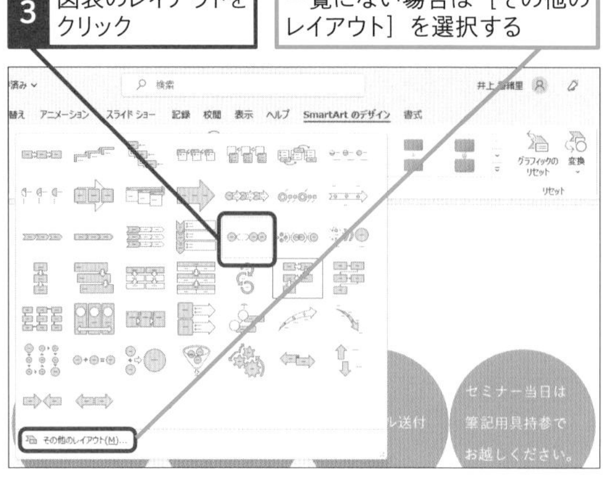

使いこなしのヒント

図表の色を変更するには

SmartArtを挿入すると、最初はスライドに適用されているテーマに合った色が付きます。［SmartArtのデザイン］タブにある［色の変更］ボタンを使うと、後から図表全体の色合いを変更できます。また、［SmartArtのスタイル］には図形を立体的に見せるデザインなども用意されています。

図表の色を変更して違いを目立たせる

1 ［色の変更］をクリック

［色の変更］の一覧が表示された

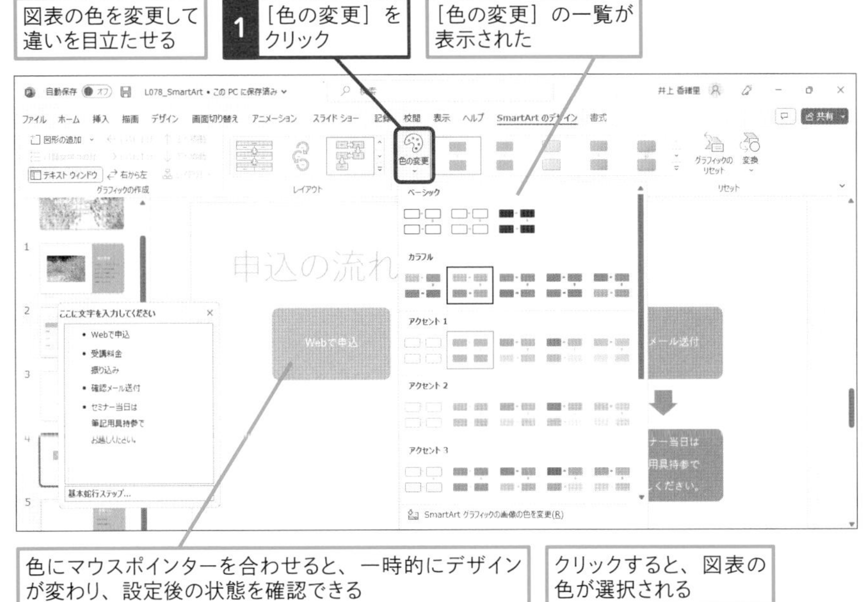

色にマウスポインターを合わせると、一時的にデザインが変わり、設定後の状態を確認できる

クリックすると、図表の色が選択される

時短ワザ

入力済みの文字を図表に変換できる

このレッスンでは、最初に図表を選んでから文字を入力しましたが、スライドに入力済みの箇条書きを選択してから図表を選ぶと、自動的にSmartArtに変換されます。SmartArtはWordやExcelでも同じように使えますが、入力済みの文字を図表に変換できるのはPowerPointだけです。

箇条書きのプレースホルダーを選択しておく

1 ［ホーム］タブをクリック

2 ［SmartArtグラフィックに変換］をクリック

3 変換するSmartArtを選択

箇条書きがSmartArtに変換される

レッスン

79 スライドに地図を挿入しよう

スクリーンショット

練習用ファイル L079_スクリーンショット.pptx

「スクリーンショット」の機能を使うと、パソコンの画面をコピーして貼り付けられます。ここでは、Webページで検索した地図をスライドに貼り付けます。

1 Googleマップで地図を表示する

ここでは4枚目のスライドに地図を貼り付ける

1 4枚目のスライドをクリック

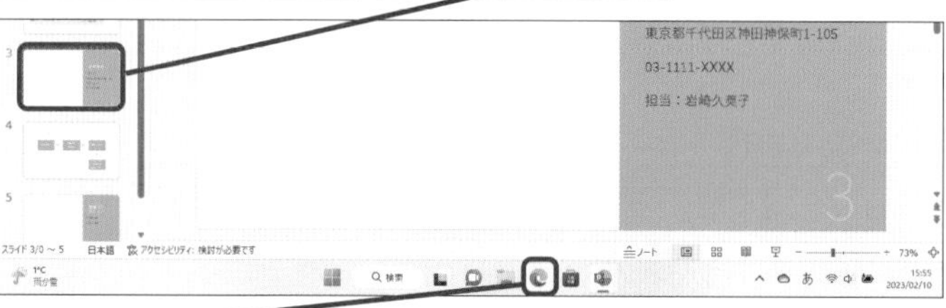

2 タスクバーの［Microsoft Edge］をクリック

ここではGoogleマップで表示した地図をスライドにコピーする

3 下のURLを入力

4 Enter キーを押す

▼GoogleマップのWebページ
https://www.google.co.jp/maps

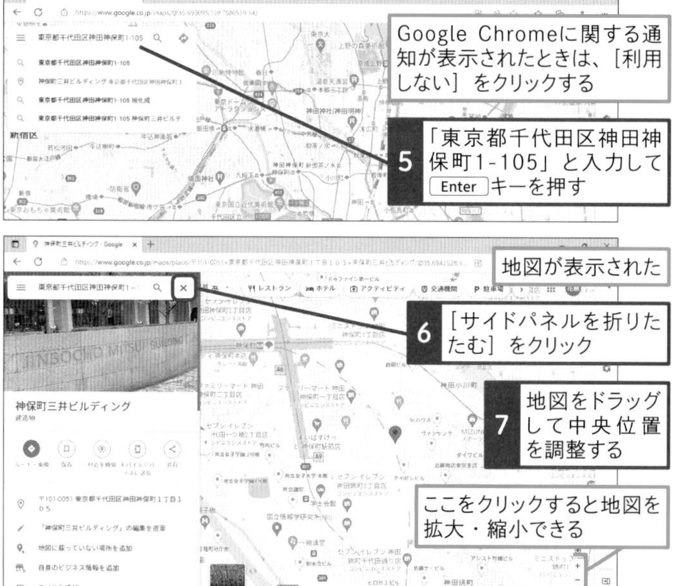

Google Chromeに関する通知が表示されたときは、［利用しない］をクリックする

5 「東京都千代田区神田神保町1-105」と入力して Enter キーを押す

地図が表示された

6 ［サイドパネルを折りたたむ］をクリック

7 地図をドラッグして中央位置を調整する

ここをクリックすると地図を拡大・縮小できる

キーワード

使いこなしのヒント

Webページを表示しておく

このレッスンでは「スクリーンショット」の機能を使う前に、Webブラウザーを起動してあらかじめスライドに貼り付けたいWebページを表示しています。他のアプリの画面を貼り付けたいときにも、あらかじめアプリを起動して必要なウィンドウを直前に表示しておきます。

使いこなしのヒント

Webページの画像は著作権に注意する

Webページの情報はどれでも自由に利用できるわけではありません。画像や文章には著作権があり、無断で使用すると法律に違反する場合もあります。Webページに注意事項が書かれているときは、内容をじっくり確認することが大切です。

ここに注意

複数のウィンドウが開いているときに、手順2の操作4で目的のウィンドウ以外に切り替わってしまったときは、Esc キーを押して操作を取り消します。手順2の操作4で指定できるのは、最後に表示したウィンドウだけです。貼り付けたいウィンドウを再表示して、手順2の操作2から操作をやり直します。

2 スライドに地図を貼り付ける

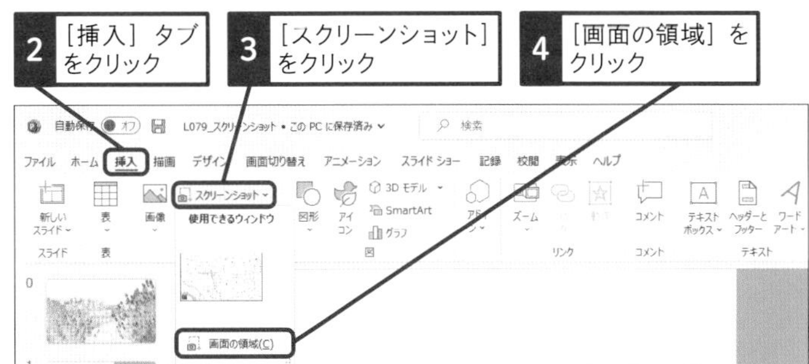

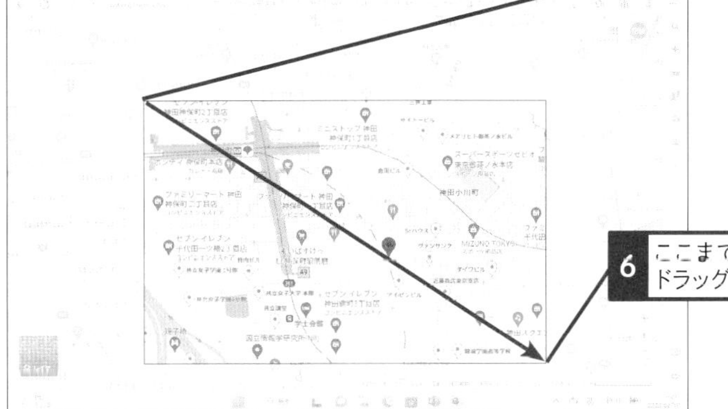

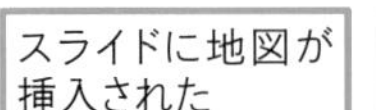

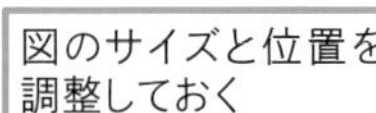

使いこなしのヒント

ウィンドウ全体を貼り付けるには

Webページの一部分を貼り付けるのではなく、ウィンドウ全体を貼り付けたいときは、手順2の操作3で一覧に表示されたウィンドウを直接クリックします。ただし、アプリによってはウィンドウが一覧に表示されない場合もあります。

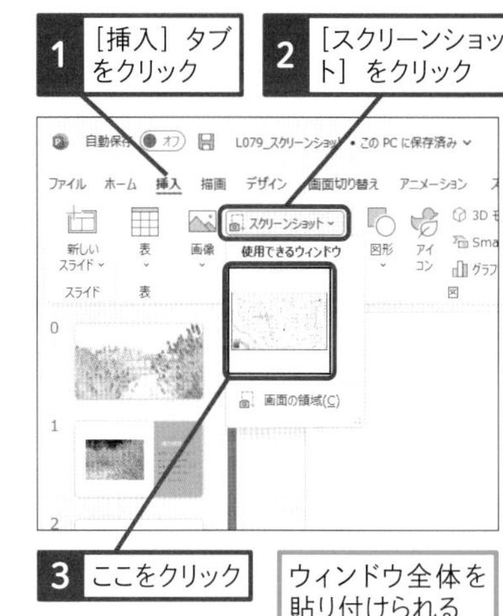

まとめ 実際の画面を見せて「分かりやすさ」をアップする

スライドに地図を入れるときは、図形を組み合わせてオリジナルの地図を作成するのも1つの方法ですが、インターネットで提供されている地図サービスの画面を画像として貼り付けると便利です。レッスン24を参考に吹き出しの図形などを追加して、目的地が目立つようにするとさらに「分かりやすさ」がアップします。また、操作マニュアルを作るときや新しいアプリのプレゼンテーションを行うときには、アプリの操作画面そのものを丸ごと貼り付けて見せると、具体性が出て相手に伝わりやすくなるでしょう。

レッスン

80 スライドに動画を挿入しよう

ビデオ

練習用ファイル L080_ビデオ.pptx、lavender_movie.mp4

デジタルカメラなどで撮影した動画ファイルをスライドに挿入します。パソコンに保存済みの動画ファイルを指定するだけで簡単に挿入できます。

1 動画を挿入する

[ビデオ] フォルダーに [lavender_movie.mp4] をコピーしておく

1 6枚目のスライドをクリック

2 [挿入] タブをクリック

3 [ビデオ] をクリック

4 [このデバイス] をクリック

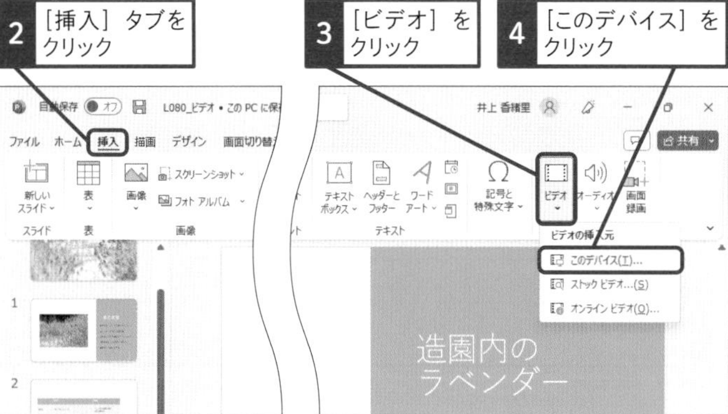

[ビデオの挿入] ダイアログボックスが表示された

5 [ビデオ] をクリック

6 [lavender_movie] をクリック

7 [挿入] をクリック

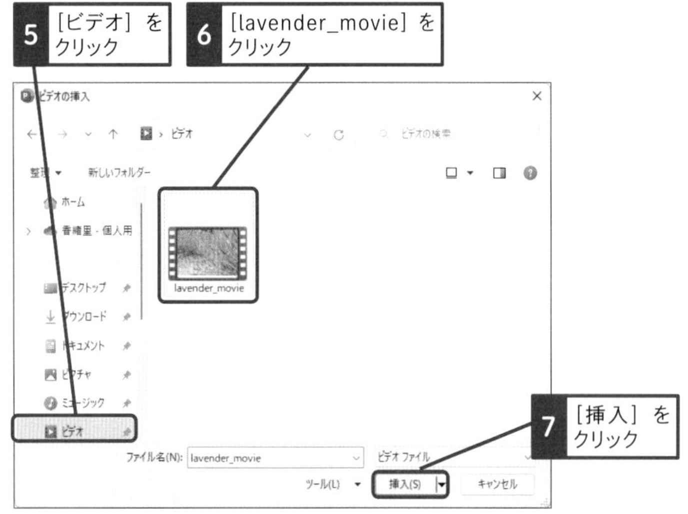

スライドの中央に動画が挿入される

キーワード

ショートカットキー

動画の再生/一時停止 Alt + P

使いこなしのヒント

スライドのアイコンからも動画を挿入できる

プレースホルダー内に [ビデオの挿入] ボタンがあれば、このボタンをクリックしても動画を挿入できます。クリック後に手順1の操作5と同じ [ビデオの挿入] ダイアログボックスが表示されます。

使いこなしのヒント

音楽も挿入できる

[挿入] タブの [オーディオ] から [このコンピュータ上のオーディオ] をクリックすると、パソコンに保存済みの音楽ファイルを挿入できます。表紙のスライドに音楽を挿入してオープニング音楽として使ったり、BGMとして使ったりすると効果的です。

2 動画の表示サイズを変更する

ここでは動画の表示サイズを小さくし、左側に移動する

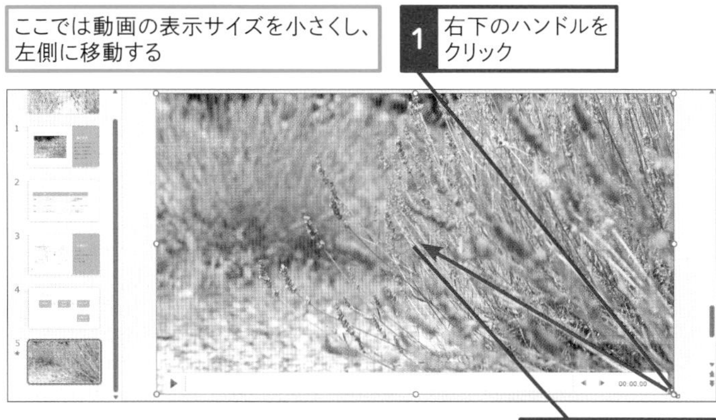

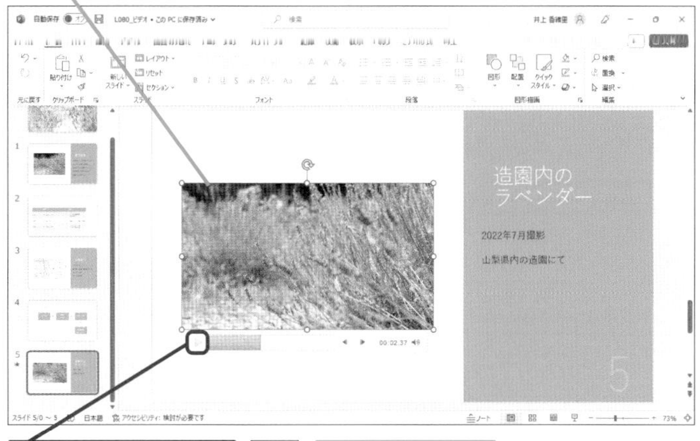

スキルアップ

YouTubeの動画を挿入できる

YouTubeは、世界最大の動画共有・公開サイトです。自分で撮影した動画をYouTubeで公開している場合は、以下の手順でYouTubeの動画をそのままスライドに挿入できます。ただし、第三者が公開している動画には著作権があるので、無断で利用しないように注意しましょう。

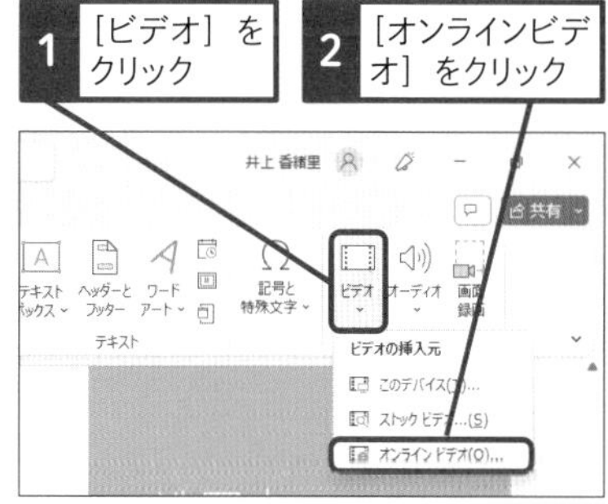

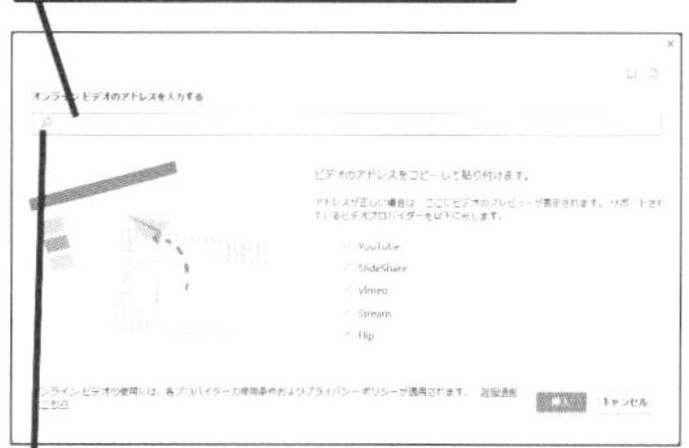

まとめ 動きを見せたいものは動画を使うと伝わりやすい

動画は聞き手の注目を集めるツールとしては便利ですが、むやみに使う必要はありません。静止画で内容が十分に伝わるのであれば、静止画を使った方がファイルサイズが小さくて済みます。動画を挿入したスライドはファイルサイズが大きくなり、メールなどに添付できなくなることがあります。静止画では伝えられない動きを表現するときだけ、効果的に動画を使うといいでしょう。1つのプレゼンで動画は1つあれば十分です。

レッスン
81 動画の長さを調整しよう

ビデオのトリミング

練習用ファイル L081_ビデオのトリミング.pptx

スライドに挿入した動画ファイルの再生時間を調整しましょう。［ビデオのトリミング］ダイアログボックスを使うと、動画ファイルの先頭と最後の位置を調整できます。

1 動画をトリミングする

1 6枚目のスライドをクリック

2 動画をクリック

3 ［再生］タブをクリック

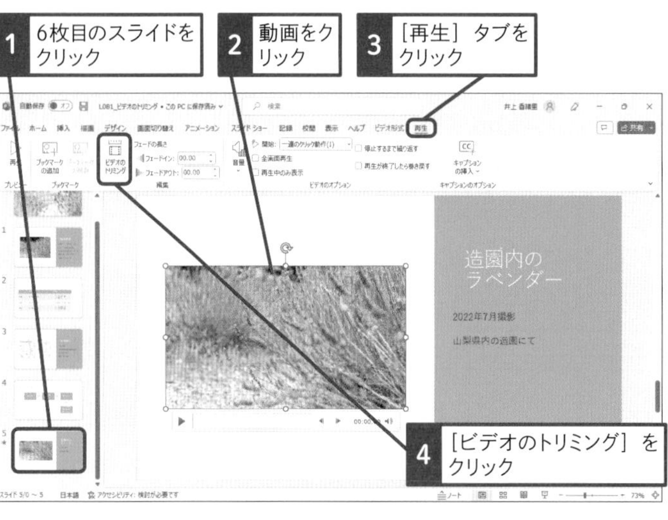

4 ［ビデオのトリミング］をクリック

［ビデオのトリミング］ダイアログボックスが表示された

緑のつまみから赤いつまみの範囲までが再生される

5 緑のつまみをドラッグ

キーワード

ダイアログボックス	P.310
トリミング	P.310

使いこなしのヒント

動画の表紙画像を変更するには

スライドに動画を挿入すると1コマ目が表示されます。以下の操作を行うと、一番見せたいシーンを指定して、動画の表紙にすることができます。表紙用の画像を別途作成したときは、［ファイルから画像を挿入］を選択します。

表紙画像に使用したい部分で動画を止めておく

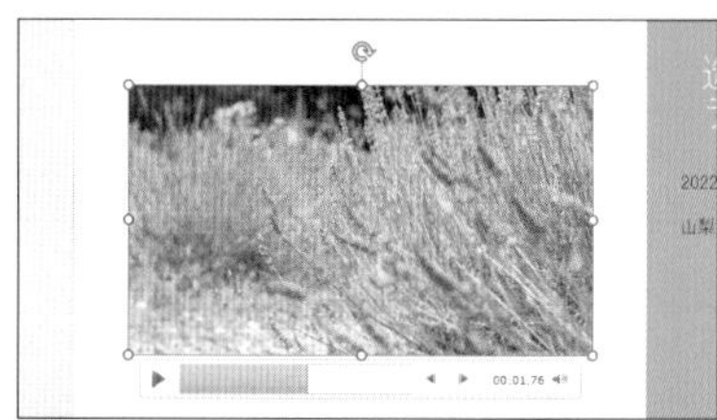

1 ［ビデオ形式］タブをクリック

2 ［表紙画像］をクリック

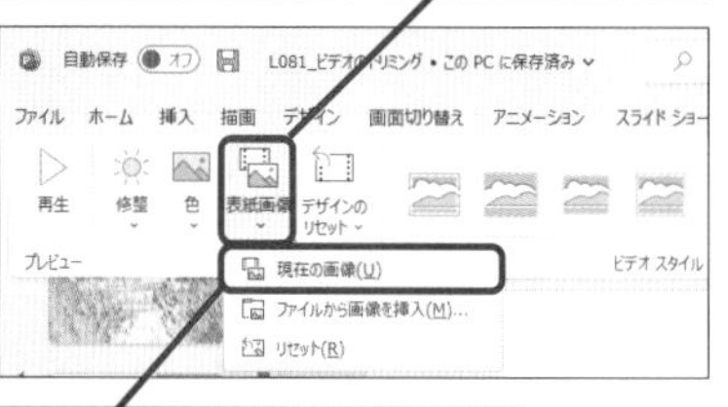

3 ［現在の画像］をクリック

使いこなしのヒント

秒数でトリミング位置を指定できる

［ビデオのトリミング］ダイアログボックスにある［開始時間］と［終了時間］に秒数を入力して、トリミング位置を指定することもできます。

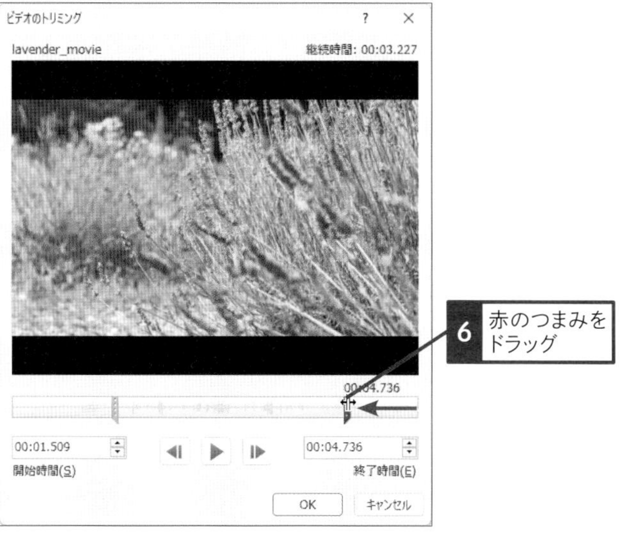

2 トリミングした動画をプレビューする

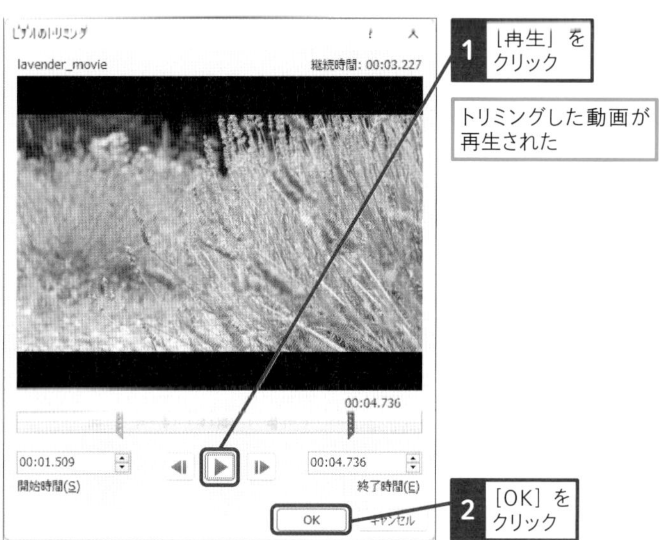

スライドに挿入した動画の再生範囲が変更された

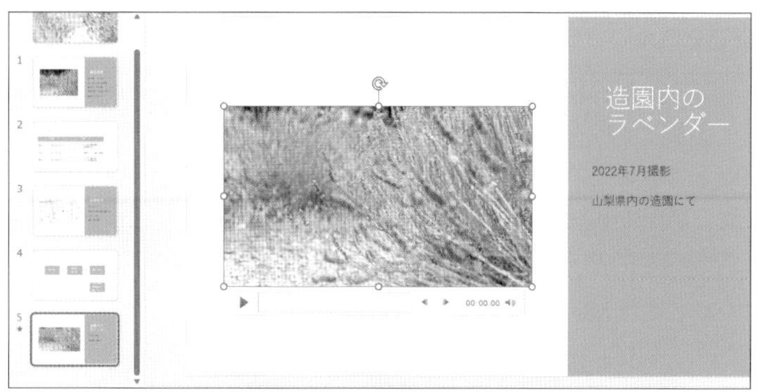

使いこなしのヒント

動画の再生中に別の音声を流すには

以下の操作を行うと、動画の再生中に指定した音声や効果音を流すことができます。動画と音声が同時に流れるようにするには、[効果のオプション] の [タイミング] タブで [開始] を [直前の動作と同時] に変更します。

1 [効果のその他のオプションを表示] をクリック

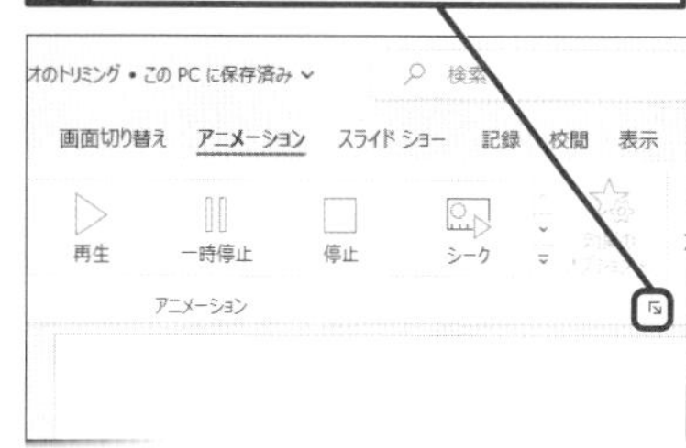

2 [サウンド] のここをクリックして再生したいサウンドを選択

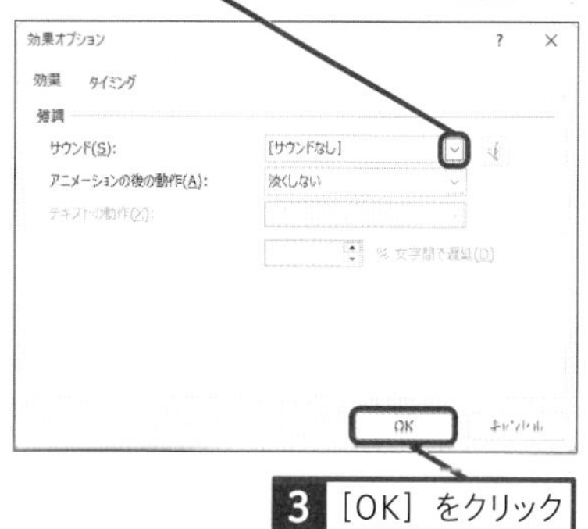

3 [OK] をクリック

まとめ 動きを表現したいときに動画を使おう

料理の手順や講演会の様子などは、文字よりも動画のほうが分かりやすさがアップします。また、スポーツシーンや動物の姿など、動きがある情報は動画で見せるのが効果的です。プレゼンテーションで動画を使うときは、漫然と見せるのではなく、見せたいシーンを絞ってメリハリをつけましょう

この章のまとめ

素材を上手に使ってビジュアル化されたスライドを作ろう

文字だらけのスライドは伝えたい内容を素早く確実に伝えるのが難しい一方で、表や写真、図表などの入ったスライドは、内容を直感的に伝えられます。また、こういった素材を使うことでスライドが華やかになるという効果もあります。ただし、印象に残りやすい素材だからこそ、扱い方次第で訴求力に大きな差がつきます。

例えば、表内の文字の分量が多すぎたり、上下の間隔が詰まっていたりすると、表を使って情報を整理した効果が半減します。また、写真が不鮮明だったり余計なものが映っていたりすると、何を伝える写真なのかが分かりづらくなります。さらに、長い動画は聞き手を飽きさせます。どんな素材を使う場合も、見せたいものがはっきりと分かりやすくなるように調整しましょう。

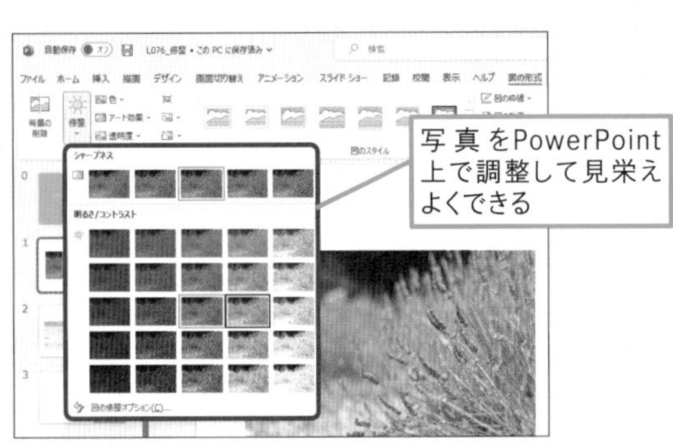

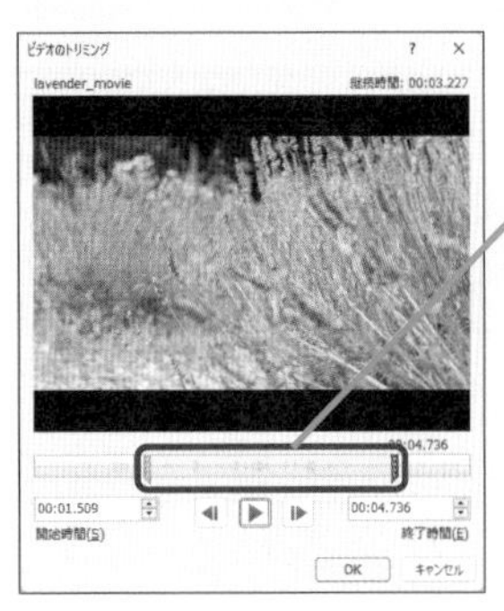

動画は見せたい部分をトリミングする

写真を使うと、一気にスライドのインパクトが増す気がします！どんどん写真を入れたくなってきますね。

ちょっとちょっと！　その写真はなんだか暗くて印象が良くないよ。場合によっては逆効果になってしまうかもしれないよ?

本当だ！　つい楽しくなって、写真を入れただけで満足していました。こんなときは写真の修整機能を使えばいいんですよね?

その通り！　写真の調整までPowerPoint内で完結できるからね。また、動画を使うときは見せたい部分にしぼって編集することも大切だからね！　長い動画をそのまま使わないように！

動画はインパクトもありますが、注意も必要ということですね！肝に銘じておきます。

PowerPoint

基本編

第11章

プレゼンテーションを実行しよう

この章では、PowerPointを使って作成したスライドに画面切り替え効果やアニメーションの効果などを設定します。また、パソコンの画面にスライドを大きく映し出してプレゼンテーションを実行する方法の他、発表者専用画面を使う方法やスライドを印刷する方法などを紹介します。

レッスン
82 Introduction この章で学ぶこと
プレゼンテーション向けにスライドを仕上げよう

プレゼンテーションの本番に備えて、スライド番号やアニメーションを付けてスライドの仕上げを行います。配布資料の印刷や発表者だけが見る専用画面など、PowerPointにはプレゼンテーションをサポートする機能が豊富に揃っています。

注目を集める動きを付けよう

スライドがひと通り完成しました！
いよいよプレゼンテーションですか？

その前にちょっと待った！　プレゼンテーションをする前に、もうひと手間加えておきたいことがありますよ。

ひょっとしてアニメーションですか？　先輩のスライドで見たことがあります！　私もやってみたかったんです。

アニメーションはPowerPointで使ってみたくなる機能だよね！　ここでは「画面切り替え」「アニメーション」の2つを解説していきます。

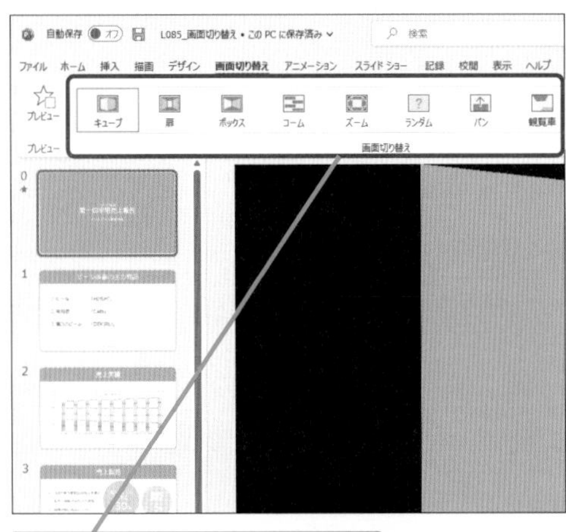

◆画面切り替え
スライドが切り替わるときに動きを付けられる　→レッスン85

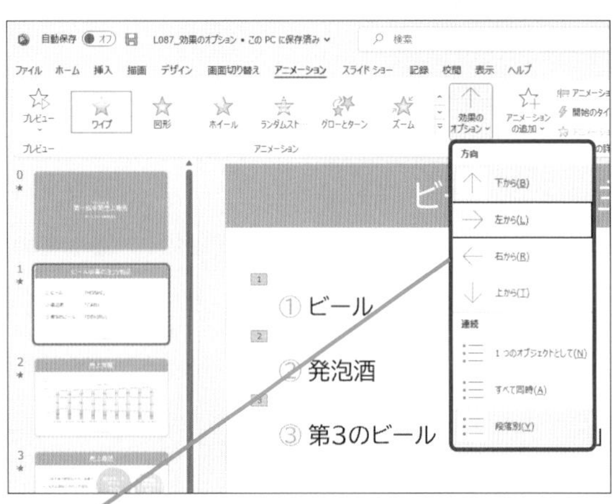

◆アニメーション
文字や図形などに動きを付けられる　→レッスン86、87

配布資料としての使い勝手を上げよう

プレゼンテーションというとプロジェクターで行うイメージが強いですけど、実は印刷して配布することも多いんですよ。そんなときに知っておきたい2つの機能がこれです！

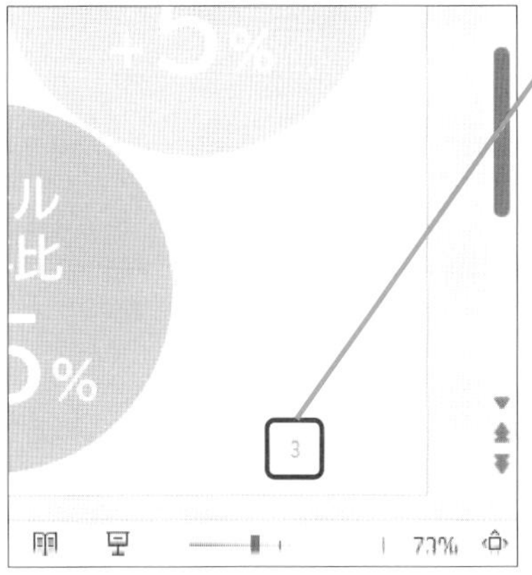

◆スライド番号
スライドに番号を挿入できる
→レッスン83

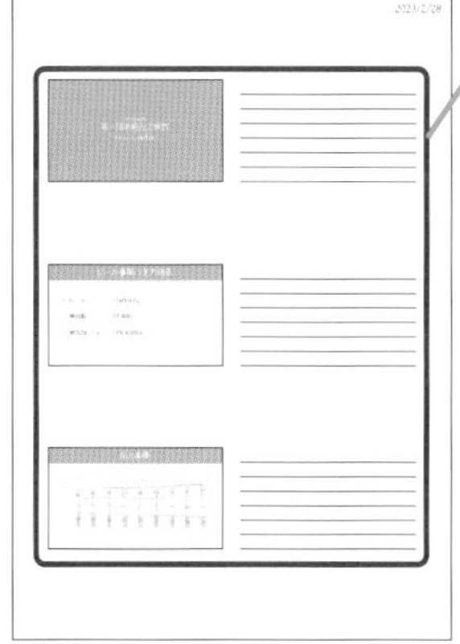

◆配布資料
スライドにメモ欄を付けて印刷できる
→レッスン89

確かに印刷した資料をもらったことがあります！　資料として配布するときに便利な機能なんですね。

プレゼンテーションを実行しよう

そして最後にお待ちかねのプレゼンテーションの実行ですね！操作方法はもちろん、注意点なども解説していきますよ。

画面に表示するだけですよね？　注意点…。なんでしょう…？

すごい楽観的だね！お客様の前で失敗するわけにいかないから、注意ポイントを知っておきたいです！

◆スライドショー
スライドを画面いっぱいに表示できる　→レッスン88

レッスン

83 スライドに番号を表示しよう

スライド番号、開始番号

練習用ファイル L083_スライド番号.pptx

スライド作成の仕上げとして、表紙以外のスライドにスライド番号を挿入します。スライド番号は、［ヘッダーとフッター］ダイアログボックスで設定します。

1 表紙以外にスライド番号を挿入する

1 ［挿入］タブをクリック

2 ［ヘッダーとフッター］をクリック

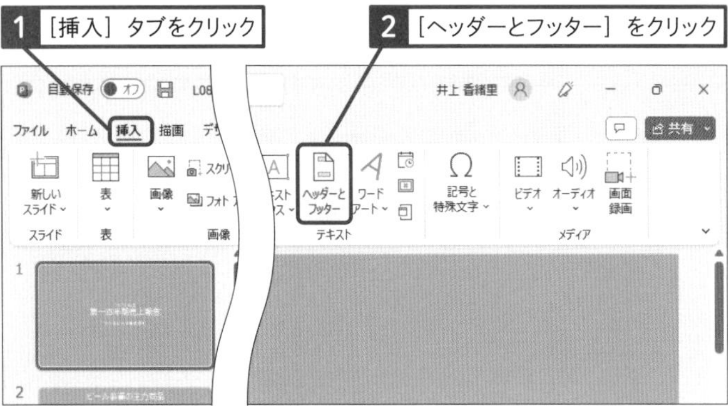

［ヘッダーとフッター］ダイアログボックスが表示された

3 ［スライド］タブをクリック

4 ［スライド番号］をクリックしてチェックマークを付ける

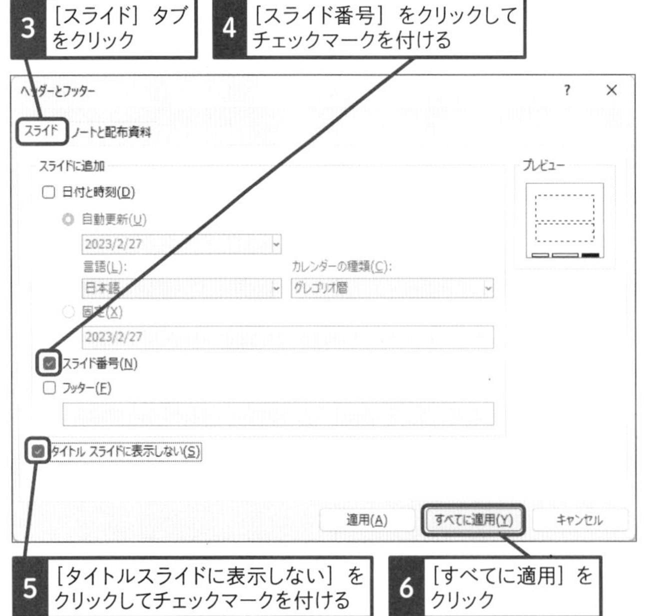

5 ［タイトルスライドに表示しない］をクリックしてチェックマークを付ける

6 ［すべてに適用］をクリック

キーワード

使いこなしのヒント

［スライド番号］ボタンからも設定できる

［挿入］タブの［スライド番号の挿入］ボタンをクリックしても、スライド番号を挿入できます。［スライド番号の挿入］ボタンをクリックすると、手順1の操作3の［ヘッダーとフッター］ダイアログボックスが表示されます。

使いこなしのヒント

表紙にスライド番号は表示しない

手順1の操作5で［タイトルスライドに表示しない］にチェックマークを付けないと、表紙のスライドにもスライド番号が表示されてしまいます。一般的には表紙や目次のスライドにはスライド番号は付けないので、忘れずにチェックマークを付けてください。

用語解説

ヘッダー／フッター

ヘッダーとは、スライドの上部の領域のことです。また、フッターとは、スライドの下部の領域のことです。ヘッダーやフッターに会社名やプロジェクト名、実施日、スライド番号などの情報を設定すると、すべてのスライドの同じ位置に同じ情報が表示されます。ヘッダーやフッターに会社名を表示する操作は、レッスン84のスキルアップ「すべてのスライドにロゴをまとめて入れる」を参照してください。

それぞれのスライドの同じ位置にスライド番号が入る

● スライド番号を確認する

2枚目のスライド以降にスライド番号が挿入された

表紙にはスライド番号が表示されない

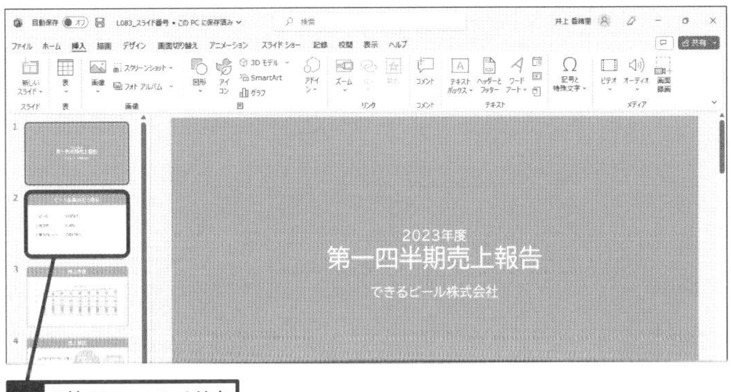

7 2枚目のスライドをクリック

2枚目のスライドが表示された

スライド番号が［2］と表示される

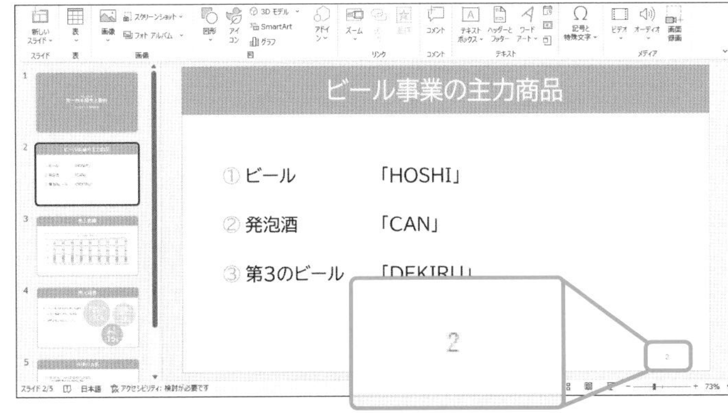

ここに注意

手順1の操作6で［適用］ボタンをクリックすると、選択しているスライドだけにスライド番号が挿入されます。

使いこなしのヒント

スライド番号の位置はテーマによって異なる

このレッスンのスライドでは、スライド番号が右下に表示されました。ただし、スライドにテーマを適用している場合は、テーマによってスライド番号が表示される位置が異なります。

次のページに続く

2 スライドの開始番号を設定する

2枚目のスライド番号が「1」から開始されるようにする

1 ［デザイン］タブをクリック

2 ［スライドのサイズ］をクリック

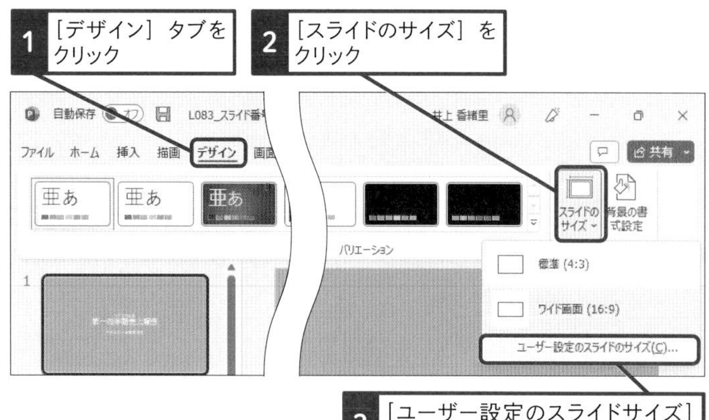

3 ［ユーザー設定のスライドサイズ］をクリック

［スライドのサイズ］ダイアログボックスが表示された

4 ［スライド開始番号］に「0」と入力

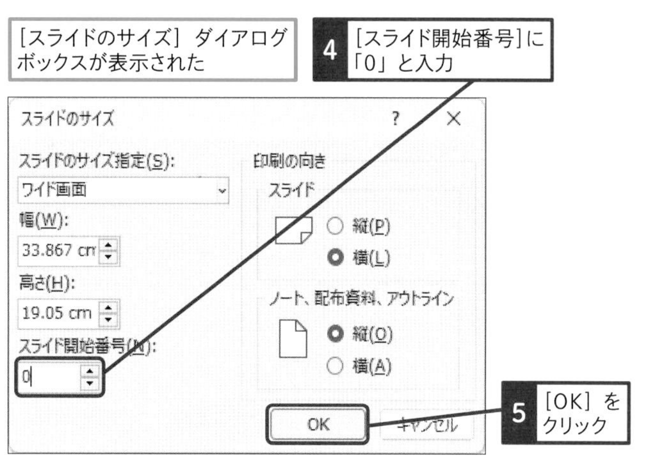

5 ［OK］をクリック

スライドの開始番号が「0」になった

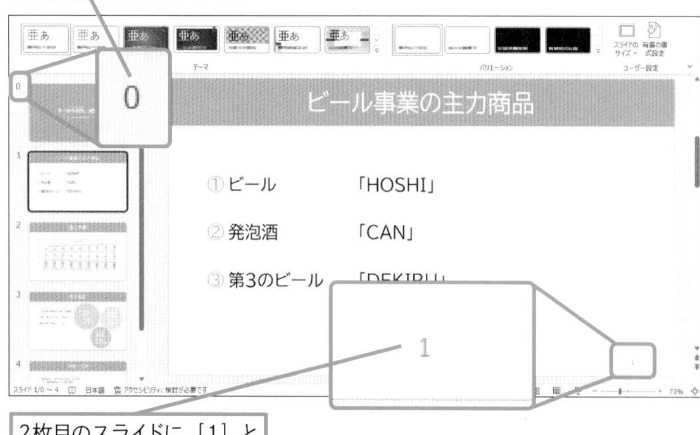

2枚目のスライドに［1］と表示された

使いこなしのヒント

スライド番号に書式を付けるには

スライド番号のフォントサイズやフォントを変更するには、スライドマスターを使います。以下の操作でスライドマスターを表示し、一番上のマスターを選択して「<#>」の外枠をクリックしてから、［ホーム］タブの［フォント］や［フォントサイズ］ボタンを使って書式を設定できます。スライドマスターを閉じると、すべてのスライド番号に書式が反映されます。

1 ［表示］タブをクリック

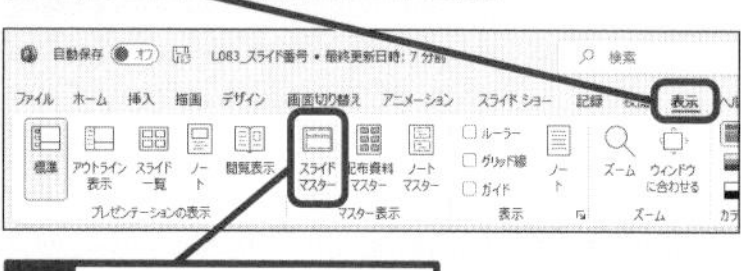

2 ［スライドマスター］をクリック

3 一番上のマスターをクリック

4 ［ホーム］タブをクリック

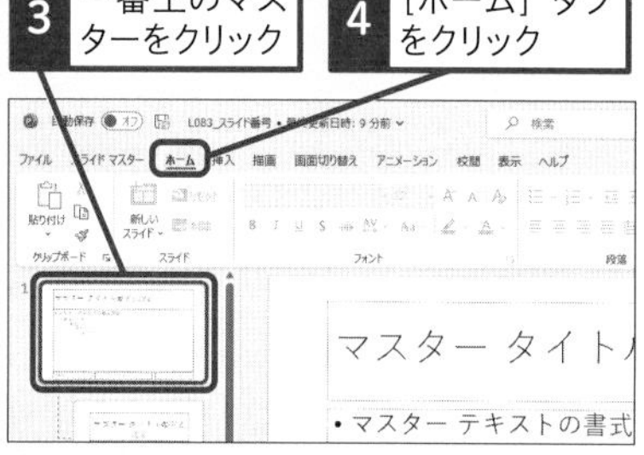

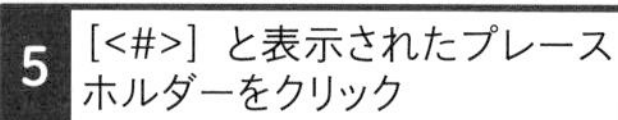

5 ［<#>］と表示されたプレースホルダーをクリック

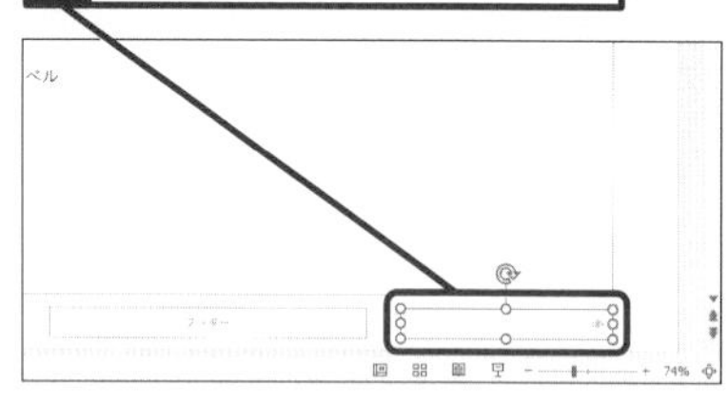

使いこなしのヒント

移動や削除でスライド番号も変わる

スライド番号を挿入してからスライドの追加や削除、移動を実行すると、自動的にスライド番号が調整されます。

スキルアップ

スライド番号の位置を変更できる

スライド番号は、後から位置を変更できます。特定のスライドのスライド番号だけを移動するときは、スライド番号のプレースホルダーを選択し、外枠にマウスポインターを合わせてそのまま目的の位置にドラッグします。すべてのスライドのスライド番号を移動するときは、[表示] タブの [スライドマスター] ボタンをクリックしてスライドマスターを表示します。次に、スライド番号が表示されている「<#>」のプレースホルダーをドラッグします。

1 [表示] タブをクリック

2 [スライドマスター] をクリック

スライドマスターが表示された

3 一番上のマスターをクリック

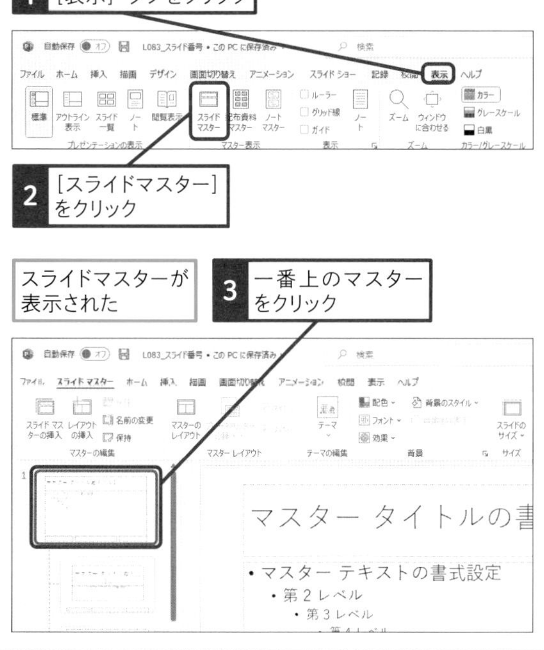

4 スライド番号のプレースホルダーをドラッグ

5 [マスター表示を閉じる] をクリック

スライド番号の位置が移動した

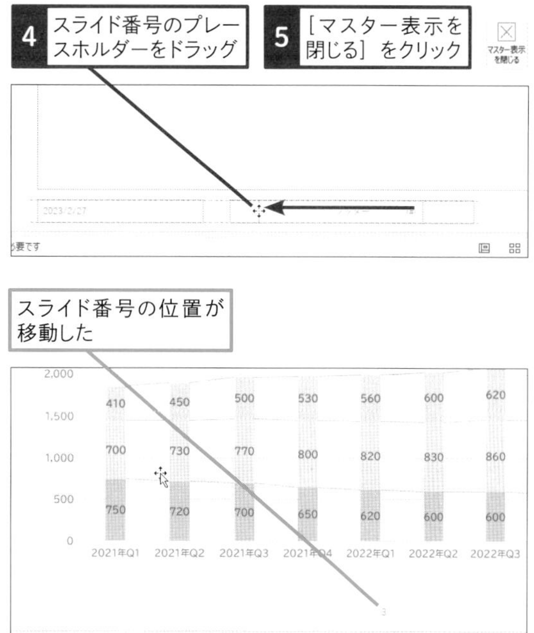

● スライド番号を確認する

6 4枚目のスライドをクリック

4枚目のスライドが表示された

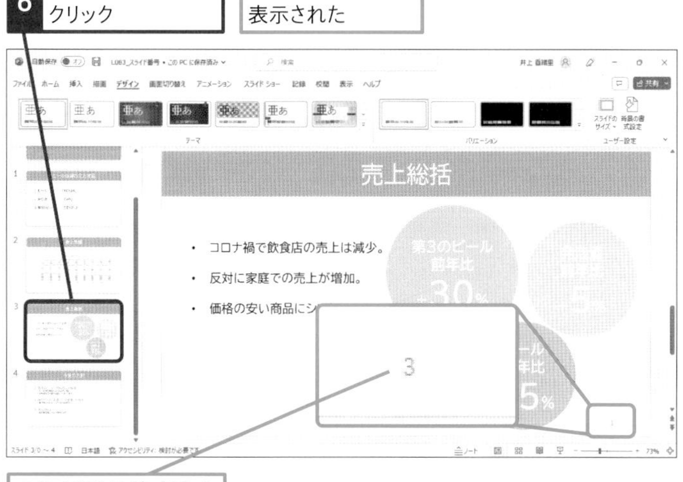

スライド番号が [3] と表示される

まとめ　スライド番号を付けると質疑応答で役立つ

スライド番号があると、質疑応答の際にスライドの位置を指定しやすくなり、発表者と聞き手の間で意思の疎通が高まります。また、スライドをWebに公開したり、PDFファイルとして配布したりするときも、スライド番号が付いていれば、後から問い合わせを受けるときに役立ちます。

レッスン

84 すべてのスライドに会社名を表示しよう

フッター

練習用ファイル L084_フッター .pptx

すべてのスライドに会社名を表示します。［ヘッダーとフッター］ダイアログボックスの［フッター］欄に文字を入力すると、すべてのスライドの同じ位置に会社名を表示できます。

1 フッターに文字を入力する

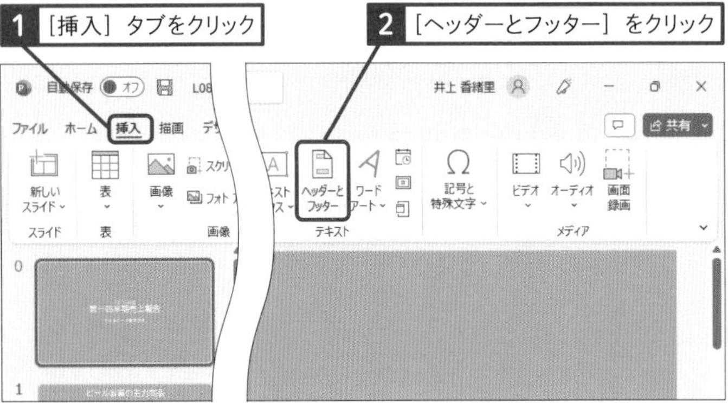

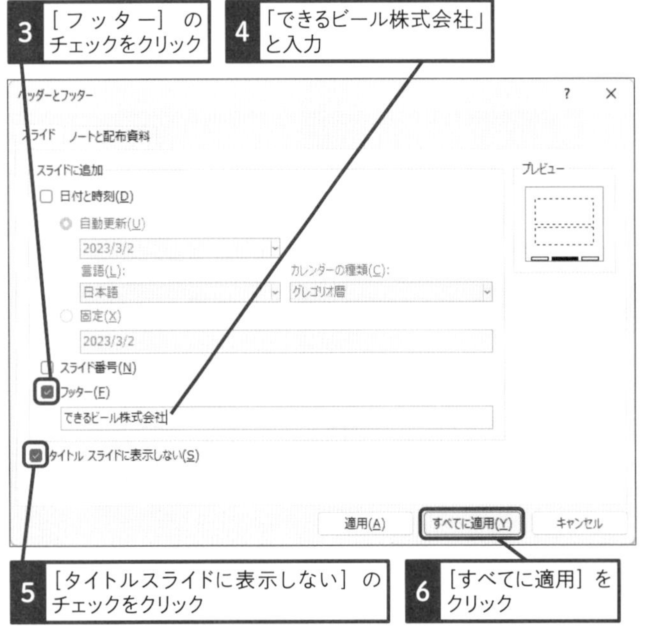

キーワード

使いこなしのヒント

日付や時刻も設定できる

［ヘッダーとフッター］ダイアログボックスの［日付と時刻］のチェックをクリックしてチェックマークを付けると、すべてのスライドの左下に日付を表示できます。ファイルを開いた日を表示するには［自動更新］、常に同じ日付を表示するには［固定］を選択します。

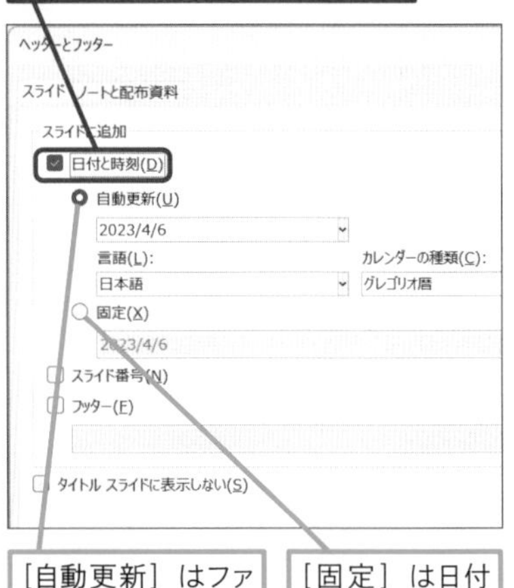

スキルアップ

すべてのスライドにロゴをまとめて入れる

すべてのスライドにロゴ画像を入れるには、以下の操作で一番上のスライドマスターにロゴ画像を挿入します。スライドマスターに挿入した画像やアイコン、図形はすべてのスライドの同じ位置に同じサイズで表示されます。

前ページのヒントを参考にスライドマスターを表示しておく

1 一番上のマスターをクリック

2 ［挿入］タブをクリック

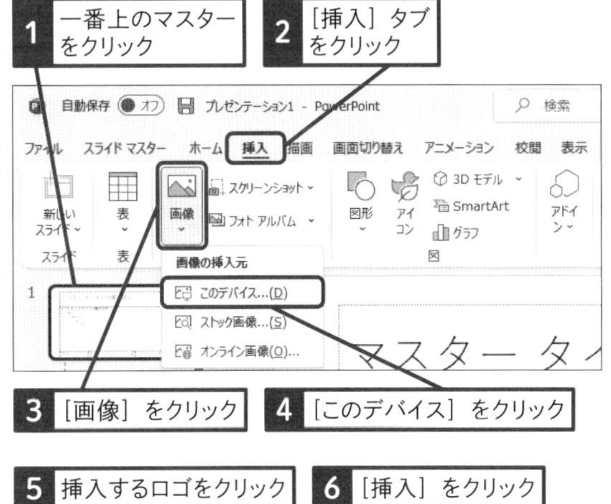

3 ［画像］をクリック

4 ［このデバイス］をクリック

5 挿入するロゴをクリック

6 ［挿入］をクリック

ロゴが挿入された

位置やサイズを調整しておく

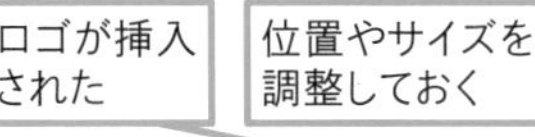

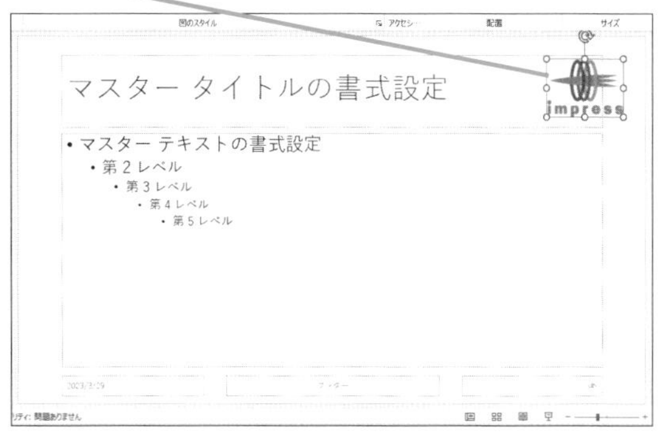

7 ［スライドマスター］タブをクリック

8 ［マスター表示を閉じる］をクリック

すべてのスライドにロゴが挿入される

●フッターに会社名が表示された

2枚目以降のスライドのフッターに会社名が表示される

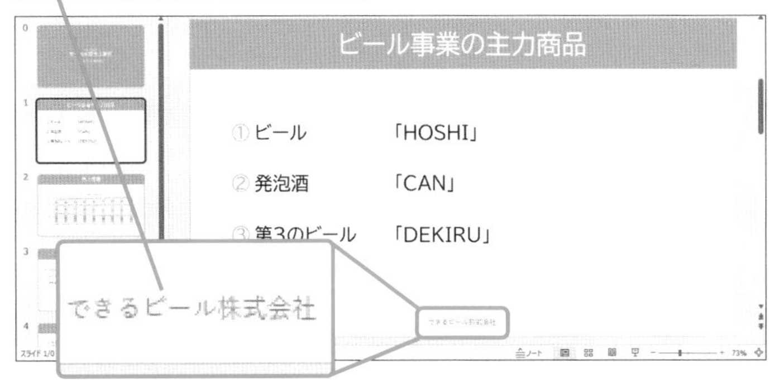

まとめ 作成者や作成日をはっきり提示しよう

プレゼンテーションの資料は、後からじっくり内容を検討する際に読み返すことも多いでしょう。すべてのスライドのフッターに作成者や会社名、作成日を提示しておけば、いつ誰が見てもプレゼンテーションの発信者がはっきり分かります。

レッスン

85 スライドが切り替わるときに動きを付けよう

画面切り替え

練習用ファイル L085_画面切り替え.pptx

スライドショーでスライドが切り替わるときの動きを設定します。ここではすべてのスライドに、さいころが転がるような［キューブ］の動きを設定します。

1 画面の切り替え効果を選択する

表紙のスライドに画面の切り替え効果を設定する

1 表紙のスライドをクリック

2 ［画面切り替え］タブをクリック

3 ［画面切り替え］の［その他］をクリック

［画面切り替え］の一覧が表示された

4 ［キューブ］をクリック

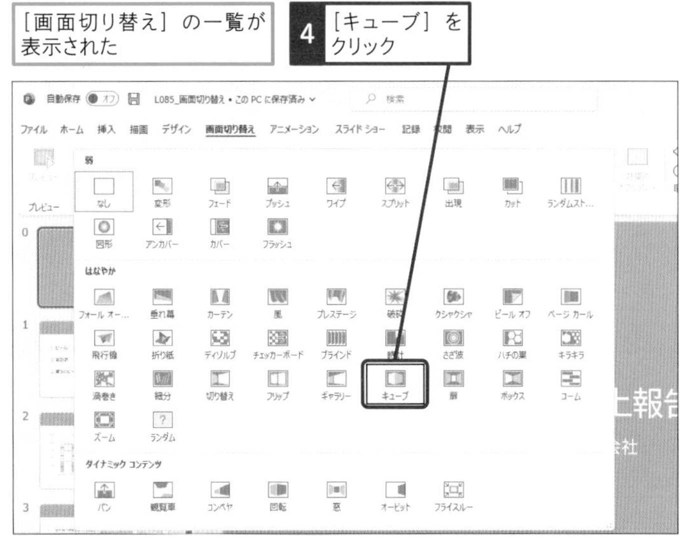

キーワード

アニメーション	P.306
画面切り替え	P.307

使いこなしのヒント

画面の切り替え効果の種類

画面切り替え効果には、紙を手で握りしめるような動きをする［クシャクシャ］や、スライドが紙飛行機になって飛び立つような動きの［飛行機］など、ダイナミックで華やかな効果がたくさん用意されています。［画面切り替え］タブの［プレビュー］ボタンをクリックすると、選択した動きをその場で確認できます。

使いこなしのヒント

スライドごとに異なる画面の切り替え効果を設定するには

このレッスンでは1種類の画面の切り替え効果を設定していますが、特定のスライドだけに異なる効果を設定することもできます。それには、効果を設定するスライドをクリックしてから、画面の切り替え効果を選択します。Ctrlキーを押しながら複数のスライドをクリックして選択しておくと、同じ効果をまとめて設定できます。

使いこなしのヒント

画面の切り替え効果を解除するには

設定した画面の切り替え効果を解除するには、［画面切り替え］の一覧から［なし］を選択します。

●画面の切り替え効果を確認する

画面の切り替え効果がプレビューされた

もう一度確認するときは、［プレビュー］をクリックする

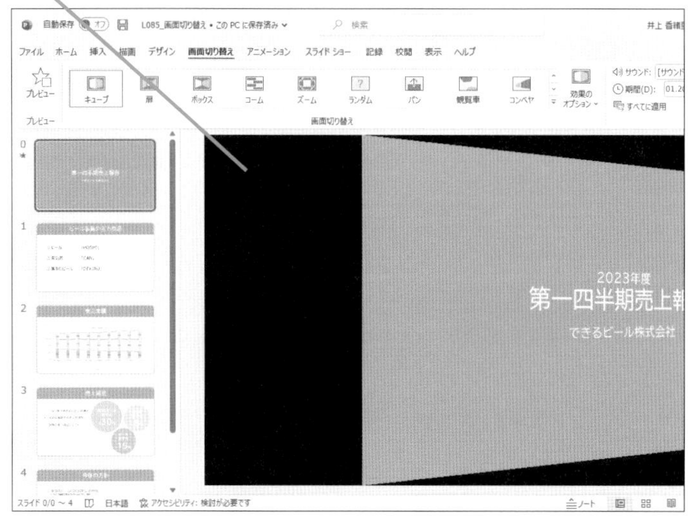

2 残りのスライドにも適用する

2枚目以降のスライドに画面の切り替え効果を適用する

1 ［すべてに適用］をクリック

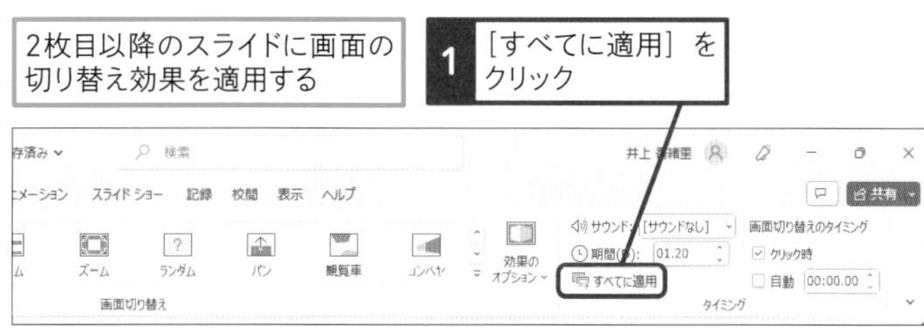

2枚目から7枚目までのスライドに画面の切り替え効果が適用された

使いこなしのヒント

画面切り替えが設定されたスライドを確認するには

画面切り替えが設定されたスライドには、スライド番号の下に星の形をした［アニメーションの再生］（★）が表示されます。レッスン86で解説するアニメーションを設定したスライドにも、同様に表示されます。［アニメーションの再生］をクリックすると、スライドに設定した画面の切り替え効果やアニメーションが再生されます。

画面切り替えやアニメーションを設定したスライドには、［アニメーションの再生］が表示される

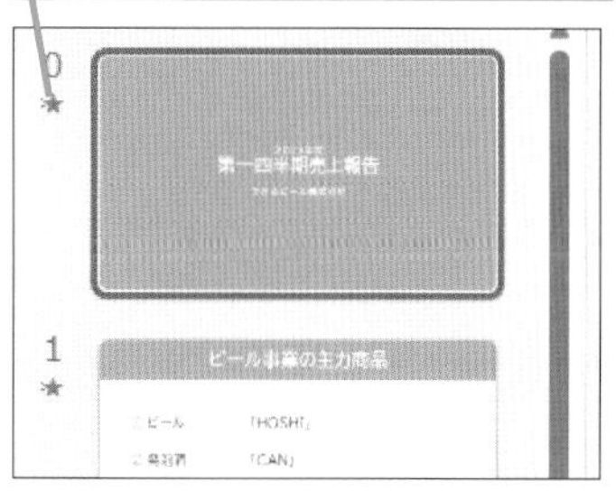

まとめ 画面の切り替え効果の種類は1種類か2種類に抑えよう

PowerPoint 2021には魅力的な画面の切り替え効果が数多く用意されていますが、スライドごとに異なる効果を設定するとスライドの内容よりも動きに関心が集まってしまいます。画面の切り替え効果は、スライドの内容が読みやすいシンプルな動きをすべてのスライドに1種類だけ付けるのが基本です。表紙のスライドに華やかな動きを設定してプレゼンテーションのスタートを盛り上げ、2枚目以降のスライドには控えめな動きを設定するというように2種類の動きでメリハリを付けるのも効果的です。

レッスン

86 タイトルにアニメーションを設定しよう

アニメーション

練習用ファイル L086_アニメーション.pptx

「アニメーション」の機能を使うと、スライド内の文字や図形などの要素に動きを設定できます。ここでは、表紙のスライドにあるタイトルの文字に動きを設定します。

1 アニメーションの効果を設定する

タイトルのプレースホルダーにある文字にアニメーションを設定する

1 表紙のスライドをクリック

2 [アニメーション] タブをクリック

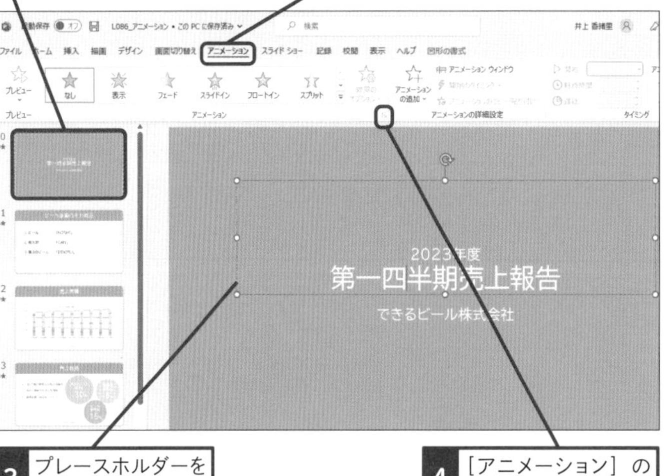

3 プレースホルダーをクリック

4 [アニメーション] の [その他] をクリック

[アニメーション] の一覧が表示された

5 [フロートイン] をクリック

効果を選択後、一時的にアニメーションが再生されて確認できる

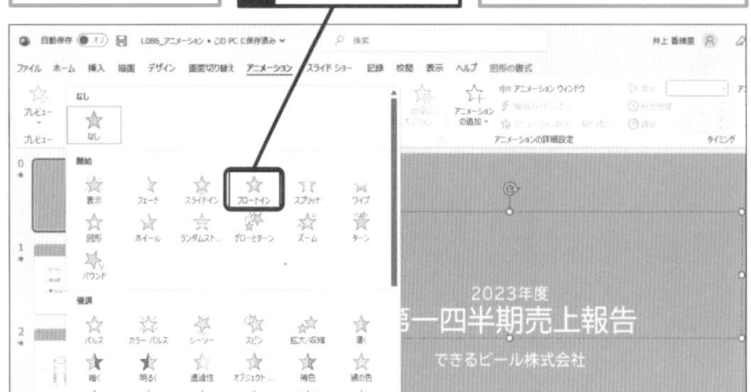

キーワード

アニメーション	P.306
スライド	P.309
プレースホルダー	P.312

用語解説

アニメーション

PowerPointのアニメーションは、スライド上の文字や図形、画像などに動きを付ける機能のことです。アニメーションには「開始」「強調」「終了」「アニメーションの軌跡」の4種類があり、単独で使用したり組み合わせて使用したりすることができます。

使いこなしのヒント

設定対象によってはアニメーションを設定できない

手順1の操作5で一部のアニメーションが灰色で表示され、選択できないことがあります。灰色で表示されたアニメーションは、表やグラフ、図表などに設定できません。

使いこなしのヒント

アニメーションの種類を変更するには

設定したアニメーションを変更するには、スライドに表示されているアニメーションの番号（1）をクリックして、手順1の操作4からアニメーションを設定し直しましょう。

スキルアップ

アニメーションを選ぶコツを知っておこう

手順1の操作5の一覧には［開始］や［強調］のアニメーションの一部が表示されます。スライドに文字や図などを表示するときのアニメーションは、［開始］の一覧から選択します。一覧にない開始のアニメーションは［その他の開始効果］から選択します。

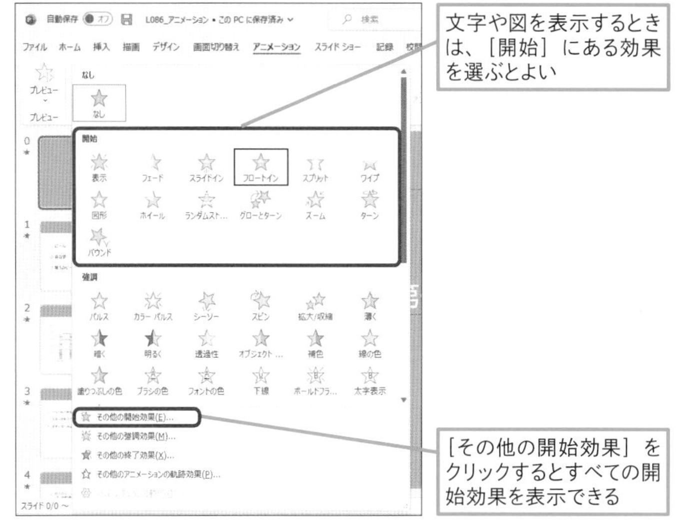

2 設定されたアニメーションの効果を確認する

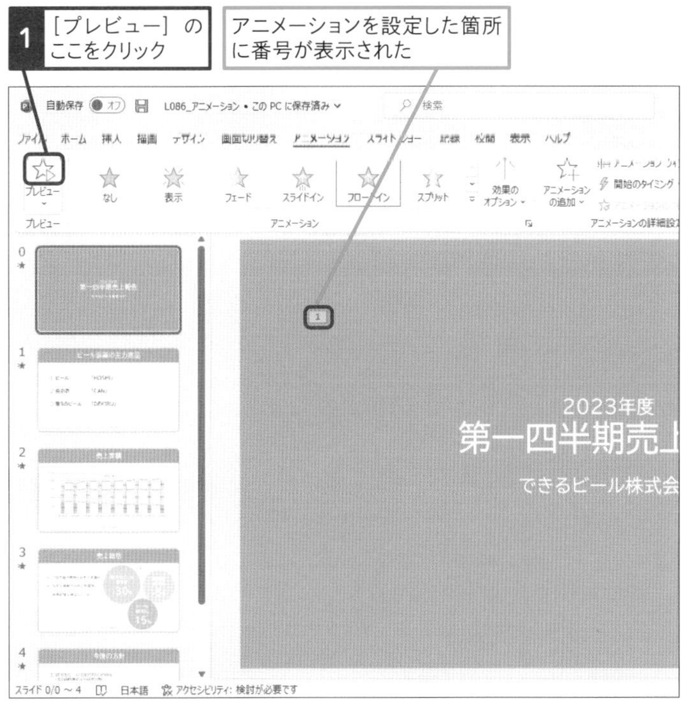

アニメーションが再生され、設定後の状態を確認できる

使いこなしのヒント

アニメーションは追加できる

［開始］［強調］［終了］のアニメーションを組み合わせて設定できます。アニメーションを追加するには、タイトルが入力されたプレースホルダーを選択した状態で［アニメーション］タブの［アニメーションの追加］ボタンをクリックします。

まとめ アニメーションが表示される順番に注意しよう

スライドにアニメーションを設定すると、設定した箇所に四角で囲まれた番号が表示されます。これは、「アニメーションが設定されている」ということを示す記号であり、複数のアニメーションを付けたときにどの順番で実行するかを表す記号でもあります。この番号をクリックすると、［アニメーション］タブで設定した内容を確認できます。また、アニメーションを変更したり削除したりするときも、この番号をクリックしてから操作します。

レッスン
87 箇条書きが順番に表示される動きを設定しよう

効果のオプション

練習用ファイル L087_効果のオプション.pptx

スライドショー実行時にスライドをクリックするたびに、箇条書きの文字が1行ずつ順番に表示される［開始］のアニメーションを設定します。

1 文字に動きを設定する

プレースホルダー全体にアニメーションを設定して、項目が順番に表示されるようにする

1 2枚目のスライドをクリック

2 箇条書きのプレースホルダーの枠をクリック

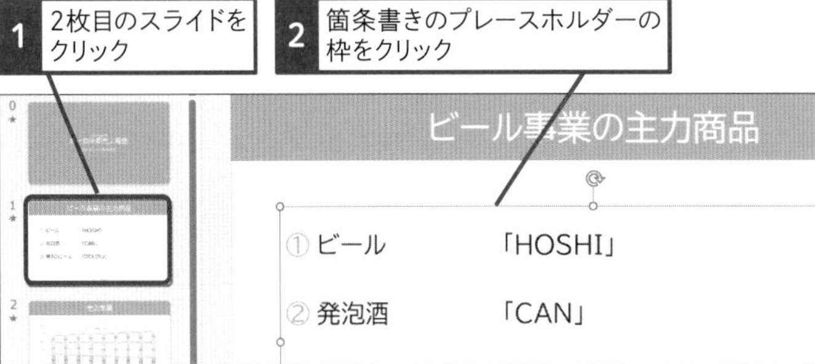

3 ［アニメーション］タブをクリック

4 ［アニメーションのその他］をクリック

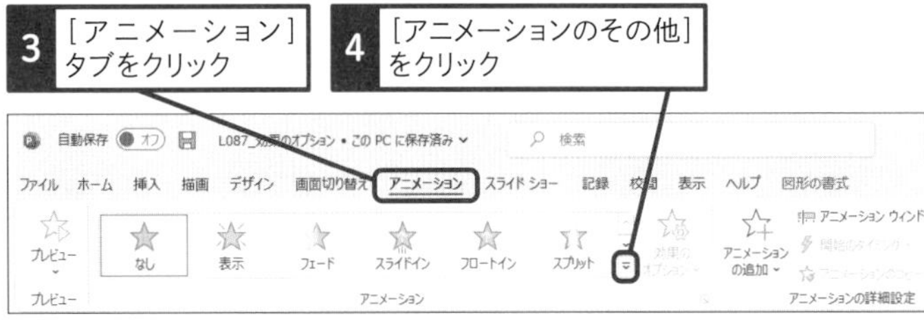

アニメーションの一覧が表示された

5 ［開始］の［ワイプ］をクリック

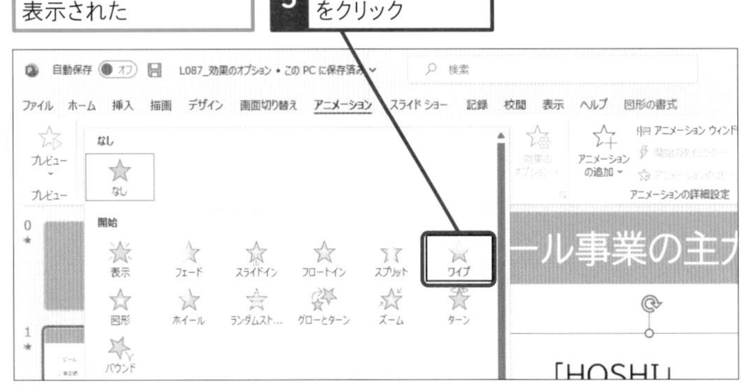

適用したアニメーションの効果がプレビューされる

キーワード

使いこなしのヒント
文字が読みやすい動きを付ける

横書きの文字に動きを付けるときは、［ワイプ］の［左から］や［スライドイン］の［右から］のように、先頭文字から表示される動きが適しています。

使いこなしのヒント
［開始］のアニメーションって何？

［開始］のアニメーションは文字や図形などがスライドに表示されるときの動きです。スライドにあるものを目立たせる動きが［強調］、スライドから消える動きが［終了］、A地点からB地点まで移動する動きが［アニメーションの軌跡］です。

使いこなしのヒント
設定したアニメーションを削除する

設定したアニメーションを削除するには、スライドに表示されているアニメーションの番号をクリックしてからDeleteキーを押します。

1 アニメーションの番号をクリック

2 Deleteキーを押す

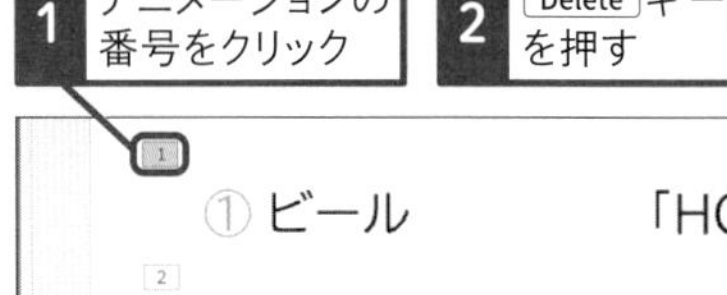

PowerPoint 基本編 第11章 プレゼンテーションを実行しよう

● ワイプのアニメーションが設定された

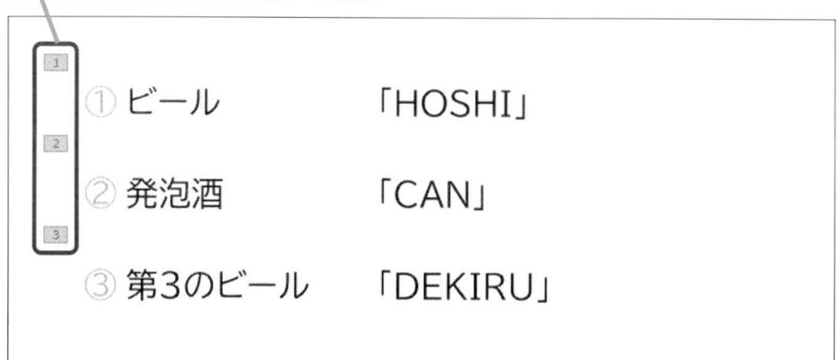

2 文字の表示方向を設定する

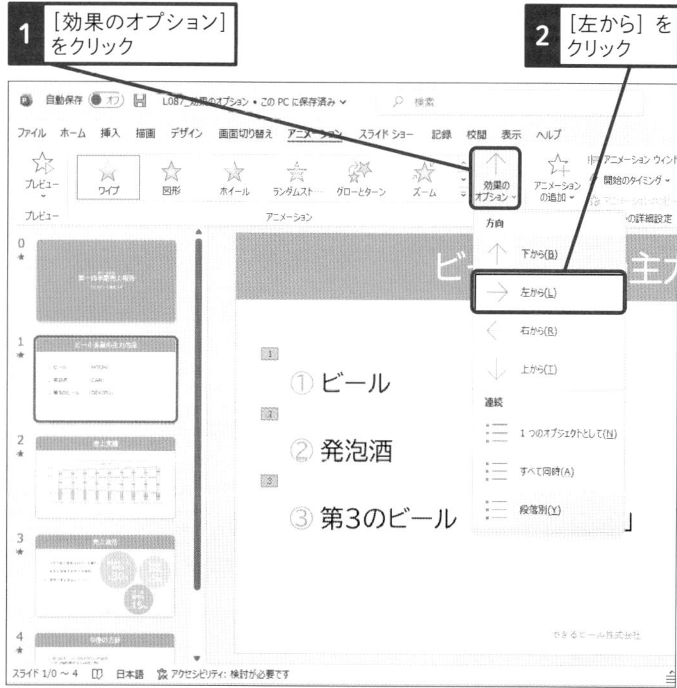

箇条書きが表示される方向が変更した

アニメーションがプレビューされた

ビール事業の主力商品

① ビール 「HOSI

使いこなしのヒント

一覧にないアニメーションを表示するには

手順1の操作5で表示される一覧以外のアニメーションを設定するには、［その他の開始効果］［その他の強調効果］［その他の終了効果］［その他のアニメーションの軌跡効果］をクリックして専用のダイアログボックスを開きます。

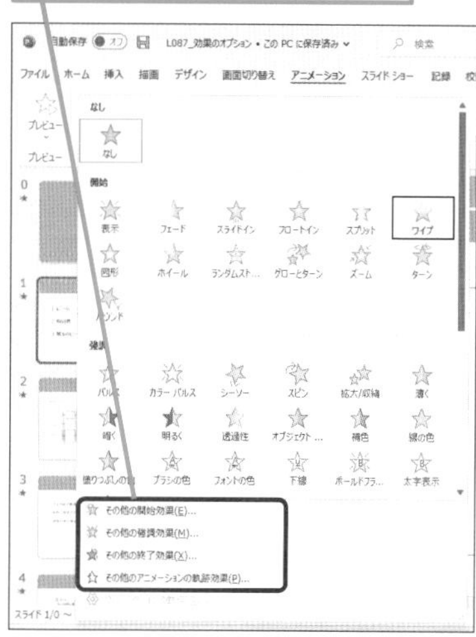

まとめ アニメーションを使って円滑に説明する

アニメーションと聞くと華やかな動きで注目を集めるものと思いがちですが、アニメーションには説明する内容の理解を助ける役目もあります。箇条書きを1行ずつ順番に表示するアニメーションを付けると、説明している内容だけに注目を集めることで、聞き手の理解を助け、プレゼンテーションを円滑に進行する効果が生まれます。

レッスン

88 プレゼンテーションを実行しよう

スライドショー

練習用ファイル L088_スライドショー.pptx

スライドを画面いっぱいに大きく表示してプレゼンテーションを行うことを「スライドショー」と呼びます。スライドショーを実行するには、スライドショーモードに切り替えます。

1 最初のスライドから開始する

1 ［スライドショー］タブをクリック

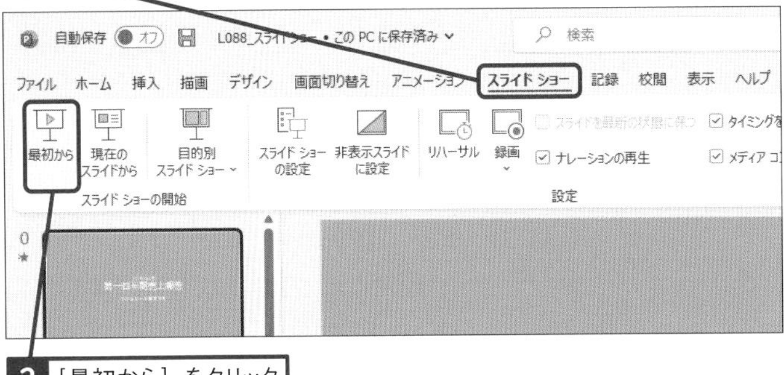

2 ［最初から］をクリック

スライドが画面全体に表示された

3 スライドをクリック

タイトルのアニメーションが再生された

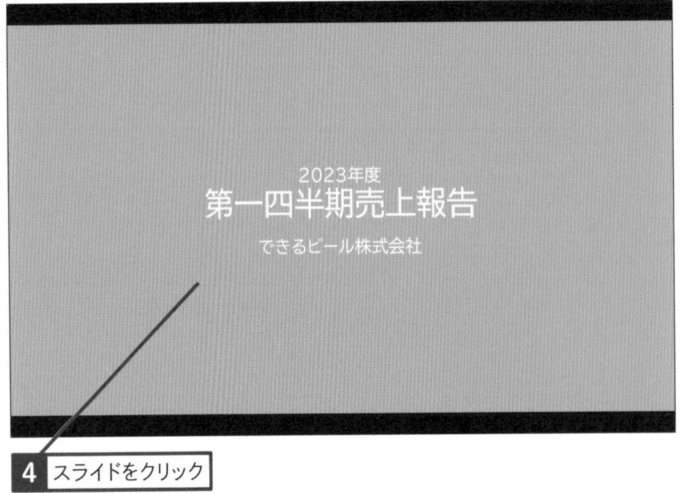

4 スライドをクリック

使いこなしのヒント

前のスライドに戻るには

スライドショーの実行中に1つ前のスライドに戻るには、キーボードの［Back space］キーを押します。マウスで操作するときは、画面の左下に表示される［スライドショー］ツールバーのボタン（◁）をクリックします。

◆［スライドショー］ツールバー
スライドショー実行中にスライドを操作できる

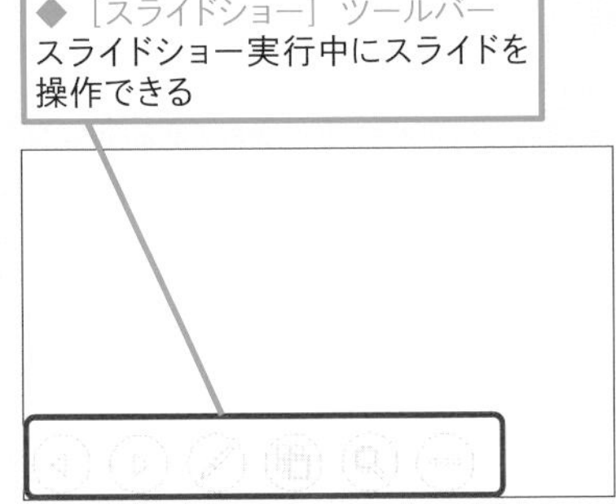

使いこなしのヒント

タッチ対応機器でスライドショーを進めるには

タブレットなどのタッチ対応機器では、スワイプ（画面を指ではじく操作）で次のスライドを表示してもいいでしょう。右から左にスワイプにスワイプすると、次のスライドが表示されます。逆に左から右にスワイプすると、1つ前のスライドを表示できます。

● 次のスライドが表示された

次のスライドに切り替わった

同様の操作で、クリックしながら最後のスライドまで表示する

ビール事業の主力商品

① ビール　「HOSHI」

② 発泡酒　「CAN」

③ 第3のビール　「DEKIRU」

すべてのスライドが表示されると黒いスライドが表示される

4 スライドをクリック

スライドショー実行前の画面に戻る

2 途中からスライドショーを実行する

1 4枚目のスライドをクリック

2 ［スライドショー］タブをクリック

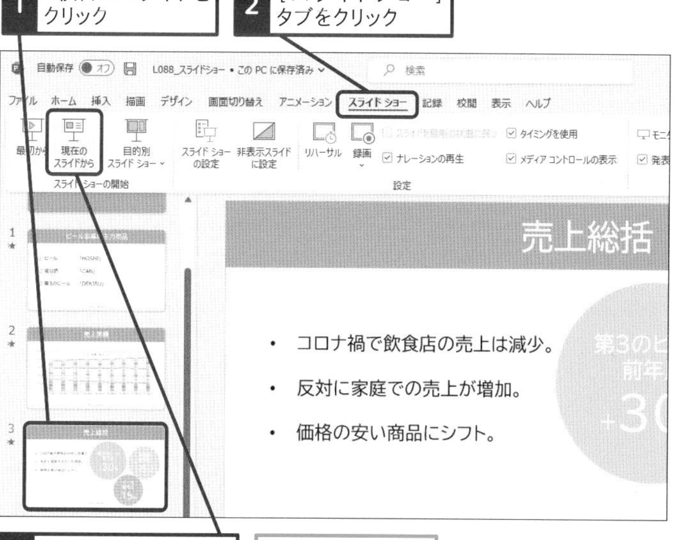

3 ［現在のスライドから］をクリック

4枚目のスライドが表示される

使いこなしのヒント

スライドショーを中断するには

間違ってスライドショーを実行した場合や、スライドショーを途中で中断したい場合は、Escキーを押してスライドショーモードを解除します。

ショートカットキー

スライドショーの中断	Esc
スライドショーの開始	F5
表示しているスライドから開始	Shift + F5

まとめ　練習も本番もスライドショーで

スライドショーは、プレゼンテーションを実行するための機能ですが、練習段階でも積極的に活用したいものです。本番さながらのスライドショーを実行して、スライドの動きや操作を念入りにチェックしたり、操作を含めた所要時間を計測したりするのに役立ちます。何度もスライドショーで練習しておけば、本番で操作にもたつくことを防げます。

レッスン

89 メモ欄の付いた資料を印刷しよう

配布資料の印刷

練習用ファイル　L089_配布資料の印刷.pptx

聞き手に配布するためのメモ欄付きの資料を印刷します。配布資料は、発表用に作成したスライドの印刷形式を変更するだけで用意できます。

1 印刷プレビューを表示する

配布資料を印刷する前に印刷プレビューで印刷イメージを確認する

1 ［ファイル］タブをクリック

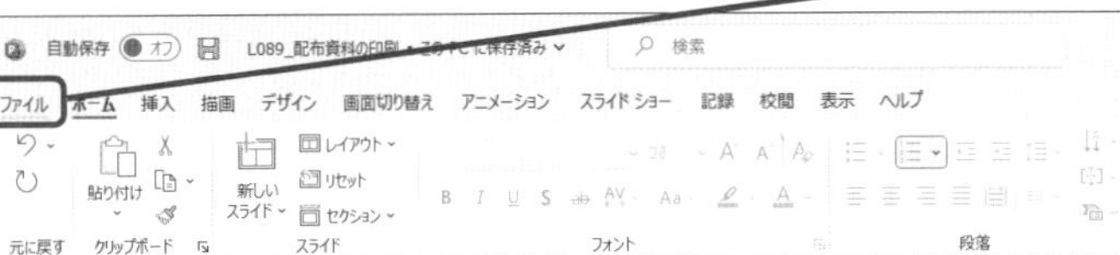

2 ［印刷］をクリック

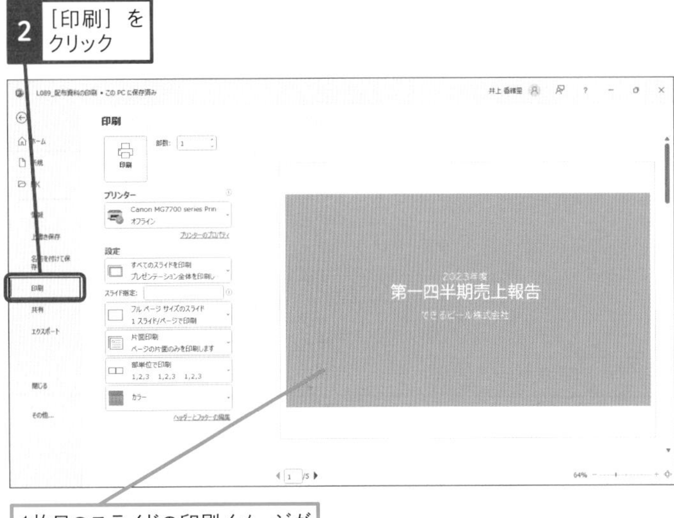

1枚目のスライドの印刷イメージが表示された

キーワード

ショートカットキー

［印刷］の画面の表示　Ctrl+P

使いこなしのヒント

用紙サイズいっぱいに印刷をするには

手順2で［用紙に合わせて拡大/縮小］にチェックマークが付いていると、用紙のサイズに合わせてスライドを印刷できます。その分、印刷時の余白が小さくなります。

使いこなしのヒント

スタイルや特殊効果を印刷するには

手順2で［高品質］をクリックしてチェックマークを付けると、影付きのスタイルを適用した写真や図形、半透明の特殊効果などを、画面の見ため通りに印刷できます。また、プリンターによっては、より高い解像度で印刷できる場合もあります。

ここに注意

目的とは違う配布資料のレイアウトを選択してしまった場合は、再度手順2から操作をやり直します。

2 印刷のレイアウトを設定する

ここでは1枚の用紙にスライドを3枚ずつ印刷する

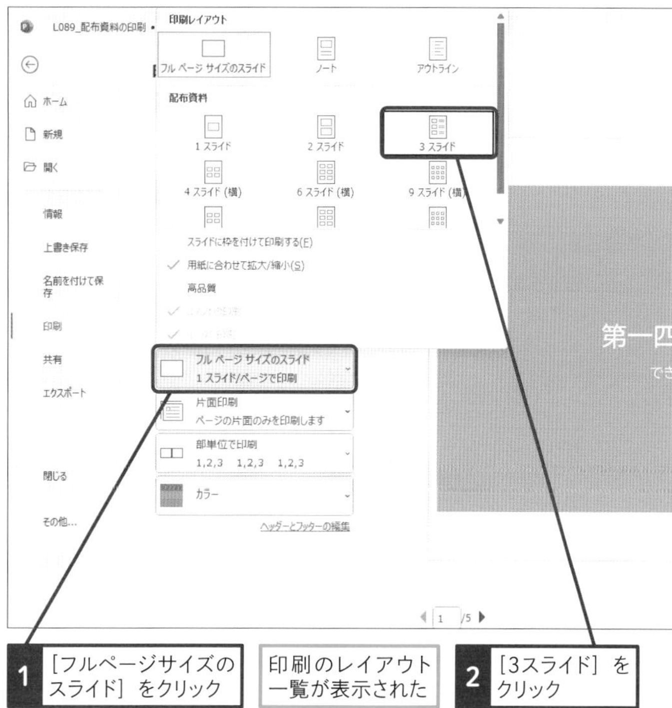

1 ［フルページサイズのスライド］をクリック

印刷のレイアウト一覧が表示された

2 ［3スライド］をクリック

3 印刷を開始する

［3スライド］を選択すると、スライドの右側にメモ欄が表示される

印刷の設定が完了したので、スライドを印刷する

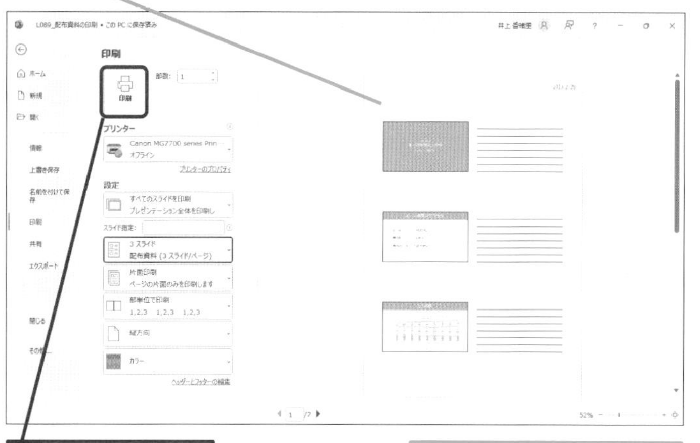

1 ［印刷］をクリック

1枚の用紙に3枚のスライドが印刷される

使いこなしのヒント

発表者用のメモも印刷できる

発表者が説明するときに必要なメモをノートペインに入力しておくと、以下の操作で1枚の用紙にスライドとメモをまとめて印刷できます。ノートペインの使い方は、レッスン90の手順1を参照してください。

手順2を参考に印刷のレイアウト一覧を表示する

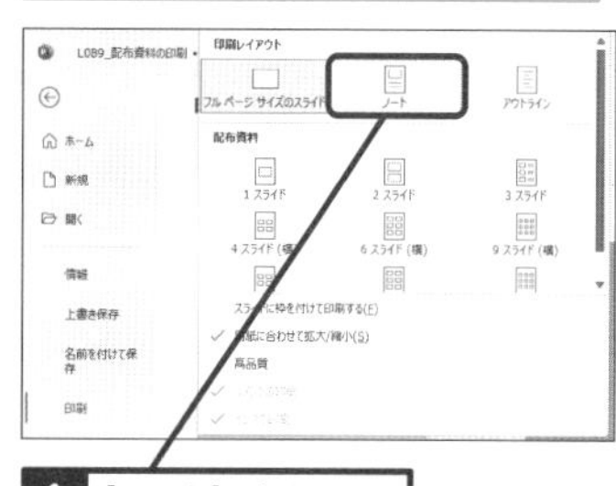

1 ［ノート］をクリック

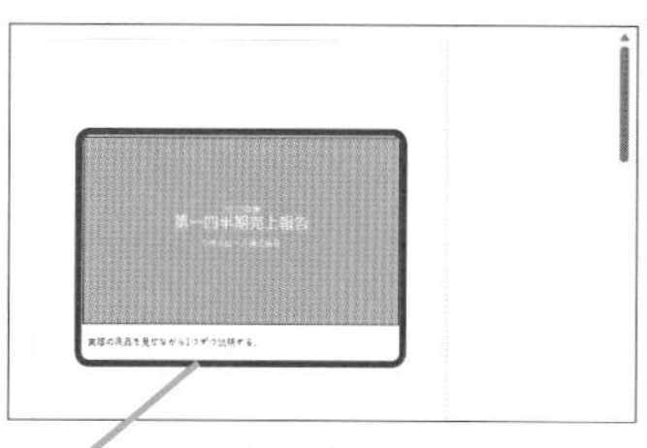

スライドとメモをまとめて印刷できる

まとめ 配布資料は見やすさが重要

配布資料は、聞き手が持ち帰って企画の採用や商品の購入をじっくり検討するときに読むものです。そのため、手元で資料を見たときに、スライドの内容や文字がはっきり読めることが大切です。1枚にたくさんのスライドを印刷すると、用紙の枚数は少なくて済みますが、スライドの文字が読みづらくなります。かといって、1枚の用紙に1枚ずつスライドを印刷して大勢の聞き手に配布すると、大量の用紙が必要になります。文字の読みやすさと用紙の節約を考慮すると、［3スライド］か［2スライド］のレイアウトが最適です。

レッスン
90 発表者専用の画面を使ってプレゼンしよう

ノートペイン、発表者ツール

練習用ファイル L090_発表者ツール.pptx

スライドショーでは、聞き手に見せる画面とは別に発表者専用の［発表者ツール］の画面を利用できます。ここでは、ノートペインに入力したメモを発表者ツールで見てみましょう。

1 ノートペインを表示する

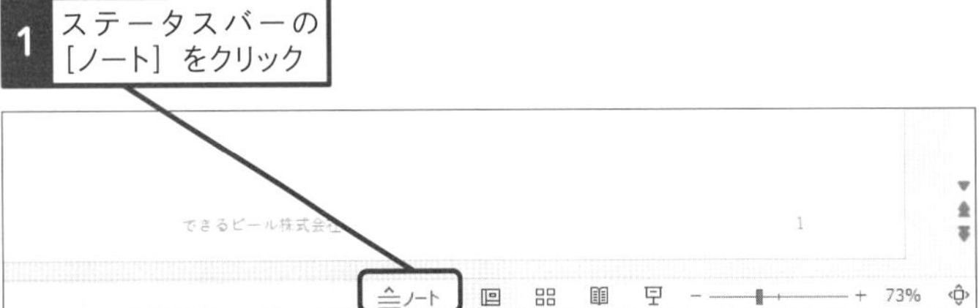

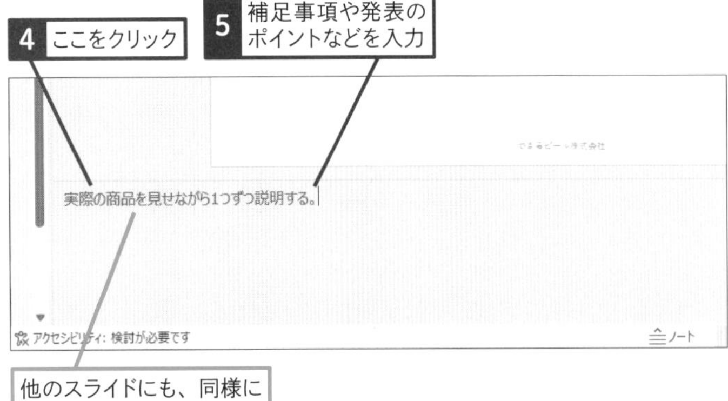

キーワード

用語解説
ノートペイン

ノートペインは、スライドの下部に表示される領域のことです。ノートペインには、スライドで説明したい内容や補足などを入力します。

使いこなしのヒント
［表示］タブからも表示できる

［表示］タブにある［ノート］をクリックすると、ノート表示モードに切り替わります。ノートペインには文字しか入力できませんが、ノート表示モードでは、入力した文字に書式を付けたり、画像や図形などを挿入することができます。

使いこなしのヒント
ノートペインを非表示にするには

ステータスバーの［ノート］をクリックするごとに、ノートペインの表示と非表示が交互に切り替わります。

使いこなしのヒント
メモは簡潔に入力する

ノートペインに入力するメモは、スライドショー実行中に素早く確認できるように、ポイントを絞って簡潔に入力しましょう。

2 発表者ツールを表示する

1 ［スライドショー］タブをクリック

2 ［発表者ツールを使用する］にチェックマークが付いていることを確認

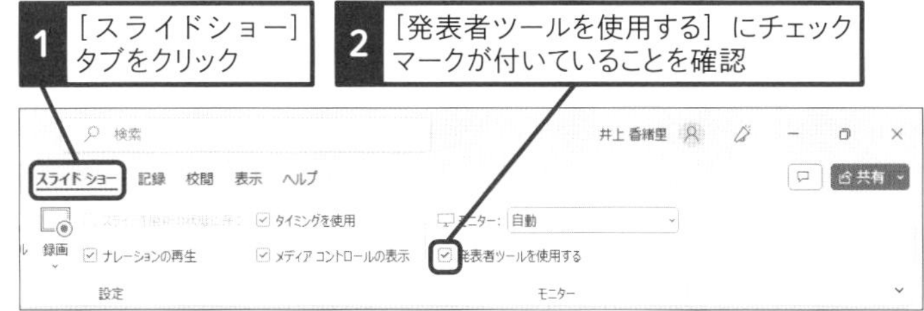

3 F5 キーを押す

● 発表者のパソコン画面

スライドショーが実行され、発表者の画面には発表者ツールが表示された

ノートペインに入力したメモはここに表示される

4 画面をクリック

2枚目のスライドに入力した発表用のメモが表示される

用語解説

発表者ツール

スライドショーの実行中に、聞き手に見せる画面とは別に発表者専用の画面を表示するための機能を「発表者ツール」と呼びます。この画面には、タイマーや次に表示するスライド、ノートペインに入力したメモなど、発表者がスムーズにスライドショーを進行するための機能が表示されます。

使いこなしのヒント

外部機器を接続すると自動的に発表者ツールが表示される

パソコンに2台のモニター機器（プロジェクターやパソコン画面など）が接続されていると、スライドショーの実行時に、発表者のモニターには発表者ツール、聞き手のモニターにはスライドが自動的に表示されます。

使いこなしのヒント

発表者ツールですべてのスライドを表示するには

発表者ツールでスライドの一覧を表示したいときは、左下の［すべてのスライドを表示します］ボタンをクリックします。一覧からスライドをクリックすると、そのスライドに切り替わります。

［すべてのスライドを表示します］をクリックする

使いこなしのヒント

メモの文字を大きくするには

メモの文字サイズは、メモの左下にある［テキストを拡大します］ボタンと［テキストを縮小します］ボタンで変更できます。文字を大きくすると見やすくなりますが、メモの量が多いとスクロールするのが大変になるので注意しましょう。

次のページに続く

● 聞き手側の画面

聞き手が見ているディスプレイにはスライドのみが表示される

ビール事業の主力商品

①ビール　「HOSHI」

②発泡酒　「CAN」

③第3のビール　「DEKIRU」

⚠ ここに注意

Zoomなどのオンライン会議ツールを使ってスライドショーを実行するときは、発表者ツールの画面がそのまま映し出されるのを防ぐために、[発表者ツールを使用する]のチェックマークを外しておきましょう。

まとめ　発表者ツールを使いこなせば説明の不安が軽減される

プレゼンテーション本番は、どれだけ準備していても緊張するものです。[発表者ツール]を使うと、メモや経過時間などを専用画面で確認できるので、発表者の安心につながります。モニターが1つしかない練習段階で発表者ツールを使うには、スライドショーの画面で右クリックし、メニューから[発表者ツールを表示]をクリックします。

使いこなしのヒント

[発表者ツール]の画面構成

[発表者ツール]には、中央に聞き手に見せるスライドが大きく表示され、その周りにスライドショー実行中に使える機能が並んでいます。

● モニターが1つしかない場合に[発表者ツール]を表示する

1 スライドショーを実行しスライドを右クリック

2 [発表者ツールを表示]をクリック

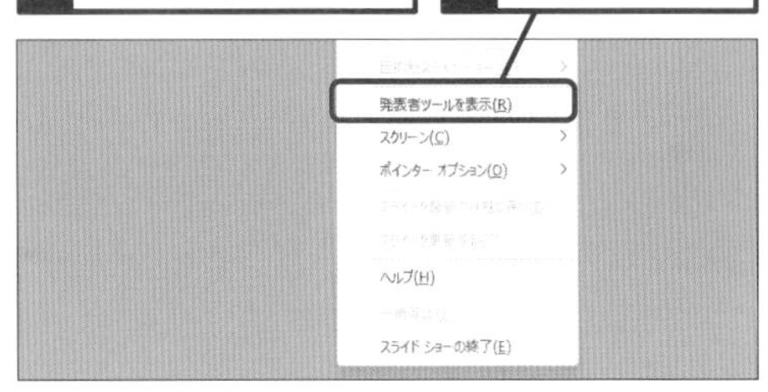

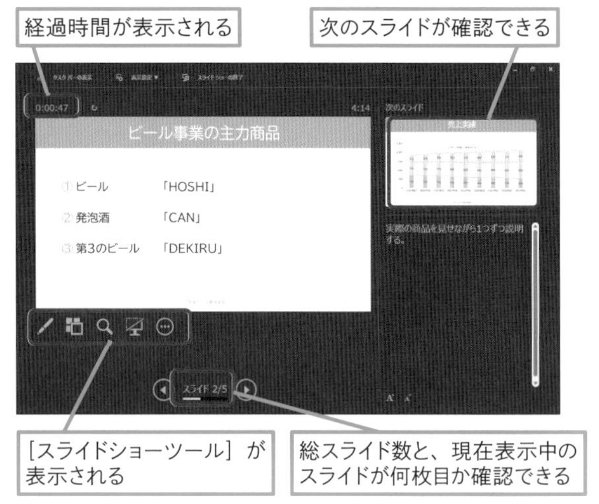

経過時間が表示される

次のスライドが確認できる

[スライドショーツール]が表示される

総スライド数と、現在表示中のスライドが何枚目か確認できる

スキルアップ

説明中にペンを使ってライブ感を出す

スライドショーの実行中に［ペン］の機能を使うと、マウスをドラッグしてスライド上に線や図形などを書き込むことができます。説明に合わせてスライドに印を付けると、その場で操作しているライブ感が生まれます。

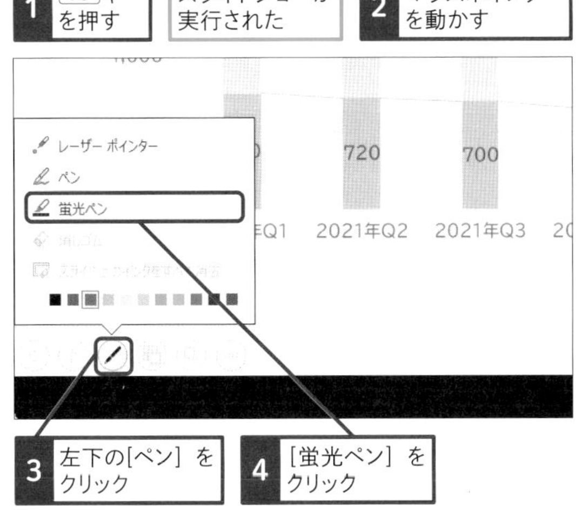

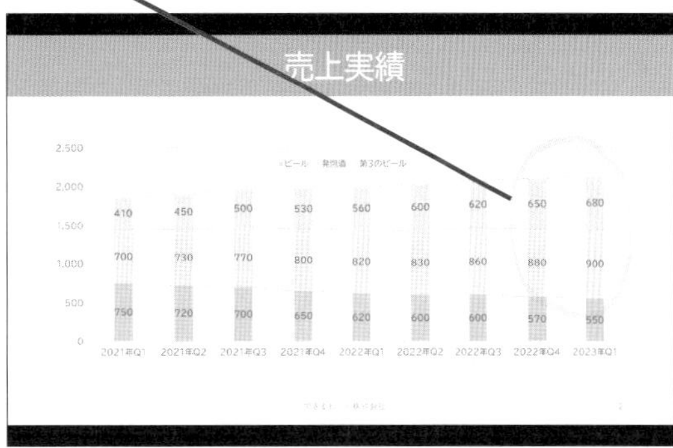

スキルアップ

スライドの一部を指し示しながら説明する

以下の操作で［レーザーポインター］をクリックすると、マウスポインターが赤く光った形状になります。この状態でスライドの一部を指し示すと、聞き手の視線を集められます。わざわざレーザーポインターを用意しなくても済むので便利です。ただし、ペンのような書き込みはできません。

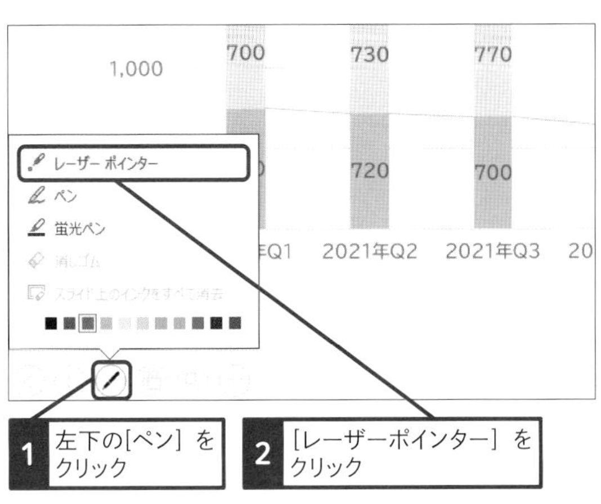

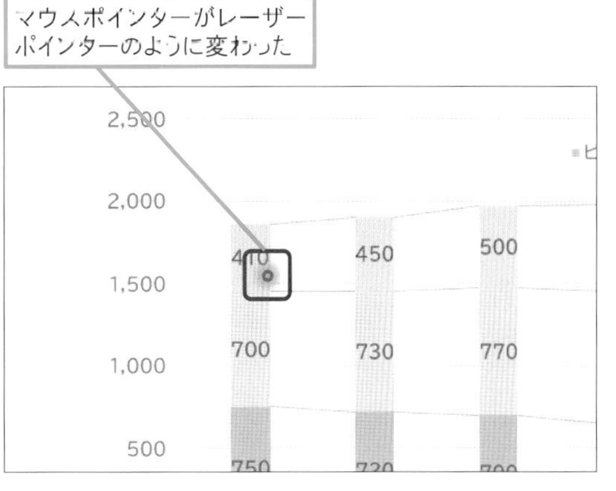

この章のまとめ

聞き手のことを一番に考えてスライドを仕上げよう

プレゼンテーションは、正確な情報をわかりやすく伝えて相手を説得することが目的です。そのためには、スライド作成の仕上げでも、常に聞き手を意識することが大切です。すべてのスライドにスライド番号や会社名、担当者名を表示しておくと、聞き手との意思疎通が円滑になります。また、印象に残したいキーワードにアニメーションを付けて聞き手の注目を集めたり、箇条書きの文字を説明に合わせて順番に表示すると、聞き手の理解を手助けすることができます。さらに、聞き手に配布する印刷物は、聞き手が内容を読みやすいレイアウトにする必要があります。常に聞き手にとってわかりやすいかどうかを考えて、スライドを仕上げましょう。

スライドが完成したら、スライドショーを実行しながら何度も練習して、自信を持ってプレゼンテーションの本番に臨みましょう。

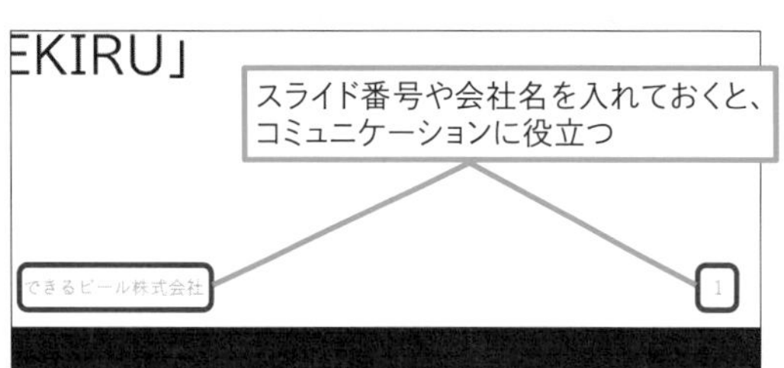

スライド番号や会社名を入れておくと、コミュニケーションに役立つ

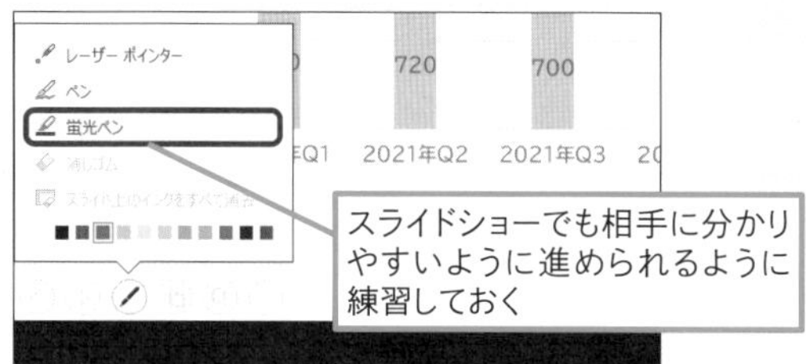

スライドショーでも相手に分かりやすいように進められるように練習しておく

この間プレゼンテーションをしたときに、内容に関する質問でどのスライドのことか分からなくて困りました…。

あらら…。スライド番号を入れていなかったのかな？　スライド作りでは聞き手の立場になって考えることも重要だよ。そういう意味では質問するときに、スライドを示しやすいスライド番号は、ほんのちょっとしたことだけど、入れておいて損はないよ！

画面切り替えやアニメーションは楽しいですね！
見てください、このスライド！

スライドごとに画面効果を変えて、アニメーションもたくさん使ったんだね。うーん、それだと画面の動きに注目が集まって、スライドの内容が頭に入ってこないよ。画面切り替えやアニメーションは使いすぎると逆効果。メリハリをつけて、重要なポイントだけに使うのがおすすめですよ！

Office

活用編

第12章

Officeアプリを組み合わせて使おう

この章では、Excelの表やグラフをWordやPowerPointに貼り付けたり、Wordの文書をPowerPointのスライドに流し込むなど、Officeアプリで作成したデータを相互に利用する方法を解説します。また、Excelで作成した住所録のデータをWord文書に挿入する「差し込み印刷」の操作についても説明します。

レッスン

91

Introduction この章で学ぶこと

Officeアプリのデータを効率よく使い回そう

Wordは文書作成、Excelは表計算やグラフ作成、PowerPointはプレゼン資料作成と、アプリごとに得意分野があります。それぞれのアプリの得意分野を組み合わせて使うと、ひとつのデータを効率よく使いまわすことができます。

各アプリの得意分野を組み合わせよう

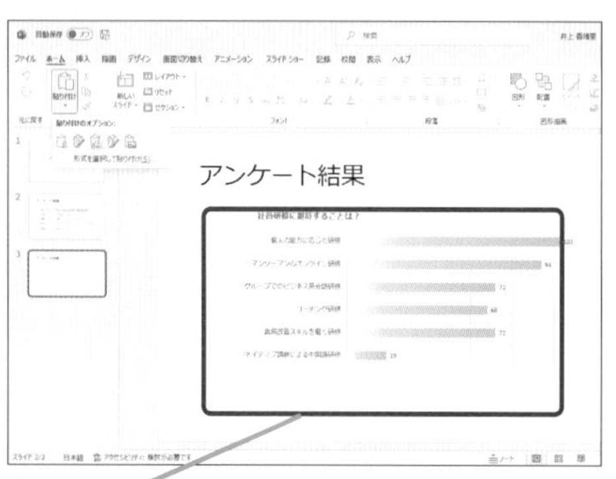

Excelの表をWordの文書に貼り付けられる →レッスン92

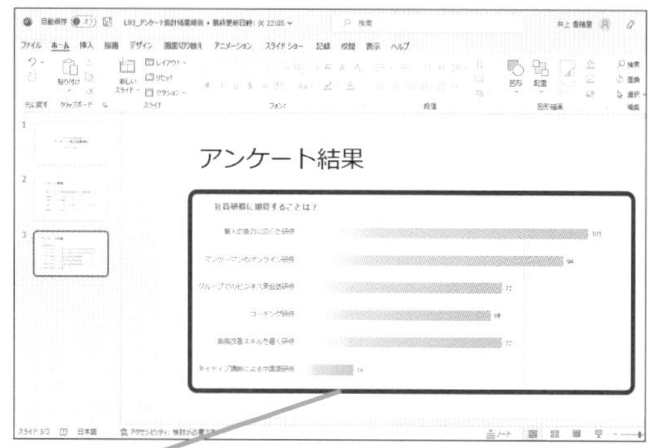

ExcelのグラフをPowerPointのスライドに貼り付けられる →レッスン93

実は表を作る機能はExcel以外に、WordやPowerPointにも備わっているんです。

そうですよね！　それなら1つのアプリですべて作り込んだ方がいいような気がするのですが…。

それも一理あるかもしれません。しかし、表の中で計算が必要な場合はExcelの方がよい、ということもあります。

確かに…。じゃあ、それぞれで表を作らないといけないのですか？

そんな必要はありませんよ！　例えばExcelの表をPowerPointのスライドに貼り付けられるんです。それぞれのデータをうまく使って効率アップしましょう！

アプリを連携させれば新しい文書を効率よく作成できる

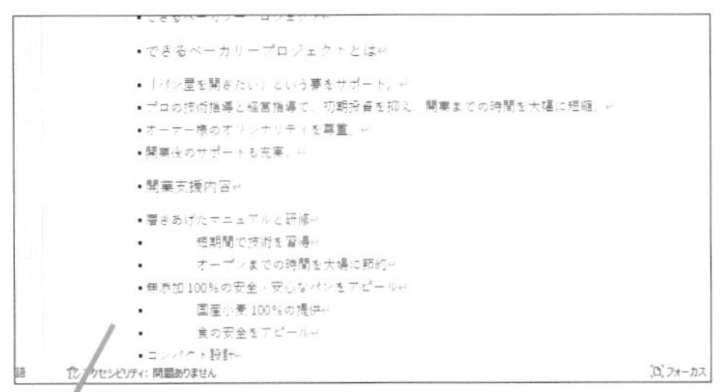

Wordの文書からPowerPointのスライドを作成できる →レッスン94

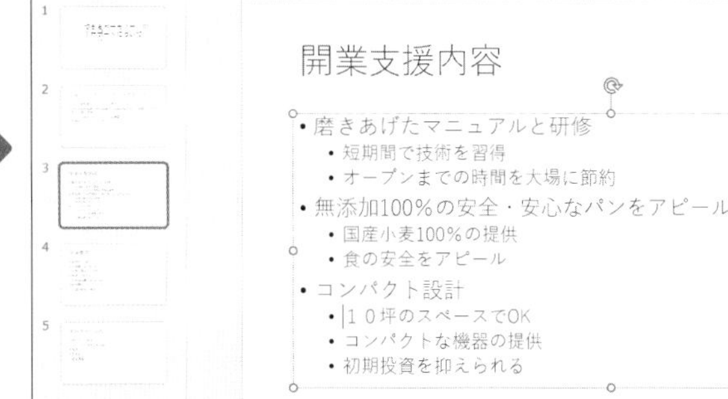

これを見てください。Wordの文書からPowerPointのスライドを作成できるんです！

そんなことができるんですか？　しかも、ちゃんとタイトルと箇条書きに分かれてますね！

そうなんです。Wordで作った文書をPowerPointのスライドの骨子にする、なんて使い方ができますよ！

WordとExcelの強力合体ワザ「差し込み印刷」をマスターしよう

お客様への案内状を作っているのですが、それぞれのお名前を入れているので、人数が多くて大変です…。

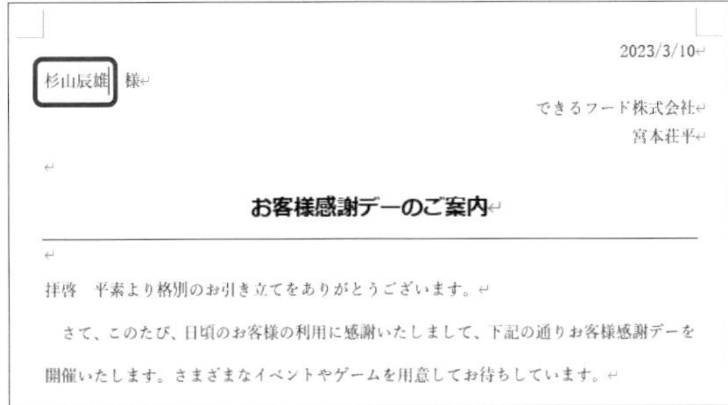

2023/3/10

杉山辰雄 様

できるフード株式会社
宮本荘平

お客様感謝デーのご案内

拝啓　平素より格別のお引き立てをありがとうございます。

さて、このたび、日頃のお客様の利用に感謝いたしまして、下記の通りお客様感謝デーを開催いたします。さまざまなイベントやゲームを用意してお待ちしています。

それは手作業でやったら大変！　そんなときはWordの「差し込み印刷」がおすすめ。Excelで作った住所録から、名前を入れた文書を簡単に作れますよ！

そんな便利な機能がWordにあるんですか！ぜひ教えてください！

レッスン

92 Excelの表をWordの文書に挿入しよう

コピー、貼り付け

練習用ファイル L092_貼り付け.docx
アンケート集計結果.xlsx

Excelで作成した表をWordの文書に挿入します。異なるアプリ間でデータをやりとりするときは、「コピー」と「貼り付け」の機能を使います。

Wordの文書にExcelの表を貼り付ける

Before

◆Excelで作成された表

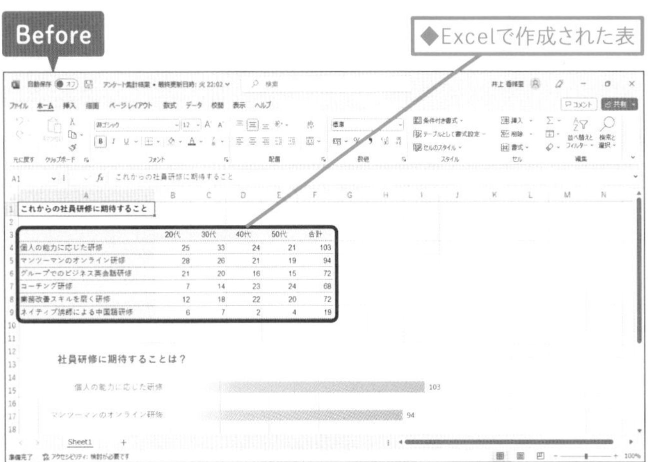

After

Wordの文書にExcelで作った表を配置できる

Wordで表を作り直す手間を省ける

キーワード

ショートカットキー

コピー	Ctrl + C
貼り付け	Ctrl + V

使いこなしのヒント

コピー元とコピー先のファイルを開いておこう

Excelの表をWordの文書やPowerPointのスライドに挿入するときは、あらかじめExcelとWord（PowerPoint）を起動し、目的のファイルを開いた状態で操作します。ExcelとWord（PowerPoint）の切り替えは、手順2の操作1のようにタスクバーのボタンをクリックして操作します。

1 Excelの表をコピーする

ここでは、Excelで作成した表をWordに貼り付ける

WordとExcelそれぞれの練習用ファイルを開いておく

1 表をドラッグして選択

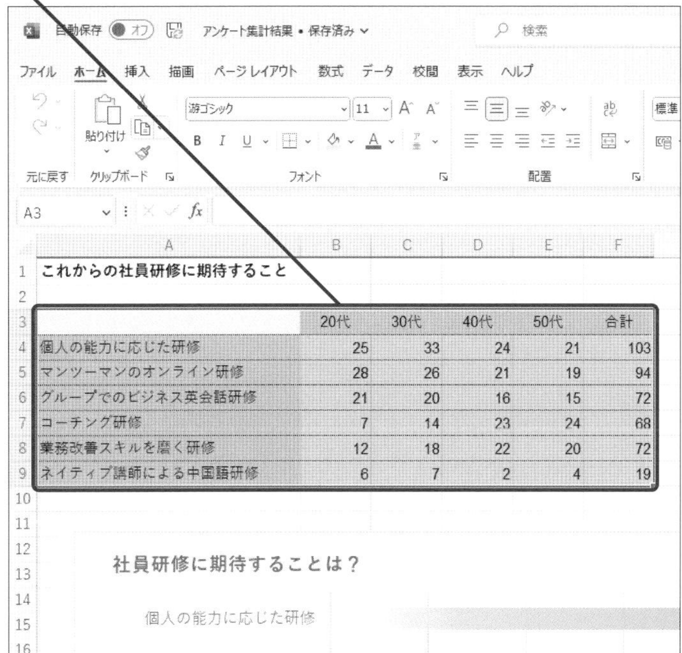

コピーする表が選択された

2 ［ホーム］タブをクリック

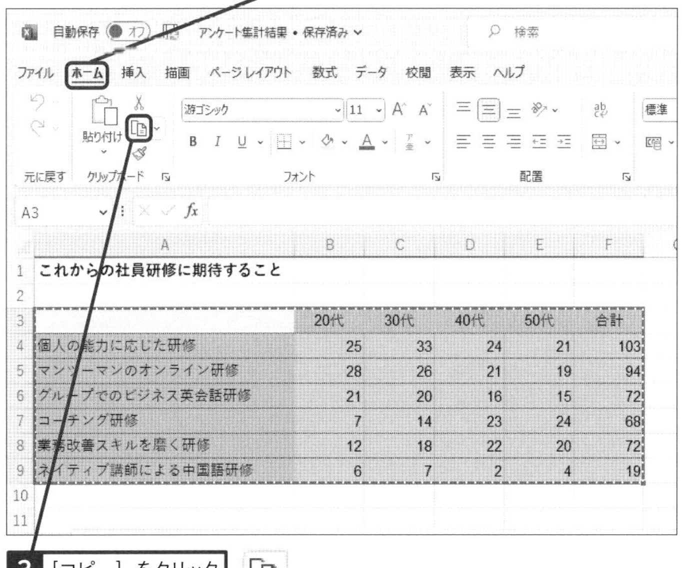

3 ［コピー］をクリック

使いこなしのヒント

ショートカットキーからもコピーと貼り付けができる

手順1の操作2で、［ホーム］タブ以外のタブが表示されているときは、ショートカットキーを使ってコピーするとタブを切り替える手間が省けて便利です。Ctrl+Cキーを押すとコピー、Ctrl+Vキーを押すと貼り付けが実行されます。

時短ワザ

ショートカットキーで素早くアプリを切り替えられる

タスクバーを使ってアプリを切り替える以外に、キー操作でアプリを切り替える方法もあります。Alt+Tabキーを押すと、現在開いているアプリが一覧表示され、Alt+Tabキーを押すごとに順番にアプリが選択されます。目的のアプリが選択された状態でキーボードから手を離すと、アプリが切り替わります。

ここに注意

手順1の操作3で［コピー］以外のボタンをクリックしたときは、［ホーム］タブの［元に戻す］ボタン（↶）をクリックして、もう一度手順1の操作3の操作をやり直します。

次のページに続く

2 Word文書で表を貼り付ける位置を指定する

表がコピーされた

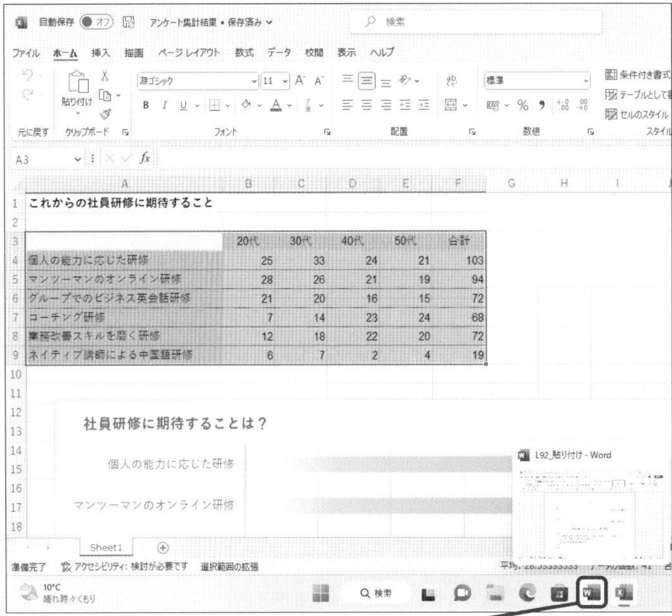

貼り付け先のWordの画面に切り替える

1 タスクバーの［Word］をクリック

Wordの画面に切り替わった

2 ここを下にドラッグしてスクロール

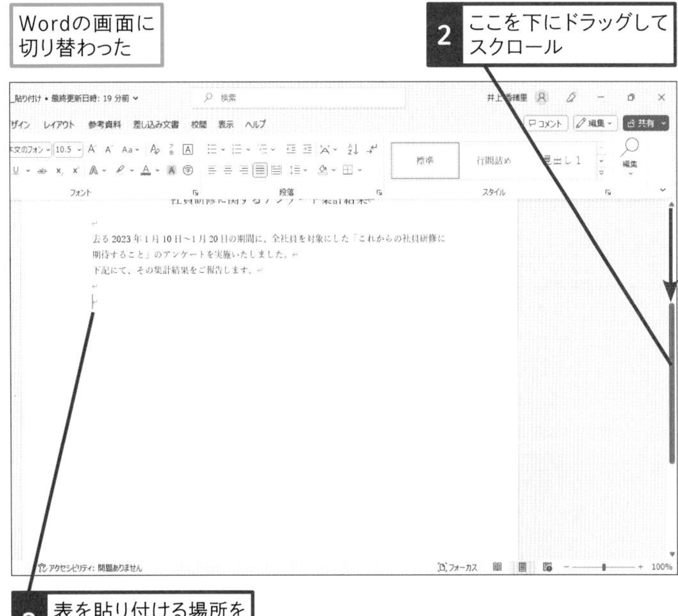

3 表を貼り付ける場所をクリック

使いこなしのヒント

［貼り付けのオプション］で選択できる貼り付け形式とは

コピーした表を貼り付けるときの形式は、次の6種類です。

貼り付け形式	説明
元の書式を保持	Excelとは切り離して貼り付ける。色は元のExcelから引き継がれる
貼り付け先のスタイルを使用	Excelとは切り離して貼り付ける。色はWordのテーマに変更される
リンク（元の書式を保持）	Excelとは分離して貼り付ける。色は元のExcelから引き継がれる
リンク（貼り付け先のスタイルを使用）	Excelとは分離して貼り付ける。色はWordのテーマに変更される
図	画像として貼り付ける。データの編集はできない
テキストのみ保持	Excelと分離して貼り付ける。色やフォントなどの書式情報は消去される

使いこなしのヒント

表の大きさを調整するには

Word文書に貼り付けた表のサイズは、後から調整できます。表全体のサイズを変更するには、表の右下角にマウスポインターを移動して、マウスポインターが両方向の矢印の形に変わったらドラッグします。また、縦線や横線にマスポインターを移動してからドラッグすると、行の高さや列の幅を調整できます。

3 Word文書にExcelからコピーした表を貼り付ける

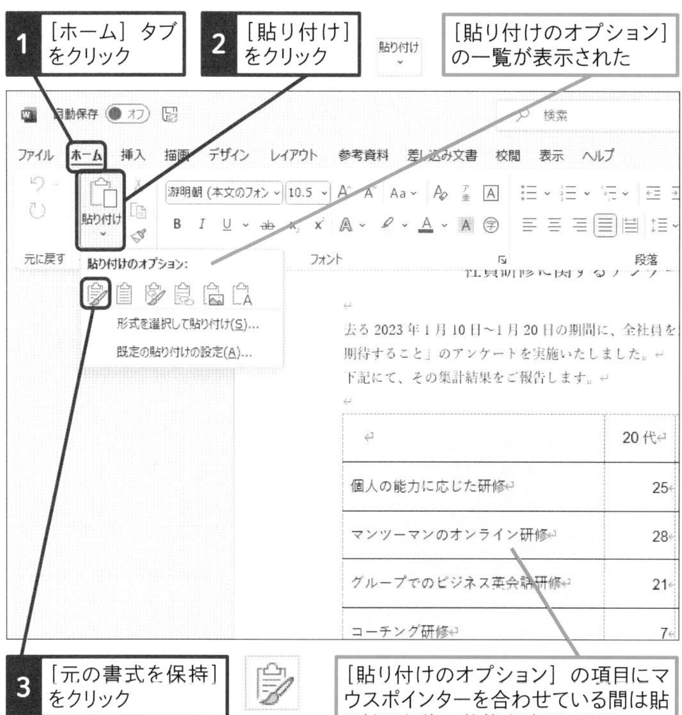

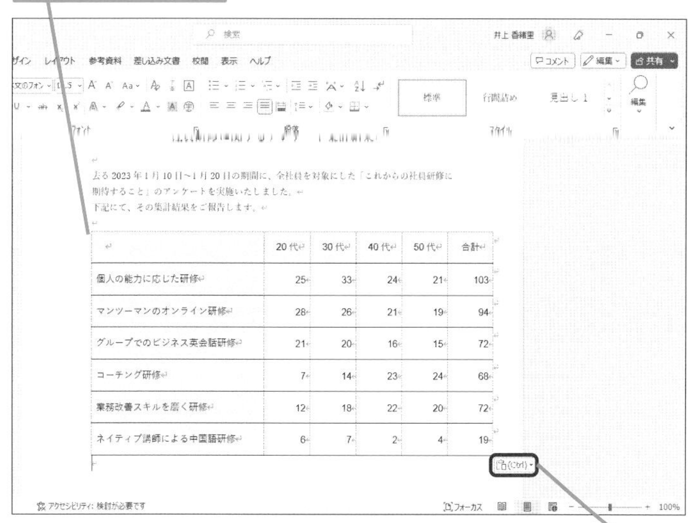

使いこなしのヒント

貼り付け形式のリンクと埋め込みの違い

手順3の操作3で［リンク（元の書式を保持)］や［リンク（貼り付け先のスタイルを使用)］を選んで表を貼り付けると、元のExcelのファイルで表を修正した内容がWordに貼り付けた表にも反映されます。これを「リンク貼り付け」と呼びます。ただし、元のExcelのファイルを削除したり保存先を移動したりすると、再編集ができなくなるので注意が必要です。一方、[元の書式を保持］や［貼り付け先のスタイルを使用］を選んで表を貼り付けると、Excelの元の表と切り離された独立した表になります。

ここに注意

間違った位置に表やグラフを貼り付けてしまったときは、［ホーム］タブの［元に戻す］ボタン（↶）をクリックして、手順3からやり直しましょう。

まとめ ［貼り付けのオプション］で事前に結果を確認しよう

Wordにも表やグラフを作成する機能は用意されていますが、Excelで作成済みの表やグラフがあるときは、そのまま利用した方が、同じデータを何度も入力する手間が省けて便利です。ただし、貼り付け方にはいろいろな形式があります。貼り付けの形式に迷ったときは、手順3のように［貼り付けのオプション］にマウスポインターを合わせて、貼り付けた結果を事前に確認しましょう。

レッスン

93 ExcelのグラフをPowerPointに挿入しよう

リンク貼り付け

練習用ファイル L093_リンク貼り付け.pptx
アンケート集計結果.xlsx

Excelで作成済みのグラフがあるときは、PowerPointでいちからグラフを作る必要はありません。[コピー] と [貼り付け] の機能を使って、Excelのグラフをスライドに貼り付けて利用できます。

キーワード

グラフ	P.308
コピー	P.308
貼り付けのオプション	P.311

Excelで作ったグラフを有効活用できる

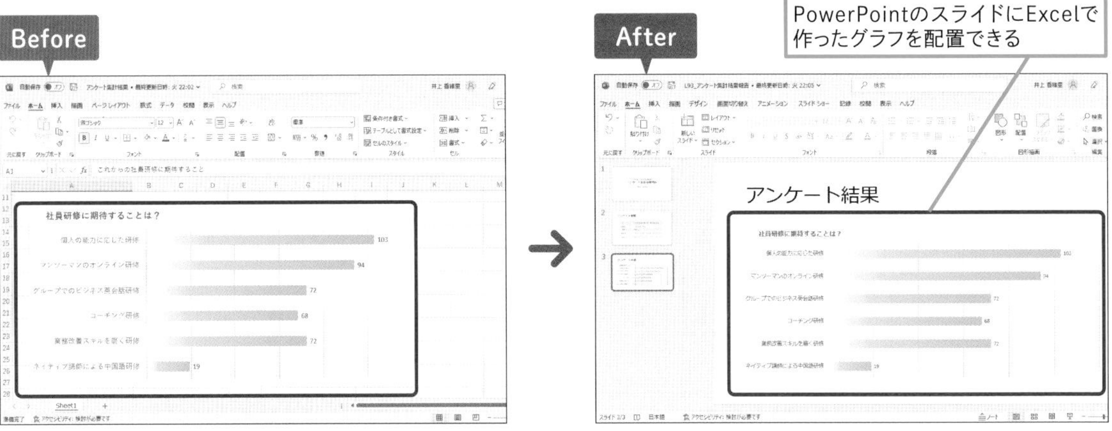

1 Excelのグラフをコピーする

PowerPointとExcelを起動して、練習用ファイルを開いておく

使いこなしのヒント

Excelの表も貼り付けられる

Excelのグラフをスライドに貼り付けるのと同様に、Excelの表を選択した後にコピーして、PowerPointのスライドに貼り付けることもできます。

ショートカットキー

コピー	Ctrl + C
貼り付け	Ctrl + V

● グラフをコピーする

Excelの画面に切り替わった

3 [グラフエリア]をクリック

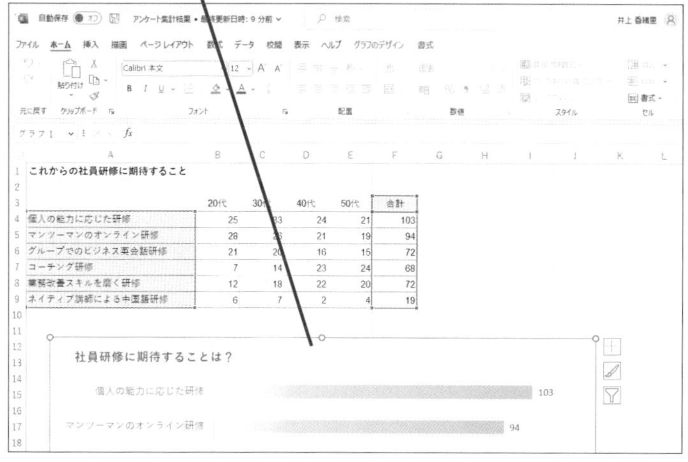

4 [ホーム] タブをクリック

5 [コピー] をクリック

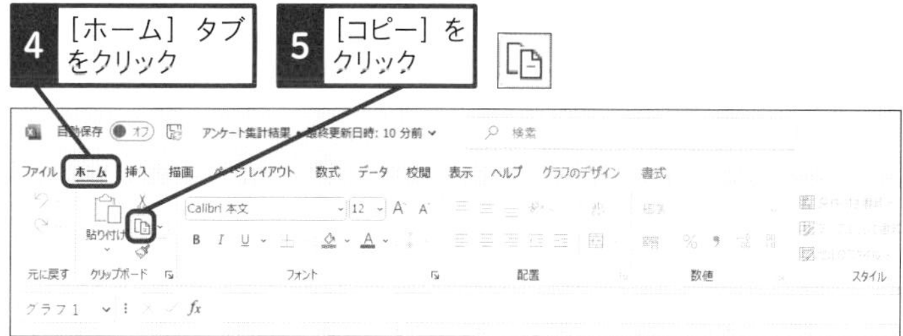

2 コピーしたグラフをPowerPointに貼り付ける

PowerPointの画面に切り替えておく

1 [ホーム] タブをクリック

2 [貼り付け] のここをクリック

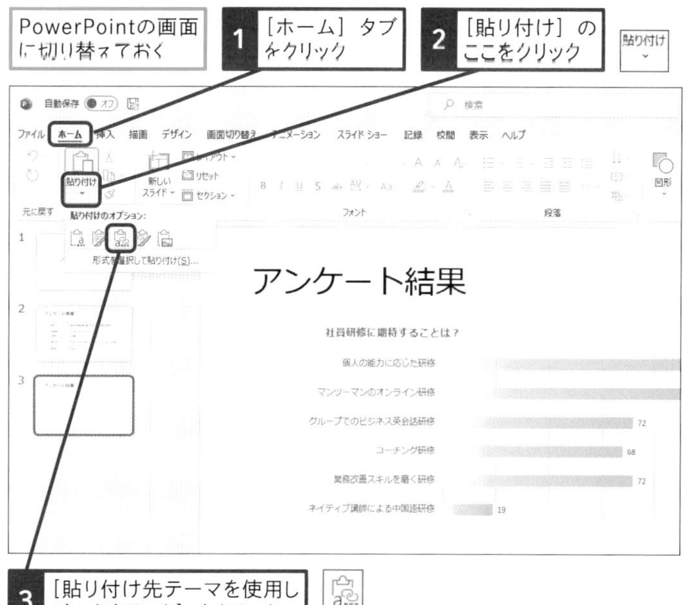

3 [貼り付け先テーマを使用しデータをリンク] をクリック

使いこなしのヒント

後から貼り付け方法を変更するには

Excelのグラフを貼り付けた後で、貼り付け方法を変更できます。Excelでグラフに設定していた色に戻すには、グラフの右下に表示される［貼り付けのオプション］ボタンをクリックし、一覧から［元の書式を保持しデータをリンク］をクリックします。

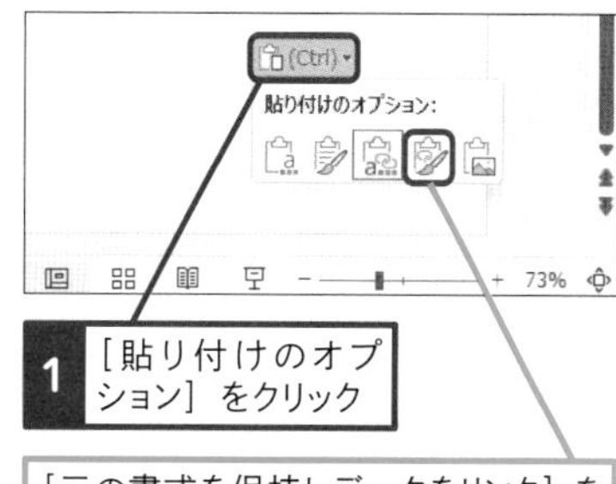

1 [貼り付けのオプション] をクリック

[元の書式を保持しデータをリンク] をクリックすると、基のグラフと同じ書式が適用される

使いこなしのヒント

Excelのデータとリンクしないようにするには

手順2の操作3で、［貼り付け先のテーマを使用しデータをリンク］をクリックすると、Excelのグラフを修正したときに、スライドに貼り付けたグラフも連動して変化します。Excelのグラフと切り離して貼り付けるには、［貼り付け先のテーマを使用しブックを埋め込む］をクリックします。

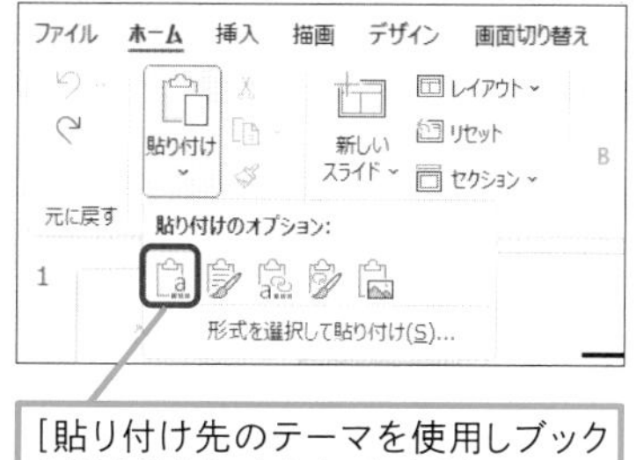

[貼り付け先のテーマを使用しブックを埋め込む] をクリックすると、Excelのデータと連動しないグラフにできる

次のページに続く

● グラフが貼り付けられた

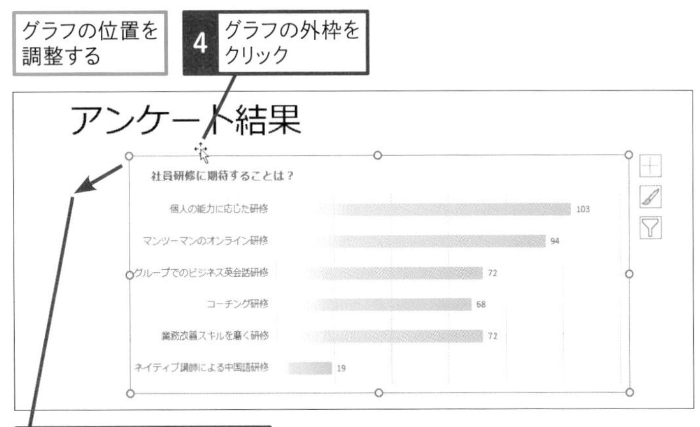

5 ドラッグして位置を調整

グラフの位置を左端に移動できた

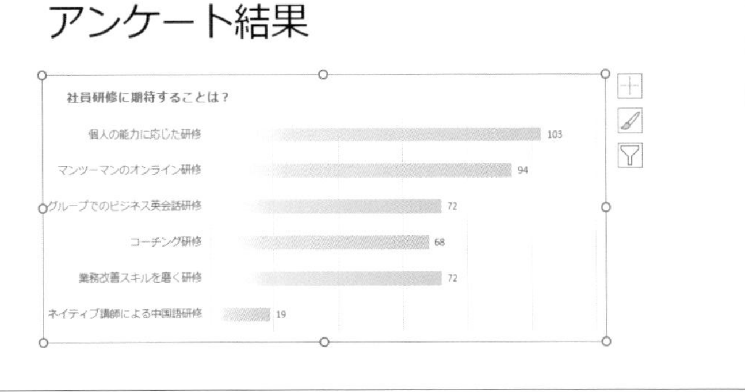

使いこなしのヒント

スライドのデザインに合わせて色が自動的に変わる

手順2の操作2で［貼り付け］ボタンを直接クリックするか、貼り付けのオプションから［貼り付け先のテーマを使用しブックを埋め込む］や［貼り付け先テーマを使用しデータをリンク］をクリックすると、Excelで作成したグラフの色合いが、貼り付け先のスライドに適用しているテーマに合わせて自動的に変更します。

使いこなしのヒント

グラフの要素を追加できる

スライドに貼り付けたグラフは、右ページのスキルアップの操作で色やスタイルなどを自由に編集できます。また、グラフの右横にある［グラフ要素］ボタンから目盛線の有無やデータラベルの追加などを行うこともできます。

スキルアップ

貼り付けのオプションで選択できる貼り付け方法

コピーしたグラフを貼り付けるときの方法は、次の5種類があります。［貼り付けのオプション］ボタンに表示される5つのアイコンにマウスポインターを合わせると、グラフを貼り付けた結果が一時的にスライドに反映されるため、目的通りに貼り付けられます。

アイコン	貼り付け方法	説明
	貼り付け先のテーマを使用しブックを埋め込む	Excelとは切り離してグラフを貼り付ける。その際、グラフの色はスライドのテーマに変更される
	元の書式を保持しブックを埋め込む	Excelとは切り離してグラフを貼り付ける。その際、グラフの色はExcelでの設定を保つ
	貼り付け先テーマを使用しデータをリンク	Excelと連動した状態でグラフを貼り付ける。その際、グラフの色はスライドのテーマに変更される
	元の書式を保持しデータをリンク	Excelと連動した状態でグラフを貼り付ける。その際、グラフの色はExcelでの設定を保つ
	図	Excelのグラフを画像として貼り付ける。グラフデータの編集は一切できない

スキルアップ

貼り付けたグラフを編集するには

スライドに貼り付けたExcelのグラフは、グラフを選択したときに表示される［グラフのデザイン］タブや［書式］タブを使ってPowerPointで編集できます。基になるデータそのものを編集したいときは、［グラフのデザイン］タブにある［データの編集］ボタンから［Excelでデータを編集］をクリックして、Excelを起動します。

1 グラフをクリック

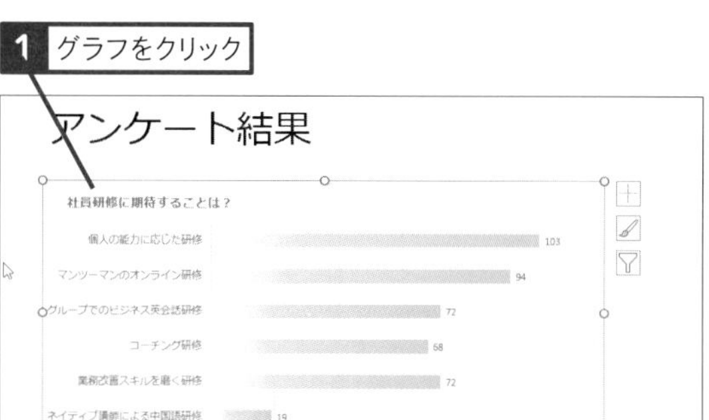

2 ［グラフのデザイン］タブをクリック

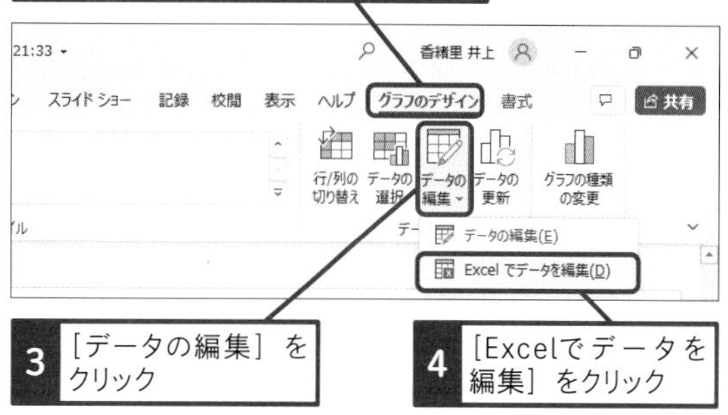

3 ［データの編集］をクリック

4 ［Excelでデータを編集］をクリック

● グラフのサイズを調整する

グラフのサイズを大きくする

6 ここにマウスポインターを合わせる

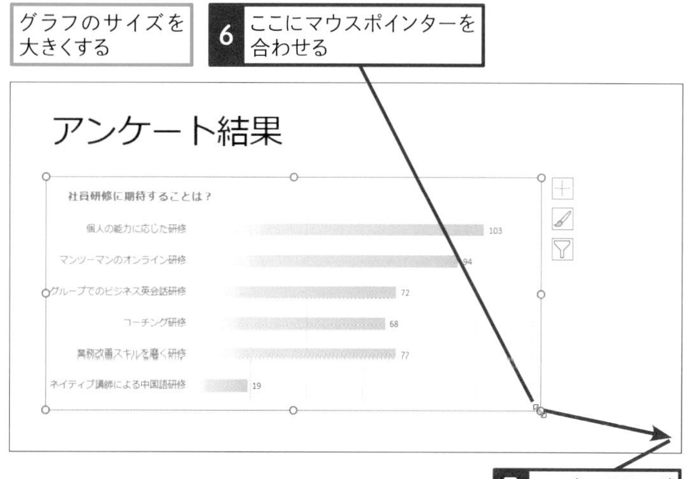

7 ここまでドラッグ

グラフのサイズが大きくなった

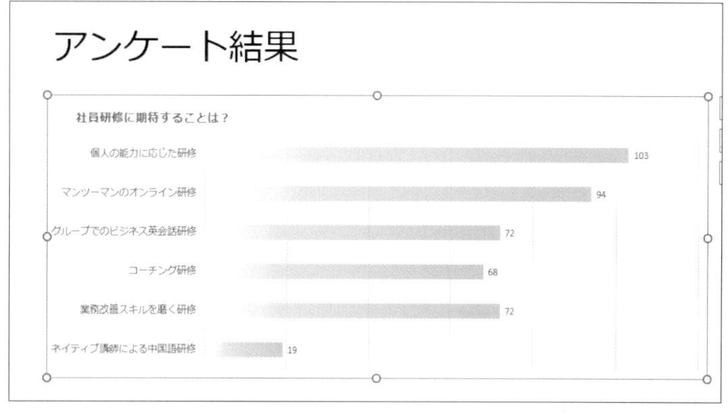

まとめ

既存のデータを使って作業を効率化しよう

プレゼンテーション資料に必要な情報が、WordやExcelなどの他のアプリで作成済みの場合があります。既存のデータと同じ内容を入力し直すのは時間がかかる上に、転記する際に入力ミスも起こりがちです。コピーと貼り付けの機能を上手に利用して、既存のデータを積極的に利用しましょう。［貼り付け先のテーマを使用しデータをリンク］や［貼り付け先のテーマを使用しブックを埋め込む］を使うと、スライドのデザインに合った色合いに自動的に変わるため、グラフの作成と編集の両方の時間を節約できます。

レッスン
94 Wordの文書をPowerPointに読み込もう

アウトラインからスライド　練習用ファイル　L094_アウトラインからスライド.docx

Wordの文書を、PowerPointのスライドでも利用できます。Wordの文書に「見出し」のスタイルを設定しておくと、自動的に別々のスライドに読み込まれます。

キーワード

スタイル	P.309
見出しスタイル	P.312
レベル	P.312

Wordの文書からスライドの骨子を作れる

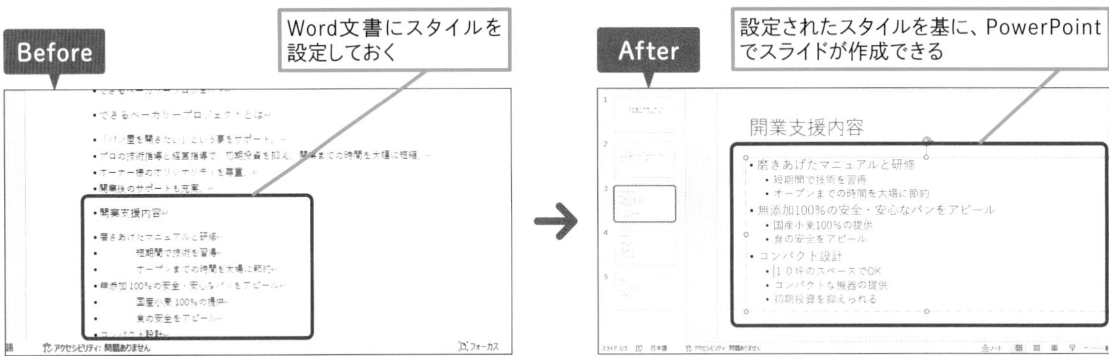

1 Wordで［見出し1］のスタイルを設定する

ここではWordで作成した文書をPowerPointのスライドに読み込む

コピー元のWordの文書を開いておく

1 ［ホーム］タブをクリック

2 1行目をクリック

3 ［見出し1］をクリック

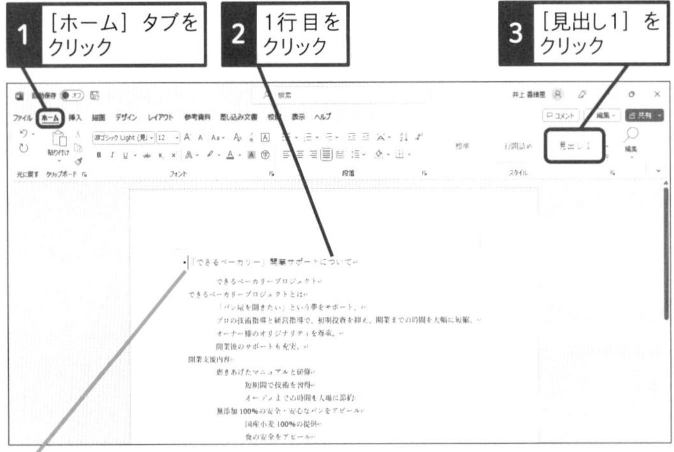

スタイルにマウスポインターを合わせると一時的にスタイルが変わり、設定後の状態を確認できる

［ナビゲーション］作業ウィンドウが表示されたときは、［閉じる］をクリックしておく

用語解説

スタイル

スタイルとは、Wordの文書でよく使う書式（フォントやフォントサイズなどの飾り）に名前を付けたものです。ここでは、Wordにあらかじめ用意されている［見出し1］から［見出し3］までのスタイルを使います。

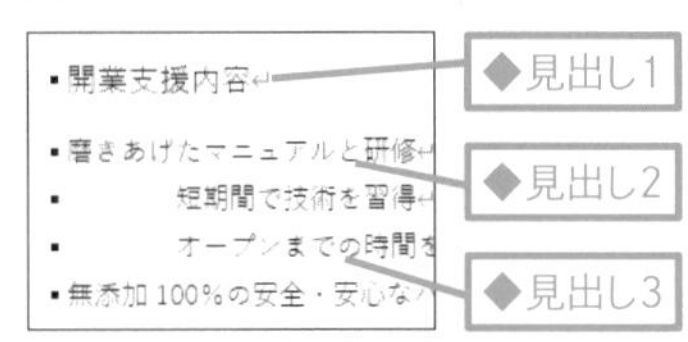

使いこなしのヒント

Wordの文書に設定したスタイルがPowerPointに反映される

Wordの文書をスライドに読み込むと、［見出し1］を設定した文字がスライドのタイトルになります。［見出し2］は箇条書きの項目、［見出し3］は［見出し2］の1段階下のレベルの項目として読み込まれます。スタイルを設定していないWordの文書は Enter キーを押した箇所で別々のスライドに読み込まれる場合があります。、このレッスンのようにあらかじめWordで段落ごとにスタイルを設定しておきましょう。

●Wordで設定した見出し

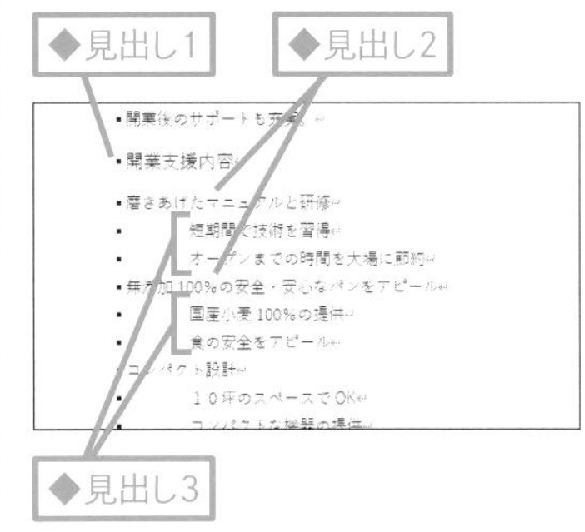

●PowerPointに読み込まれた見出し

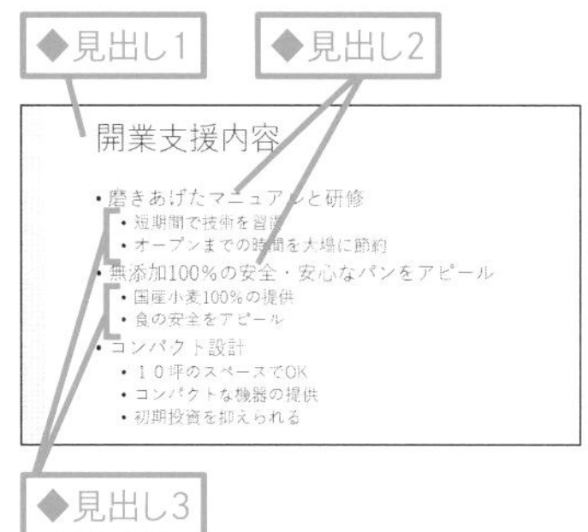

2 ［見出し2］のスタイルを設定する

選択した行に［見出し1］のスタイルが設定された

1 2行目をクリック

2 ［スタイル］の［その他］をクリック

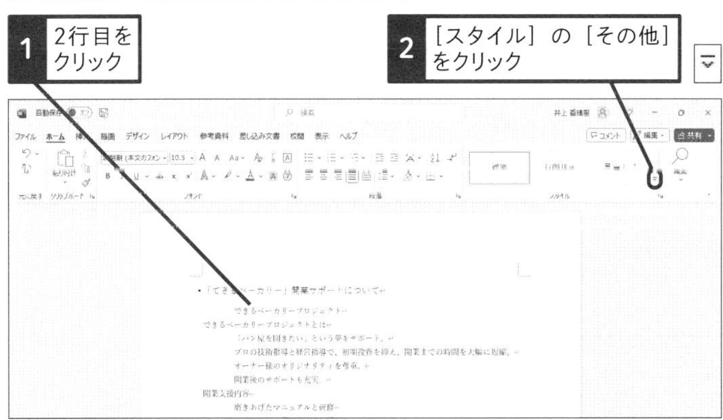

［スタイル］の一覧が表示された

3 ［見出し2］をクリック

ここに注意

目的と違うスタイルを選択してしまったときは、行を選択してもう一度正しいスタイルを設定し直します。

次のページに続く

● 他の行にもスタイルを設定する

同様に、他の行にもスタイルを設定する

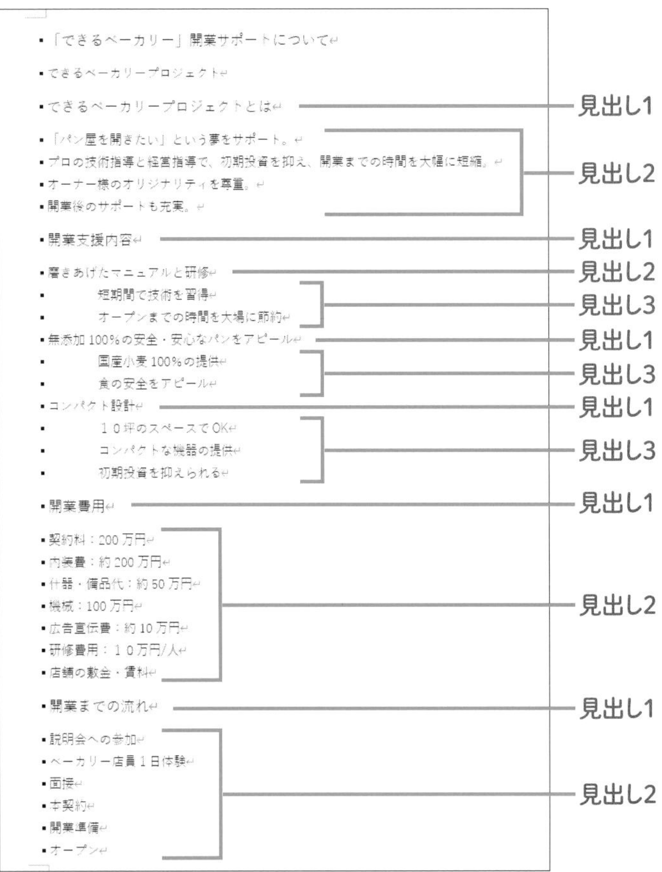

3 Wordの文書を保存する

1 ［上書き保存］をクリック

ここでは、練習用ファイルがあるフォルダーに上書き保存する

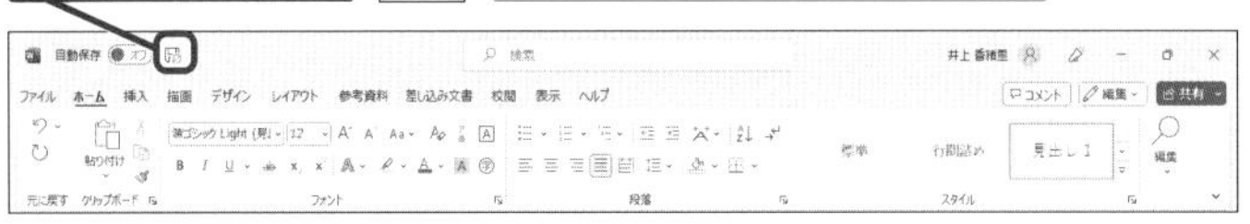

元の文書を残しておきたいときは、レッスン03を参考に［名前を付けて保存］を実行する

文書を開いているとデータを読み込めないので、Wordの文書を閉じる

2 ［閉じる］をクリック

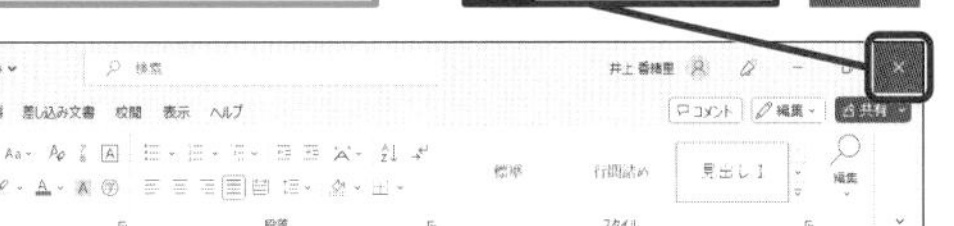

時短ワザ

複数行を選択してスタイルを設定する

行の左余白をドラッグして複数行を選択しておくと、複数行に同じスタイルをまとめて設定できます。また、離れた行に同じスタイルを設定するには、Ctrlキーを押しながら、スタイルを設定したい行の左余白を順番にクリックします。

1 行の左余白にマウスポインターを合わせる

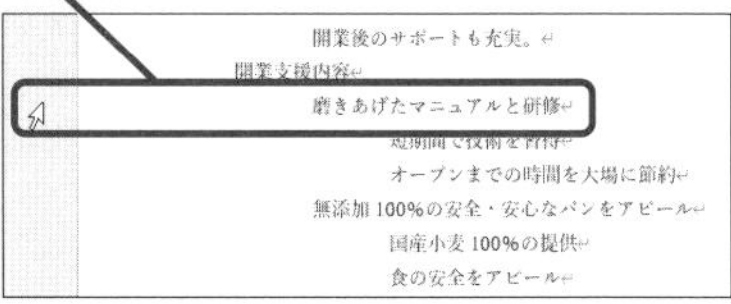

2 そのままクリック

行が選択された

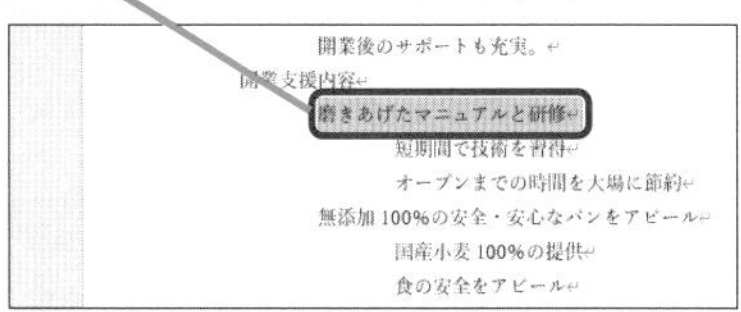

3 Ctrlキーを押しながら行の左余白をクリック

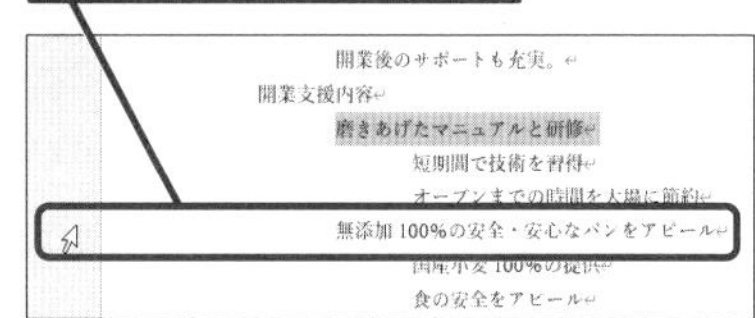

複数の行が選択された

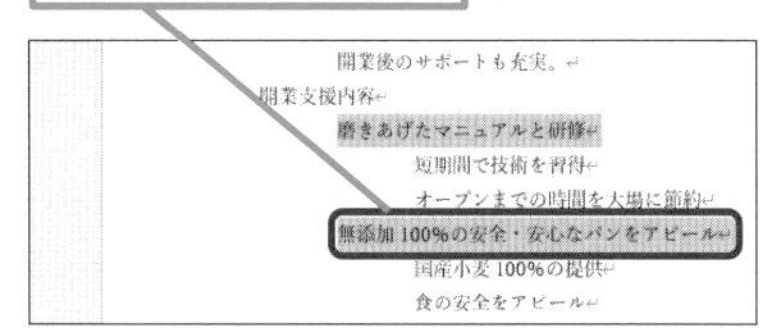

4 PowerPointでWordの文書を読み込む

Wordの文書が閉じた

レッスン02を参考に、PowerPointを起動して、[新しいプレゼンテーション] をクリックしておく

Wordの文書にある文字をスライドに読み込む

1 [ホーム] タブをクリック

2 [新しいスライド] をクリック

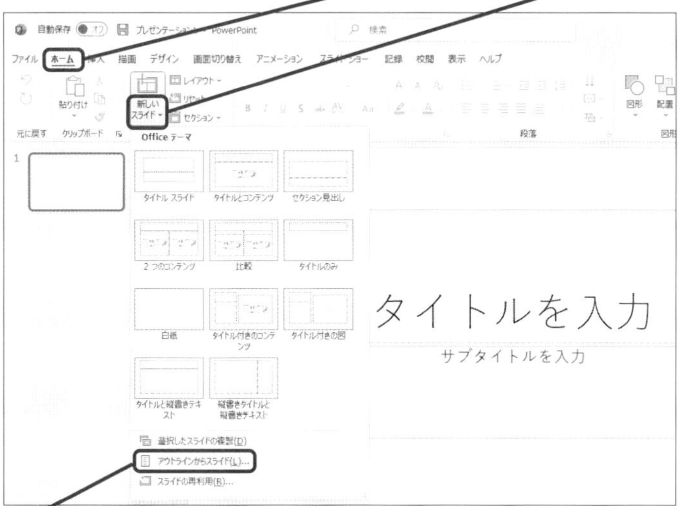

3 [アウトラインからスライド] をクリック

手順3で保存したWordの文書を選択する

ここでは、上書きした練習用ファイルを開く

4 練習用ファイルの保存場所を表示

5 [L94_アウトラインからスライド] をクリック

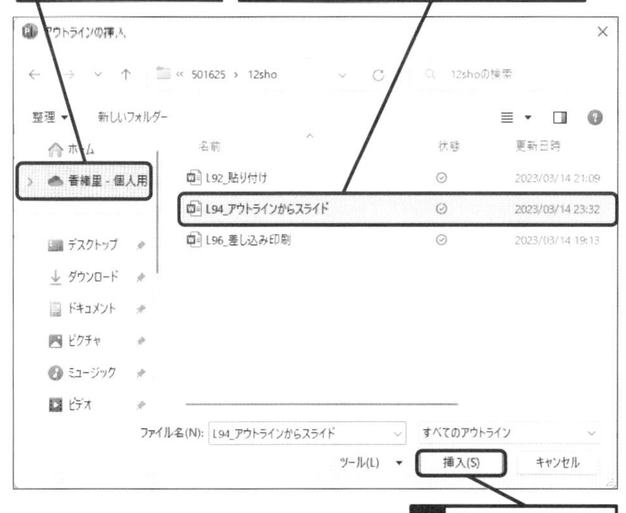

6 [挿入] をクリック

使いこなしのヒント

表やグラフは読み込まれない

Wordの文書に表やグラフがあっても、スライドには文字だけしか読み込まれません。「アウトラインからスライド」の機能を使ってスライドに読み込めるのは、Wordで作成した文字の部分だけです。

ここに注意

手順4の操作5で目的とは違うファイルを指定してPowerPointのファイルに読み込んでしまったときは、[ホーム] タブの [元に戻す] ボタン（↶）をクリックして、もう一度手順4から操作をやり直します。

次のページに続く

5 読み込まれたスライドを調整する

Wordの文書から4枚のスライドが作成された

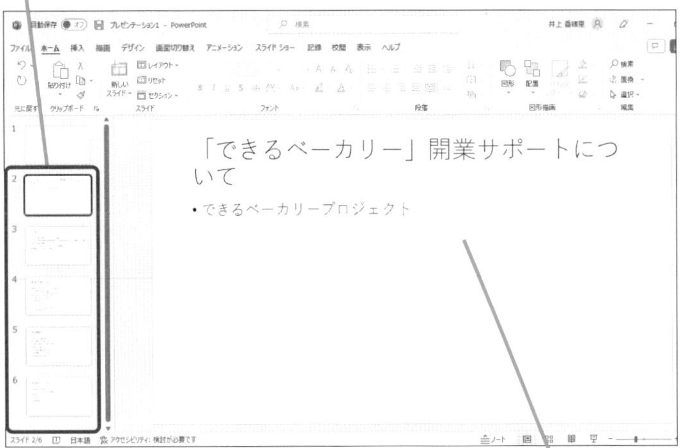

［見出し1］がタイトル、それ以外が箇条書きの項目として表示された

先頭にある白紙のスライドを削除する

1 1枚目のスライドをクリック

2 Delete キーを押す

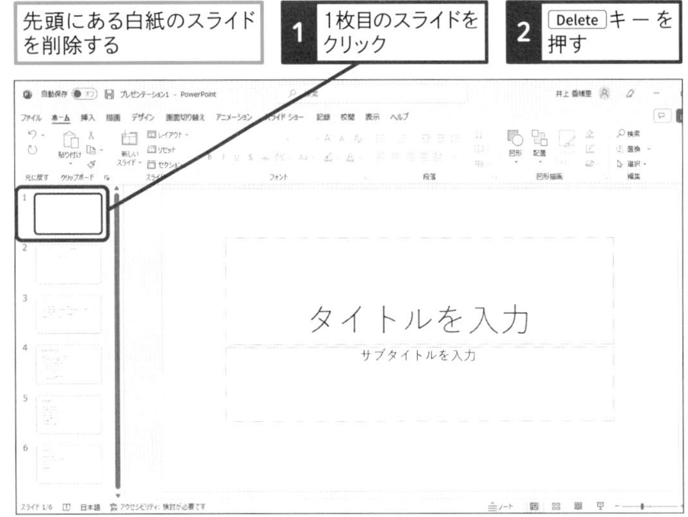

使いこなしのヒント

読み込んだ後でレベルを変更するには

Wordからスライドに読み込んだ文字は、他の文字と同様に自由に変更できます。文字の修正や削除はもちろんのこと、Tab キーを押してレベルを下げたり、Shift ＋Tab キーを押して段落のレベルを上げたりしながら、箇条書きの調整も行えます。

1 ここをクリック

2 Tab キーを押す

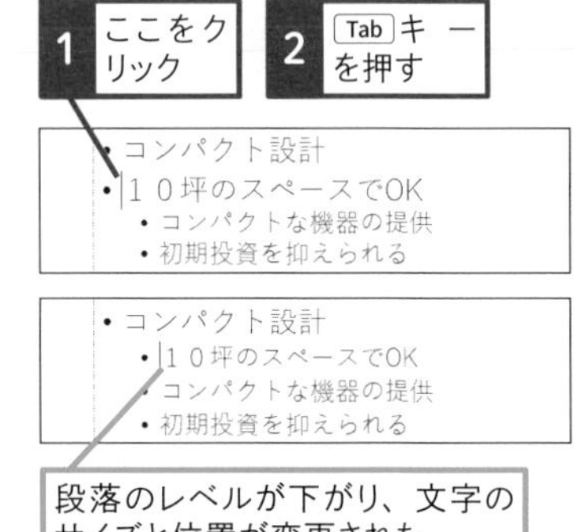

段落のレベルが下がり、文字のサイズと位置が変更された

使いこなしのヒント

作成済みのPowerPointのファイルに読み込むには

このレッスンでは、新しいPowerPointのファイルにWordの文書を読み込みましたが、作成済みのPowerPointのファイルにWordの文書を読み込むこともできます。例えば、表紙のスライドの次にWordの文書を読み込む場合は、表紙のスライドをクリックして手順4の操作を実行すると、以下の例のように新しいスライドが挿入されます。

表紙のスライドをクリックしてWordの文書を挿入すると、スライドが途中に挿入される

● 読み込んだスライドをタイトルスライドに変更する

白紙のスライドが削除された

3 ［ホーム］タブをクリック

4 ［レイアウト］をクリック

5 ［タイトルスライド］をクリック

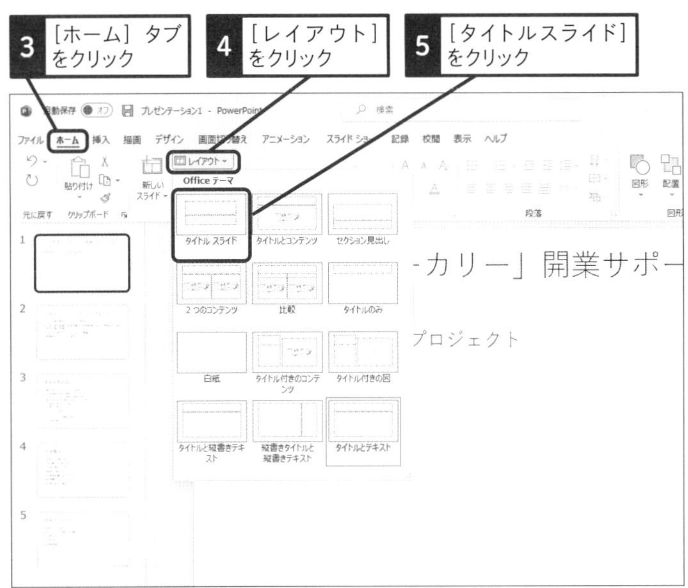

読み込んだスライドがタイトルスライドに変更される

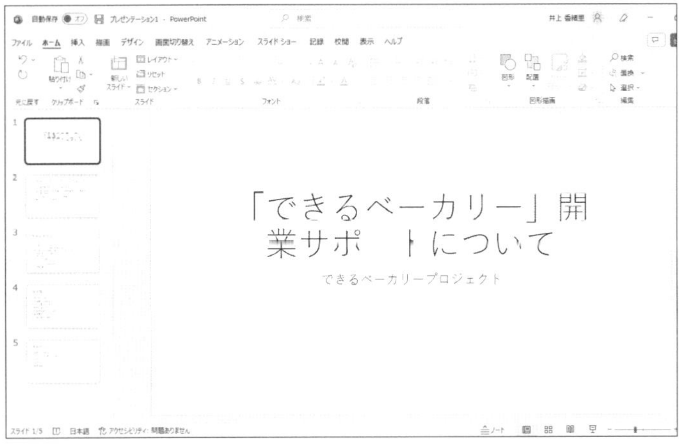

使いこなしのヒント

先頭のスライドは削除する

Wordの文書を新しいPowerPointのファイルに読み込むと、先頭には白紙のスライドが残り、Wordの文書にあった文字が2枚目以降のスライドに表示されます。手順5の操作で、不要な先頭のスライドを削除しておきましょう。

ここに注意

Wordの文書は、選択したスライドの次のスライドに読み込まれます。読み込む場所を間違えたときは、［ホーム］タブの［元に戻す］ボタン（↶）をクリックして、手順4から操作をやり直します。

まとめ　Wordの［見出し1］がスライドのタイトルになる

プレゼンテーションで発表する内容が、Wordの文書で保存されているときに、同じ内容をPowerPointのスライドに入力し直すのは時間がかかる上、入力ミスが発生する可能性もあります。このようなときは、このレッスンで紹介した操作でWord文書に「見出し」のスタイルを設定して、PowerPointのスライドに読み込みましょう。Wordでスタイルを設定せず、文書をそのまま読み込んでPowerPointでレベルを修正することもできますが、［見出し1］のスタイルを設定した文字がスライドのタイトル、［見出し2］がスライドの箇条書き、［見出し3］が［見出し2］の下の階層の箇条書きとして読み込まれる特徴を知っておけば、スムーズにデータを読み込むことができます。

レッスン
95 PowerPointのスライドとメモをWordで印刷しよう

  配付資料の作成

練習用ファイル L095_配布資料の作成.ppt

PowerPointのノートペインに入力した発表者用のメモを印刷するときは、Wordの文書に書き出すと、1枚の用紙に複数のスライドとメモを印刷できて便利です。

キーワード

スライド	P.309
ノートペイン	P.310
配布資料	P.311

PowerPointの配布資料をWordで作成できる

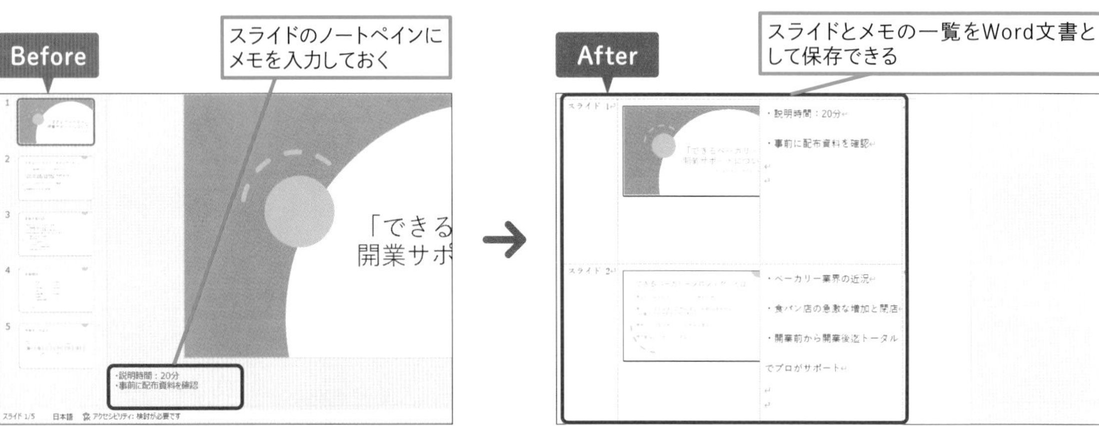

1 PowerPointから配布資料をエクスポートする

ここでは、PowerPointのスライドとメモをWordに書き出す

ここでは、入力済みのメモから配布資料を作成する

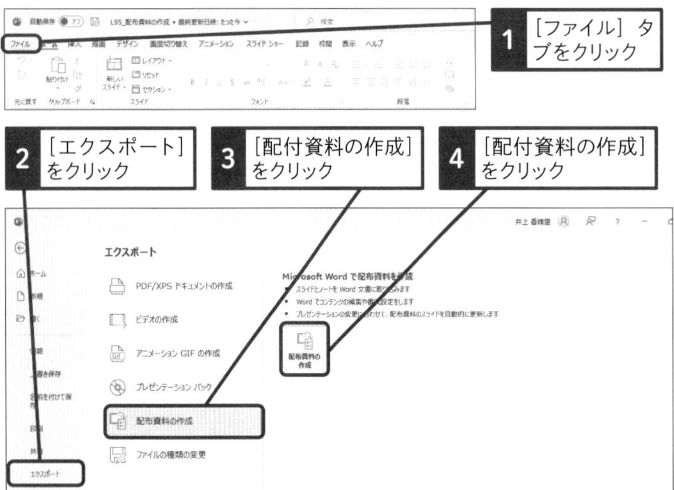

スキルアップ
Wordに書き出したメモは編集・保存ができる

PowerPointのノートペインに入力したメモをWordに書き出すと、Wordの編集機能を使って文字の追加や編集が行えます。また、Wordの文書としてスライドとメモを保存しておくことができます。

使いこなしのヒント
「ノート」付きのレイアウトを選ぼう

スライドとノートの内容をWordに書き出すには、手順1の操作5の［Microsoft Wordに送る］ダイアログボックスで、［スライド横のノート］か［スライド下のノート］を選びます。

● 書き出しのレイアウトを設定する

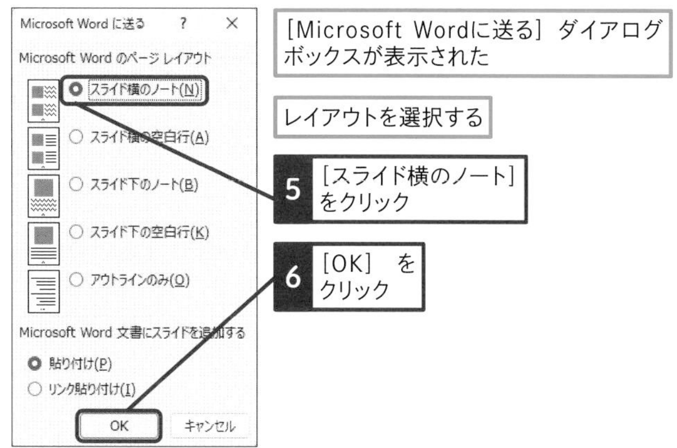

［Microsoft Wordに送る］ダイアログボックスが表示された

レイアウトを選択する

5 ［スライド横のノート］をクリック

6 ［OK］をクリック

2 Wordに書き出された配布資料を確認する

Wordが自動で起動し、スライドとノートが書き出された

1 タスクバーの［Word］をクリック

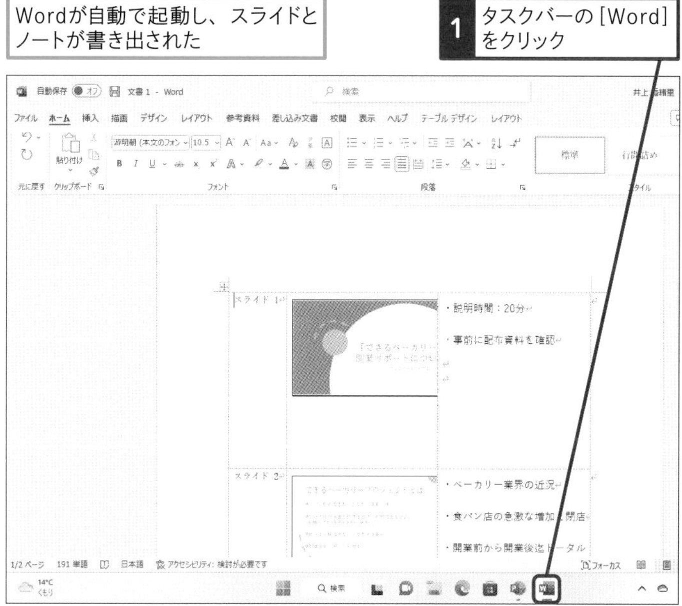

Wordの画面に切り替わった

使いこなしのヒント

［貼り付け］と［リンク貼り付け］の違いは?

手順1の操作5の［Microsoft Wordに送る］ダイアログボックスで［貼り付け］を選ぶと、Wordの文書に貼り付けられるスライドは、PowerPointの元のスライドと切り離された独立したスライドになります。一方［リンク貼り付け］を選ぶと、PowerPointで修正した内容がWordに貼り付けたスライドにも反映されるようになります。

使いこなしのヒント

PowerPointでもスライドとメモを印刷できる

このレッスンのようにWordに書き出さなくても、レッスン89で説明した方法でスライドとメモの内容を印刷できます。この方法で印刷すると、1枚の用紙の上側にスライド、下側に対応するメモが印刷されます。ただし、複数のスライドとメモを1枚の用紙には印刷できません。

まとめ　発表者用のメモはコンパクトにして持ち込もう

プレゼンテーションのタイムテーブルや説明のポイントなどを書き込んだ自分用のメモを用意しておくと安心です。PowerPointに用意されているノートの機能を利用すると、スライドごとに発表者のメモを入力できます。しかし、PowerPointで印刷すると、1枚の用紙に1枚のスライドとノートしか印刷できません。このレッスンの操作でスライドとノートをWordに書き出すと、1枚の用紙に3枚ずつスライドとメモを印刷できるので、コンパクトなメモを準備できます。

レッスン

96 Excelの住所録の名前をWord文書に差し込もう

差し込み印刷

練習用ファイル L096_差し込み印刷.docx L096_差し込み印刷.xlsx

Wordの案内文書の宛先に、Excelの住所録に含まれた氏名のデータを1件ずつ挿入します。［差し込み印刷］の機能を使うと、どのデータをどこに挿入するのかを指定できます。

キーワード

ダイアログボックス	P.310
ブック	P.311
ワークシート	P.312

Excelのデータを Wordの文書に差し込める

Before

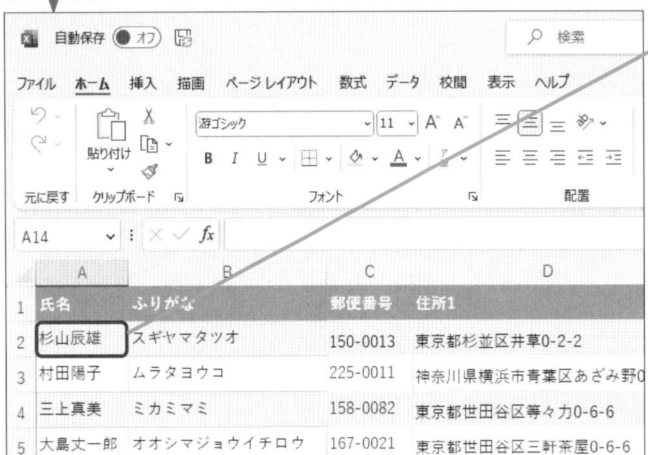

Excelのワークシートに住所録が入力されている

After

2023/3/10

杉山辰雄 様

できるフード株式会社
宮本荘平

お客様感謝デーのご案内

拝啓　平素より格別のお引き立てをありがとうございます。

さて、このたび、日頃のお客様の利用に感謝いたしまして、下記の通りお客様感謝デーを開催いたします。さまざまなイベントやゲームを用意してお待ちしています。

ご多忙と存じますが、皆様のご来店を心よりお待ちしております。

敬具

ワークシートに入力された住所録の一部をWordの文書に差し込んで表示できる

1 Wordで差し込み文書の作成を開始する

Excelの住所録にある名前を差し込む位置にカーソルを移動する

1 「様」の行頭をクリック

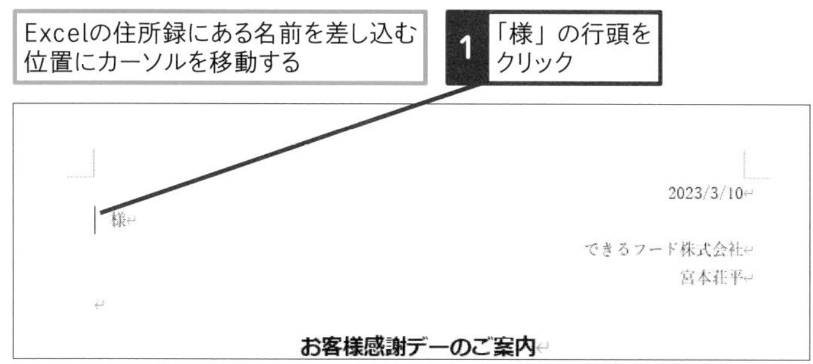

2 ［差し込み文書］タブをクリック

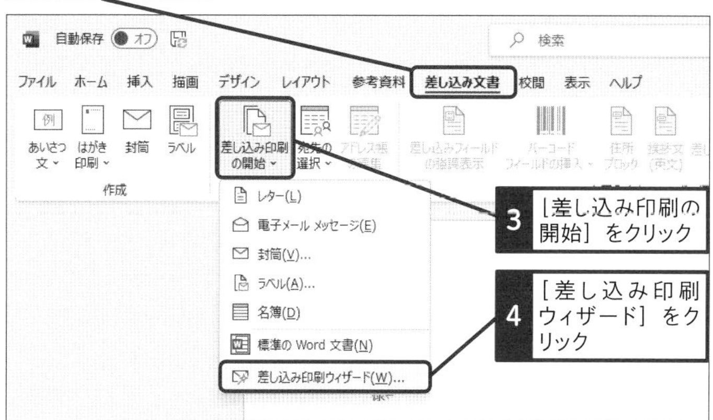

3 ［差し込み印刷の開始］をクリック

4 ［差し込み印刷ウィザード］をクリック

［差し込み印刷］ウィザードが表示された

5 ［レター］をクリック

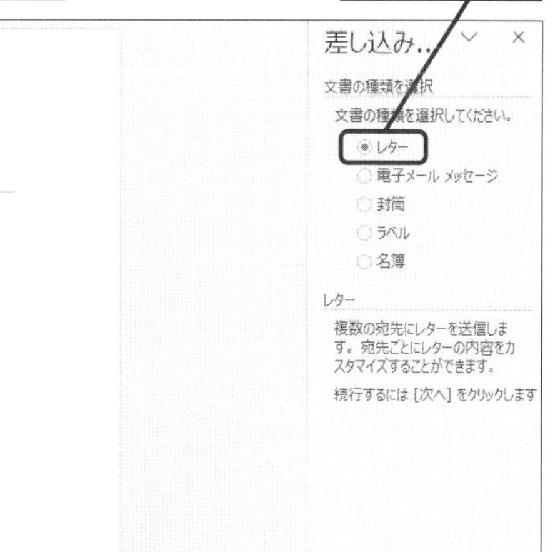

6 ［次へ: ひな形の選択］をクリック

用語解説

差し込み印刷

差し込み印刷とは、文書の一部に別のデータを1件ずつ挿入することです。文面は同じでも、会社名や氏名、役職など一部が異なる文書を作成できます。

使いこなしのヒント

差し込み印刷で作れる文書にはどんなものがある?

差し込み印刷機能を使うと、はがきやタックシール、封筒などに、作成済みのデータから宛名を表示することができます。また、このレッスンのように、案内文書や請求書の一部に氏名や会社名などを挿入することもできます。

使いこなしのヒント

文書の種類って何?

手順1の操作5では、データを差し込む元の文書を指定できます。Word文書にデータを差し込むなら「レター」、メール文書なら「電子メールメッセージ」、封筒やタックシールの宛名面を作成するなら「封筒」「ラベル」、一覧表のように1ページに複数件数のデータを差し込むなら「名簿」を選択します。

次のページに続く

2 Excelの住所録を読み込む

ひな形を選択する画面が表示された

1 ［現在の文書を使用］をクリック

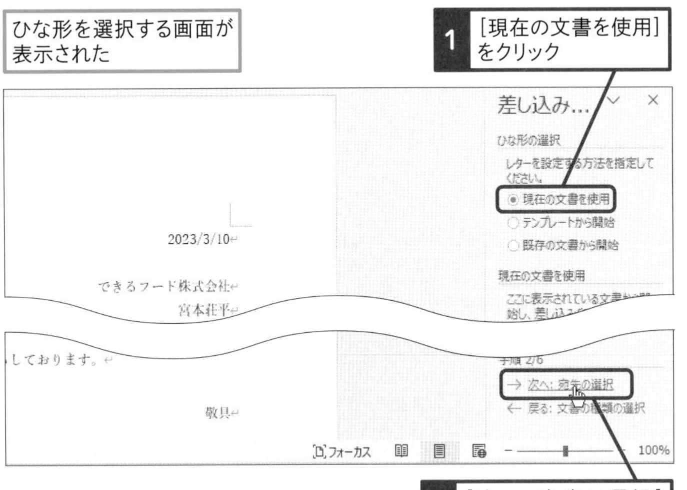

2 ［次へ：宛先の選択］をクリック

宛先として差し込むデータを選択する画面が表示された

3 ［既存のリストを使用］をクリック

4 ［参照］をクリック

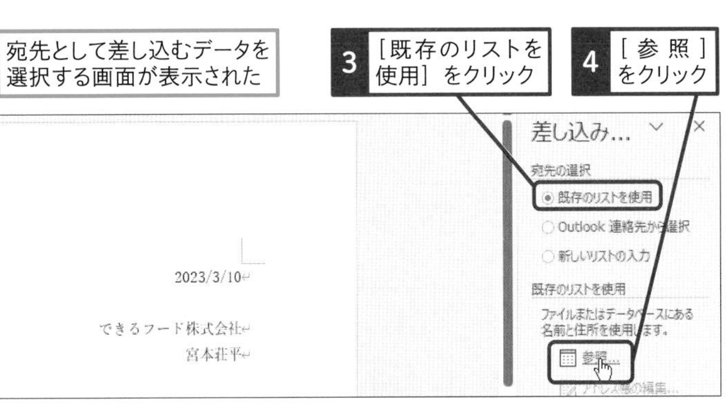

ここではExcelのブックを選択する

5 練習用ファイルの保存場所を表示

6 ［L096_差し込み印刷］をクリック

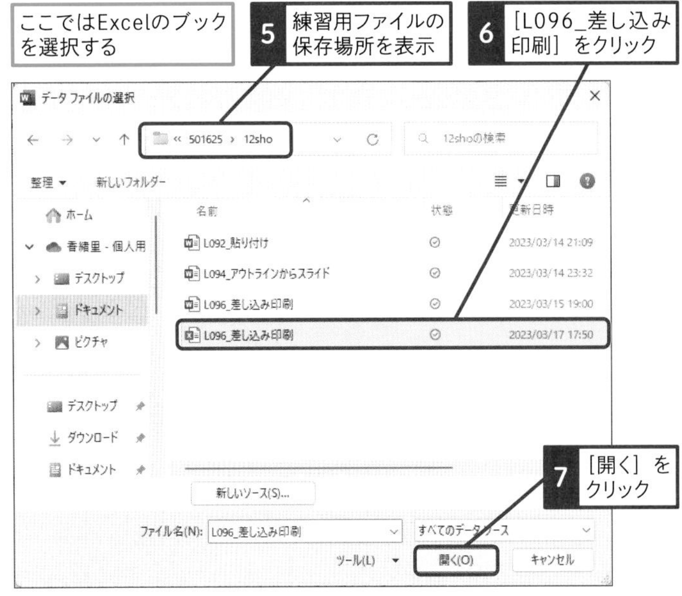

7 ［開く］をクリック

使いこなしのヒント

ひな形って何？

手順2の操作1では、差し込み印刷の元になる文書を「ひな形」として指定します。現在開いている文書の他に、テンプレートを利用した文書や保存済みの他の文書を指定できます。

使いこなしのヒント

宛先で読み込めるデータは3つから選択できる

差し込み印刷で使うデータは「既存のリストを使用」「Outlook連絡先から選択」「新しいリストの入力」の3つから選択できます。Excelで作成済みのデータを使う場合は「既存のリストを使用」を指定します。「新しいリストの入力」を選んで、その場でデータを入力することもできます。

ここに注意

Excelブックに複数のシートがあると、手順2の操作8に複数のシート名が表示されます。実際に差し込み印刷で使用するシートを指定しましょう。

● 読み込まれるデータを確認する

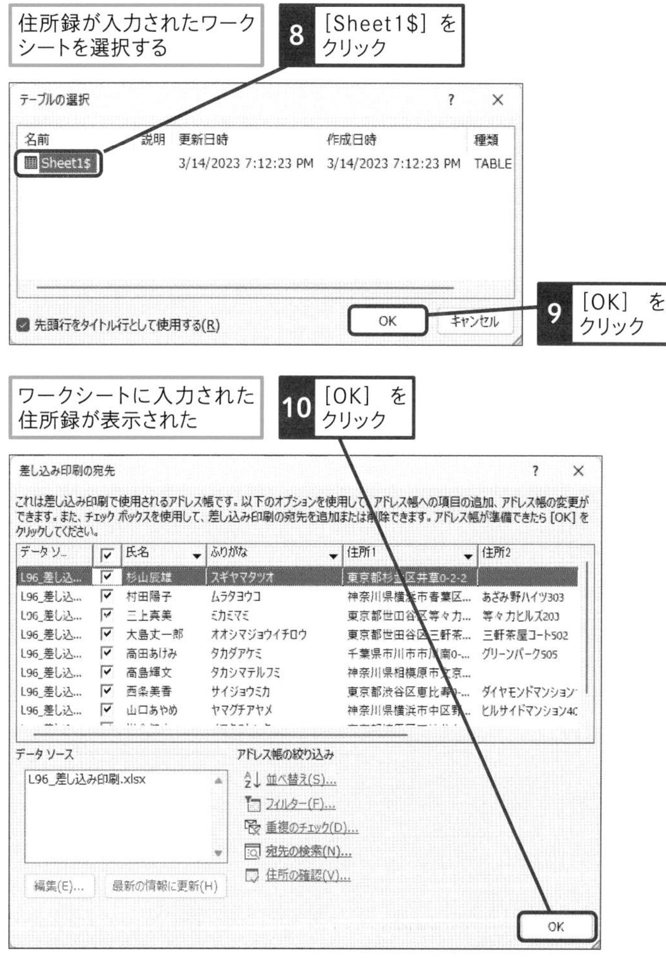

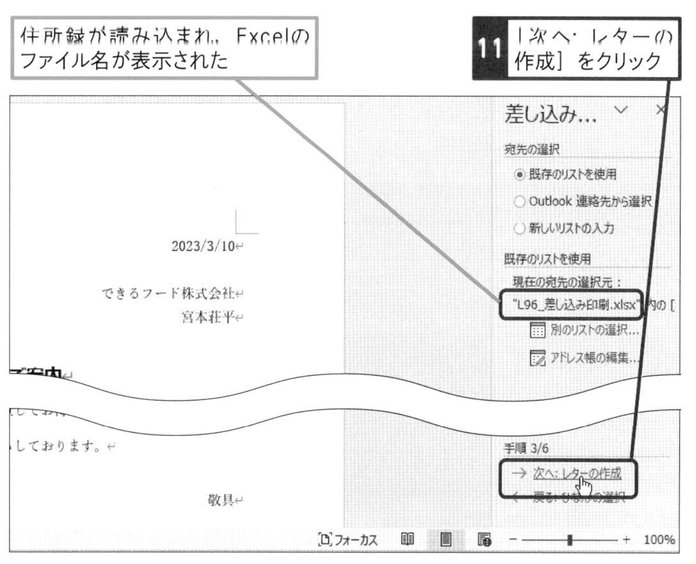

💡 使いこなしのヒント

読み込む住所録を選択するには

手順2の操作10には、指定したワークシートのすべてのデータが表示されます。読み込む必要のないデータがある場合は、「氏名」の左側にあるチェックマークをクリックしてオフにします。そうすると、チェックマークの付いているデータだけを読み込むことができます。

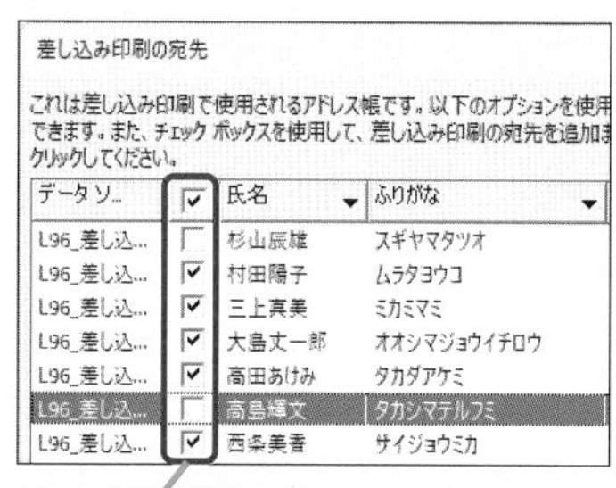

スキルアップ

住所録の一覧を並べ替えられる

[差し込み印刷の宛先] 画面で、先頭行の見出しにある右側の▼ボタンをクリックすると、[昇順で並べ替え] や [降順で並べ替え] のメニューが表示されます。住所録のデータを並べ替えた状態で読み込むと、文書に差し込まれる順番も連動して変化します。

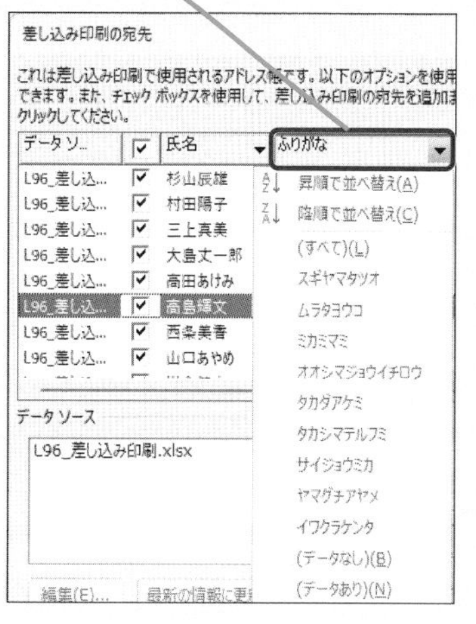

次のページに続く

3 読み込んだ住所録から宛先を挿入する

住所録から読み込む項目を選択する

1 ［差し込みフィールドの挿入］をクリック

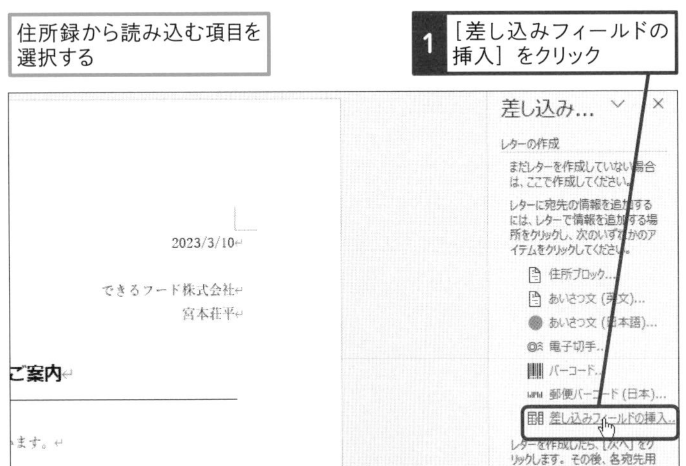

住所録の「氏名」に入力されたデータを挿入する

2 ［氏名］をクリック

3 ［挿入］をクリック

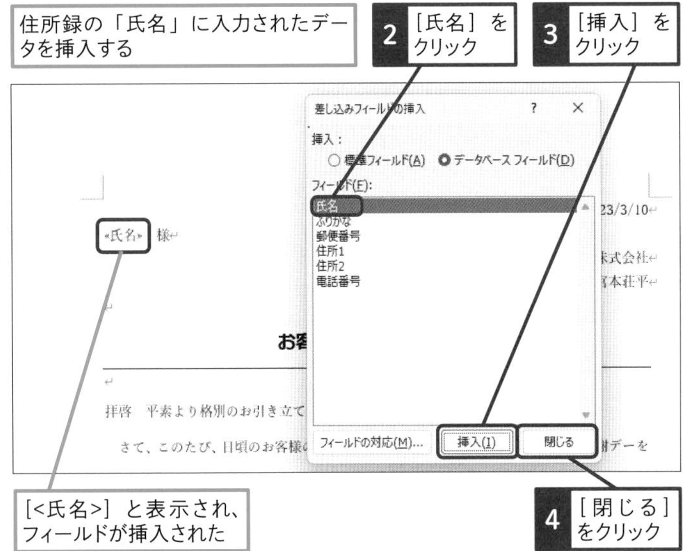

［<氏名>］と表示され、フィールドが挿入された

4 ［閉じる］をクリック

操作1の画面に戻った

5 ［次へ: レターのプレビュー表示］をクリック

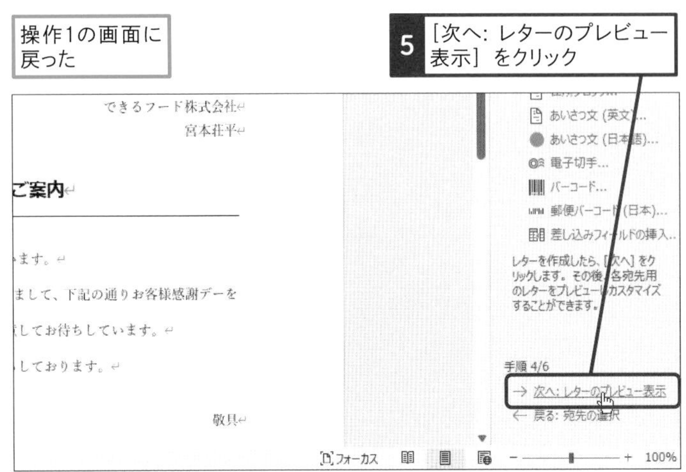

使いこなしのヒント

差し込みフィールドって何?

手順3の操作1で［差し込みフィールドの挿入］をクリックすると、手順2で指定したExcelの住所録に含まれた見出しの一覧が表示されます。この見出しのことを「差し込みフィールド」と呼びます。この中から文書に挿入したい差し込みフィールドを指定すると、文書には「<氏名>」のように、フィールド名が表示されます。

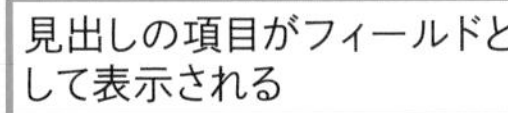
見出しの項目がフィールドとして表示される

スキルアップ

あいさつ文も挿入できる

［差し込みフィールドの挿入］画面では、あいさつ文を挿入することもできます。［あいさつ文（日本語）］をクリックすると、［あいさつ文］ダイアログボックスが開き、季節のあいさつや感謝のあいさつなどを一覧からクリックして選択できます。挿入したあいさつ文はすべての文書に共通の内容が挿入されます。

ここに注意

［差し込みフィールドの挿入］ダイアログボックスにフィールド名が表示されないときは、Excelの住所録の1行目に見出しが入力されていない可能性があります。いったん、差し込み印刷を中断して、Excelの住所録ファイルを開いて確認しましょう。

4 差し込み文書の作成を完了する

挿入されたフィールドにExcelから読み込まれた氏名が表示された

1 ［次へ: 差し込み印刷の完了］をクリック

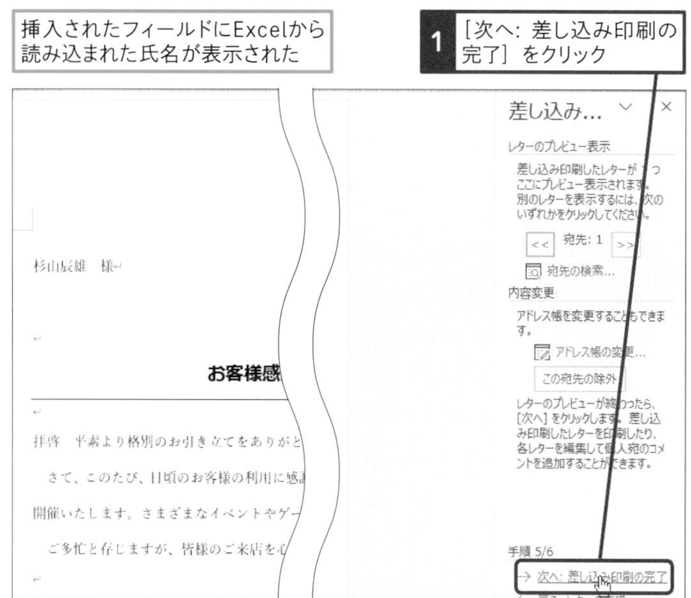

2 ［閉じる］をクリック

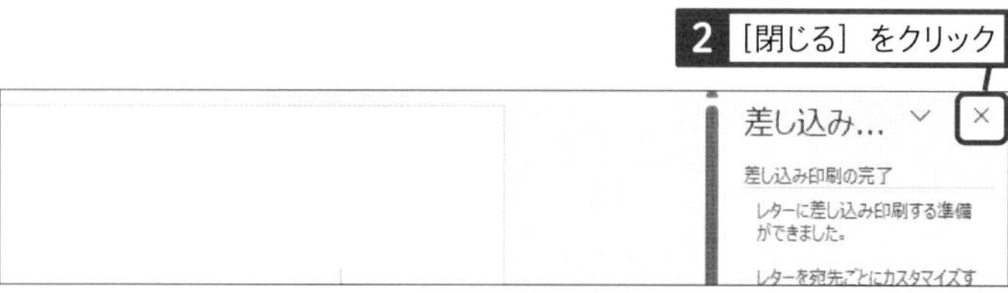

5 完成した差し込み文書を印刷する

各氏名を差し込んだ文書を印刷する

1 ［完了と差し込み］をクリック

2 ［文書の印刷］をクリック

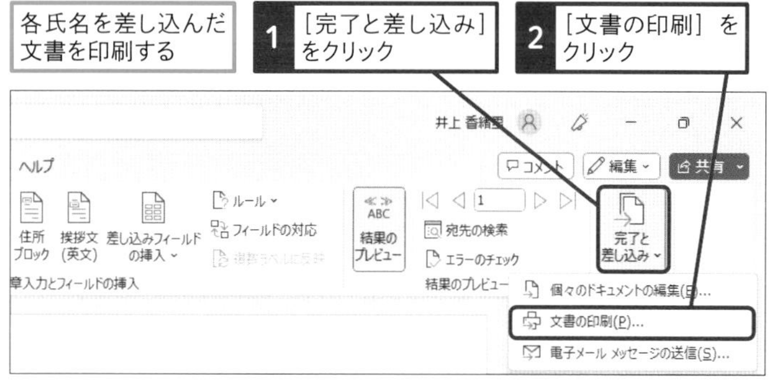

3 ［すべて］をクリック

4 ［OK］をクリック

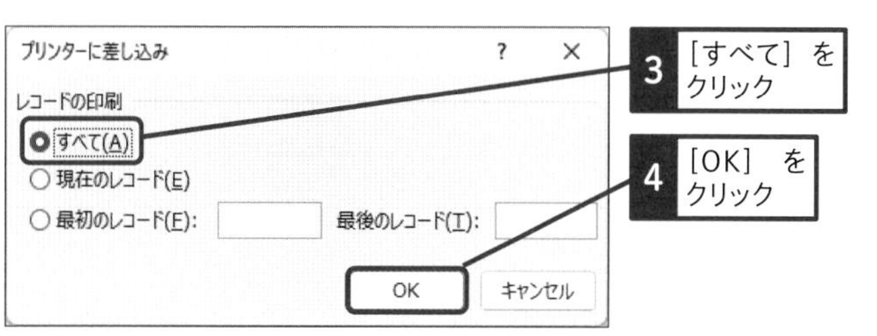

使いこなしのヒント

フィールドに挿入されたデータを確認するには

［差し込み文書］タブの［次のレコード］ボタンや［前のレコード］ボタンをクリックすると、実際に住所録のデータを1件ずつ挿入した状態を確認できます。

［結果のプレビュー］で挿入されたデータを確認できる

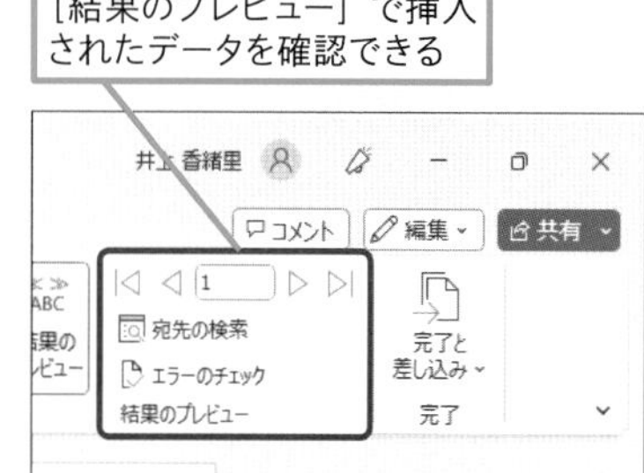

スキルアップ

個別の文書として保存できる

［差し込み文書］タブの［完了と差し込み］ボタンから［個々のドキュメントの編集］をクリックすると、データを差し込んだ状態の文書を保存できます。たとえば10件のデータがある場合は、差し込んだデータが異なる10ページの文書が出来上がるので、そのまま保存できます。

まとめ 一部を変えた文書を一気に作って効率化できる

多くの顧客にダイレクトメールを送るときに、宛先を「各位」とするよりも、宛先の名前がしっかり表示されていたほうが丁寧な印象を与えます。文面は同じでも、相手の会社名や氏名、役職などを表示することで、「あなたのための文書」ということを強調する効果も生まれます。Wordの差し込み印刷の機能を使うには、差し込まれる文書と差し込むデータファイルの2つが必要です。この2つが用意できたら、画面の指示に従って必要な項目を設定するだけで差し込み印刷ができます。

この章のまとめ

データを共有して作業効率をアップしよう

ビジネスで使う文書や表、プレゼン資料は、内容の正確さや分かりやすさが求められるのはもちろんのこと、いかに短時間で効率よく作成できるかといった点も重要です。Officeアプリで作成したファイルなら、ExcelとWordとPowerPoint間で「コピー」と「貼り付け」を行うだけでデータを再利用でき、同じデータを入力し直す時間を節約できます。また、差し込み印刷の機能を使うと、Excelで作成した住所録のデータをWord文書に1件ずつ差し込むことができます。「氏名」だけとか「会社名」と「氏名」など、住所録の中で必要なデータだけを文書内の好きな位置に挿入できます。差し込み印刷の機能を使って、はがきの宛名面やタックシールに住所録のデータを印刷することもできます。このようにアプリ間でデータを共有することで作業効率が上がり、データの活用範囲が広がります。

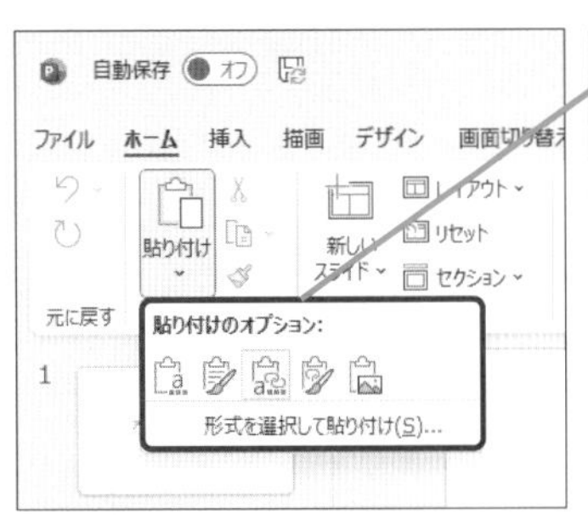

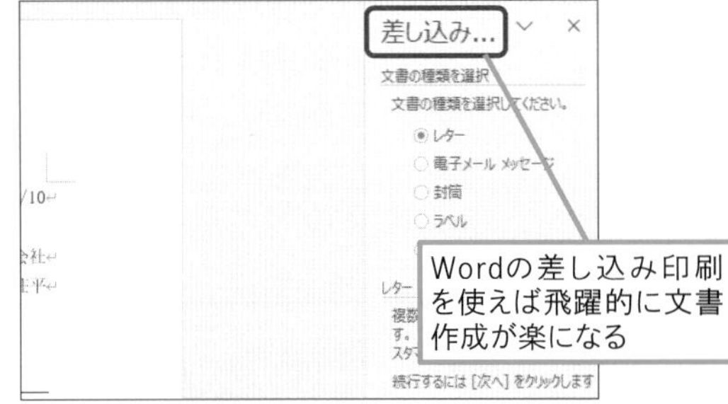

Officeアプリ同士でデータを再利用できるのは便利ですね！　表はExcelで作って、PowerPointでまとめる、なんていう使い方ができるんですね。

各アプリで得意とする文書があるから、それを生かさない手はないよね。そうそう、データを貼り付けるときの形式にも色々あるから、試してみるといいよ。再現性を重視するなら画像として貼り付けるのも1つの手といえますね。

Wordの差し込み印刷はすごいですね。もっと早く知りたかったです。1つ1つ手作業で作っていた手間を考えると、かなりの効率化につながりました。

ここでは一人一人の名前を入れた案内文を作る方法を解説したけど、封筒やハガキに貼り付ける宛名シールを作るときにも役立ちますよ！

PowerPointのスライドとメモをWordの文書として保存できるのもいいですね！　自分用の資料としてまとめるのにも役立ちそうです。

Office

活用編

第13章

仕事に役立つ便利ワザをマスターしよう

この章では、Excelの並べ替えや抽出、PowerPointの録画機能やスライドマスター機能など、知っていると便利な操作を解説します。また、Officeアプリで作成したファイルをPDF形式で保存したりスマートフォンで表示したりするなど、ステップアップした使い方についても説明します。

レッスン 97

Introduction この章で学ぶこと

各アプリの便利な機能を使いこなそう

各アプリの基本操作を習得したら、少しステップアップした機能にも挑戦してみましょう。この章では、Officeアプリの7つの便利な機能を紹介します。いつも使う操作とは違う機能を知ると、Officeアプリの活用の幅が広がります。

文書を配布するのに便利な機能をマスターしよう

資料を送るときに、必ずしも相手がOfficeを持っているとは限りません。そんなときに便利なのがPDFにエクスポートする機能です。

そうか！　PDFなら誰でも見られるので、資料を送るときにも安心ですね。

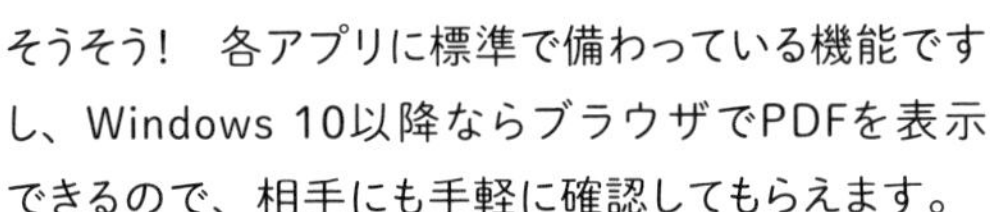

Excelのデータを整理する機能を身に付けよう

Excelに入力されたデータから、必要なデータを抽出しているのですが、数が多くて大変です…。

私も四苦八苦しています。何かよい方法はないのでしょうか？

まさか手作業でやっているの？　それではミスも起こりやすいうえに、時間もかかってしまいますよ。そんなときはオートフィルターという機能を使って、一瞬で終わらせましょう！

PowerPointで役立つ機能を知ろう

PowerPointのスライドショーにナレーションを付けて保存できる
→レッスン102

PowerPointで実行したプレゼンテーションを録画しておいて、後から配布することもできます。一歩進んだ資料の共有に役立ちますよ！

Office文書をスマートフォンでも活用しよう

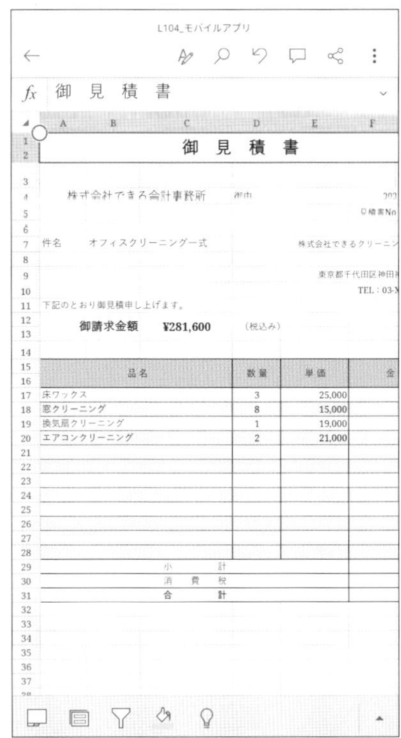

二人ともスマートフォンは持っていますか？

はい！　会社から支給してもらったスマートフォンがあります。

私もです！

Officeのモバイルアプリを使えば、作成した文書をスマートフォンで確認できるんですよ！

そうなんですね！　パソコンを持ち歩く必要がなくなって便利そうですね。ぜひ教えてください。

レッスン

98 文書/表/スライドをPDF形式で保存しよう

エクスポート

練習用ファイル L098_エクスポート.pptx

作成したファイルをPDF形式で保存します。PDF形式で保存すると、Officeアプリがインストールされていないパソコンや Windows以外のパソコンでもファイルを表示できます。

キーワード

Office	P.306
PDF	P.306
エクスポート	P.307

OfficeのファイルをPDFとして保存できる

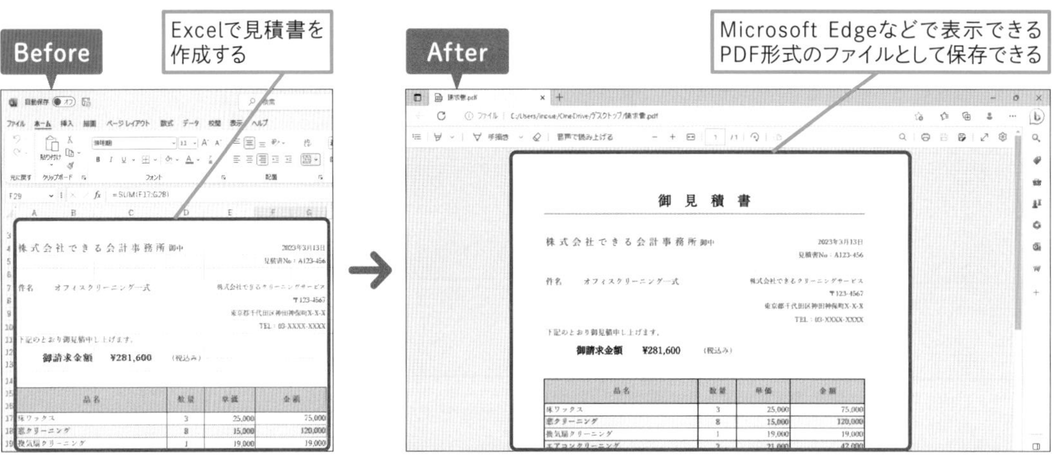

1 PDFに出力する

1 ［ファイル］タブをクリック

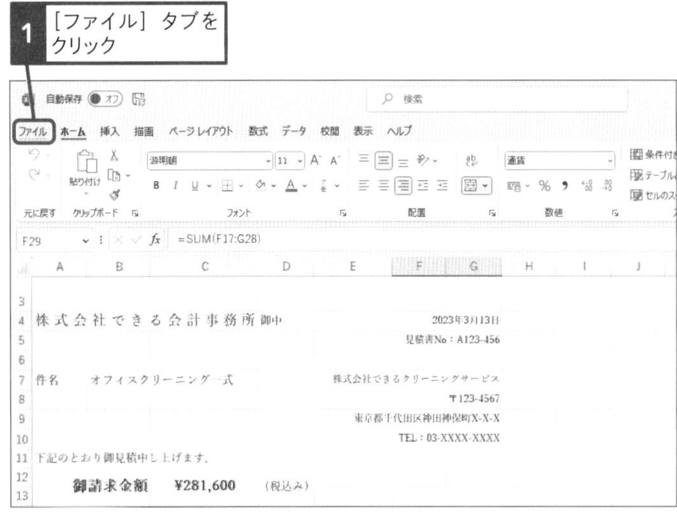

用語解説

PDF

PDFとは「Portable Document Format」（ポータブル・ドキュメント・フォーマット）の略で、アドビが開発したファイル形式の名前です。OSなどの違いに関係なく、ファイルを閲覧できます。

使いこなしのヒント

［名前を付けて保存］でもPDFを保存できる

レッスン03の操作で［名前を付けて保存］ダイアログボックスを開き、［ファイルの種類］を［PDF］に変更しても、PDF形式で保存できます。

● PDFファイルの保存場所を選択する

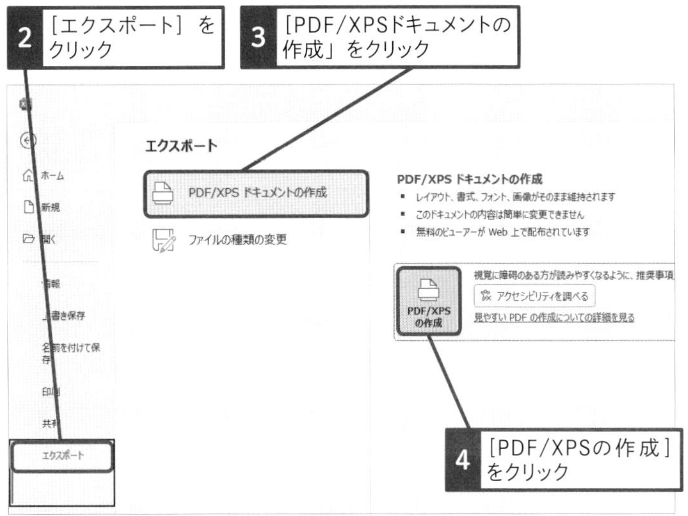

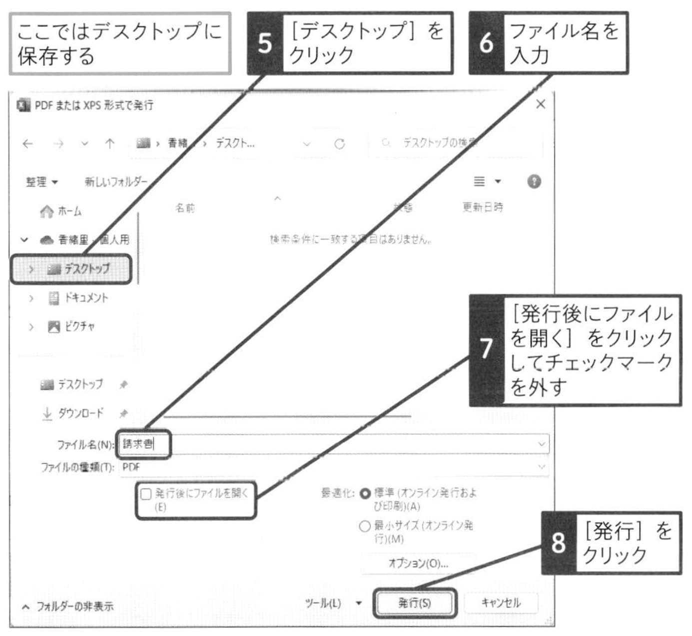

2 PDFファイルを開く

使いこなしのヒント

保存するPDFの品質やページ範囲を設定できる

PDFファイルを高品質で保存するなら、手順1操作5の画面にある［最適化］の［標準］を選びます。一方、ファイルサイズを小さくすることを優先させたいときは［最小サイズ］を選びます。また、［オプション］ボタンをクリックすると、PDFファイルとして保存するスライドの範囲を指定できます。

使いこなしのヒント

PDFファイルを開くアプリはパソコンによって異なる

このレッスンでは、PDF形式で保存したファイルを開くときに、自動的にMicrosoft Edgeというブラウザーが起動しました。パソコンにAdobe Readerがインストールされている場合は、Adobe Readerが起動します。これは、PDFファイルをどのアプリで開くかがあらかじめ設定されているためです。どのアプリが起動するかはパソコンによって異なります。

まとめ パソコンの環境を問わずに閲覧できる

PDF形式として保存したファイルは、OSの違うパソコンやOfficeアプリがインストールされていないパソコンでもブラウザー（Microsoft Edge）や無料のアプリ（Adobe Acrobat Reader DCなど）を使って閲覧できます。ただし、動画やアニメーションの再現はできません。紙の印刷物の代わりに利用するといいでしょう。

レッスン

99 Excelのデータを並べ替えよう

並べ替え

練習用ファイル　L099_並べ替え.xlsx

Excelのデータを昇順（小さい順）や降順（大きい順）に並べ替えることができます。並べ替えを実行すると、表全体が指定した順番で表示されます。

キーワード

セル	P.309
タブ	P.310

瞬時にExcelのデータを並べ替えられる

Before

	A	B	C	D	E
1	会員リスト				
2					
3	会員番号	氏名	会員種別	年齢	入会日
4	1001	加藤美奈子	スタンダード	31	2022/10/3
5	1002	中村正吾	スタンダード	26	2022/10/11
6	1003	渡辺智春	スチューデント	20	2022/10/15
7	1004	林誠一	スタンダード	43	2022/10/22
8	1005	森山佐奈	スチューデント	19	2022/10/22
9	1006	金田雄二	スタンダード	52	2022/11/1
10	1007	綿貫えり子	スタンダード	38	2022/11/1
11	1008	山本美沙	ファミリー	35	2022/11/3
12	1009	山本正也	ファミリー	39	2022/11/13
13	1010	加藤孝文	スタンダード	45	2022/11/19
14	1011	飯島真由子	スタンダード	27	2022/11/26

会員番号順にデータが入力されている

After

	A	B	C	D	E
1	会員リスト				
2					
3	会員番号	氏名	会員種別	年齢	入会日
4	1005	森山佐奈	スチューデント	19	2022/10/22
5	1017	石川まゆ	スチューデント	19	2022/12/14
6	1003	渡辺智春	スチューデント	20	2022/10/15
7	1013	長谷川仁	スチューデント	22	2022/11/28
8	1002	中村正吾	スタンダード	26	2022/10/11
9	1011	飯島真由子	スタンダード	27	2022/11/26
10	1001	加藤美奈子	スタンダード	31	2022/10/3
11	1008	山本美沙	ファミリー	35	2022/11/3
12	1014	久保田佳代	スタンダード	36	2022/12/4
13	1007	綿貫えり子	スタンダード	38	2022/11/1
14	1009	山本正也	ファミリー	39	2022/11/13

簡単にデータを年齢順に並べ替えられる

1 並べ替えの基準になるデータを選ぶ

並べ替える基準となるデータが入力された列を選択する

1 セルD4をクリック

	A	B	C	D	E	F
1	会員リスト					
2						
3	会員番号	氏名	会員種別	年齢	入会日	
4	1001	加藤美奈子	スタンダード	31	2022/10/3	
5	1002	中村正吾	スタンダード	26	2022/10/11	
6	1003	渡辺智春	スチューデント	20	2022/10/15	
7	1004	林誠一	スタンダード	43	2022/10/22	
8	1005	森山佐奈	スチューデント	19	2022/10/22	
9	1006	金田雄二	スタンダード	52	2022/11/1	
10	1007	綿貫えり子	スタンダード	38	2022/11/1	
11	1008	山本美沙	ファミリー	35	2022/11/3	
12	1009	山本正也	ファミリー	39	2022/11/13	
13	1010	加藤孝文	スタンダード	45	2022/11/19	

ここに注意

並べ替えを実行するときは、最初に並べ替えたいデータが入力されているセルをクリックします。ここでは、D列の年齢順に並べ替えるので、D列の中でデータが入力されているセルのいずれかをクリックします。

正しいセルをクリックして選択しないと、並べ替えが実行されない

2 並べ替えを実行する

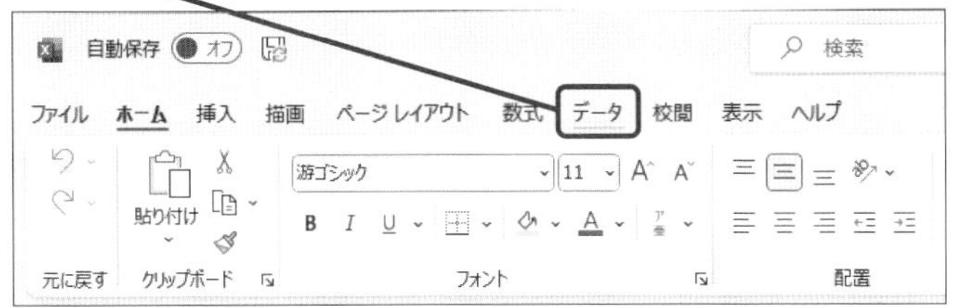

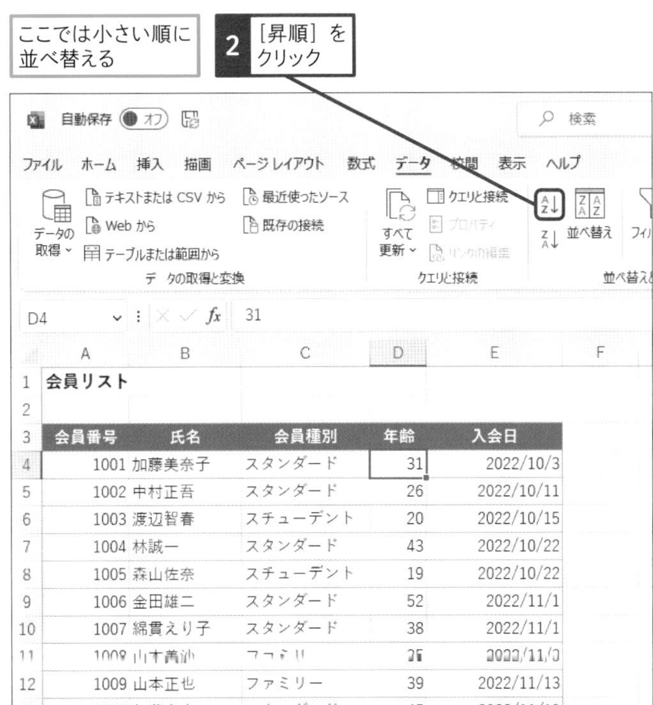

	A	B	C	D	E	F
1	会員リスト					
2						
3	会員番号	氏名	会員種別	年齢	入会日	
4	1001	加藤美奈子	スタンダード	31	2022/10/3	
5	1002	中村正吾	スタンダード	26	2022/10/11	
6	1003	渡辺智春	スチューデント	20	2022/10/15	
7	1004	林誠一	スタンダード	43	2022/10/22	
8	1005	森山佐奈	スチューデント	19	2022/10/22	
9	1006	金田雄二	スタンダード	52	2022/11/1	
10	1007	綿貫えり子	スタンダード	38	2022/11/1	
11	1008	[illegible]	[illegible]	[illegible]	[illegible]	
12	1009	山本正也	ファミリー	39	2022/11/13	
13	1010	加藤孝文	スタンダード	45	2022/11/19	

「年齢」を基準にしてデータが並べ替えられた

	A	B	C	D	E	F
1	会員リスト					
2						
3	会員番号	氏名	会員種別	年齢	入会日	
4	1005	森山佐奈	スチューデント	19	2022/10/22	
5	1017	石川まゆ	スチューデント	19	2022/12/14	
6	1003	渡辺智春	スチューデント	20	2022/10/15	
7	1013	長谷川仁	スチューデント	22	2022/11/28	
8	1002	中村正吾	スタンダード	26	2022/10/11	
9	1011	飯島真由子	スタンダード	27	2022/11/26	
10	1001	加藤美奈子	スタンダード	31	2022/10/3	
11	1008	山本美沙	ファミリー	35	2022/11/3	
12	1014	久保田佳代	スタンダード	36	2022/12/4	
13	1007	綿貫えり子	スタンダード	38	2022/11/1	

使いこなしのヒント

データは昇順と降順で並べ替えられる

昇順とは小さい順のことで、数字の0→9、英字のA→Z、かなのあ→んの順番で並べ替わります。降順は大きい順のことで、それぞれ昇順の反対の順番で並べ替わります。なお、漢字が入力されているセルを並べ替えると、漢字を変換したときの読みの順番で並べ替わります。

使いこなしのヒント

並べ替えられたデータを元に戻すには

並べ替えた順番を元に戻すには、［ホーム］タブの［元に戻す］ボタンをクリックします。「会員番号」のように入力した順番に番号が振られているときは、その項目を昇順に並べ替えることで元の順番に戻すことができます。

まとめ 入力されたデータを使って正確に並べ替えられる

売上金額の大きい順に並べ替えたり、年齢順に並べ替えたりすると、データの傾向が見えてきます。列に同じ種類のデータが入力されていれば、昇順か降順かの条件を指定するだけで、瞬時に表全体を並べ替えることができます。ただし、「年齢」の列に年齢外のデータが入力されているなど、列のデータがばらばらの場合は正しく並べ替えることができないので注意しましょう。

レッスン
100 Excelのデータを絞り込もう

オートフィルター

練習用ファイル L100_オートフィルター.xlsx

入力したデータの中から条件に一致したデータだけに絞り込むことを「抽出」と呼びます。Excelの［オートフィルター］機能を使うと、簡単な操作で目的のデータを抽出できます。

キーワード

数値	P.309
セル	P.309
タブ	P.310

必要なデータを簡単に絞り込める

Before

3	会員番号	氏名	会員種別	年齢	入会日
4	1001	加藤美奈子	スタンダード	31	2022/10/3
5	1002	中村正吾	スタンダード	26	2022/10/11
6	1003	渡辺智春	スチューデント	20	2022/10/15
7	1004	林誠一	スタンダード	43	2022/10/22
8	1005	森山佐奈	スチューデント	19	2022/10/22
9	1006	金田雄二	スタンダード	52	2022/11/1
10	1007	綿貫えり子	スタンダード	38	2022/11/1

After

3	会員番号	氏名	会員種別	年齢	入会日
4	1001	加藤美奈子	スタンダード	31	2022/10/3
5	1002	中村正吾	スタンダード	26	2022/10/11
7	1004	林誠一	スタンダード	43	2022/10/22
9	1006	金田雄二	スタンダード	52	2022/11/1
10	1007	綿貫えり子	スタンダード	38	2022/11/1
13	1010	加藤孝文	スタンダード	45	2022/11/19
14	1011	飯島真由子	スタンダード	27	2022/11/26

1 オートフィルターを設定する

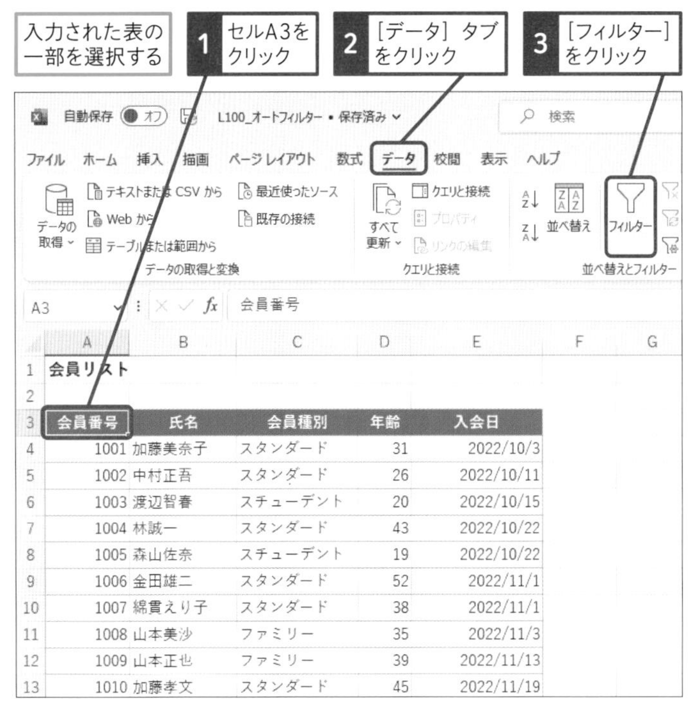

3	会員番号	氏名	会員種別	年齢	入会日
4	1001	加藤美奈子	スタンダード	31	2022/10/3
5	1002	中村正吾	スタンダード	26	2022/10/11
6	1003	渡辺智春	スチューデント	20	2022/10/15
7	1004	林誠一	スタンダード	43	2022/10/22
8	1005	森山佐奈	スチューデント	19	2022/10/22
9	1006	金田雄二	スタンダード	52	2022/11/1
10	1007	綿貫えり子	スタンダード	38	2022/11/1
11	1008	山本美沙	ファミリー	35	2022/11/3
12	1009	山本正也	ファミリー	39	2022/11/13
13	1010	加藤孝文	スタンダード	45	2022/11/19

スキルアップ

複雑な条件も設定できる

手順2の操作2で「テキストフィルター」をクリックすると、「指定の値から始まる」「指定の値を含む」といったメニューが表示され、氏名に「田」の文字が含まれるなどの複雑な条件を設定することもできます。なお、数値が入力されているセルのフィルターボタンをクリックしたときは、「テキストフィルター」の代わりに「数値フィルター」が表示されます。

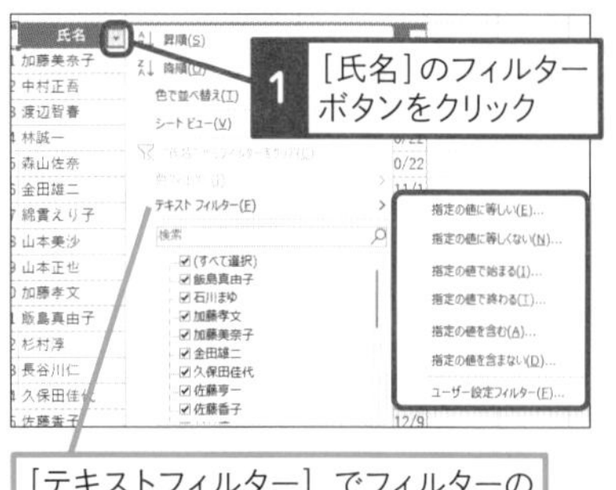

2 オートフィルターでデータを絞り込む

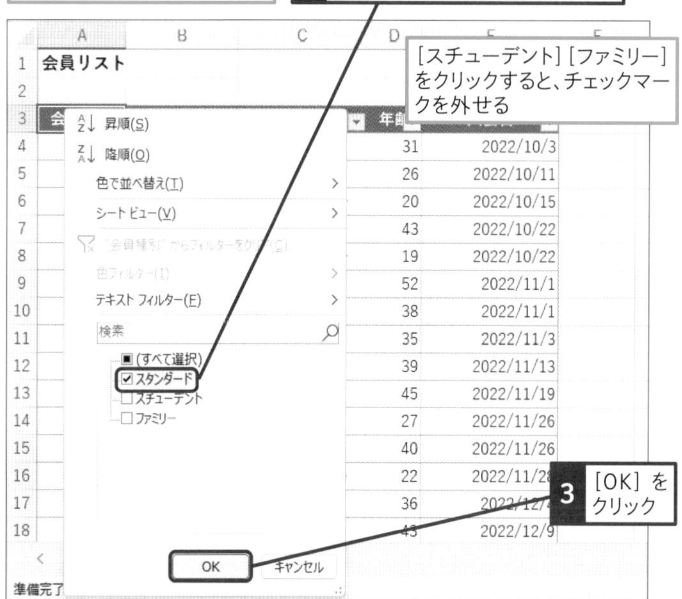

使いこなしのヒント

絞り込まれたデータを元に戻すには

抽出条件を解除してすべてのデータを表示するには、条件を設定したフィルターボタンをクリックし、メニューから［フィルターのクリア］をクリックします。［データ］タブの［クリア］ボタンをクリックして条件を解除することもできます。

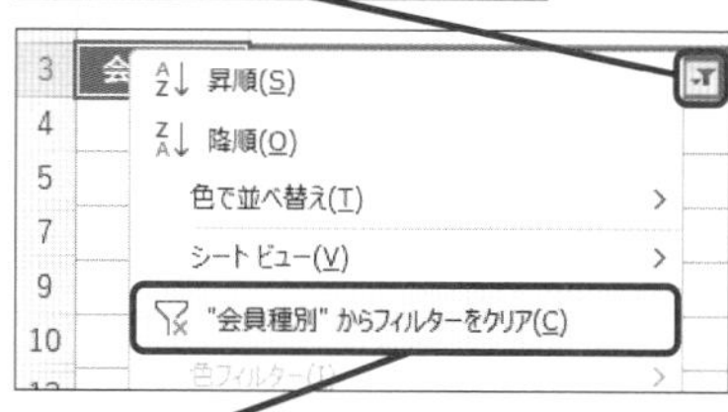

使いこなしのヒント

オートフィルターを解除するには

［データ］タブの［フィルター］ボタンをクリックすると、各項目の右側に表示されていたフィルターボタンが非表示になり、オートフィルターを解除できます。

まとめ 入力されたデータによって絞り込めるデータを変えられる

このレッスンでは「会員種別」の文字のデータを条件にして抽出を実行しましたが、「年齢」の列の数値や「入会日」の列の日付を条件にしてデータを抽出することもできます。入力されているデータに合わせて、手順2の操作2の画面が自動的に変化し、簡単に条件を指定できます。ただし、データを抽出するには、データが1行1件のルールで入力されていることが条件です。同じ列に文字や数値などの異なるデータが入力されていると、正しく抽出できないので注意しましょう。

レッスン

101 Excelの大きな表を用紙に収めて印刷しよう

シートを1ページに印刷

練習用ファイル L101_シートを1ページに印刷.xlsx

Excelの表やグラフを印刷するときに、ほんの少しだけページからはみ出ることがあります。[シートを1ページに印刷] 機能を使うと、強制的に1ページに収めて印刷できます。

キーワード

印刷プレビュー	P.306
グラフ	P.308
ダイアログボックス	P.310

Excelの表を1ページにピッタリと収めて印刷できる

Before

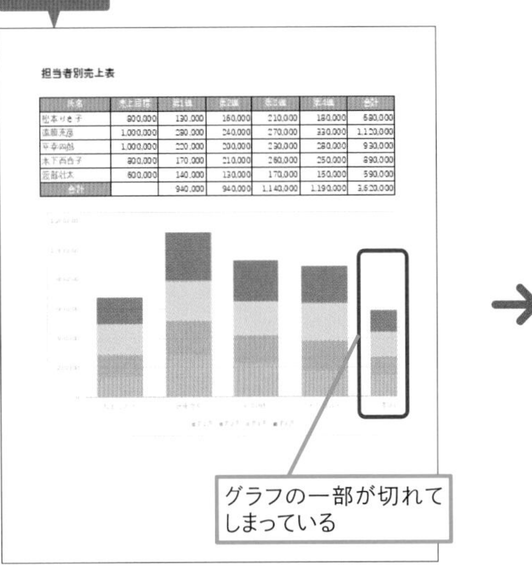

グラフの一部が切れてしまっている

After

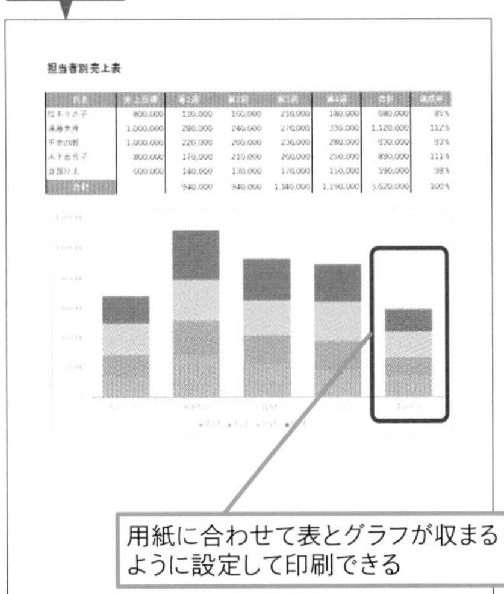

用紙に合わせて表とグラフが収まるように設定して印刷できる

1 拡大縮小を設定する

印刷プレビューを表示する

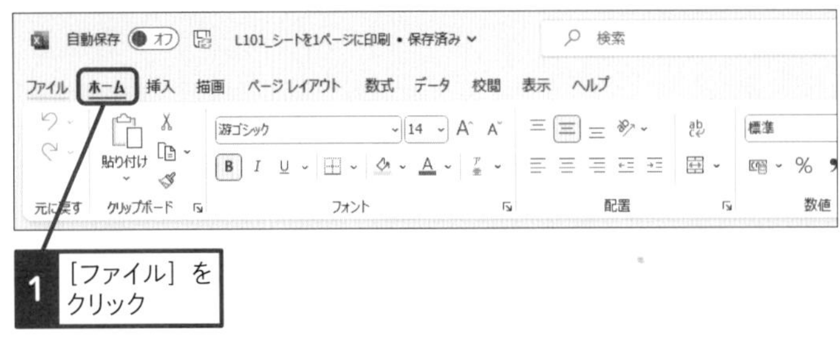

1 [ファイル] をクリック

使いこなしのヒント

[ページレイアウト] タブでも設定できる

[ページレイアウト]タブの[拡大縮小印刷]にある [縦] と [横] をそれぞれ [1ページ] に設定して、1ページに収めて印刷することもできます。

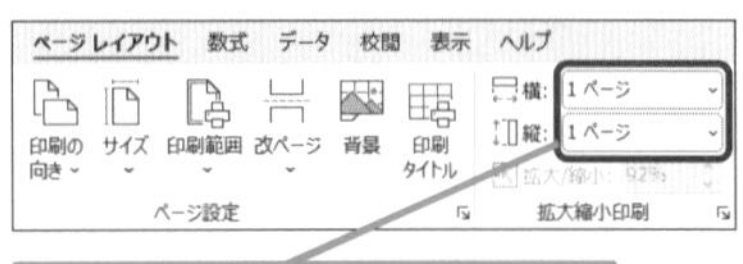

[拡大縮小印刷] でも1ページに収まるように設定できる

● 1ページに収まるように設定する

初期状態は［拡大縮小なし］に設定されている

2 ［拡大縮小なし］をクリック

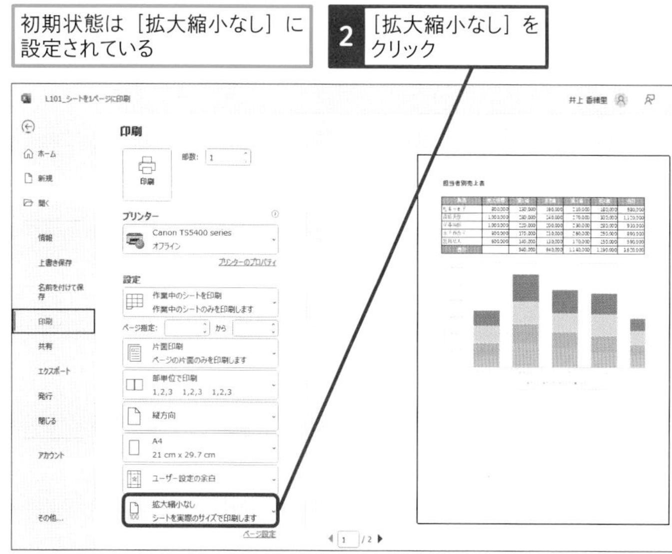

拡大縮小のメニューが表示された

3 ［シートを1ページに印刷］をクリック

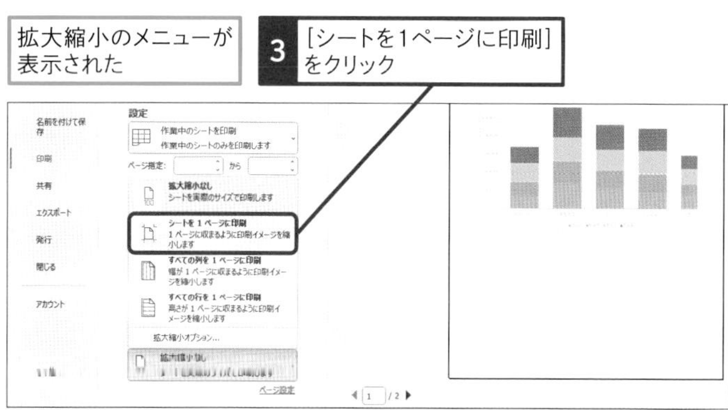

表とグラフが用紙に収まるように縮小された

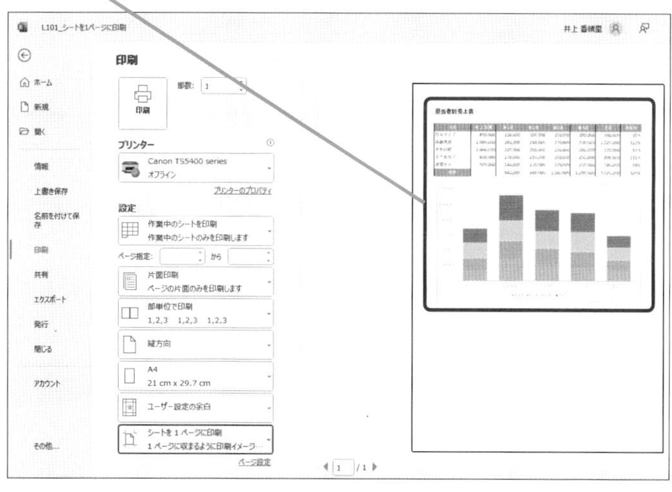

スキルアップ

拡大縮小率を細かく設定できる

拡大率や縮小率を手動で設定したいときは、以下の操作で［ページ設定］ダイアログボックスを開いて［拡大/縮小］の数値を指定します。「100」より大きな数値を指定すると拡大、小さな数値を指定すると縮小されます。小さな表を大きく印刷したいときは、拡大率を大きくするといいでしょう。

手順1の操作3の画面を表示しておく

1 ［拡大縮小オプション］をクリック

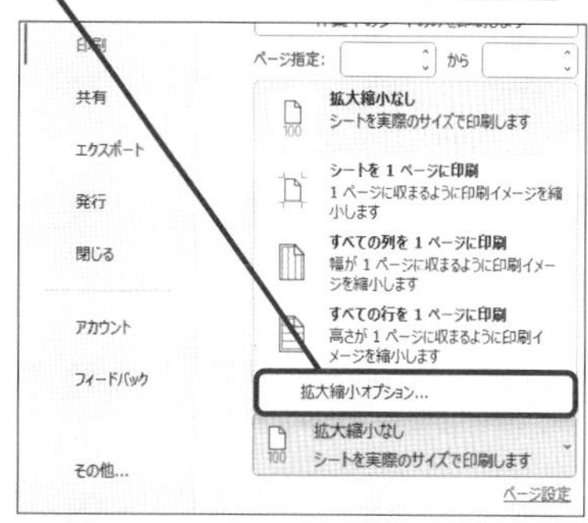

2 ［拡大/縮小］をクリック

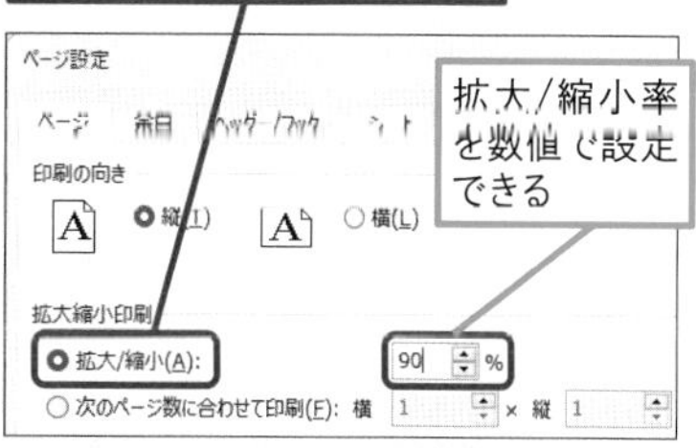

拡大/縮小率を数値で設定できる

まとめ

データに合わせて自動で拡大縮小率を設定してくれる

［シートを1ページに印刷］機能を使うと、シート内に作成した表やグラフが用紙1枚に収まるように、Excelが自動的に拡大縮小率を算出します。ほんの少しだけページからはみ出しているときは1ページに収めたほうが閲覧性が高まります。ただし、大きい表を無理やり1ページに収めると、肝心のデータが判別できなくなるので注意しましょう。

レッスン

102 ナレーション付きのスライドショーを録画しよう

スライドショーの録画　練習用ファイル　L102_スライドショーの録画.pptx

[スライドショーの録画] 機能を使って、発表者の顔とナレーション付きのスライドショーを録画します。パソコンにマイクとカメラが接続されていれば、いつも通りにスライドショーを進めるだけで、その様子を録画できます。

キーワード

スライド	P.309
スライドショー	P.309
タブ	P.310

発表者不在でもプレゼンできる!

ナレーションを録音しておけば、発表者がいなくてもプレゼンが行える

スキルアップ

スライドショーをWebで公開したいときに便利

プレゼンテーションで使ったPowerPointのスライドにナレーションを付けてWebに公開するケースが増えてきました。[スライドショーの記録] 機能を使えば、スライドショーの画面とともに、音声や実行中の操作を録画できるため、発表者がいなくてもスライドショーを実行できます。

1 スライドショーの録画を開始する

1 ［スライドショー］タブをクリック

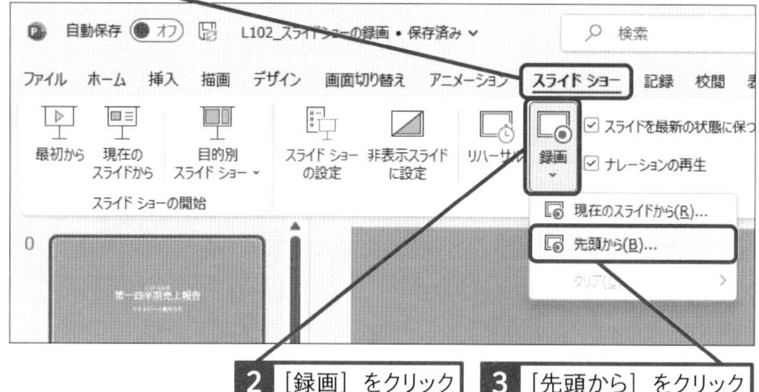

2 ［録画］をクリック　3 ［先頭から］をクリック

録画画面が表示された　4 ［記録］をクリック

カウントダウンが表示され、
録画がスタートする

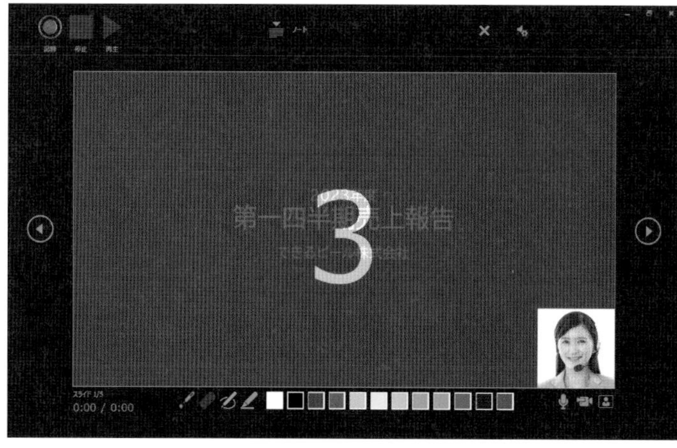

使いこなしのヒント

録画を始める前にチェックしよう！

スライドショーを録画すると、カメラの映像と音声も一緒に録画されます。録画する前に、マイクとカメラの接続を確認し、正しく動くかどうかをチェックしておくようにしましょう。

使いこなしのヒント

途中のスライドから録画するには

スライドショーの途中から録画をやり直すときは、［スライドショー］タブの［スライドショーの記録］ボタンから［現在のスライドから記録］をクリックします。

使いこなしのヒント

カメラをオフにするには

カメラ付きのパソコンなら、スライドの右下に表示されるワイプ映像も動画として記録されます。マイクとカメラは、録画画面右下のボタンでオンとオフを切り替えられます。

［カメラを無効にする］を
クリックする

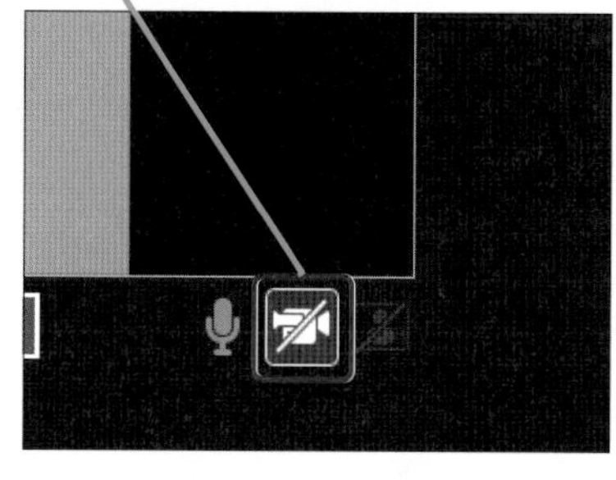

次のページに続く

2 録画を終了する

1 マウスをクリック

スライドが切り替わった

一時停止や停止、再生のボタン

発表者用のノートを表示できる

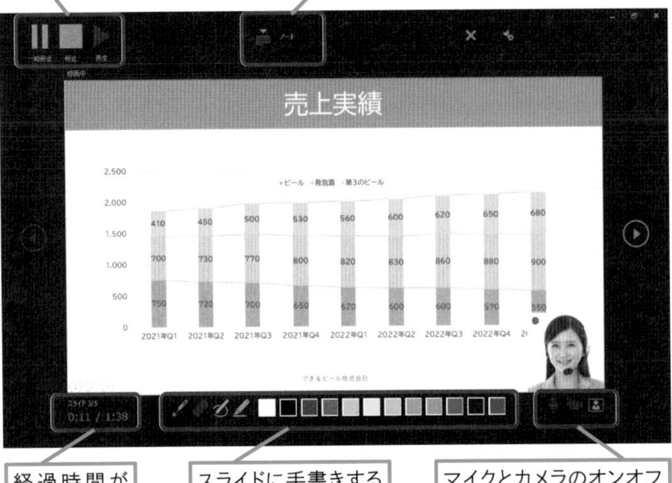

経過時間が表示される

スライドに手書きするペン機能

マイクとカメラのオンオフを切り替えられる

各スライドでナレーションを録音し、最後のスライドまで表示する

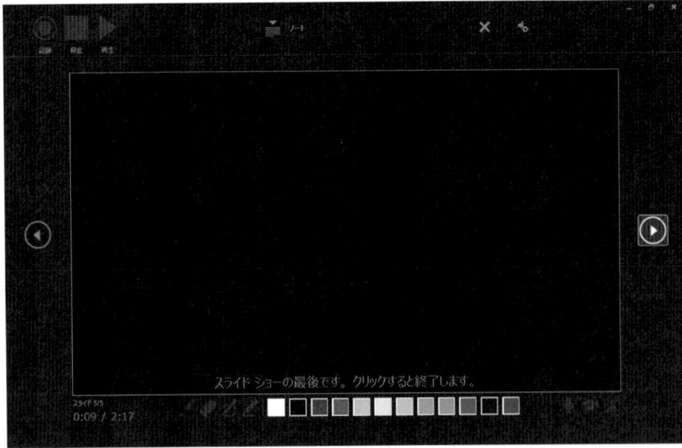

2 最後のスライドが表示された状態でクリック

使いこなしのヒント

録画を途中で止めるには

途中で操作や説明を間違えたときは、左上の［停止］ボタンをクリックして録画を中断します。

使いこなしのヒント

録画中はワイプに印が付く

録画中は、録画画面の右下のワイプの左上に赤い丸印が付きます。

使いこなしのヒント

録画した内容を削除する

録画を終了した後で操作と音声をすべて削除するには、［スライドショー］タブの［録画］ボタンから［クリア］-［すべてのスライドのナレーションをクリア］をクリックします。

［すべてのスライドのナレーションをクリア］をクリックすると操作と音声が削除される

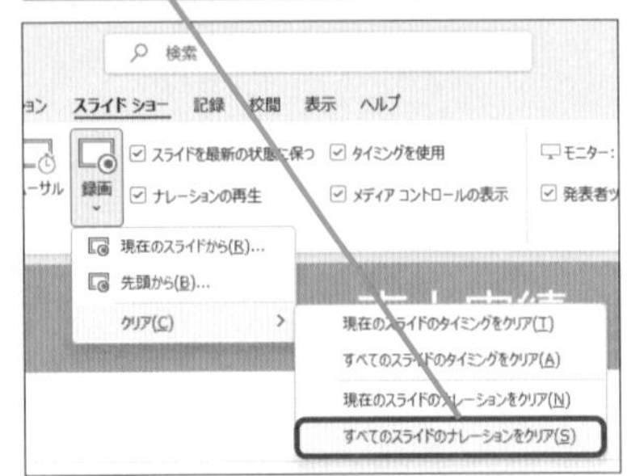

使いこなしのヒント

後から録画をやり直すには

録画を中断した後で録画をやり直すには、右上の［クリア］ボタンから［現在のスライドの録音をクリア］を選びます。次に［記録］ボタンをクリックすると、最初のときと同じカウントダウンが表示され、表示中のスライドから録画をやり直せます。

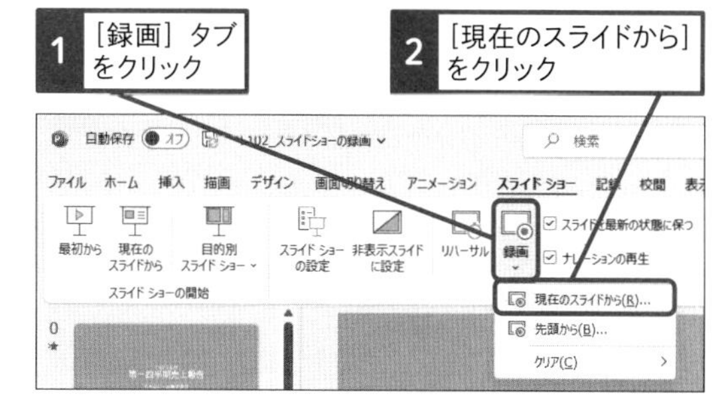

● 録画が終了した

録画が終了すると、各スライドに撮影した映像が表示される

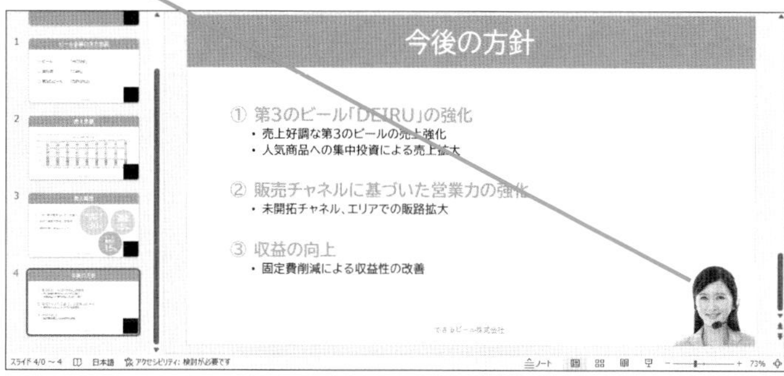

スライドショーを実行すると録画した音声と映像が再生され、自動的にスライドが切り替わる

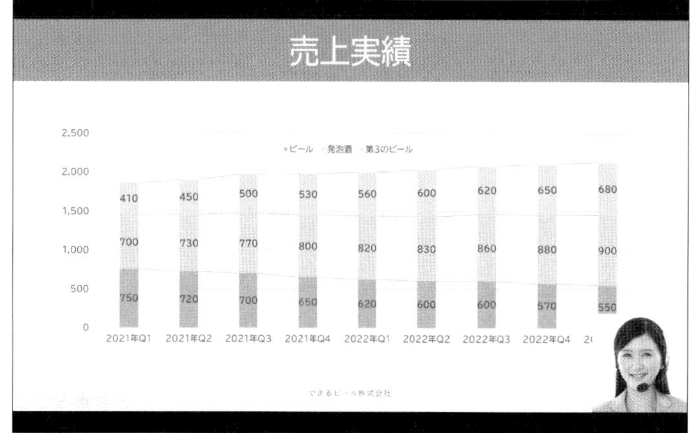

スキルアップ

録画したスライドをWebに公開するには

録画したスライドを保存すると、ナレーションとワイプ付きで保存されます。このファイルをWebにアップロードすると、スライドショーを公開できます。PowerPointを持っていない人に見てもらうときは、［ファイル］タブの［エクスポート］から［ビデオの作成］をクリックし、動画ファイルとして保存してからアップロードします。

まとめ しっかり練習してから録画に臨もう

スライドショーの録画中に操作や説明に失敗しても途中のスライドからやり直すことができますが、できるだけ1回で録画を終了したほうが時間の節約になります。それには、話したいことやスライドショーの操作を事前にしっかり練習しておくことが大切です。

レッスン

103 すべてのスライドの書式をまとめて変更しよう

スライドマスター

練習用ファイル L103_スライドマスター .pptx

すべてのスライドタイトルにある文字の色を変更して太字にします。1枚ずつ手作業で修正すると時間がかかりますが、［スライドマスター］の機能を使うと、すべてのスライドに共通する修正を効率よく行えます。

キーワード

書式	P.308
スライドマスター	P.309
レイアウト	P.312

スライドマスターって何?

スライドマスターとは、スライドの設計図のようなものです。スライドマスターには［タイトルスライド］や［タイトルコンテンツ］など、それぞれのレイアウトごとにデザインや文字の書式などが登録されています。そのため、スライドマスターで変更した内容は自動的にそのレイアウトを適用しているすべてのスライドに反映されます。

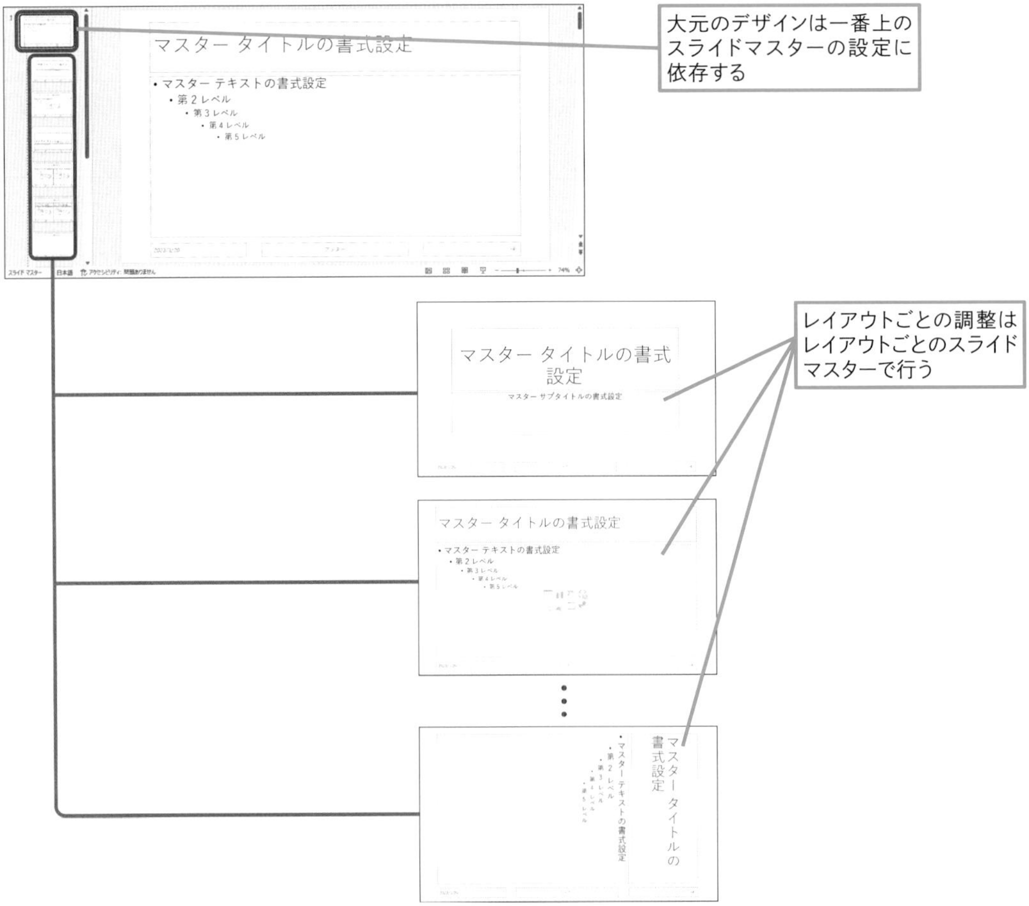

マスター タイトルの書式設定
• マスター テキストの書式設定
• 第 2 レベル
• 第 3 レベル
• 第 4 レベル
• 第 5 レベル

大元のデザインは一番上のスライドマスターの設定に依存する

マスター タイトルの書式設定
マスター サブタイトルの書式設定

マスター タイトルの書式設定
• マスター テキストの書式設定
• 第 2 レベル
• 第 3 レベル
• 第 4 レベル
• 第 5 レベル

マスター タイトルの書式設定
• マスター テキストの書式設定

レイアウトごとの調整はレイアウトごとのスライドマスターで行う

1 スライドマスターを表示する

1 ［表示］タブをクリック

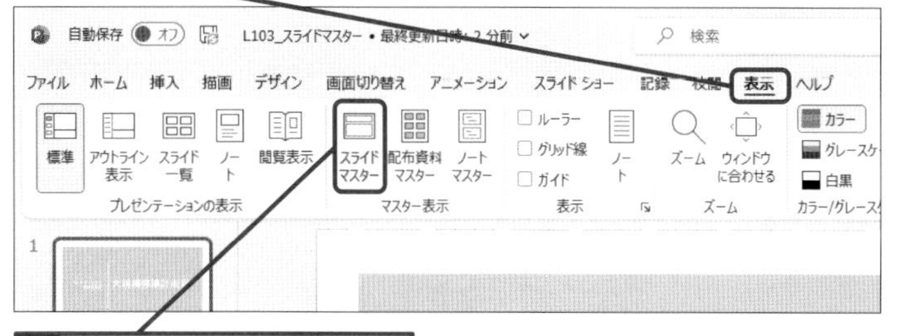

2 ［スライドマスター］をクリック

2 すべてのタイトルのフォントの色を変える

スライドマスターが表示された

1 スクロールバーをドラッグ

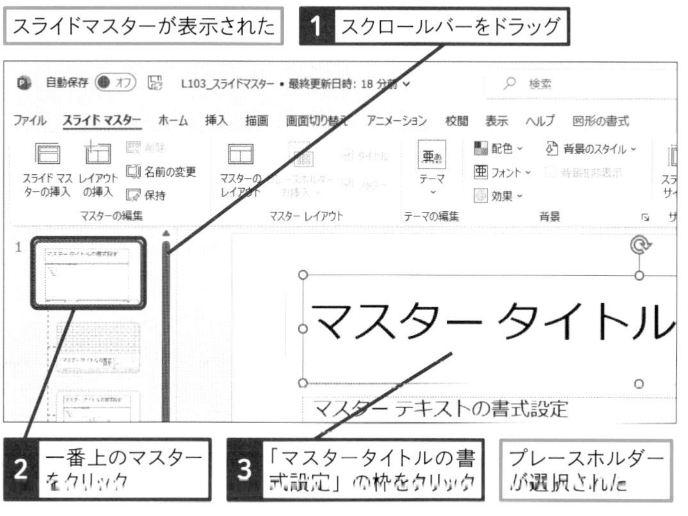

2 一番上のマスターをクリック

3 「マスタータイトルの書式設定」の枠をクリック

プレースホルダーが選択された

4 ［ホーム］タブをクリック

5 ［フォントの色］をクリック

6 ［ゴールド、アクセント4、白+基本色40%］をクリック

フォントの色が変更された

使いこなしのヒント

スライドマスターはレイアウトごとに用意されている

スライドマスター画面の左側には、レイアウトの一覧が表示されています。これは、PowerPointに用意されているレイアウトごとにマスターが用意されているという意味です。

使いこなしのヒント

スライドマスター専用のタブが表示される

手順1の操作を実行すると、スライドマスターを編集できる［スライドマスター表示］モードに画面が切り替わります。また、スライドマスターの編集を行うための［スライドマスター］タブが画面に表示されます。

用語解説

マスター

マスターとは原本という意味です。スライドマスターは、スライドの大元の原本ということを示しています。

次のページに続く

● すべてのタイトルのフォントを太字にする

7 ［太字］をクリック

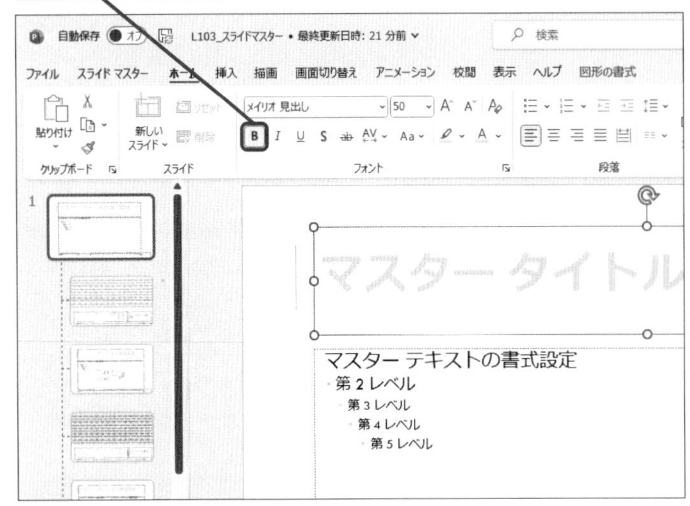

フォントが太字に変更された

8 ［スライドマスター］タブをクリック

9 ［マスター表示を閉じる］をクリック

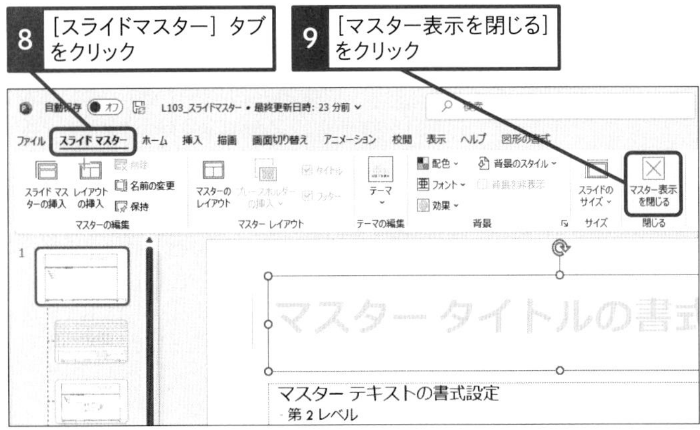

すべてのスライドのタイトルの色が変わって太字になった

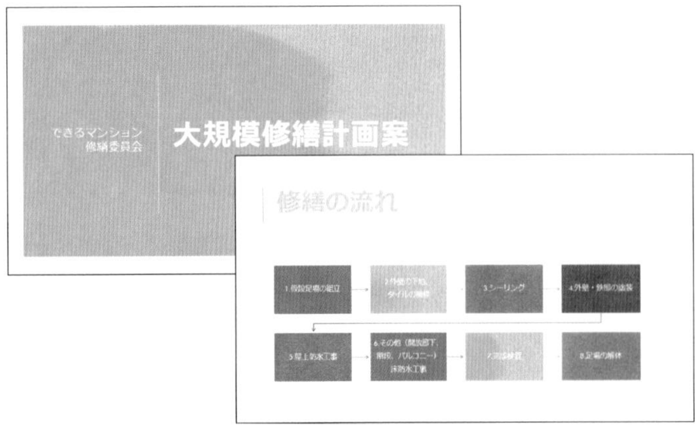

使いこなしのヒント

すべてのスライドに共通の設定をするには

手順2の操作2で、一番上のスライドマスターを選択すると、［タイトルとコンテンツ］や［2つのコンテンツ］［タイトルのみ］など、タイトル用のプレースホルダーがあるレイアウトの書式をまとめて変更できます。後から追加したスライドにも自動的に同じ書式が適用されます。

使いこなしのヒント

特定のレイアウトの書式を変更するには

手順2の操作2で、一番上以外のスライドマスターを選択すると、選択したレイアウトが適用されているスライドだけに修正が反映されます。

⚠ ここに注意

手順2で目的とは違う書式を設定すると、すべてのスライドに反映されてしまいます。慎重に操作しましょう。

まとめ　スライドマスターで効率よく修正しよう

スライドが完成した後に、文字の書式やデザインを変更することがあります。1枚ずつ手作業で行うと時間がかかるばかりでなく修正漏れが起こる可能性もあります。すべてのスライドに共通した修正はスライドマスターを使いましょう。

スキルアップ

オリジナルのレイアウトに名前を付けて保存できる

スライドに大きく写真を表示するレイアウトや、縦書きと横書きが混在するレイアウトなど、オリジナルのレイアウトを作成して登録できます。用意されているプレースホルダーを好きな位置に好きな数だけ配置して名前を付けて保存すると、レイアウトの一覧に追加されてクリックするだけで利用できます。

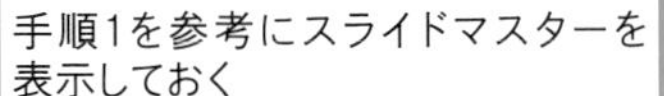

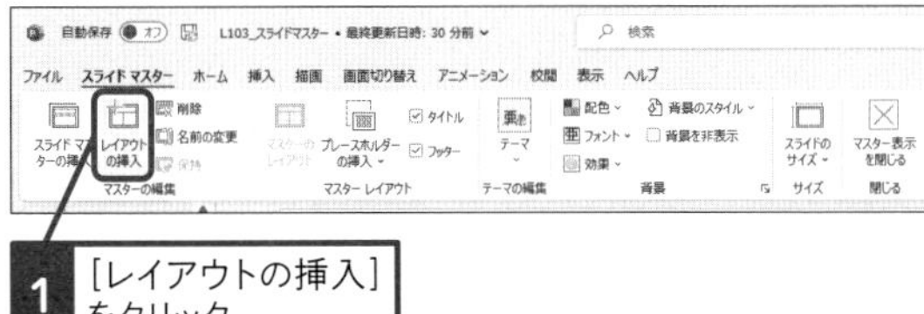

［プレースホルダーの挿入］をクリックするとプレースホルダーなどを追加してオリジナルのレイアウトが作成できる

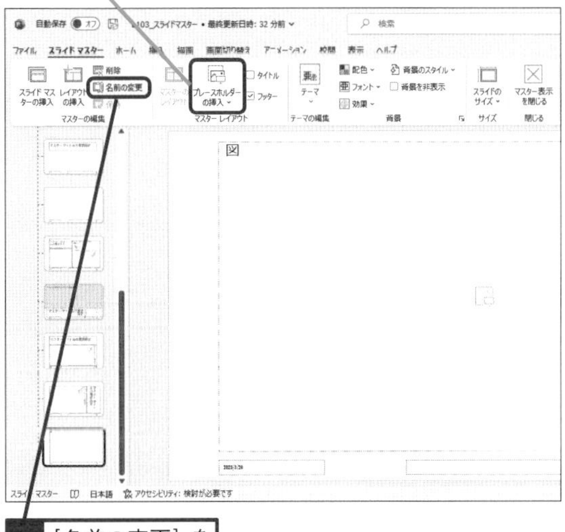

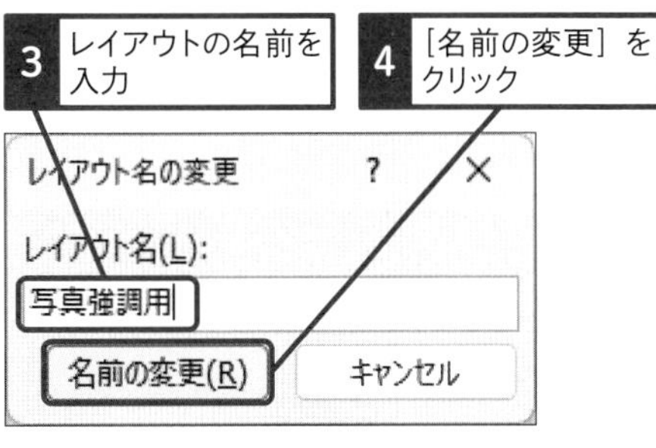

スライドマスターを閉じる

追加したオリジナルのレイアウトを追加する

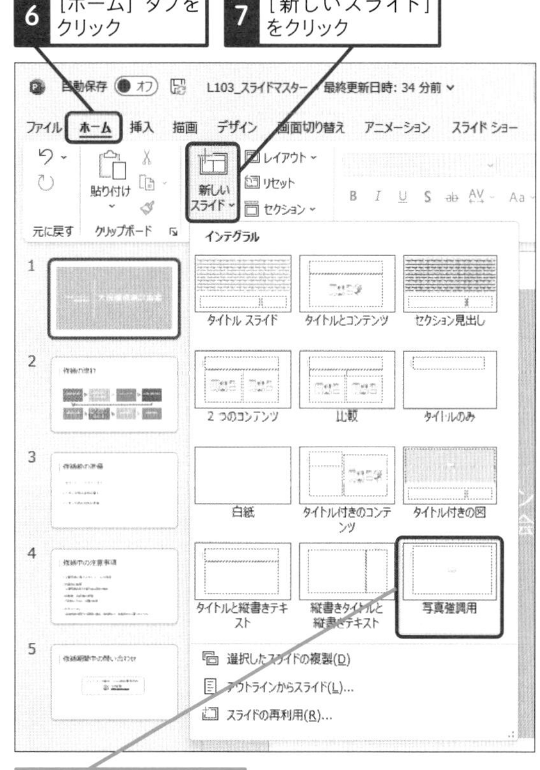

追加されたオリジナルのレイアウトが表示された

レッスン

104 OneDriveに保存されたファイルをスマホで表示しよう

モバイルアプリ

練習用ファイル L104_モバイルアプリ.xlsx

スマートフォンにMicrosoft 365のモバイルアプリをインストールすると、パソコンで作成・保存したOfficeアプリのファイルをスマートフォンで閲覧できます。

キーワード

Microsoft アカウント	P.306
OneDrive	P.306
フォント	P.311

OneDriveに同期されたファイルをスマートフォンで表示できる

Before

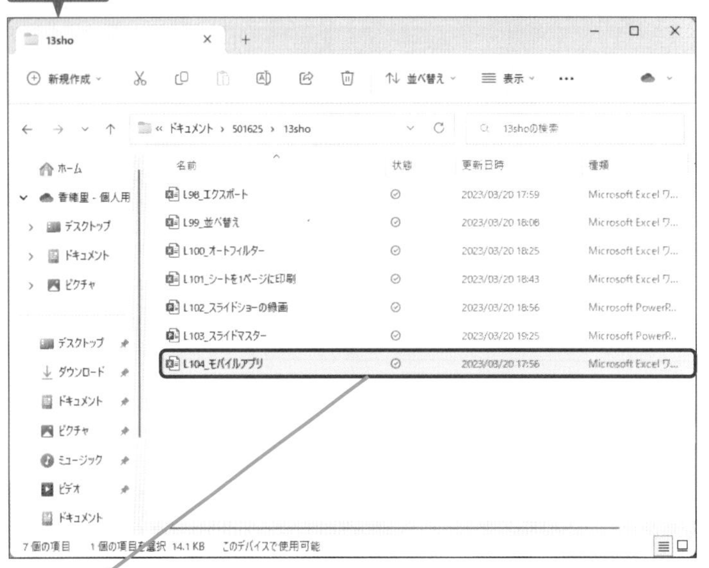

OneDriveと同期されている［ドキュメント］フォルダーにOfficeの文書を保存しておく

After

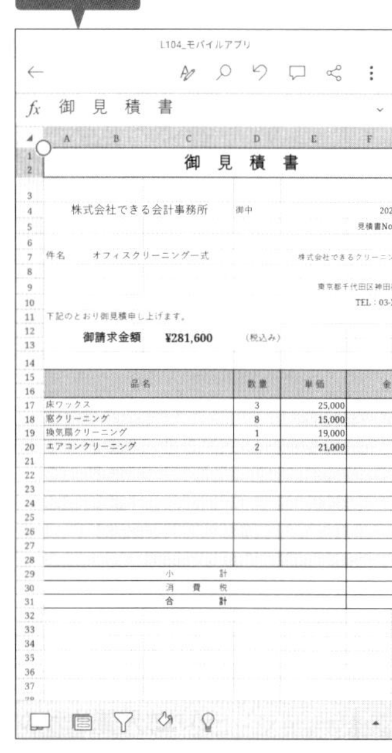

スマートフォンにインストールされたMicrosoft 365のアプリで同期された文書を表示できる

使いこなしのヒント

スマートフォンにMicrosoft 365モバイルアプリをインストールするには

スマートフォン用のMicrosoft 365のモバイルアプリはiPhoneなら［AppStore］、Androidなら［Google Play］からインストールします。アプリを初期設定する方法は付録1を参照してください。

● Android用

Microsoft 365（Office）

● iPhone/iPad用

Microsoft 365（Office）

1 [ドキュメント] フォルダーにファイルを保存する

エクスプローラーを起動しておく

1 [個人用]の[ドキュメント]をクリック

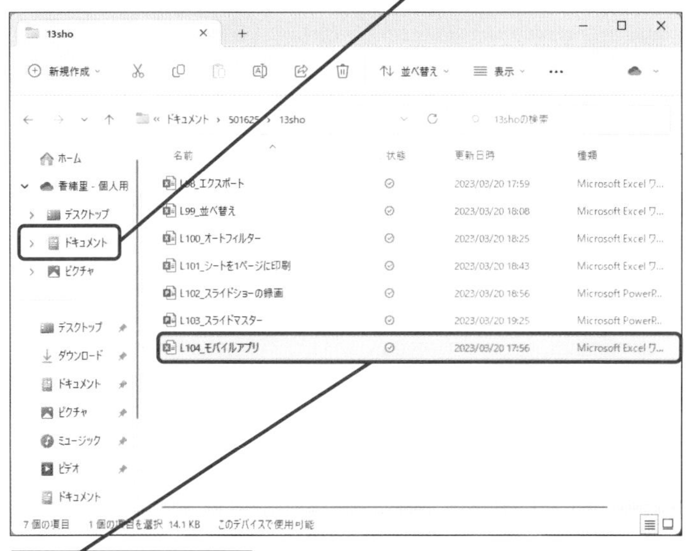

2 練習用ファイルを保存

2 アプリからOneDriveを表示する

付録1を参考にアプリの初期設定を完了しておく

1 ここをタップ

用語解説

Microsoft 365モバイルアプリ

Microsoft 365モバイルアプリは、Word、Excel、PowerPointの3つのアプリを利用できる統合版アプリです。iOS版とAndroid版があり、無料でダウンロードできます。

使いこなしのヒント

[ドキュメント] フォルダーは自動で同期される

Windows 11と同じMicrosoftアカウントでMicrosoft 365モバイルアプリにサインインすると、自動的に [ドキュメント] フォルダーが同期されます。そのため、パソコンで作成したファイルを [ドキュメント] フォルダーに保存しておくだけでスマートフォンからも閲覧できます。

OneDriveと同期されているファイルにはアイコンが表示される

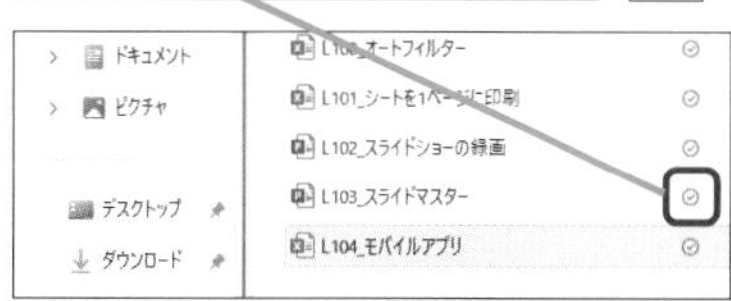

時短ワザ

最近使ったファイルから開くこともできる

手順2の画面には、最近使ったファイルが表示されます。タップするとファイルを素早く開くことができます。

スキルアップ

新しく文書ファイルを作成できる

手順2の画面右下にある [作成] をタップすると、Word、Excel、PowerPointのアプリを選択して、スマートフォンで新しいファイルを作成できます。また、[スキャン] をタップすると、書類などを撮影して取り込むこともできます。

次のページに続く

● 同期された文書ファイルを表示する

［開く］画面が表示され、開ける保存場所の一覧が表示された

2 ［OneDrive - 個人用］をタップ

OneDriveに保存されたフォルダーやファイルが表示された

3 ［ドキュメント］をタップ

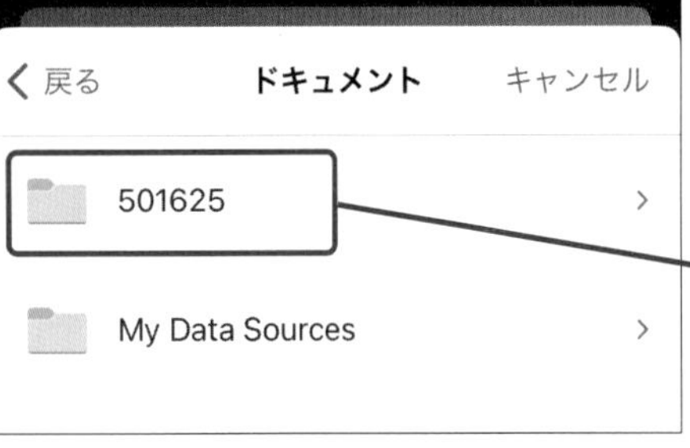

OneDriveと同期された［ドキュメント］フォルダーのデータが表示された

4 練習用ファイルが保存されたフォルダーをタップ

フォルダーに保存されたデータが表示された

5 練習用ファイルが保存されたフォルダーをタップ

使いこなしのヒント

スマートフォン内に保存されたファイルを表示するには

手順2の操作2で［自分のiPhone］（Androidスマートフォンでは［このデバイス］）をタップすると、スマートフォンに保存されたファイルを開くことができます。

ここに注意

ファイルの場所を間違ってタップしてしまったときは、画面左上の［←］ボタンをタップして直前の画面に戻してからやり直します。

スキルアップ

ファイルを編集できる

Microsoft 365モバイルアプリは、Officeアプリで作成したファイルを表示するだけでなく、スマートフォン上でファイルの編集が行えます。文字や数式の入力、書式設定など、パソコンと同じ操作が可能ですが、一部の機能が制限されている場合もあります。

1 ここをタップ

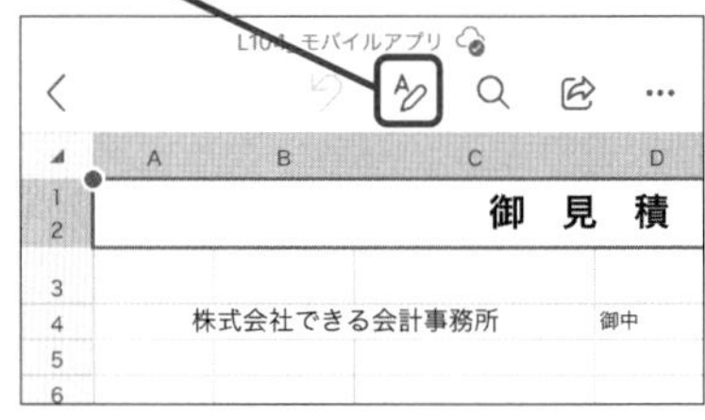

ファイル編集のタブが表示された

Office 活用編 第13章 仕事に役立つ便利ワザをマスターしよう

3 アプリからファイルを表示する

フォルダーに保存された文書ファイルが表示された

1 練習用ファイルをタップ

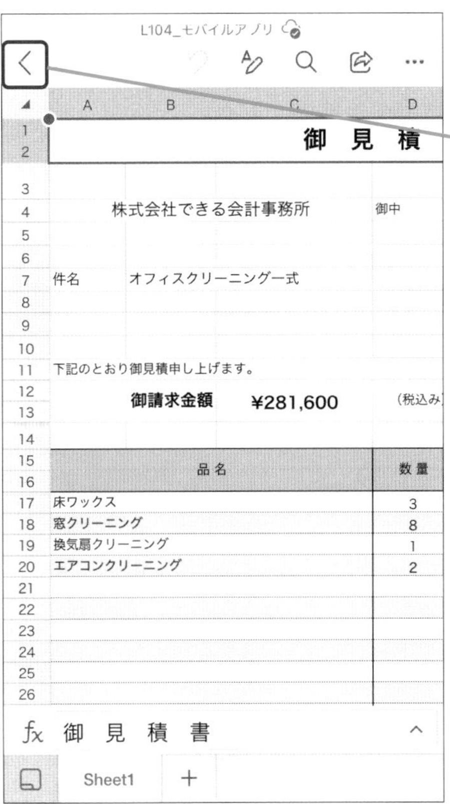

フォルダーに保存された文書ファイルが表示された

ここをタップすると、ファイルを閉じられる

使いこなしのヒント

不足しているフォントが自動でダウンロードされる

スマートフォンでファイルを表示したり、新規に作成したりするときに、画面上部に「不足しているフォントをダウンロードしています」のメッセージが表示される場合があります。必要なフォントが自動的にダウンロードされるので、メッセージが消えてから操作を始めましょう。

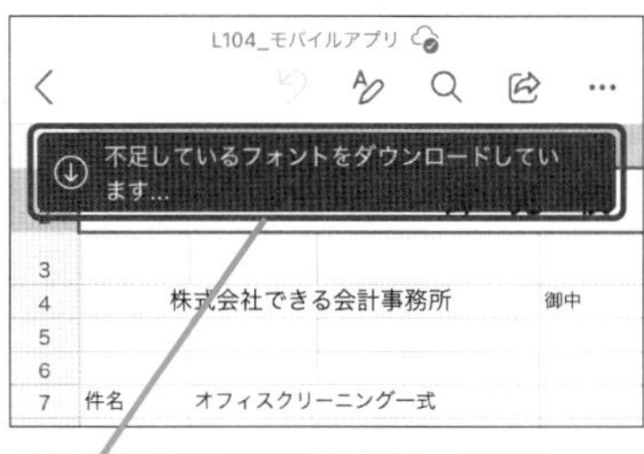

ファイルを表示すると、フォントが自動的にダウンロードされる

まとめ Windows 11なら簡単にスマートフォンと連携できる

スマートフォンでOfficeアプリのファイルの表示や編集を行うには、Microsoft 365モバイルアプリとWindows 11の組み合わせが最強です。パソコンの［ドキュメント］フォルダーに保存したファイルをスマートフォンでも利用できるため、外出先でファイルの修正や確認を行い、その続きをパソコンで行うといった使い方が可能です。Microsoft 365のモバイルアプリはサインインしなくても利用できますが、スマートフォン内のファイルしか操作できません。Microsoftアカウントでサインインすれば、［ドキュメント］フォルダーに保存済みのファイルをシームレスに利用できます。

この章のまとめ

便利機能のマスターは仕事のクオリティアップへの第一歩

Officeアプリには、本書で紹介した機能以外にもたくさんの機能が搭載されています。ただし、すべての機能を覚える必要はありません。仕事でよく使う機能から少しずつ機能を覚えていくことが上達の早道です。どの機能が必要なのかわからない場合は、この本のレッスンを先頭から操作すると、Word、Excel、PowerPointの基本操作を身に付けることができます。Officeアプリの操作に慣れてきたら、ファイルをPDF形式で保存してより多くの人に見てもらったり、スライドマスターを使ってPowerPointのスライドの修正を手早く行うなど、1歩進んだ使い方にもチャレンジしてみるといいでしょう。そうすると、仕事のクオリティアップや時短にもつながります。また、スマートフォンでOfficeアプリのファイルを表示できるようになれば、外出先や移動中でもファイルの閲覧や編集ができるため、時間を有効に利用できます。

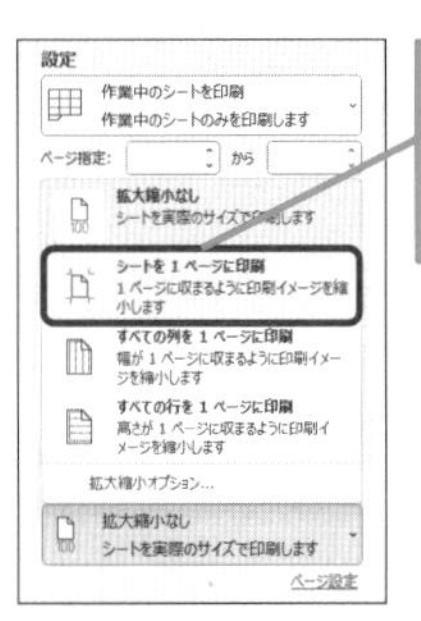

1ページに収める機能で手早く印刷の設定を完了できる

各アプリのワンランク上の便利機能がよく分かりました！ Excelの表を簡単に1ページに収められるのはいいですね。いつも設定に時間がかかっていたんです・・・。

Excelの印刷設定は手間がかかりがちだからね。オートフィルターなんかも覚えておくと、かなりの時短につながる機能だよ！

スライドマスターでまとめて修正できるのもいいですね。1つ1つのスライドを直すのに比べれば、直し漏れも防げて一石二鳥です！

スライドマスターは自分だけのオリジナルのレイアウトを作れるのも便利だよ！ プレゼンテーションの録画機能も、スライドの新しい活用方法としてこれから重要になってくるから一度は試してみてほしいな。

こうしてみると、作業の効率が上がって時短につながったり、情報共有がしやすくなったりと、仕事に役立つ機能がたくさんあることに気付けました！

付録1 Officeのモバイルアプリをインストールするには

スマートフォンにMicrosoft 365モバイルアプリをインストールすると、移動先や外出先でもOfficeアプリのファイルを閲覧できます。アプリは無料ですが、アプリストアのアカウント（Apple IDまたはGoogleアカウント）とMicrosoftアカウントを取得しておく必要があります。ここでは、インストール後の初期設定の方法を解説します。

1 アプリの初期設定を開始する

レッスン104のヒントを参考にMicrosoft 365モバイルアプリをインストールしておく

1 ［Microsoft 365］をタップ

アプリが起動した

2 ［サインイン］をタップ

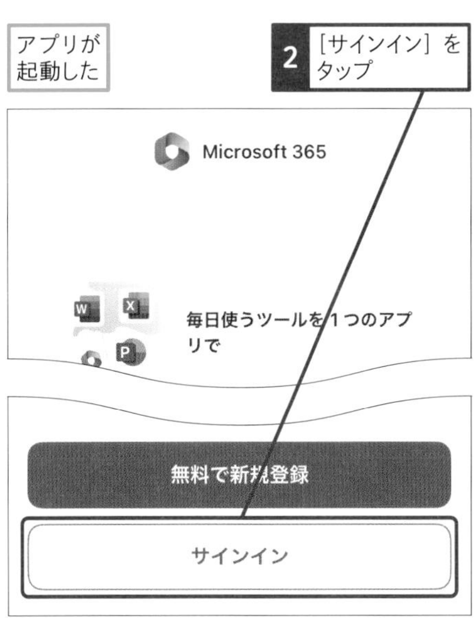

使いこなしのヒント

Androidスマートフォンの場合は

Andoroidスマートフォンの場合も、手順2以降と同じ操作で初期設定を行えます。

2 Microsoftアカウントでサインインする

Microsoftアカウントのサインイン画面が表示された

1 Microsoftアカウントのメールアドレスを入力

2 ［次へ］をタップ

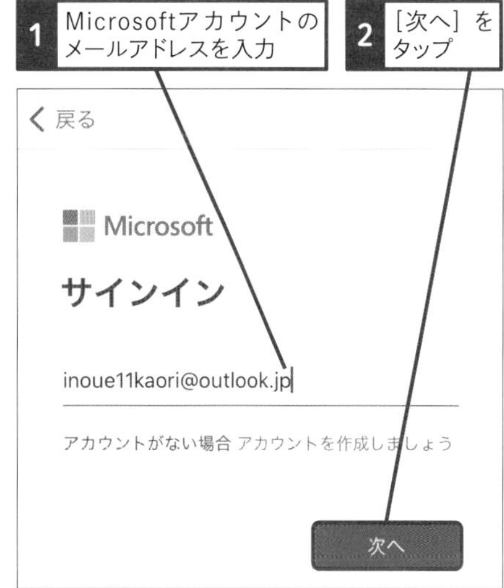

3 パスワードを入力

4 ［サインイン］をタップ

3 アプリの通知を設定をする

ここでは通知を有効にする

1 ［オンにする］をタップ

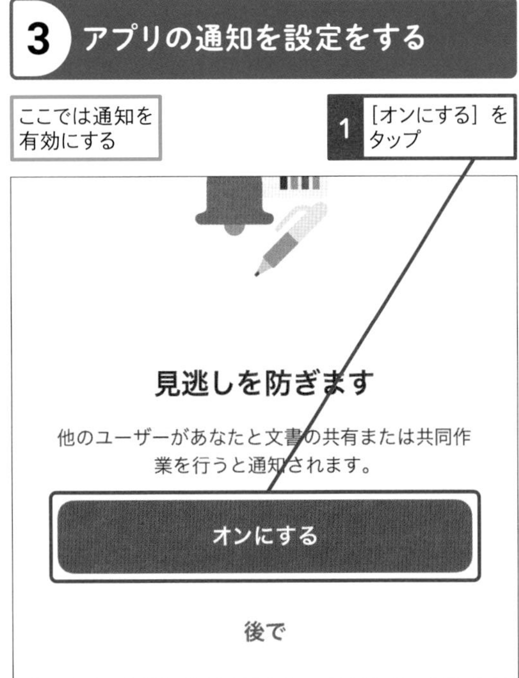

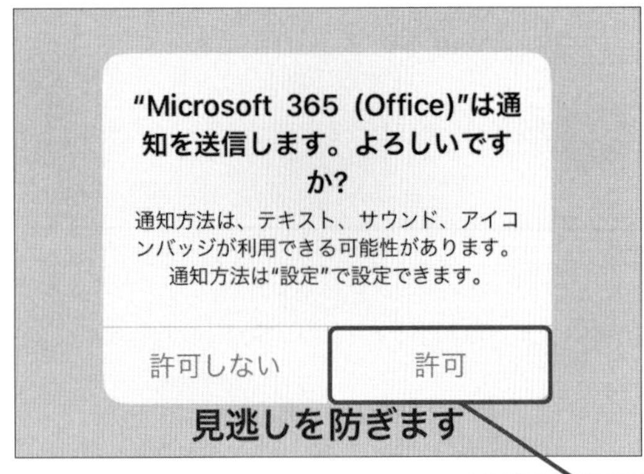

2 ［許可］をタップ

● アプリの初期設定が完了した

初期設定が完了し、［ホーム］画面が表示された

使いこなしのヒント

初期設定で入力するMicrosoftアカウントは?

手順2で入力するMicrosoftアカウントは、マイクロソフト社が提供する各種サービスを利用するときに使用するアカウントのことです。パソコンでOfficeアプリを使用するときと同じMicrosoftアカウントを入力すると、OneDriveに保存しておいたPowerPointのファイルをスマートフォンで表示したり編集したりできます。

使いこなしのヒント

通知を有効にしないとどうなるの?

手順3で［オンにする］をタップすると、ほかの人が自分を共有相手に指定したときに通知が届きます。［オンにする］をタップしなくても、Microsoft 365モバイルアプリの操作に支障はありません。

付録2 ショートカットキー一覧

さまざまな操作を特定の組み合わせで実行できるキーのことをショートカットキーと言います。ショートカットキーを利用すれば、Officeアプリの操作を効率化できます。

Wordのショートカットキー

●文字操作

操作	キー
選択したコンテンツをクリップボードに切り取る	Ctrl+X
選択したコンテンツをクリップボードにコピーする	Ctrl+C
クリップボードの内容を貼り付ける	Ctrl+V
すべてのドキュメントコンテンツを選択する	Ctrl+A
テキストに太字の書式を適用する	Ctrl+B
テキストに斜体の書式を適用する	Ctrl+I
テキストに下線の書式を適用する	Ctrl+U
フォントサイズを1ポイント小さくする	Ctrl+[
フォントサイズを1ポイント大きくする	Ctrl+]
テキストを中央に揃える	Ctrl+E
テキストを左に揃える	Ctrl+L
テキストを右に揃える	Ctrl+R
コマンドを取り消しする	Esc
前の操作を元に戻す	Ctrl+Z
可能であれば、前の操作をやり直す	Ctrl+Y

●文書内の移動

操作	キー
カーソルを1単語左に移動する	Ctrl+←
カーソルを1単語右に移動する	Ctrl+→
カーソルを1段落上に移動する	Ctrl+↑
カーソルを1段落下に移動する	Ctrl+↓
カーソルを現在の行の末尾に移動する	End
カーソルを現在の行の先頭に移動する	Home
カーソルを画面の上部に移動する	Ctrl+Alt+Page Up
カーソルを画面の下部に移動する	Ctrl+Alt+Page Down
カーソルを次のページの上部に移動する	Ctrl+Page Down
前のページの上部にカーソルを移動する	Ctrl+Page Up
文書の末尾にカーソルを移動する	Ctrl+End
文書の先頭にカーソルを移動する	Ctrl+Home
前のリビジョンの場所にカーソルを移動する	Shift+F5

●段落操作

操作	キー
段落を両端に揃える	Ctrl+J
段落をインデントする	Ctrl+M
段落のインデントを削除する	Ctrl+Shift+M
ぶら下げインデントを設定する	Ctrl+T
ぶら下げインデントを削除する	Ctrl+Shift+T
段落書式を解除する	Ctrl+Q
段落に1行の間隔を適用する	Ctrl+1
段落に2行の間隔を適用する	Ctrl+2
段落に1.5行の間隔を適用する	Ctrl+5
段落の前にスペースを追加または削除する	Ctrl+0
[オートフォーマット]を有効にする	Ctrl+Alt+K
[標準]スタイルを適用する	Ctrl+Shift+N
[見出し1]スタイルを適用する	Ctrl+Alt+1
[見出し2]スタイルを適用する	Ctrl+Alt+2
[見出し3]スタイルを適用する	Ctrl+Alt+3
[スタイルの適用]作業ウィンドウを表示する	Ctrl+Shift+S
[スタイル]作業ウィンドウを表示する	Ctrl+Alt+Shift+S

Excelのショートカットキー

●ファイル操作

ブックを閉じる	Ctrl + W
ブックを開く	Ctrl + O
[ホーム]タブに移動する	Alt + H
ブックを保存する	Ctrl + S

●セルの操作

選択範囲をコピーする	Ctrl + C
選択範囲を貼り付ける	Ctrl + V
最近の操作を元に戻す	Ctrl + Z
セルの内容を削除する	Back space または Delete
切り取り選択する	Ctrl + X
太字の設定を適用する	Ctrl + B
コンテキストメニューを開く	Shift + F10
選択した行を非表示にする	Ctrl + 9
選択した列を非表示にする	Ctrl + 0

●シート内の移動

シート内の前のセルに移動する	Shift + Tab
シート内の1つ上のセルに移動する	↑
シート内の1つ下のセルに移動する	↓
シート内の1つ左のセルに移動する	←
シート内の1つ右のセルに移動する	→
シート内の現在のデータ領域の先頭行に移動する	Ctrl + ↑
シート内の現在のデータ領域の末尾行に移動する	Ctrl + ↓
シート内の現在のデータ領域の左端列に移動する	Ctrl + ←
シート内の現在のデータ領域の右端列に移動する	Ctrl + →
シートの使用されている最後のセル(右下隅)に移動する	Ctrl + End
セルの選択範囲をシートの使用されている最後のセル(右下隅)まで拡張する	Ctrl + Shift + End
シートの先頭に移動する	Ctrl + Home
シート内で1画面下にスクロールする	Page Down
ブック内で次のシートに移動する	Ctrl + Page Down
シート内で1画面右にスクロールする	Alt + Page Down
シート内で1画面上にスクロールする	Page Up
シート内で1画面左にスクロールする	Alt + Page Up
ブック内で前のシートに移動する	Ctrl + Page Up
シート内の右のセルに移動する	Tab
データの入力規則オプションが適用されたセルで、入力規則オプションの一覧を開く	Alt + ↓
拡大表示する	Ctrl + Alt + Shift + −
縮小表示する	Ctrl + Alt + −

●セルの書式設定

[セルの書式設定]ダイアログボックスを開く	Ctrl + 1
[セルの書式設定]ダイアログボックスでフォントを書式設定する	Ctrl + Shift + F または Ctrl + Shift + P
アクティブセルを編集する	F2
[挿入]ダイアログボックスを開き、空白セルを挿入する	Ctrl + Shift + +
[削除]ダイアログボックスを開き、選択したセルを削除する	Ctrl + −
現在の時刻を入力する	Ctrl + Shift + :
現在の日付を入力する	Ctrl + ;
[特殊貼り付け]ダイアログボックスを開く	Ctrl + Alt + V
選択したセルに外枠罫線を適用する	Ctrl + Shift + &
選択したセルから外枠罫線を削除する	Ctrl + Shift + _
選択した範囲の一番上のセルの内容と書式を下のセルにコピーする	Ctrl + D
小数点以下の桁数が2の通貨形式を適用する	Ctrl + Shift + $
小数点以下の桁数を含めないパーセンテージ形式を適用する	Ctrl + Shift + %

PowerPointのショートカットキー

● スライドショーの操作

[ホーム] 画面の表示	Alt + F
インクの変更履歴を表示	Ctrl + M
現在のスライドから スライドショーを開始	Shift + F5
サウンドのミュート／ ミュート解除	Alt + U
指定スライドを表示	数字+ Enter
スクリーンを一時的に 黒くする	B ／ .
スクリーンを一時的に 白くする	W ／ ,
[すべてのスライド] ダイ アログボックスの表示	Ctrl + S
スライドショーの開始	F5
スライドショーの再開	Shift + F5
スライドショーの終了	Esc
スライドの書き込みを 削除	E
タスクバーの表示	Ctrl + T
次のスライドを表示	N ／ space ／ → ／ ↓ ／ Enter ／ Page Down
非表示に設定された スライドを表示	H
マウス移動時に矢印を 非表示／表示	Ctrl + H ／ Ctrl + U
マウスポインターを 消しゴムに変更	Ctrl + E
マウスポインターを ペンに変更	Ctrl + P
マウスポインターを 矢印に変更	Ctrl + A
前のスライドに戻る	P ／ Back space ／ ← ／ ↑ ／ Page Up
スライド一覧を表示	−
メディアの音量を上げる ／下げる	Alt + ↑ ／ Alt + ↓
メディアの再生／ 一時停止	Alt + P
メディアの再生を停止	Alt + Q
メディアの前／次の ブックマークに移動	Alt + Home ／ Alt + End
グループ化	Ctrl + G
グループ化の解除	Ctrl + Shift + G

● 図形の操作

縦方向に拡大	Shift + ↑
縦方向に縮小	Shift + ↓
次のプレースホルダーへ 移動	Ctrl + Enter
等間隔で繰り返しコピー	Ctrl + D
左に回転	Alt + ←
プレースホルダーの選択	F2
右に回転	Alt + →
横方向に拡大	Shift + →
横方向に縮小	Shift + ←
1つ上のレベルへ移動	Alt + Shift + ↑
1つ下のレベルへ移動	Alt + Shift + ↓

● 文字の編集

箇条書きのレベルを 上げる	Alt + Shift + ← ／ Shift + Tab
箇条書きのレベルを 下げる	Tab ／ Alt + Shift + →
行頭文字を付けずに改行	Shift + Enter
[形式を選択して貼り付け] ダイアログボックスの表示	Ctrl + Alt + V
フォントサイズの拡大	Ctrl + Shift + > ／ Ctrl +]
フォントサイズの縮小	Ctrl + Shift + < ／ Ctrl + [
フォント書式の解除	Ctrl + space

付録

用語集

Microsoftアカウント（マイクロソフトアカウント）
マイクロソフトが提供しているさまざまなクラウドサービスを利用できるID。メールアドレスとパスワードの組み合わせで無料で取得できる。Microsoftアカウントがあれば、OneDriveやOutlook.comを利用できる。
→OneDrive、クラウド

Office（オフィス）
マイクロソフトが開発したWord、Excel、PowerPoint、Accessなどのソフトウェアの総称。プリインストール版、買い切り型の永続ライセンス版、サブスクリプション版の3つの形態が用意されている。

OneDrive（ワンドライブ）
マイクロソフトが提供しているクラウドサービスの1つ。Microsoftアカウントを取得すると、インターネット上の5GBの保存場所を無料で利用できる。
→Microsoftアカウント、クラウド

PDF（ピーディーエフ）
アドビが開発した電子文書のやりとりをするためのファイル形式の1つ。パソコンの環境に依存せずに表示できるのが特徴。

SmartArt（スマートアート）
図解で箇条書きや概念図などの情報を表すときによく使われる、図表を簡単に作成できる機能。
→箇条書き、図表

SUM（サム） Excel
Summary（サマリー）の略で「サム」と読む。Excelで合計を求める関数の名前。
→関数

アート効果
画像の編集機能の1つ。画像を水彩画風やガラス風にワンタッチで加工できる。

アイコン
Word文書、Excelワークシート、PowerPointのスライドに挿入できるイラスト集のこと。黒白のシンプルなイラストが用意されており、無料で利用できる。
→スライド、ワークシート

アクティブセル Excel
Excelのワークシートで操作の対象になっているセル。アクティブセルは太い線で囲まれる。
→セル、ワークシート

アニメーション PowerPoint
スライドショーを実行したときに、オブジェクトが動く特殊効果のこと。文字や図形、グラフなどにそれぞれ動きや表示方法を設定できる。
→グラフ、図形、スライドショー

印刷プレビュー
印刷する前に、作成したデータ全体のイメージを確認する画面のこと。全体のバランスやレイアウトを確認するのに適している。
→レイアウト

インデント
左右の余白から文字までの距離のこと。Wordでは左余白から文字列の先頭位置までの距離を「左インデント」と呼び、右余白から文字列の行の最後までの距離を「右インデント」と呼ぶ。インデントにはこれ以外にも「ぶら下げインデント」や「1行目のインデント」がある。Excelでは、セルの左端からデータまでの距離を「インデント」と呼ぶ。
→セル

上書き保存
前回ファイルを保存した場所に、同じ名前でファイルを保存すること。上書き保存を実行すると、前回のファイルが破棄されて最新の内容に更新される。

エクスプローラー

パソコン内のフォルダーやファイルを管理するツール。［エクスプローラー］をクリックすると、フォルダーウィンドウが表示される。パソコンに接続されている機器やフォルダー、ファイルの一覧が表示され、フォルダーやファイルの新規作成や削除・コピー・移動などを簡単に行える。

→コピー

エクスポート

作成した文書や表、スライドなどをほかのソフトウェアで利用できるファイル形式で保存すること。

→スライド

演算子　Word Excel

計算方法を表す記号のことで、ExcelやWordでは「+」「-」「*」「/」の算術演算子の記号を使って計算ができる。

オートフィル　Excel

Excelのセルに入力したデータや数式を、マウスでドラッグするだけで縦方向や横方向にコピーできる操作のこと。

→コピー、数式、セル

オートフィルオプション　Excel

Excelでデータや数式をコピーしたときに右下に表示されるボタン。このボタンをクリックすると、書式を含めてコピーするかどうかなど、貼り付け方法を変更できる。

→コピー、書式、数式、貼り付け

改行

カーソルを次の行に移動すること。Wordでは、行の途中でEnterキーを押すと、改行文字が入力されて改行できる。

箇条書き　Word PowerPoint

WordやPowerPointで文字の先頭に「●」や「◆」などの記号を付ける機能のこと。一方、文字の先頭に「1」や「2」などの連番を付けるときは「段落番号」の機能を使う。

→段落

かな入力

キーボードの表面に刻印されているかな文字を見ながら入力する操作のこと。例えば「日本」と入力するときは、にほんとキーを押して入力する。

画面切り替え　PowerPoint

PowerPointで、スライドショーを実行したときに、スライドが切り替わるタイミングで動く効果のこと。

→スライド、スライドショー

関数　Word Excel

「合計」や「平均」などのさまざまな計算を行うために、ExcelやWordに用意されている計算用の数式のこと。

→数式

行

横方向に並ぶ1列のこと。Excelでは行ごとに数字の行番号が表示されている。

→行番号、列

行間　Word PowerPoint

行と行の間隔のこと。Wordでは上の行の文字の上端から下の行の文字の上端までの「行送り」のことを「行間」と定義している。PowerPointには「行間」と「段落前」「段落後」の3つの設定がある。

→段落

行頭文字　Word PowerPoint

WordやPowerPointで文字の先頭に付ける記号のこと。「箇条書き」の機能で「●」「◆」などの記号、「段落番号」の機能で「1」「2」などの連番を付けられる。

→箇条書き

行番号　Excel

Excelのワークシートの左側に表示されている数字のこと。1～1,048,576まで用意されている。

→ワークシート

用語集

切り取り
選択した文字やセルのデータなどを画面から消すこと。切り取った内容は一時的にパソコンに保存され、貼り付けの操作をすると別の場所に移動できる。
→セル、貼り付け

クラウド
データをインターネット上に保存して利用する仕組みのこと。また、そのサービスや形態のこと。マイクロソフトは、OneDriveやOutlook.comなどのサービスを提供しており、Microsoftアカウントを取得すると無料で利用できる。
→Microsoftアカウント、OneDrive

グラフ
構成比や伸び率、推移などの数値の大きさや増減などの情報を棒や線などの図形を使って視覚的に見せるもの。細かな数値を羅列するよりも全体的な数値の傾向を把握しやすくなる。Excelでは作成した表からグラフを作成できる。また、WordやPowerPointにもグラフを作成するための機能が用意されている。
→数値、図形

グラフエリア
グラフを構成するすべての要素を含む領域。グラフの移動やサイズ変更など、グラフ全体に対して操作を行うときは［グラフエリア］と表示される位置をクリックする。
→グラフ

グラフスタイル
棒のデザインや背景の色など、グラフ全体のデザインに名前を付けて登録したもの。［デザイン］タブの［グラフスタイル］には、あらかじめいくつものグラフのデザインが登録されている。
→グラフ、タブ

罫線
Excelで作成した表や、Wordで作成した文書の中などに引く線のこと。線の色や太さを変更して装飾できる。

系列
グラフの情報のうち、関連するデータの集まりのこと。データの範囲として指定する。例えば棒グラフでは、1本1本の棒が系列を表す。
→グラフ

桁区切りスタイル　Excel
Excelの表示形式の1つ。数値に3けたごとの「,」（カンマ）を付けられる。
→数値、表示形式

コピー
選択しているデータをパソコン内に複製すること。「コピー」と「貼り付け」の機能を組み合わせると、データのコピーができる。
→貼り付け

サインイン
インターネット上のサービスを利用するために行う個人認証のこと。MicrosoftアカウントでWindowsやOfficeにサインインすると、OneDriveなどのサービスをすぐに利用できる。
→Microsoftアカウント、Office、OneDrive

ショートカットキー
特定の機能を実行するために用意されているキーの組み合わせのこと。例えば、Ctrl+Sキーを押すとファイルを上書き保存できる。
→上書き保存

書式
文字や数値、表などに設定できるフォントやフォントサイズ、色などの飾りのこと。
→数値、フォント

ズームスライダー
画面の表示倍率を調整するつまみのこと。左右にドラッグすることで画面表示の拡大と縮小が実行できる。各アプリの画面右下にある。

数式
計算式のこと。Excelでは数式の先頭に「=」を入力するのが決まり。

数式バー　Excel
Excelのセルに入力した内容を表示する部分。常にアクティブセルの内容が表示される。
→アクティブセル、セル

数値　Excel
Excelで後から計算できるデータのこと。

スクリーンショット
文書やスライドなどに、パソコンの画面をコピーして貼り付ける機能のこと。Webブラウザーで表示した地図やパソコンの操作画面などを簡単にコピーできる。
→コピー、スライド

スクロールバー
ウィンドウ内の見えない部分を上下左右に移動するためのつまみやボタンが用意されている部分。上下に移動するときは画面右側の垂直スクロールバーを使い、左右に移動するときは画面下側の水平スクロールバーを使う。

図形
四角形や円、吹き出しなどの図形のこと。Officeアプリでは、［挿入］タブの［図形］ボタンから図形の種類を選ぶと、マウスのドラッグ操作で図形を描画できる。
→Office、タブ

スタート画面
Word、Excel、PowerPointを起動した直後に表示される画面のこと。それぞれ[白紙の文書][空白のブック]［新しいプレゼンテーション］をクリックすると新規ファイルを作成できるほか、テンプレートも選べる。
→ブック

スタイル
書式の組み合わせに名前を付けて登録したもの。Wordにはあらかじめ［見出し1］や［見出し2］などのスタイルが用意されている。
→書式

図表
組織図やベン図など、物事の概念や順序などを図形と文字で表したもの。「SmartArt」の機能を使って図表を作成できる。
→図形、図表

スライド　PowerPoint
PowerPointで作成するファイルのそれぞれのページのこと。

スライドショー　PowerPoint
説明に合わせてスライドを切り替えることができる表示モード。プレゼンテーションの本番で使う。PowerPointでは、リハーサルの機能でスライドショーの経過時間や発表時間を確認できる。
→スライド

スライド番号　PowerPoint
PowerPointで作成したスライドに表示されるスライドの順番を表す番号のこと。スライド番号は、スライドを追加したり削除したりしても自動的に更新される。
→スライド

スライドマスター　PowerPoint
フォントの種類、サイズ、色などの文字書式や背景色、箇条書きのスタイルなど、スライドのすべての書式を管理している画面のこと。レイアウトごとにスライドマスターが用意されている。
→スタイル、フォント、レイアウト

絶対参照　Excel
Excelで作成した数式の内容をコピーしたときに、参照するセルの位置を固定する参照方法のこと。F4キーを押して絶対参照に設定できる。
→コピー、数式、セル

セル　Word Excel
Excelのワークシートに表示されている縦横の線で仕切られたマス目のこと。文字や数値、数式はすべてセルに入力する。
→数式、数値、セル、ワークシート

セル参照　Excel
Excelで数式を作成するときに、セルの位置を使って指定すること。セルの位置は「A1」や「B5」のように、列番号と行番号を組み合わせた「セル番地」で表す。
→行番号、数式、セル、列番号

セル範囲　Excel
ワークシート上にある2つ以上のセルのこと。
→セル、ワークシート

全角
日本語入力システムを利用して入力した漢字やひらがな、カタカナなどの文字の大きさのこと。横幅が全角の半分の大きさの文字を「半角」という。
→日本語入力システム、半角

相対参照　Excel
Excelで数式の内容をコピーしたとき、貼り付け先に合わせて自動的に行番号や列番号がずれる参照方法。
→行番号、コピー、数式、列番号

ダイアログボックス
書式や段落、図形などの詳細設定を行う専用の画面のこと。選択している機能によって画面に表示される項目は異なる。
→書式、図形、段落

タイトルスライド　PowerPoint
スライドの見出しとサブタイトルの文字が入力できるプレースホルダーが配置されたスライドのこと。プレゼンテーションで最初に表示するスライドとして利用する。
→スライド、レイアウト、プレースホルダー

タブ
リボンの上部にある切り替え用のつまみのこと。［ファイル］タブや［ホーム］タブなど、よく利用する機能がタブごとに分類されている。特定の機能を選択すると、［図形の書式］タブなどの通常は表示されないタブが表示される。
→図形、リボン

段落　Word PowerPoint
Enterキーを押してから次のEnterキーを押すまでの文字の塊のこと。

データラベル
グラフに表示できる値や割合などを示す数値のこと。例えば、円グラフでは、全体から見た各データの割合を表すパーセンテージの数値を表示できる。
→グラフ、数値

テーマ
文書やブック、スライドのデザインや書式がセットになって登録されているもの。
→書式、スライド、ブック

トリミング
イラストや写真などの不要な部分を切り取る機能。ビデオやオーディオの前後を削除するときにもトリミング機能を使う。

日本語入力システム
パソコンでひらがなや漢字などを使うためのソフトウェアのこと。Windows 11には、「Microsoft IME」という日本語入力システムが付属しており、Word、Excel、PowerPointでもMicrosoft IMEを利用して日本語を入力できる。
→ソフトウェア

入力モード
日本語入力システムで入力できる文字の種類のこと。キーボードの半角/全角キーを押すごとに、［ひらがな］モードと［半角英数］モードの切り替えができる。通知領域の［A］や［あ］ボタンを右クリックして入力モードを選択することもできる。
→全角、日本語入力システム、半角

ノートペイン　PowerPoint
PowerPointのステータスバーにある［ノート］ボタンをクリックすると表示される領域。各スライドに対応した発表者用のメモを入力しておくと、プレゼンテーションの実行時に参照したり、スライドと一緒に印刷したりできる。
→スライド

パーセントスタイル　Excel
Excelの表示形式の1つ。数値を100倍して「%」の記号を付けたもの。
→表示形式

配色
テーマを構成している色の組み合わせのこと。
→テーマ

配布資料　PowerPoint
スライドの内容を印刷して配布できるようにしたもの。印刷レイアウトを変更するだけで、1枚の用紙に複数のスライドやメモ書きができる罫線などを印刷できる。
→スライド、レイアウト

発表者ツール　PowerPoint
スライドショーの実行時に利用できる機能の総称。ノートペインに入力したメモの内容や次のスライドの内容、経過時間などを確認しながら説明できる。
→スライド、スライドショー、ノートペイン、

バリエーション　PowerPoint
「テーマ」ごとに用意されている背景の模様や配色のパターンのこと。配色だけを変更するときは、[バリエーション] の [その他] から配色を選ぶ。
→テーマ、配色

貼り付け
クリップボードに保管されている内容を別の場所に複製する操作。コピーや切り取りと組み合わせて使うと、データのコピーや移動ができる。
→切り取り、クリップボード、コピー

貼り付けのオプション
[ホーム] タブにある [貼り付け] ボタンの下側をクリックしたときや、文字や図形などの貼り付けを実行した後に表示されるボタン。コピーした情報をどの形式で貼り付けるかを指定する。設定項目にマウスポインターを合わせると、貼り付け後のイメージを確認できる。
→コピー、図形、テーマ、貼り付け

半角
横幅が全角の半分の大きさの文字のこと。漢字やひらがなの半角は存在しないが、カタカナや英数字は全角と半角のどちらでも入力できる。
→全角

ハンドル
オブジェクトを選択すると表示される、調整用のつまみのこと。写真やイラスト、プレースホルダー、グラフのハンドルにマウスポインターを合わせるとマウスポインターの形が変わり、その状態で目的のハンドルをマウスでドラッグすると、サイズの変更や回転、変形などができる。
→グラフ、プレースホルダー

表示形式　Excel
Excelでセルの数値や文字の見せ方を変える機能のこと。例えば、数値に%記号を付けたいときは、「パーセントスタイル」の表示形式を設定する。
→数値、セル、パーセントスタイル

フィルハンドル　Excel
Excelで、アクティブセルの右下に表示される四角のハンドルのこと。フィルハンドルをドラッグすると数式のコピーや連続データの入力ができる。
→アクティブセル、コピー、数式、ハンドル

フォント
文字の形のこと。ゴシック体や明朝体などの文字の形から任意の形に変更できる。また、文字を総称して「フォント」と呼ぶこともある。

ブック　Excel
Excelでファイルを保存するときの単位。最初は1つのブックに1枚のワークシートが表示される。後からワークシートの追加も可能。
→ワークシート

フッター
文書や表、スライド、配布資料の下部に表示される領域のこと。ページ番号や日付などの情報を入力すると、すべてのスライドの同じ位置に表示される。
→スライド

プレースホルダー　PowerPoint
スライドにさまざまなデータを入力するための枠のこと。文字を入力するためのプレースホルダーや、表、グラフを入力するためのプレースホルダーがある。文字を入力するプレースホルダーの中にカーソルがあるときは、枠線が点線で表示される。
→グラフ、スライド

ヘッダー
文書や表、スライド、配布資料の上の方に表示される領域のこと。ヘッダーを利用すれば、すべてのスライドの同じ位置に会社名や作成者の情報を表示できる。
→スライド

変換
キーボードから入力した「読み」を目的の文字に変えること。通常はspaceキーで変換する。

見出しスタイル　Word
Wordで設定できるスタイルの1つ。Wordには［見出し1］から［見出し9］までのスタイルがあり、文書の骨格作りに役立つ。
→スタイル

ミニツールバー
文書やセル、プレースホルダーに入力されている文字をドラッグするか、右クリックすると表示されるツールバーのこと。［ホーム］タブにある書式を素早く設定できる。
→書式、セル、タブ、プレースホルダー

リアルタイムプレビュー
背景の色や文字のデザインなどが適用される前に、マウスポインターをメニュー項目に合わせただけで結果を一時的に確認できる仕組みのこと。
→スタイル

リボン　Word Excel PowerPoint
画面上部に表示され、文書や表、スライドを作成・編集する時に必要な機能が集まった領域のこと。利用できる一連の機能が目的別のタブに分類されて登録されている。
→スライド、タブ

レイアウト　PowerPoint
スライドに配置されているプレースホルダーの組み合わせのパターンのこと。オリジナルのレイアウトを登録することもできる。
→スライド、プレースホルダー、レイアウト

列
縦方向に並ぶ1行のこと。Excelでは列ごとに英字の列番号が表示されている。
→行、列番号

列幅
表を構成する「列」の横幅のこと。後から横幅の大きさを自由に変更できる。
→列

列番号　Excel
Excelのワークシート上部に表示されている「A」から「XFD」までのアルファベットのこと。ワークシートの横方向の位置を表す。
→ワークシート

レベル　PowerPoint
箇条書きに設定する文字の階層のこと。最大9段階まで設定できる。
→箇条書き

ローマ字入力
キーボードの表面に刻印されている英字を見ながら入力する操作のこと。例えば「日本」と入力するときには、NIHONNとキーを押して入力する。

ワークシート　Excel
Excelで表を作成するための集計用紙。「セル」と呼ばれるマス目にデータを入力して表を作成する。
→数式、数値、セル

索引 Word編

索引 Excel編

サ

タ

索引 PowerPoint編

タ

ナ・ハ

マ・ヤ・ラ

本書を読み終えた方へ
できるシリーズのご案内

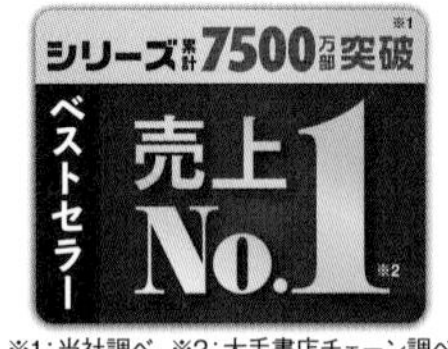

※1:当社調べ　※2:大手書店チェーン調べ

パソコン関連書籍

できるWindows 11
2023年 改訂2版　特別版小冊子付き

法林岳之・一ヶ谷兼乃・清水理史&
できるシリーズ編集部
定価:1,100円
(本体1,000円+税10%)

最新アップデート「2022 Update」に完全対応。基本はもちろんエクスプローラーのタブ機能など新機能もわかる。便利なショートカットキーを解説した小冊子付き。

できるWindows11 パーフェクトブック
困った!&
便利ワザ大全
2023年 改訂2版

法林岳之・一ヶ谷兼乃・清水理史&
できるシリーズ編集部
定価:1,628円
(本体1,480円+税10%)

基本から最新機能まですべて網羅。マイクロソフトの純正ツール「PowerToys」を使った時短ワザを収録。トラブル解決に役立つ1冊です。

できるExcel関数
Office 2021/2019/2016&Microsoft 365対応

尾崎裕子&
できるシリーズ編集部
定価:1,738円
(本体1,580円+税10%)

豊富なイメージイラストで関数の「機能」がひと目でわかる。実践的な使用例が満載なので、関数の利用シーンが具体的に学べる!

読者アンケートにご協力ください!

「できるシリーズ」では皆さまのご意見、ご感想を今後の企画に生かしていきたいと考えています。
お手数ですが以下の方法で読者アンケートにご協力ください。
ご協力いただいた方には抽選で毎月プレゼントをお送りします!

※プレゼントの内容については「CLUB Impress」のWebサイト(https://book.impress.co.jp/)をご確認ください。

1 URLを入力して Enter キーを押す

2 [アンケートに答える]をクリック

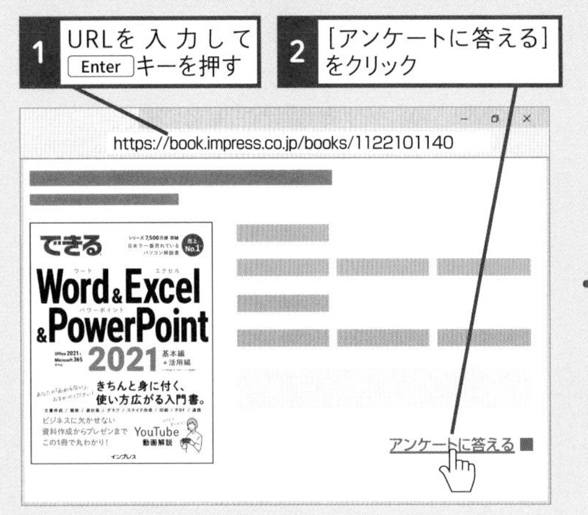

※Webサイトのデザインやレイアウトは変更になる場合があります。

◆会員登録がお済みの方
会員IDと会員パスワードを入力して、[ログインする]をクリックする

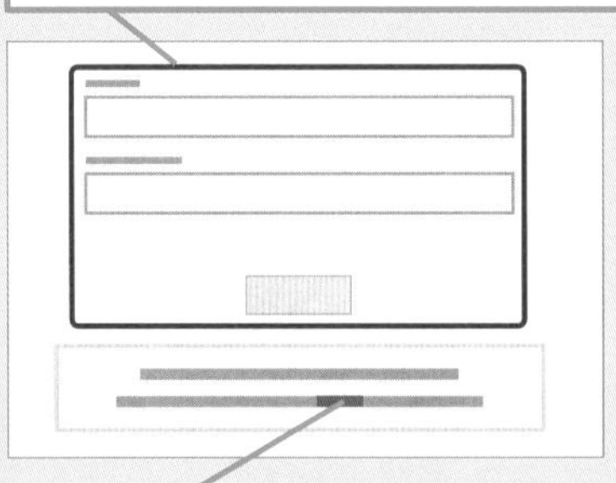

◆会員登録をされていない方
[こちら]をクリックして会員規約に同意してからメールアドレスや希望のパスワードを入力し、登録確認メールのURLをクリックする

■著者

井上香緒里（いのうえ かおり）

テクニカルライター。SOHOのテクニカルライターチーム「チーム・モーション」を立ち上げ、IT書籍や雑誌の執筆、Webコンテンツの執筆を中心に活動中。2007年から2015年まで「Microsoft MVPアワード（Microsoft Office PowerPoint）」を受賞。近著に『できるPowerPoint 2021 Office 2021 & Microsoft 365両対応』『できるポケット PowerPoint 2021 基本&活用マスターブック Office 2021 & Microsoft 365両対応』『できるゼロからはじめるワード超入門 Office 2021 & Microsoft 365対応』（以上、インプレス）などがある。

STAFF

シリーズロゴデザイン	山岡デザイン事務所<yamaoka@mail.yama.co.jp>
カバー・本文デザイン	伊藤忠インタラクティブ株式会社
カバーイラスト	こつじゆい
本文イラスト	ケン・サイトー
DTP制作	町田有美・田中麻衣子
校正	株式会社トップスタジオ
編集協力	荻上 徹
デザイン制作室	今津幸弘<imazu@impress.co.jp>
	鈴木 薫<suzu-kao@impress.co.jp>
制作担当デスク	柏倉真理子<kasiwa-m@impress.co.jp>
編集	松本花穂
	小野孝行<ono-t@impress.co.jp>
編集長	藤原泰之<fujiwara@impress.co.jp>
オリジナルコンセプト	山下憲治

■商品に関する問い合わせ先

このたびは弊社商品をご購入いただきありがとうございます。本書の内容などに関するお問い合わせは、下記のURLまたは二次元バーコードにある問い合わせフォームからお送りください。

https://book.impress.co.jp/info/

上記フォームがご利用いただけない場合のメールでの問い合わせ先

info@impress.co.jp

※お問い合わせの際は、書名、ISBN、お名前、お電話番号、メールアドレス に加えて、「該当するページ」と「具体的なご質問内容」「お使いの動作環境」を必ずご明記ください。なお、本書の範囲を超えるご質問にはお答えできないのでご了承ください。

●電話やFAXでのご質問には対応しておりません。また、封書でのお問い合わせは回答までに日数をいただく場合があります。あらかじめご了承ください。
●インプレスブックスの本書情報ページ https://book.impress.co.jp/books/1122101140 では、本書のサポート情報や正誤表・訂正情報などを提供しています。あわせてご確認ください。
●本書の奥付に記載されている初版発行日から1年が経過した場合、もしくは本書で紹介している製品やサービスについて提供会社によるサポートが終了した場合はご質問にお答えできない場合があります。

■落丁・乱丁本などの問い合わせ先

FAX 03-6837-5023

service@impress.co.jp

※古書店で購入された商品はお取り替えできません。

できるWord & Excel & PowerPoint 2021
Office 2021 & Microsoft 365両対応

2023年5月11日 初版発行

著　者 井上香緒里 & できるシリーズ編集部

発行人 小川 亨

編集人 高橋隆志

発行所 株式会社インプレス
〒101-0051 東京都千代田区神田神保町一丁目105番地
ホームページ https://book.impress.co.jp/

印刷所 株式会社広済堂ネクスト

ISBN978-4-295-01625-0 C3055

Printed in Japan